石油化工设备技术问答丛书

工业汽轮机设备及运行技术问答

中国石化集团第五建设公司　王学义　编著

中国石化出版社

内 容 提 要

本书以问答的形式，围绕工业汽轮机设备及运行的相关技术，对工业汽轮机的工作原理、本体结构、凝汽设备、调节系统、供油系统进行了阐述，同时详细介绍了工业汽轮机的运行、典型事故处理及预防、机组异常振动的原因及处理等内容。

书中内容通俗易懂，紧扣专业技术的实际需要，强调实际应用能力的培养，适合从事工业汽轮机操作及维护的技术人员和管理人员参考阅读。

图书在版编目(CIP)数据

工业汽轮机设备及运行技术问答/王学义编著.
—北京:中国石化出版社,2012.9
ISBN 978-7-5114-1618-6

Ⅰ.①工… Ⅱ.①王… Ⅲ.①蒸汽透平-问题解答
Ⅳ.①TK26-44

中国版本图书馆CIP数据核字(2012)第229871号

中国石化出版社出版发行

地址:北京市东城区安定门外大街58号
邮编:100011 电话:(010)84271850
读者服务部电话:(010)84289974
http://www.sinopec-press.com
E-mail:press@sinopec.com
北京科信印刷有限公司印刷
全国各地新华书店经销

*

787×1092毫米16开本17.75印张451千字
2013年3月第1版 2013年3月第1次印刷
定价:54.00元

序

设备是企业进行生产的物质技术基础。现代化的石油化工企业，生产连续性强、自动化水平高，且具有高温、高压、易燃、易爆、易腐蚀、易中毒的特点。设备一旦发生问题，会带来一系列严重的后果，往往会导致装置停产、环境污染、火灾爆炸、人身伤亡等重大事故的发生。因而石油化工厂的设备更体现了设备是企业进行生产、发展的重要物质基础，“基础不牢，地动山摇”。设备状况的好坏，直接影响着石油化工企业生产装置的安全、稳定、长周期运行，从而也影响着企业的经济效益。

确保石油化工厂设备经常处于良好的状况，就必须强化设备管理，广泛应用先进技术，不断提高检修质量，搞好设备的操作和维护，及时消除设备隐患，排除故障，提高设备的可靠度，从而确保生产装置的安全、稳定、长周期运行。

为了加强企业“三基”工作，适应广大石油化工设备管理、操作及维护检修人员了解设备，熟悉设备，懂得设备的结构、性能、作用及可能发生的故障和预防措施，以提高消除隐患、排除故障、搞好操作和日常维护能力的需要，中国石化出版社针对石油化工厂常见的各类设备，诸如，各类泵、压缩机、风机及驱动机、各类工业炉、塔、反应器、压力容器，各类储罐、换热设备，以及各类工业管线、阀门管件等等，组织长期工作在石油化工企业基层，有一定设备理论知识和实践经验的专家和专业技术人员，以设备技术问答的形式，编写了一系列“石油化工设备技术问答丛书”，供大家学习和阅读，希望对广大读者有所帮助。本书即为这套丛书之一。

中国石化设备管理协会副会长

胡安定

目　录

第一章　基础知识

第一节　热力学基础知识

1. 什么是工程热力学？

答：工程热力学是研究热能与机械能相互转换的规律和方法的一门学科。

2. 何谓工质？工厂企业自备电站采用什么气体作为工质？

答：在热机中要使热能不断地转变为机械能，需要借助于媒介物质，即实现能量转换的媒介物质称为工质。

在工厂企业自备电站中，由于工质连续不断地流过热力设备而膨胀做功，因此要求工质应具有良好的膨胀性和流动性，此外还要求工质热力性能稳定、无毒、无腐蚀性、价廉、易得等。因此，目前工厂企业自备电站采用水蒸气作为工质。

3. 什么是热力系、外界与边界？

答：在热力学中，具体指定的热力学研究对象称为热力系。

系统外与之相关的所有有关物体通称为外界。

热力系与外界之间的分界面称为界面或称边界。

4. 按热力系与外界进行物质交换的情况，可分为哪几种系？

答：按热力系与外界进行物质交换的情况，可将热力系分为闭口热力系和开口热力系。若系统与外界无物质交换，或没有物质穿过系统边界，称为闭口热力系，如图 1－1 所示。若系统与外界有物质交换，或有物质穿过系统边界，称为开口热力系，如图 1－2 所示。

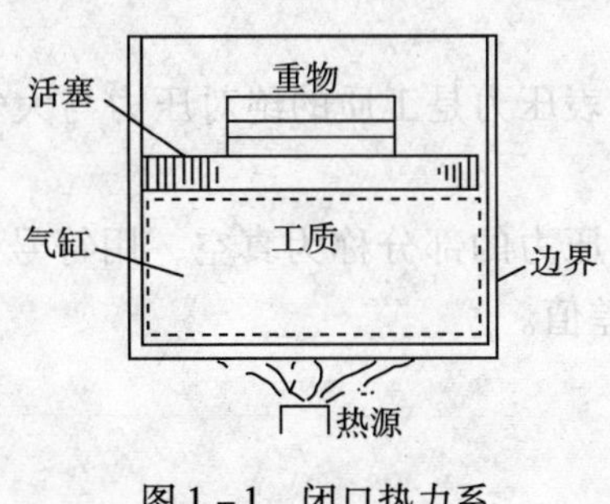

图 1－1　闭口热力系

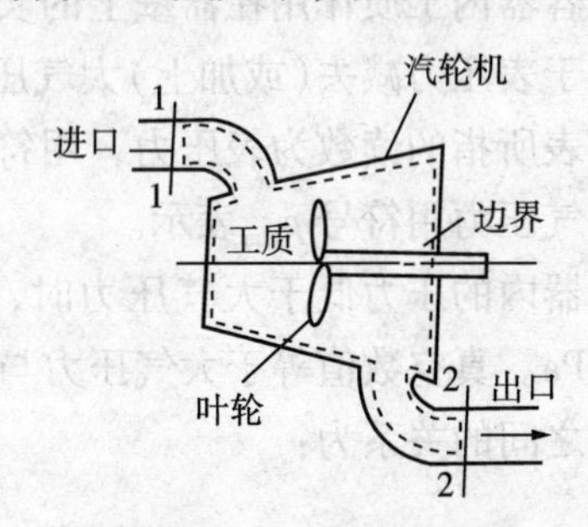

图 1－2　开口热力系

5. 什么是状态？

答：所谓状态是指工质在某一瞬间所呈现的宏观物理状况。它可以用一些宏观物理量来描述，如压力、温度等。

6. 何谓工质的状态参数？常用的状态参数有哪些？

答：描述和说明工质状态的宏观物理量称为状态参数。在热力学中，常用的状态参数有压力、温度、比体积、焓、熵等。其中基本状态参数有三个，分别为温度、压力、比体积。

7. 什么是温度？什么是温标？

答：温度是衡量物体的冷热程度的物理量。物体的温度反映了物体内部分子运动平均动能的大小，分子运动愈快，温度愈高；分子运动愈慢，温度愈低。

温度高低量度数值的表示方法称为温标。常用的温标有摄氏温标(℃)、华氏温标(°F)和绝对温标(K)。绝对温标用K作为单位符号，用T作为物理量符号。

摄氏温标与绝对温标的关系为

$$t = T - 273.15(℃) \text{或} T = t + 273.15(K) \tag{1-1}$$

8. 什么是压强？常用的压强单位有那几种？

答：单位面积上所承受的垂直作用力称为压强，习惯上称为压力，用符号p表示，单位为Pa。即

$$p = \frac{F}{S} \tag{1-2}$$

式中 F——垂直作用于容器壁上的合力，N；

S——承受作用力的面积，m^2。

目前，常用的压力单位有如下四种：

(1)压力的国际单位是帕斯卡，用符号Pa表示，$1Pa = 1N/m^2$。工程上常用兆帕(MPa)作为压力单位，$1MPa = 10^6Pa$。

(2)以液柱高度表示压强，如有毫米水柱(mmH_2O)、毫米汞柱(mmHg)。$1mmH_2O = 9.81N/m^2$，$1mmHg = 133N/m^2$。

(3)以物理大气压力作为计量单位，用符号atm表示。$1atm = 1.03 \times 10^5N/m^2$，相当于760mmHg或$10.33mH_2O$。

(4)工程上常以kgf/cm^2作为压强计量单位，常用符号at表示。$1at = 1kgf/cm^2 = 9.81 \times 10^4N/m^2$。

9. 什么是绝对压力、表压力、真空？它们之间有什么关系？

答：容器内工质作用在器壁上的实际压力通常称为绝对压力，通常用符号p_a表示。绝对压力等于表压力减去(或加上)大气压力。

压力表所指的读数为表压力，用符号p_g表示。表压力是工质的绝对压力与大气压力的差值。大气压力用符号p_{atm}表示。

当容器内的压力低于大气压力时，将低于大气压力的部分称为真空，用符号p_v表示，单位为MPa。真空数值等于大气压力与绝对压力的差值。

它们之间的关系为：

$$p_g = p_a - p_{atm} \tag{1-3}$$

$$p_v = p_{atm} - p_a \tag{1-4}$$

10. 什么是真空度？

答：用百分数来表示真空值的大小，称为真空度。真空度是真空值与大气压力的比值的百分数，即

$$\text{真空度} = \frac{p_v}{p_{atm}} \times 100\% \tag{1-5}$$

完全真空时的真空度为100%。工质的绝对压力同大气压力相等时，真空度为零。

11. 什么是比体积？什么是密度？它们之间有什么关系？

答：单位质量的物质所占有的容积称为比体积，用符号 v 表示，单位为 m^3/kg。即

$$v = \frac{V}{m} \tag{1-6}$$

式中 V——物质所占有的容积，m^3；

m——物质的质量，kg。

比体积是物质内部分子疏密程度的状态参数，比体积越大，物质内部分子之间的距离就越大，物质内部分子越稀疏。

单位容积的物质所具有的质量称为密度，用符号 ρ 表示，单位为 kg/m^3。即

$$\rho = \frac{m}{V} \tag{1-7}$$

密度和比体积互为倒数的关系，即 $\rho = 1/v$。即比体积与密度不是两个相互独立的两个参数，而是同一个参数的两种不同的表示方法。

12. 什么是平衡状态？

答：在无外界影响的条件下，气体的状态不随时间而变化的状态称为平衡状态。工质只有在平衡状态时，才能用确定的状态参数值去描述确定的数值。即只有当工质内部及外界间达到热的平衡及力的平衡时，才能出现平衡状态。

13. 什么是热力过程？

答：工质从一个平衡状态过渡到另一个平衡状态所经历的全部状态的总和称为热力过程。

14. 什么是准平衡过程？

答：工质从一个平衡状态连续经历一系列平衡的中间状态过渡到另一个平衡状态，这样的过程称为准平衡过程。准平衡过程是理想化了的实际过程，它要求外界对热力系的作用必须缓慢得足以使热力系内部的工质能及时恢复不断被破坏的平衡。

15. 什么是可逆过程？

答：在无摩擦存在时，一个过程正向进行之后再逆向进行，当工质恢复至初始状态，外界也同时恢复原状而不引起变化的过程，称为可逆过程。可逆过程是理想的热力学过程。

16. 什么是不可逆过程？

答：工质在能量转换过程中，存在摩擦、涡流等能量损失，使转换过程中只能单方面进行的过程，称为不可逆过程。实际上能量转换过程都是不可逆过程。

17. 什么是功？

答：物理学中把物体通过力的作用而传递的能量称为功，用符号 W 表示，单位为 J。功是力所作用的物体在力的方向上的位移 Δx 与作用力的 F 的乘积，即

$$W = F\Delta x \tag{1-8}$$

由式(1-8)可知，功的大小根据物体在力的作用下，沿力的作用方向移动的位移来决定，改变它的位移就改变了功的大小，功不是状态参数，而是与过程有关的一个量。

18. 什么是热量？

答：物体吸收或放出的热能称为热量，用符号 Q 表示，单位为 kJ。即高温物体将一部分热能传递给低温物体，其能量的传递多少用热量来度量。1kg 质量的工质与外界交换的热

量用 q 表示，单位为 J/kg。

只有在能量传递的热力过程中才有功和热量的存在，热力过程一旦结束，热力系与外界之间就不再传递功和热量了，所以热量和功不是状态参数，而是过程量，热量传递的多少与所经历的热力过程有关。热力学中规定，系统吸热时，热量值取为正；系统放热时，热量值取为负。

19. 什么是熵？什么是比熵？

答： 在热力体系中，热能的变化量与温度变化的比值称为熵，用符号 S 表示，单位为 J/K。

在微元可逆过程中单位质量的气体，将热力系统与外界交换的热量与交换时系统的温度之比定义为比熵，用符号 ds 表示，单位为 kJ/(kg · K)。即

$$\mathrm{d}s = \frac{\delta q}{T} \tag{1-9}$$

式中　ds——该微元可逆过程中工质比熵的微小变化量；

δq——单位质量工质在微元可逆过程中与外界所传递的微小热量；

T——传热时工质的温度，℃。

由式(1-9)可知，在微元可逆过程中，系统与外界交换的微小量 δq 除以传热时系统的热力学温度所得的熵，即为热力系的熵微小变化量 ds。

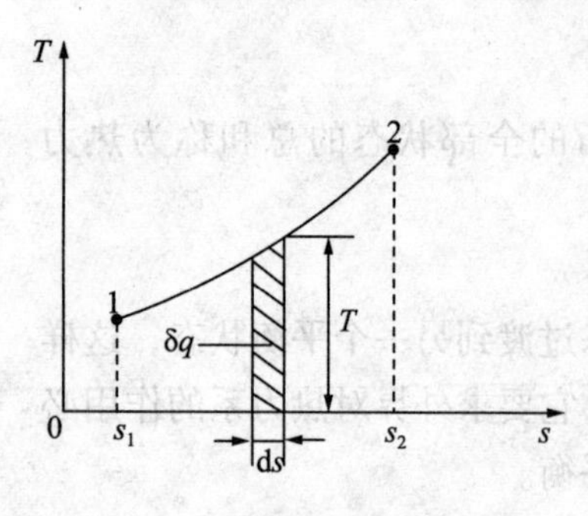

图1-3　可逆过程 $T-s$ 图

20. 画出可逆过程 $T-s$ 图。

答： 图1-3所示为可逆过程 $T-s$ 图，也称温熵图。以绝对温度 T 为纵坐标，以比熵 s 为横坐标。在 $T-s$ 图上可逆过程线下面的面积可表示可逆过程中系统与外界所交换的热量。从熵的变化值在热力过程中的增大还是减小，就可以判断工质是吸热还是放热。其中 $\mathrm{d}s = s_2 - s_1$ 是熵的变化量，若 $\mathrm{d}s > 0$，则表示热力系从外界吸热，热量为正值；若 $\mathrm{d}s < 0$，则表示热力系向外界放热，热量为负值；若 $\mathrm{d}s = 0$，则表示热力系既不吸热又不放热。

21. 什么是热力学第一定律？它的实质是什么？它说明了什么问题？

答： 热力学第一定律是热功转换的定律，它可以表述为：热可以变为功，功也可以变为热，一定量的热消耗时，必然伴随产生相应量的功；消耗一定量的功时，必然出现与之对应的量的热。

热力学第一定律的实质是能量守恒与转换定律在热力学中的一种特定应用形式。它说明热能与机械能相互转换的数量关系。

22. 什么是热力学能？它由哪两部分组成？

答： 热力学能是指组成热力系的大量微观粒子本身所具有的能量，也称为内能。它包括两部分：一是分子热运动的动能，称为内动能；二是分子间由于相互作用力所形成的位能，称为内位能。通常用 U 表示 m kg 工质的热力学能，单位是 J 或 kJ。用 μ 表示 1kg 工质的热力学能，称比热力学能，单位是 J/kg 或 kJ/kg。

23. 分子热力学能与哪些因素有关？

答： 根据分子运动论，分子的内动能与工质的温度有关；分子的内位能与分子间的距离即工质的比容有关。因此，工质的热力学能是温度 T 和比体积 v 的函数。即

$$u = f(T, v) \tag{1-10}$$

24. 什么是焓、比焓？为什么焓是状态参数？

答： 单位质量物质所含有的全部能量称为焓，用符号 H 表示，单位为 kJ。即

$$H = U + pV \tag{1-11}$$

单位质量工质的内能和压力位能之和称为比焓，用符号 h 表示，单位为 kJ/kg。即

$$h = u + pv \tag{1-12}$$

式中 u——内能，J/kg 或 kJ/kg；

v——比体积，m^3/kg。

从式(1-12)中可以看出，h 由 u、p、v 三个状态参数组成，当工质处于某一确定的状态时，u、p、v 都有确定的值，因而焓也有确定的值。焓仅由工质状态决定，也是工质的状态参数。

25. 什么是稳定流动？要使流动过程达到稳定应满足哪些条件？

答： 在流动过程中，其热力系内部工质各状态点参数只随位置改变而不随时间变动的流动称为稳定流动。如汽轮机经常保持稳定的输出功率，蒸汽在流经汽轮机时，其热力学状态参数、流速和流量等均不随时间而变化。

根据稳定流动的定义，要使流动过程达到稳定，必须满足以下条件：

(1)系统内部及边界各点工质的状态不随时间而改变；

(2)进、出热力系的工质质量流量相等且不随时间而改变，满足质量守恒；

(3)系统内储存的能量保持不变，单位时间内输入系统内的能量等于从系统输出的能量，满足能量守恒。

26. 什么是稳定流动的能量方程式？如何表示？

答： 热力学第一定律应用于工质在开口系内稳定流动时的数学表达式，称为稳定流动的能量方程式，它适用于任何工质，任何流动的过程。根据能量守恒原理，可以列出稳定流动的能量平衡方程式，即

$$Q = (H_2 - H_1) + \frac{1}{2}m(c_2^2 - c_1^2) + mg(z_2 - z_1) + W_s \tag{1-13}$$

式中 H_1、H_2——工质的焓；

$\frac{1}{2}mc_1^2$、$\frac{1}{2}mc_2^2$——工质的动能；

mgz_1、mgz_2——位能；

W_s——系统向外界输出机械功。

对 1kg 工质的能量转换方程可写为

$$q = (h_2 - h_1) + \frac{1}{2}(c_2^2 - c_1^2) + g(z_2 - z_1) + \omega_s = \Delta h + \frac{1}{2}\Delta c^2 + g\Delta z + w_s \tag{1-14}$$

式中 $h_2 - h_1$——工质焓的变化量，kJ/kg；

$\frac{1}{2}(c_2^2 - c_1^2)$——工质宏观动能变化量，kJ/kg；

$g(z_2 - z_1)$——工质宏观位能变化量，kJ/kg；

g——重力加速度；

w_s——对外输出机械功。

27. 稳定流动的能量方程式在热机中如何应用？

答： 工质流经热机时发生膨胀，对外输出轴功。在正常工况下运行时，热机的输出功率

是稳定不变的，工质流经热机的过程可视为稳定流动过程。由于工质进、出热机时动能相差不大，可以认为$\frac{1}{2}(c_2^2-c_1^2)\approx 0$；进出口高度差很小，重力位能之差也极小，可忽略不计，即$g(z_2-z_1)\approx 0$；工质流经热机所需的时间极短，工质向外的散热量很少，可认为$q\approx 0$。因此，稳定流动的能量方程式(1－14)用于热机时可简化为

$$w_s=h_2-h_1 \tag{1-15}$$

28. 稳定流动的能量方程式在喷嘴中如何应用？

答：由于气流通过喷嘴时速度很快。来不及与外界交换热量，可认为流体进行的是绝热稳定流动；由于喷嘴内流动无转动机械，气流流过喷嘴时对外无机械功输出；同时，进、出口位能差亦可忽略不计。即$q\approx 0$，$w_s=0$，$g(z_2-z_1)\approx 0$。稳定流动能量方程式应用于喷嘴时可简化为

$$\frac{1}{2}(c_2^2-c_1^2)=h_1-h_2 \tag{1-16a}$$

即工质在管道内作稳定绝热流动时，其动能的增加等于工质的绝热焓降。也可以表示为

$$h_1+\frac{c_1^2}{2}=h_2+\frac{c_2^2}{2}=h+\frac{c^2}{2}=\text{常数} \tag{1-16b}$$

式(1－16)为工质在管道内作稳定绝热流动的能量方程式。它表明：工质作稳定绝热流动又不做功时，任一截面上的焓与动能之和等于常数。即工质速度的增加是由于工质焓的减少；反之，工质速度的减少将使工质的焓增加。

29. 什么是热机？

答：将热能转换为机械能的设备称为热力发动机，简称热机，如图1－4所示。如汽轮机、燃气轮机、内燃机、蒸汽机等。

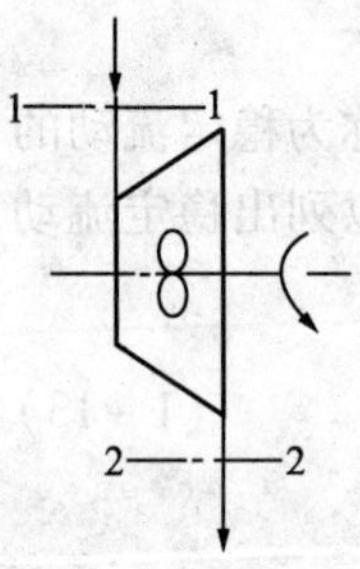

图1－4　热机

30. 什么是实际气体？什么是理想气体？

答：气体分子间存在吸引力，分子本身占有体积的气体，称为实际气体。气体分子间不存在吸引力，分子本身不占有体积的气体，称为理想气体。

在蒸汽动力装置中，作为工质的水蒸气，因其压力高、比体积小，即气体分子间的引力大，与液态接近，所以水蒸气应视为实际气体。

工厂企业火力自备电站中，空气、燃气、烟气均可以看作理想气体，因为它们远离液态，与理想气体的性质很接近。

31. 什么是理想气体状态方程式？

答：理想气体在平衡状态时状态参数变化的方程，称为理想气体状态方程式。当理想气体处于任一平衡状态时，三个基本状态参数p、V、T之间存在着一定的关系，即理想气体状态方程式，即

$$pV=nRT \tag{1-17}$$

式中　p——气体的绝对压力，Pa；

V——气体的体积，m^3；

n——气体的物质的量，mol；

T——气体的绝对温度，K；

R——气体常数，J/(mol·K)，对任意理想气体，$R=8.314$J/(mol·K)。

对于 m kg 的气体，则气体状态方程为

$$pV = mRT \tag{1-18}$$

式中 V——气体的体积，m^3。

气体常数 R 与气体所处的状态无关，但对不同的气体却有着不同的气体常数 R。如氧气的 $R = 260J/(kg \cdot K)$，氮气的 $R = 297J/(kg \cdot K)$，空气的 $R = 287.06J/(kg \cdot K)$。

32. 理想气体的三个基本定律有哪些？其内容是什么？

答：理想气体的三个基本定律是波义耳－马略特定律，查理定律和盖吕萨克定律。其内容为：

(1)波义耳－马略特定律。当气体温度不变时，压力与比体积成正比变化。即

$$p_1 v_1 = p_2 v_2 \tag{1-19}$$

气体质量为 m 时

$$p_1 V_1 = p_2 V_2 \text{(其中 } V = mv\text{)} \tag{1-20}$$

(2)查理定律。当气体比体积不变时，压力与温度成正比变化。即

$$\frac{p_1}{T_1} = \frac{p_2}{T_2} \tag{1-21}$$

(3)盖吕萨克定律。当气体压力不变时，比容与温度成正比变化。对于质量为 m 的气体，压力不变时，体积与温度成正比变化。即

$$\frac{v_1}{T_1} = \frac{v_2}{T_2} \text{或} \frac{V_1}{T_1} = \frac{V_2}{T_2} \tag{1-22}$$

33. 什么是热容量？

答：物体温度升高(或降低)1K 所吸收(或放出)的热量，称为该物体的热容量，用符号 Q 表示，单位为 kJ/K。

34. 什么是比热容？

答：单位数量(质量或容积)的物质温度升高(或降低)1K，所加入(或放出)的热量称为比热容，用符号 c 表示，单位为 kJ/(kg·K)。即

$$c = \frac{\delta q}{\delta T} \text{或} c = \frac{\delta q}{\delta t} \tag{1-23}$$

35. 理想气体常见的基本热力过程有哪几种？

答：理想气体常见的基本热力过程有等容过程、等压过程、等温过程和等熵过程。

36. 什么是等容过程？如何分析等容过程中吸收的热量和功？

答：在容积(或比体积)保持不变的状态下进行的热力过程称为等容过程。依据理想气体状态方程式 $pv = RT$，结合过程方程，可得 $\frac{p}{T} = \frac{R}{v}$，即等容过程中理想气体的压力与温度成正比。

气体在等容加热过程，由于容积不变，气体不对外做功，即 $w = 0$，依据热力学第一定律的解析式可得

$$q = \Delta u + w = \Delta u + 0 = u_2 - u_1 \tag{1-24}$$

式(1－24)表明，在等容过程中，所有加入的热量全部用于增加气体的内能。

37. 什么是等压过程？如何分析等压过程的热量和功？

答：在工质压力维持不变的状态下进行的热力过程称为等压过程。如锅炉中水的汽化过程、乏汽在凝汽器中的凝结过程及空气预热器中空气的吸热过程都是在压力不变的状

态下进行的。

依据理想气体状态式 $pv = RT$，得 $\frac{T}{v} = \frac{p}{R}$ = 常数，即等压过程中理想气体的温度与比体积成正比。

在等压过程中，由于 p = 常数，理想气体的膨胀功为

$$w = p(v_2 - v_1) \quad (1-25)$$

类似于等容过程中的分析，等压过程中工质吸收的热量为

$$q = \Delta u + w = (u_2 + u_1) + p(v_2 - v_1) \quad (1-26)$$

38. 什么是等温过程？如何分析等压过程的热量？

答：在工质温度维持不变的状态下进行的热力过程称为等温过程。由理想气体过程方程 $pv = RT$，对一定的工质，pv = 常数，及等温过程压力与比体积成反比。

根据热力学第一定律 $q = \Delta u + w$ 及等温过程中 $\Delta u = 0$，可得等温过程的热量为

$$q = w \quad (1-27)$$

39. 什么是等熵过程？

答：保持熵值不变的热力过程称为等熵过程。等熵过程是没有能量损失的绝热过程。如汽轮机中工质的膨胀过程就可以近似看作绝热过程。

40. 什么是绝热过程？如何分析绝热过程的热量和功？

答：在与外界没有热量交换的情况下进行的热力过程称为绝热过程。

绝热过程中 $q = 0$。

绝热过程中的膨胀功可根据热力学第一定律的数学表达式 $q = \Delta u + \omega$ 求得

$$\omega = q - \Delta u = -\Delta u = u_1 - u_2 \quad (1-28)$$

式(1-28)表明，绝热过程中膨胀功来自内能的减少，压缩功则使内能增加。

$$\omega = \frac{1}{k-1}(p_1 v_1 - p_2 v_2) \quad (1-29)$$

式中 k——绝热指数，与工质的原子数有关。单原子气体 $k = 1.67$，双原子气体 $k = 1.4$，多原子气体 $k = 1.33$。

41. 什么叫热力循环？

答：工质从某一状态点开始，经过一系列的状态变化又回到初态点的封闭变化热力过程称为热力循环，简称循环。

对于循环来说，由于工质回复到原始的状态，所以整个循环在参数坐标图上表示为一条封闭的曲线，如图1-5所示。而且，经历一个循环后，工质的任意一个状态参数的变化量都等于零，即

$$\oint dx = 0 \quad (1-30)$$

式中 x——任意一个状态参数；

$\oint$——循环积分符号。

42. 什么是可逆循环、不可逆循环？

答：如果组成循环的全部热力过程都是可逆过程，则该循环称为可逆循环。如果循环中包含有不可逆过程，则该循环称为不可逆循环。

43. 根据循环进行的方向和效果不同可以分为哪两大类？

答：根据循环进行的方向和效果的不同，可以将循环分为正向循环和逆向循环两大类。

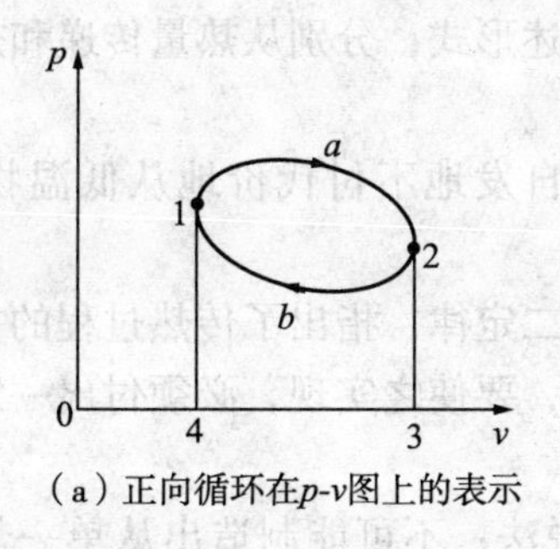

（a）正向循环在p-v图上的表示

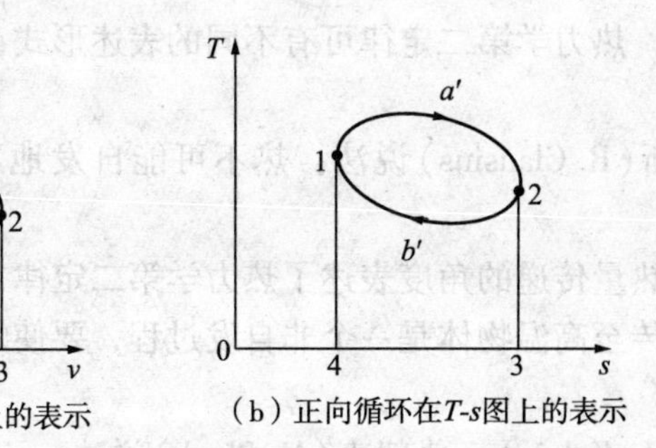

（b）正向循环在T-s图上的表示

图1－5 热力循环

44. 正向循环的任务是什么？

答：正向循环的任务是将热转变为功。各种热机中所实施的循环都是正向循环，故也称为热机循环。

如图1－5(a)所示的$p-v$图，设有1kg工质先从状态1经历$1a2$膨胀过程到达状态2。过程中工质对外作膨胀功W_{1a2}，其大小可用$1a2$过程线下的面积$1a2341$来表示。为使工质恢复到初态，再对工质进行压缩，使其从状态2经历$2b1$压缩过程回到状态1，过程中工质消耗压缩功W_{2b1}，其大小也可以用$2b1$过程线下的面积$2b1432$来表示。

正向循环也可用$T-s$图表示。如图1－5(b)所示，图中吸热过程线和放热过程线下的面积$1a'2341$、$2b'1432$分别代表工质在吸热过程中的吸热量Q_1和放热过程中的放热量Q_2，两者之差称为循环的净热量，也称为循环的有效热，用Q_0表示，即$Q_0=Q_1-Q_2$。循环净功$W_0=Q_1-Q_2$。

对于正向循环，$Q_0=W_0>0$，则$Q_1>Q_2$。因此，在$T-s$图上，吸热过程线应高于放热过程线，即工质在高温下吸热，在低温下放热，循环按顺时针方向进行。

45. 什么是逆向循环？

答：如果循环中的压缩过程所消耗的功大于膨胀过程所作的功，循环的总效果不是产生功而是消耗外界的功，这样的循环称为逆向循环。在$p-v$图上，逆向循环的压缩线高于膨胀线，循环按逆时针方向进行，如图1－6所示。逆向循环消耗外界功的目的是将热量从低温物体取出排向高温物体。制冷装置和热泵都是按逆向循环来工作的。

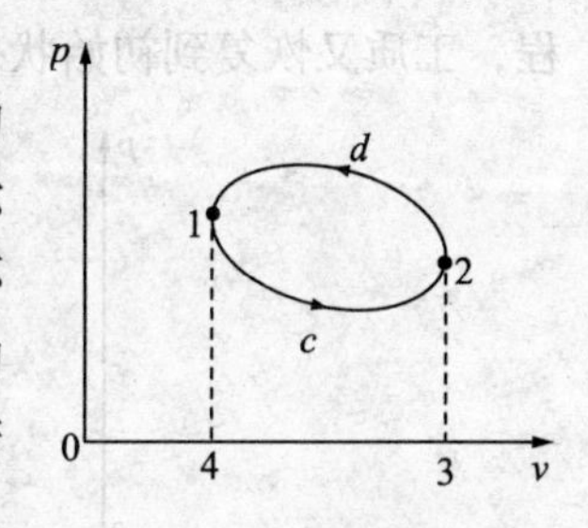

图1－6 逆向循环

46. 什么是循环的热效率？

答：循环的热效率是指正向循环变热能为机械能的有效程度称为循环的热效率，用η表示。循环的热效率等于循环净功w与循环中工质从热源吸入的热量q之比，即

$$\eta=\frac{w}{q} \tag{1-31}$$

循环热效率是衡量正向循环热经济性的重要指标，其η值越大，表示热循环的经济程度越高。

47. 什么是自发过程？

答：不需任何外界帮助就能自动进行的过程称为自发过程。自发过程都具有一定的方向性和不可逆性。

48. 什么是热力学第二定律？它有哪几种表述方法？

答：反映自发过程具有方向性和不可逆性这一规律的定律称为热力学第二定律。由于热过程的种类很多，热力学第二定律可有不同的表述形式，分别从热量传递和热功转换有两种表述方法：

(1)克劳修斯(R. Clausius)说法：热不可能自发地不付代价地从低温物体传送到高温物体。

这种说法从热量传递的角度表述了热力学第二定律，指出了传热过程的方向性。它说明热量从低温物体传至高温物体是一个非自发过程，要使之实现，必须付出一定的代价作为补偿条件。

(2)开尔文(L. Kelvin)－普朗克(M. Plank)说法：不可能制造出从单一热源吸热，使之全部转变为有用功而不产生其他任何变化的循环工作的热机。

这种说法从热功转换的角度表述了热力学第二定律，指出了热功转换过程的方向性以及转换为功所需要的补偿条件。它说明热变为功这一非自发过程的进行，是以热从高温移至低温来作为补偿条件的，即热机循环的热效率不可能达到百分之百。

上述两种热力学第二定律的表述都是利用自发过程的逆过程来阐明自发过程的不可逆性，克劳修斯表述针对的是热量自高温物体传递的自发过程是不可逆的，开尔文－普朗克表述针对的是功转变为热的自发过程是不可逆的。虽然表述方式不同，但在指出自发过程具有方向性和不可逆性这一点上，它们是等效的。

49. 卡诺循环由哪些过程组成？

答：卡诺循环是热力学中理想的一种可逆循环。它以理想气体为工质，由两个定温过程和两个绝热过程所组成，如图1－7所示。图中1－2为可逆的定温吸热过程，在温度T_1下工质从同温热源吸入热量q_1，2－3为可逆绝热膨胀过程，工质的温度由T_1降低到T_2，3－4为可逆定温放热过程，在T_2温度下工质向同温冷源排出的热量q_2，4－1为可逆绝热压缩过程，工质又恢复到初始状态。

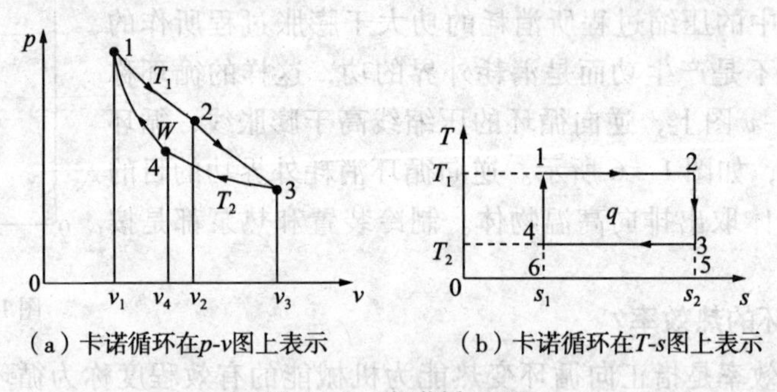

(a)卡诺循环在p-v图上表示　　(b)卡诺循环在T-s图上表示

图1－7　卡诺循环图

50. 如何计算卡诺循环中从热源吸收热量q_1、向冷源放出热量q_2？

答：依据卡诺循环图可知，热源温度为T_1，冷源温度为T_2，1kg工质在卡诺循环中从热源吸收热量q_1，向冷源放出热量q_2。根据卡诺循环过程特征，可得

$$q_1 = T_1(s_2 - s_1) \tag{1-32}$$

$$q_2 = T_2(s_2 - s_1) \tag{1-33}$$

51. 如何计算卡诺循环的净功和净热？

答：在图1－7(a)图上，1－2－3－4围成的面积，表示1kg工质对外所作的功w。卡诺循环的净功w和净热q可用下式计算

$$w = q = q_1 - q_2 = (T_1 - T_2)(s_2 - s_1) \tag{1-34}$$

52. 如何计算卡诺循环的热效率？从卡诺循环的热效率可得出哪些结论？

答： 根据热效率定义 $\eta = \frac{q_1 - q_2}{q_1}$，卡诺循环的热效率为

$$\eta = \frac{\omega}{q_1} = \frac{q_1 - q_2}{q_1} = 1 - \frac{q_2}{q_1} = 1 - \frac{T_2}{T_1} \tag{1-35}$$

从式(1－35)可以得出以下结论：

(1)卡诺循环的热效率取决于热源温度 T_1 和降低冷源温度 T_2，与工质的性质和热机的类型等无关。

(2)提高热源温度 T_1 和降低冷源温度 T_2，可以提高卡诺循环热效率。

(3)由于热源温度 T_1 不可能为无限大，冷源温度 T_2 也不可能为绝对零度，因此卡诺循环热效率只能小于1，而不能等于1。

(4)当 $T_1 = T_2$ 时，卡诺循环的热效率为零，这说明在没有温差的体系中，无法实现热能转变为机械能的热力循环，即只有热源装置而无冷源装置的热机是无法实现的。

53. 什么是汽化？它分为哪几种形式？

答： 物质从液态转变为气态的过程称为汽化。汽化分为蒸发和沸腾两种形式。

液体表面在任何温度下进行的缓慢的汽化现象称为蒸发。液体的内部和表面同时发生剧烈的汽化现象称为沸腾。

54. 什么是凝结？水蒸气凝结有哪些特点？

答： 物质从气态转变为液态的过程称为凝结，又称为液化。

水蒸气凝结主要有以下特点：

(1)一定压力下的水蒸气凝结，必须降到该压力所对应的凝结温度才开始凝结成水，这个凝结温度也就是水的沸点。压力降低，凝结温度也随之降低，反之压力升高，凝结温度也升高。

(2)在凝结温度下，水从水蒸气中不断吸收热量，则水蒸气可以不断凝结成水，并保持温度不变。

55. 什么是动态平衡？

答： 一定压力下的气水共存的密封容器内，液体和蒸汽的分子处于紊乱的热运动中，有的跑出液面，有的返回蒸汽空间，有的就进入液面变成水分子。当从水中逸出的分子数目等于因相互碰撞而返回水中的分子数目时，这种状态称为动态平衡，如图1－8所示。

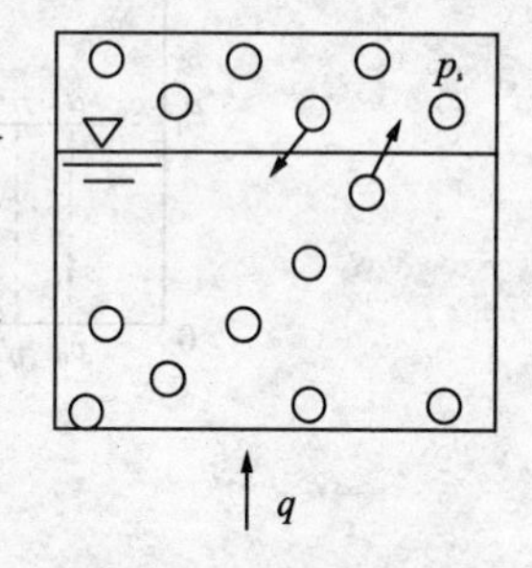

图1－8 动态平衡

56. 什么是饱和状态、饱和蒸汽、饱和水、饱和压力、饱和温度？

答： 在一定压力下气液共存的密封容器内，处于动态平衡的气、液两相共存的状态称为饱和状态。

饱和状态下的蒸汽称为饱和蒸汽。

饱和状态下的水称为饱和水。

在饱和状态时，蒸汽和液体的压力相同时的压力称为饱和压力，用符号 p_s 表示。

在饱和状态时，蒸汽和液体的温度相同时的温度称为饱和温度，用符号 t_s 表示。

饱和温度和饱和压力一一对应，改变饱和温度，饱和压力将会引起相应的变化，饱和温度愈高，饱和压力也愈高。

57. 定压下水蒸气产生过程分为哪几个阶段？

答：工程上所用的水蒸气是在锅炉中定压加热产生的，定压下水蒸气产生的过程可分为三个阶段：预热阶段、汽化阶段、过热阶段，如图 1 －9 所示。

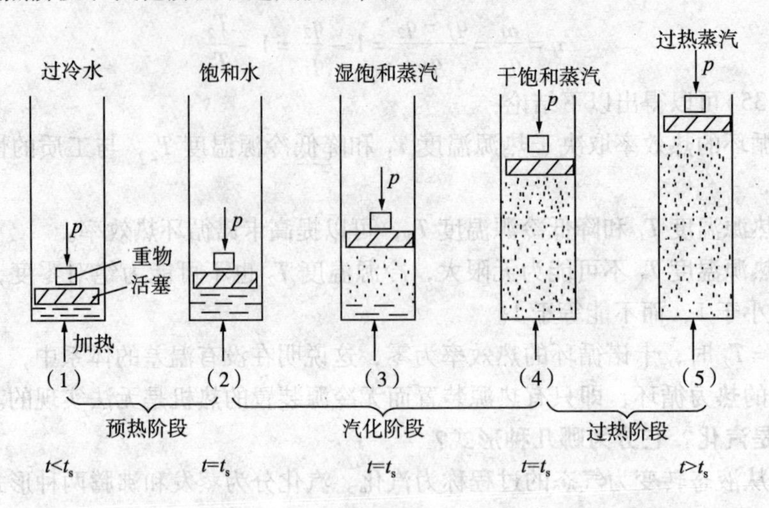

图 1 －9　定压下水蒸气的产生过程

58. 什么是未饱和水？未饱和水、饱和水在 $p-v$ 和 $T-s$ 上用什么表示？

答：低于饱和温度的水称为未饱和水，或称过冷水。在 $p-v$ 和 $T-s$ 图上用 a 表示压力 p 下 0℃的未饱和水，如图 1 －10 所示。

饱和水状态在 $p-v$ 和 $T-s$ 图上用 b 表示，如图 1 －10 所示。

饱和水的状态参数除压力和温度外，均加以上角标“′”，以示和其他状态的区别，如 h'、s'和 v'等。

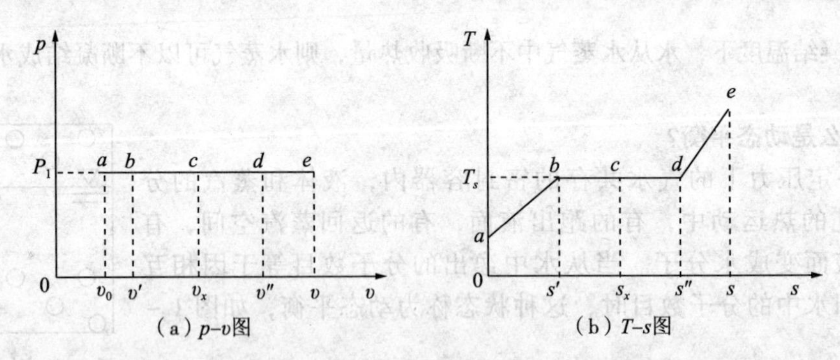

图 1 －10　水蒸气定压加热过程

59. 什么是液体热？

答：将水加热到饱和水时所加入的热量，称为液体热，用 q_1 表示。根据热力学第一定律

$$q_1 = h' - h_0 \tag{1-36}$$

式中　h'——压力为 p 时的饱和水的焓；

h_0——压力为 p，温度为 0℃时水的焓。

60. 什么是湿饱和蒸汽、干饱和蒸汽、过热蒸汽？

答：含有饱和水的蒸汽称为湿饱和蒸汽，简称为湿蒸汽。在水达到饱和温度之后，如定压加热，则饱和水开始汽化，在水未完全汽化之前，蒸汽中就含有饱和水。

水达到饱和温度之后，继续在定压条件下加热，水完全汽化成蒸汽，这时的蒸汽称为干饱和蒸汽。

水在定压条件下加热完全汽化成蒸汽，当蒸汽温度上升并超过饱和温度时的蒸汽，称为过热蒸汽。

61. 什么是干度、湿度？

答：1kg 湿蒸汽中含有干饱和蒸汽的质量分数称为干度，用符号 x 表示，即

$$x=\frac{\text{干蒸汽的质量}}{\text{湿蒸汽的质量}} \tag{1-37}$$

干度表示湿蒸汽的干燥程度，x 值越大，则蒸汽越干燥。

1kg 湿蒸汽含饱和水的重量百分数称为湿度，以符号 $(1-x)$ 表示。

62. 什么是汽化潜热？

答：1kg 饱和水在定压条件下加热至完全汽化所加入的热量，称为汽化潜热，用符号 r 表示，即

$$r=h''-h' \tag{1-38}$$

式中 h'——压力为 p 时的饱和水的焓；

h''——蒸汽的焓。

63. 什么是过热度？

答：过热蒸汽的温度 t 与同压下饱和温度 t_s 之差称为过热度，用符号 D 表示。即

$$D=t-t_s \tag{1-39}$$

64. 什么是过热热？

答：在定压条件下将干饱和蒸汽加热变成过热蒸汽，过热过程吸收的热量，称为过热热，用符号 q_s 表示，即

$$q_s=h-h'' \tag{1-40}$$

65. 什么是临界点？水蒸气的临界参数是多少？

答：随着压力的升高，饱和水线与干饱和蒸汽线逐渐接近，当压力增加到某一数值时，二线相交，相交点即为临界点。临界点的各状态参数称为临界参数。水蒸气的临界参数分别为：临界压力 $p_c=22.129\text{MPa}$，临界温度 $t_c=374.15℃$，临界比体积 $\upsilon_c=0.003147\text{m}^3/\text{kg}$。

66. 什么是焓－熵图？如何使用水蒸气焓熵图？

答：用焓－熵关系曲线作的图称为焓－熵图。焓－熵图常用于表示水蒸气的各种参数之间的关系，简称 $h-s$ 图，如图 1－11 所示。在汽轮机技术中，焓－熵图是一个很重要的计算工具。

图上以焓值为纵坐标，以字母 h 表示；以熵值为横坐标，以字母 s 表示。在 $h-s$ 图中绘有等压线、等温线、等干度线和等比体积线几簇等值线。

(1)等压线。在焓－熵图上自左下方向右上方延伸的一簇线，从右到左压力逐渐升高。在湿饱和蒸汽区，因压力一定时温度不变，故等压线的斜率为常数的直线。在过热蒸汽区，等压线的斜率随温度的升高而增加，故为上翘的曲线。

(2)等温线。在湿蒸汽区，一个压力对应一个饱和温度，所以等温线与等压线重合为一根曲线。在过热蒸汽区内的等温线是自干饱和蒸汽开始向右上延伸的一簇曲线。

(3)等干度线。在湿饱和蒸汽区与干饱和蒸汽线大致同向的一簇曲线。

(4)等比体积线。等比体积线与等压线相似，也是一簇自左下方右上方延伸的曲线，其延伸方向与等压线相近，但比等压线陡峭。与等压簇线相反，等比体积簇线从右到左体积逐渐缩小。

在 $h-s$ 图上，每一点都代表一个状态，每一个状态都可以根据图上的曲线读出它的参数(h、s、t、p、x)，并可以在图上作出需要分析的热力过程。

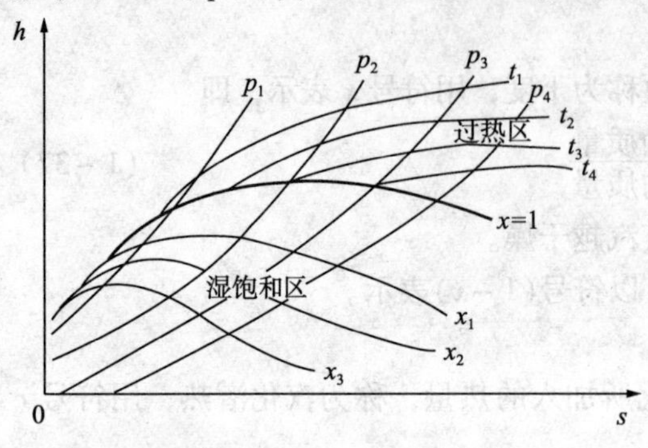

图1-11　水蒸气的 $h-s$ 图

焓-熵图上给出水蒸气的三种状态区域：$x=1$线将图分成上下两部分，其线以上为过热蒸汽区，该区内所有的点为过热蒸汽状态；其线以下为湿饱和蒸汽区，该区内所有的点为湿热蒸汽状态；$x=1$ 线本身是干饱和蒸汽线，又称为上界线；位于其线上的各点代表不同状态下的干饱和蒸汽。

67. 如何使用水蒸气焓熵图？

答：运用水蒸气 $h-s$ 图的方法是：

(1)在过热区中，确定过热蒸汽状态参数时，应由两个参数确定，如已知 p 及 t，从而查出 v、h、s。

(2)在湿蒸汽区中，确定湿蒸汽参数时，应知两个状态参数，如已知 p 及 x，从而查出 t_s、h、s、v。

(3)用等压线或等温线与上界线相交来确定干蒸汽状态参数。

68. 什么是声速(音速)？

答：声速是在连续介质中微弱扰动产生压力波的传播速度，也称为当地声速，常用符号 a 表示。即

$$a=\sqrt{kpv} \tag{1-41}$$

式中　k——绝热指数。

式(1-41)为等熵过程中的声速计算公式。声速与流体的性质和状态参数有关。

69. 什么是马赫数？

答：在研究流体流动时，通常将工质的流速 c 与当地声速 a 的比值称为马赫数，用符号 Ma 表示，即

$$Ma=\frac{c}{a} \tag{1-42}$$

根据马赫数的不同，可将流体流动分为：

$Ma<1$，为亚音速流动；

$Ma=1$，为等声速流动；

$Ma>1$，为超声速流动。

70. 气流流速变化需要哪些几何条件？

答：气流速度变化时，由于参数的变化，导致其流通截面积也发生变化。可以用绝热稳定流动的三个基本方程，通过理论推导(忽略)，可以得到以马赫数为变量的截面积与流速的变化几何条件：

$$\frac{dA}{A}=(Ma^2-1)\frac{dc}{c} \tag{1-43}$$

式(1-43)可知，当流速变化时，气流截面面积的变化规律不但与流速是增加还是降低有关，而且还与流速是亚声速气流还是超声速气流有关。

71. 什么是喷嘴？工厂企业自备电站常用哪几种喷嘴？

答：使蒸汽膨胀降压、增速，并对汽流起一定导向作用的结构元件，称为喷嘴。常用的喷嘴为渐缩喷嘴和缩放喷嘴。

72. 喷嘴中气流参数如何变化？

答：喷嘴截面形状与气流截面形状相符合，才能保证气流在喷嘴中充分膨胀，达到理想加速的效果。各种喷嘴的形状如图1-12所示。根据亚声速气流还是超声速气流在喷嘴中流动时，气流截面面积的变化规律是：

(1)当 $Ma<1$，即气流亚声速流动时，$dA<0$。这种沿流动方向流道截面积逐渐收缩的喷嘴称为渐缩喷嘴，如图1-12(a)所示。

(2)当 $Ma>1$，即汽流以超声速流动时，$dA>0$。这种沿流动方向流道截面积逐渐扩张的喷嘴称为渐扩喷嘴，如图1-12(b)所示。

(3)当 $Ma=1$，即汽流以当地声速流动时，$dA=0$。这种将流体从 $Ma<1$ 连续加速到 $Ma>1$，先收缩后扩张的喷嘴称为缩放喷嘴，又称为拉法尔喷嘴，如图1-12(c)所示。

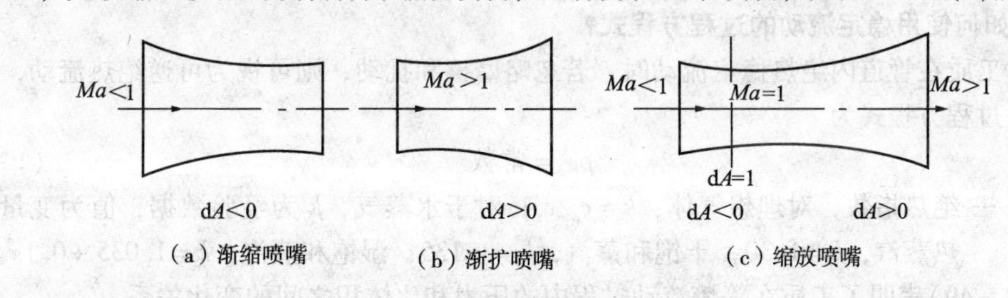

(a)渐缩喷嘴　(b)渐扩喷嘴　(c)缩放喷嘴

图1-12　喷嘴($dp<0$，$dc>0$)

73. 什么是临界截面？什么是临界参数？

答：如图1-12(c)所示，在缩放喷嘴中，喉部截面处的流速为 $Ma=1$ 的等声速流动，喉部截面为 $Ma<1$ 的亚声速与 $Ma>1$ 的超声速气流的转折点，称为临界截面。

临界截面上的状态参数称为临界参数，用下标cr表示。如临界压力 p_{cr}、临界温度 T_{cr}、临界流速 c_{cr}、临界流量 q_{mcr} 等。

74. 如何计算喷嘴中的气流速度？

答：由能量方程式(1-16)可得，喷嘴出口气流流速的计算公式为

$$c_2=\sqrt{2(h_1-h_2)+c_1^2} \tag{1-44}$$

当 c_1^2 与 c_2^2 相比数值甚小，常将 c_1^2 忽略不计，即 $c_1^2=0$，此时式(1-44)可简化为

$$c_2=\sqrt{2(h_1-h_2)} \tag{1-45}$$

式(1-45)适用于任意工质。

式中　c_1、c_2——分别为喷嘴进口截面流速和出口截面上气流的流速；

h_1、h_2——分别为喷嘴进口截面和出口截面上气流的焓值。

75. 喷嘴中的流量如何计算？

答：根据能量守恒定律，各截面的质量流量应相等(如图1-13所示)，即

$$q_m=\frac{A_1c_1}{v_1}=\frac{A_2c_2}{v_2}=\frac{Ac}{v}=\text{常数} \tag{1-46}$$

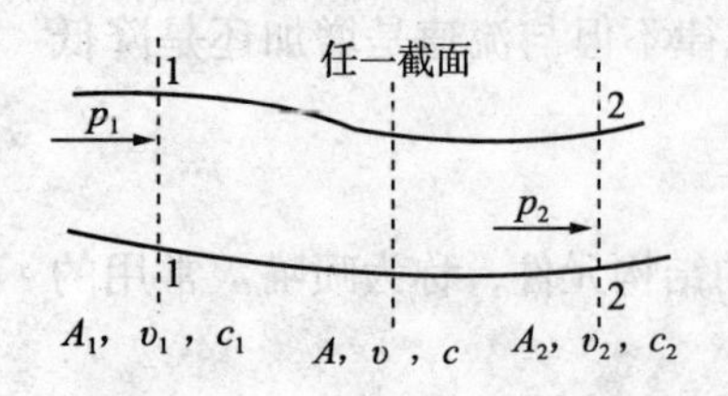

图 1-13　工质流经任一流道的一维稳定流动

式中　q_m——单位时间内流过喷嘴的质量流量，kg/s；

A——喷嘴某一截面的截面积，m^2；

c——工质流经喷嘴某一截面的流速，m/s；

v——工质流经喷嘴某截面时的比体积，m^3/kg。

式(1-46)为一维稳定流动的连续性方程式，它给出了流速、截面积与比体积之间的关系。这个关系式是计算喷嘴和管道截面积和流量的基本公式。

根据连续方程式(1-46)工质流经喷嘴出口截面的质量流量 q_m 为

$$q_m = \frac{A_2 c_2}{v_2} = \frac{A_2}{v_2} \times 1.414\sqrt{h_1 - h_2} \tag{1-47}$$

76. 什么是临界压力比？

答：临界压力 p_k 与喷嘴前的蒸汽压力 p_1 之比称为临界压力，用符号 ε 表示。即

$$\varepsilon = \frac{p_k}{p_1} \tag{1-48}$$

临界压力比仅与工质性质有关。对于过热蒸汽的 $\varepsilon = 0.546$；对于干饱和蒸汽的 $\varepsilon = 0.577$。

77. 如何使用稳定流动的过程方程式？

答：工质在管道内绝热稳定流动时，若忽略摩擦和扰动，则可视为可逆绝热流动，即等熵流动。过程方程式为

$$pv^k = 常数 \tag{1-49}$$

式中　k——绝热指数，对理想气体，$k = c_p/c_v$；对于水蒸气，k 为经验数据，值为变量。过热蒸汽，$k = 1.30$；干饱和蒸汽，$k = 1.135$；湿饱和蒸汽，$k = 1.035 + 0.1x$。

式(1-49)表明了工质在等熵流动过程中的压力和比体积之间的变化关系。

78. 绝热节流过程的基本特性是什么？

答：根据绝热节流过程分析，应满足稳定绝热流动方程式：

$$h_1 + \frac{c_1^2}{2} = h_2 + \frac{c_2^2}{2}$$

实验表明，绝热节流后气体的压力降低了，但节流前后的气体流速基本不变。则上式就变为

$$h_1 = h_2 \tag{1-50}$$

式(1-50)说明，绝热节流过程前后蒸汽的焓值相等，这就是绝热节流过程的基本特性。

79. 水蒸气绝热节流后，状态参数的变化规律是怎样的？

答：水蒸气的绝热节流过程，若已知节流前的状态(p_1、T_1)及节流后的压力 p_2，根据绝热节流前后蒸汽的焓值相等的特点，可以很方便地在 $h-s$ 图上确定节流后状态参数的变化情况。由图 1-14 中绝热节流过程 1-1′可以明显看出，水蒸气绝热节流后，状态参数的变化规律为：$\Delta p < 0$，$\Delta v > 0$，$\Delta h = 0$，$\Delta s > 0$，一般情况下 $\Delta T < 0$。从图中可以看出，过热蒸汽经节流后温度虽然降低了，但过热度却增加了（如过程

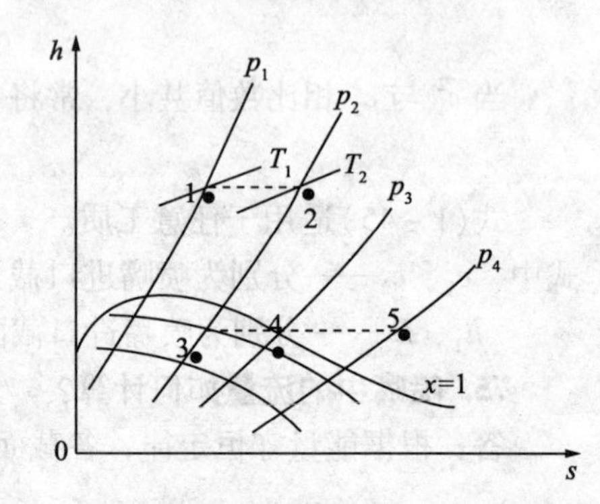

图 1-14　水蒸气绝热节流前后的参数变化

1－1′)；湿蒸汽绝热节流后，大多数情况下的干度均增加，可以变为干蒸汽(如过程3－4)，进一步节流后甚至会变为过热蒸汽(如过程4－5)。

80. 什么是节流、绝热节流?

答：工质在管内流动时，由于通道截面突然缩小，由于局部阻力使工质流速突然增加而压力下降的现象称为节流。

若节流过程中工质与外界没有热交换，则称为绝热节流。

81. 举例说明绝热节流在汽轮机中的应用。

答：(1)利用节流减少汽轮机汽封系统的蒸汽泄漏量

汽轮机端部轴封常采用迷宫式密封以减少蒸汽泄漏量，压力为 p_1 的蒸汽通过每个汽封齿都经历一次节流，使蒸汽的压力逐渐降至汽封后压力 p_2，由于泄漏量的大小取决于每一汽封齿前后的压差，当汽封齿数增加时，在总压力差(p_1-p_2)不变的条件下，每一汽封齿前后的压力差减少，因此增加汽封齿就能减少蒸汽泄漏量。

(2)利用节流调节汽轮机的功率

一些汽轮发电机组采用节流调节来调节汽轮机的功率。当主蒸汽参数不变时，通过改变调节汽阀的开度来控制进入汽轮机的蒸汽参数和蒸汽量，以调节汽轮机的功率。当外界用户负荷减小时，通过调速器调节关小调节汽阀，使进入汽轮机的蒸汽压力降低，蒸汽流量减小，作功能力降低，从而达到降低电负荷的目的；反之，当电负荷增大时，可增大调节汽阀开度，使蒸汽压力增大，蒸汽流量增大，达到增加电负荷的目的。

82. 什么是朗肯循环?

答：水在锅炉和过热器中定压加热，由未饱和水加热变成过热蒸汽。过热蒸汽经管道送入汽轮机，在汽轮机内绝热膨胀做功，做完功的排汽排入凝汽器中，被冷却水凝结成水，凝结水再经锅炉给水泵绝热压缩后送入锅炉受热，这样组成的汽－水基本循环，称为朗肯循环。

83. 画出朗肯循环的装置示意图。

答：图1－15所示为朗肯循环的装置示意图。朗肯循环的设备主要由锅炉、汽轮机、凝汽器和锅炉给水泵组成。

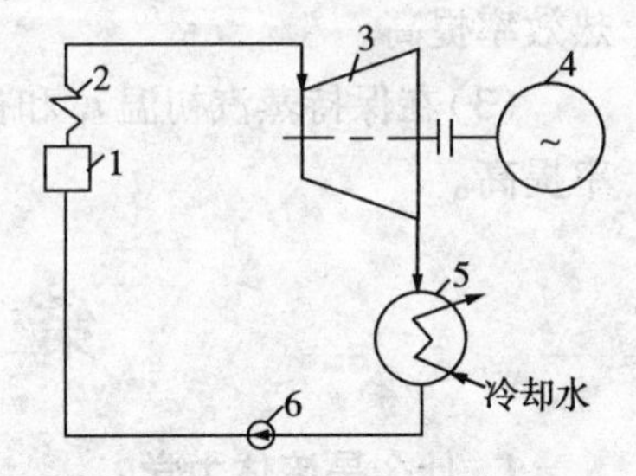

图1－15 朗肯循环热力设备系统图

1—锅炉；2—过热器；3—汽轮机；4—发电机或压缩机；5—凝汽器；6—锅炉给水泵

84. 画出朗肯循环的 *T－s* 图并说明图中各线段表示什么热力过程?

答：图1－16所示为朗肯循环的 $T-s$ 图。4—1线表示水在锅炉及过热器定压加热过程，分为三个阶段进行：其中4－5段是未饱和水定压预热到饱和水，加热过程中水的温度升高、体积、焓、熵都增加；5－6段是饱和水在水冷壁中定压定温加热成干饱和蒸汽，蒸汽的比体积、焓、熵均增加；6－1段是蒸汽在过热器中定压加热成过热蒸汽，蒸汽的温度升高、比体积、焓、熵增加。

1—2线表示过热蒸汽在汽轮机中绝热膨胀做功过程。膨胀过程中的压力、温度、焓降低，而熵不变，体积增加。

2—3线表示乏汽在凝汽器中定压凝结放热过程。在凝结放热过程中压力不变，比体积、焓、熵减小。

3—4 线表示水在锅炉给水泵中绝热压缩过程。在压缩过程中熵不变，比体积基本不变，温度、焓稍有增加(可以忽略不计)。在 $T-s$ 图上，3、4 两点几乎重合在一起，这样朗肯循环的 $T-s$ 图可以简化成如图 1－17 所示。

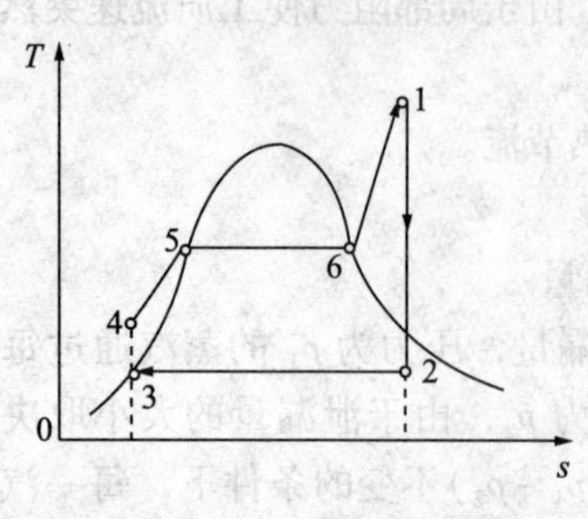

图 1－16　朗肯循环的 $T-s$ 图

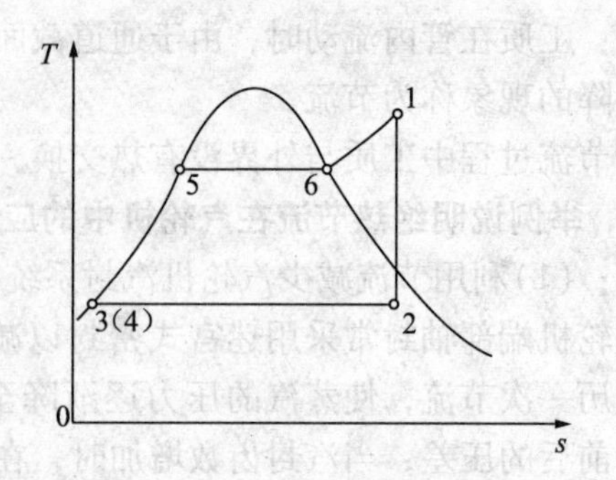

图 1－17　简化的朗肯循环 $T-s$ 图

85. 影响朗肯循环热效率的参数有哪些?

答：从朗肯循环热效率公式 $\eta=\frac{h_1-h_2}{h_1-h'_2}$ 可以看出，热效率 η 由 h_1，h_2 和 h'_2 三个数据所决定。新蒸汽焓 h_1 由其压力 p_1 和温度 t_1 决定。饱和水焓(或称凝结水焓) h'_2 由乏汽压力 p_2 决定，参数 p_1、t_1、p_2 共同决定乏汽的焓 h_2。因此，朗肯循环的热效率 η 完全由 p_1、t_1 和 p_2 所决定。

86. 采取哪些措施可以提高循环热效率?

答：(1)在保持蒸汽初压 p_1 和乏汽压力 p_2 不变的情况下，提高蒸汽初温 t_1 可使循环热效率提高。

(2)在保持蒸汽初温 t_1 和乏汽压力 p_2 不变的情况下，提高蒸汽的初压 p_1 也可以使循环热效率提高。

(3)在保持蒸汽初温 t_1 和初压 p_1 都不变的情况下，降低乏汽压力 p_2 也可以使循环热效率提高。

第二节　流体力学基础知识

1. 什么是流体力学?

答：研究流体在各种力的作用下的状态，以及流体和固体壁面、流体和流体间、流体与其他运动形态之间的相互作用的学科。它包括流体静力学和动力学。

2. 何谓流体?

答：液体和气体因具有流动性统称为流体。

3. 流体有哪些主要物理性质?

答：流体的物理性质主要有：流体的惯性、万有引力特性、流体的压缩性、流体的膨胀性、流体的黏滞性。

4. 什么是流体的惯性?

答：流体所具有的保持原有运动状态的物理性质称为流体的惯性。流体的质量愈大，其惯性也愈大。

5. 什么是万有引力特性?

答: 物体之间相互具有吸引力的物理性质称为万有引力特性。

流体受到地球的吸引力称为重力，用符号 G 表示。重力的数值取决于流体的质量和重力加速度，即

$$G = mg \tag{1-51}$$

式中　G——流体的重力，N；

m——流体的质量，kg；

g——重力加速度，一般采用 $g = 9.81\text{m/s}^2$。

6. 什么是流体的压缩性?

答: 流体的体积随压力增加而缩小的性质称为流体的压缩性。流体的压缩性一般用体积压缩系数表示，即流体所承受的压力每增加 1N/m^2，流体体积的相对变化量。即

$$\beta_p = -\frac{\frac{\Delta V}{V}}{\Delta p} \tag{1-52}$$

式中　β_p——体积压缩系数，m^2/N 或 1/Pa；

Δp——作用于流体上的压力增量，N/m^2；

V——流体原有体积，m^3；

ΔV——流体体积的变化量，m^3。

因 Δp 与 ΔV 异号，为了保持 β_p 为正值，在等号的右侧加一负号。

式(1-52)表明，β_p 值大的流体，较易压缩。反之，β_p 值小的流体，较难压缩。

7. 什么是流体的膨胀性?

答: 流体的体积随温度升高而增大的性质称为流体的膨胀性。

流体的膨胀性一般用体积膨胀系数表示，即流体每升高 1K 时，流体体积的相对变化量。即

$$\beta_T = \frac{\frac{\Delta V}{V}}{\Delta T} \tag{1-53}$$

式中　β_T——体积膨胀系数，1/K；

ΔT——流体温度的增加量，K；

$\frac{\Delta V}{V}$——流体体积的相对变化量。

8. 什么是流体的黏滞性?

答: 当流体运动时，在流体的层间发生摩擦力或黏性阻力的特性称为流体的黏滞性。

9. 黏性阻力产生的原因有哪些?

答: (1)分子间的吸引力形成的黏性阻力。当流层之间没有相对运动时，相邻层间的流体分子均处于平衡位置，各方向的吸引力相平衡。当相邻层间有相对运动时，两流层间分子的吸引力便显示出来，形成阻力。

(2)分子不规则运动的动量交换形成的阻力。在运动流体中，由于分子作不规则运动，各流层之间互相有微观的分子迁移、掺混。当快层的分子迁移到慢层时，传递给慢层分子一定的动量，使慢层分子加速。当慢层分子迁移到快层时，得到一定的快层动量，而使快层分子减速。这种动量交换，使分子间互相碰撞，形成阻力。

10. 什么是实际流体？什么是理性流体？

答：自然界中的流体都具有黏滞性，称为实际流体。不具有黏滞性的流体称为理想流体，它是自然界中并不存在的假想流体。

11. 什么是液体静力学？

答：液体静力学是研究不可压缩流体处于平衡状态下遵守的力学规律及其在工程实践中的应用。

12. 作用在流体上的力按作用方式可分为哪两类？

答：作用在流体上的力按作用方式可分为质量力和表面力两大类。

质量力是指作用在每一个流体质点上的力，其大小与质量成正比。

表面力是指作用在所研究流体的体积表面上的力，其大小与表面积成正比。

13. 什么是液体静力学基本方程式？

答：液体静力学基本方程式是不可压缩流体在静止状态下遵守受力平衡规律的表达式。即

$$p = p_0 + \rho gh \tag{1-54}$$

式中 p——液体的静压力，Pa；

p_0——液体表面压力，Pa；

ρ——液体的密度，kg/m^3；

h——液面的深度，m。

式(1－56)可以看出，对于 p 来说，p_0、ρg 都是常数，h 是变量，p 随 h 的变化而变化，如果 ρgh 固定不变，p_0 增大多少，都会使液面以下深度为 h 处的压强 p 也增加多少。这就是物理学的帕斯卡定律。

14. 液体静力学基本方程式说明哪些问题？

答：(1)静止液体中，任意一点的静压力值等于表面压力加上该点在液面下的深度与密度、重力加速度的乘积。

(2)液体的静压力的 p 值随液体的深度 h 按直线规律变化。

(3)相同种类、静止的连通液体中，深度相同各点的静压力值相等，故有静压力值相等的各点组成的面(称为等压面)必然是水平的平面。

(4)液体表面压力 p_0 均匀地传递到液体各质点。

15. 什么是流量？它有哪两种表示方法？

答：单位时间内通过过流断面的流体数量称为流量。它有质量流量和体积流量两种表示方法。

(1)质量流量

单位时间内通过过流断面的流体质量。单位为 kg/h 或 kg/s。即

$$W = \frac{m}{\mathrm{t}} \tag{1-55}$$

式中 W——表示质量流量，kg/h 或 kg/s；

m——表示流体通过过流断面的质量，kg；

t——表示时间，h 或 s。

(2)体积流量

单位时间内通过过流断面的流量体积数。单位为 m^3/h 或 m^3/s。即

$$Q = \frac{V}{t} \tag{1-56}$$

式中 Q——体积流量，m^3/h 或 m^3/s；

V——流体通过过流断面的体积，m^3；

t——时间，h 或 s。

质量流量与体积流量之间的关系为

$$W = Q\rho \tag{1-57}$$

式中 ρ——在操作条件下流体的密度，kg/m^3。

16. 什么是流体的运动要素？

答：表征流体运动的物理量称为流体的运动要素，如运动速度、加速度、密度和动压力等。这些运动要素不是各自孤立的，它们相互之间有一定的联系。

17. 什么是流体动压力、流体质点的运动速度？

答：作用在运动流体各点的压力称为流体动压力，简称为压力，也用符号 p 表示。

流体质点的运动速度是指质点在单位时间内移动的距离，用符号 u 表示。

18. 什么是流线？它有哪些特点？

答：流线是指流场中某一瞬间的一条空间曲线，处在该曲线上的各液体质点所具有的速度方向与曲线在该点的切线方向重合。

流线的特点有：

(1)稳定流动中流线的形状不随时间改变。

(2)稳定流动中流线与迹线重合。

(3)流线不能相交、不能折转。

19. 什么是过流断面？什么是水力要素？

答：与流动边界内所有流线垂直的横断面称为过流断面。或称有效断面，简称断面。过流断面可能是平面，也可能是曲面。

说明过流断面几何特征的量称为水力要素。它包括面积、湿周、水力半径和当量直径。

20. 什么是过流断面的流量？

答：单位时间内通过某一过流断面的流体数量称为该过流断面的流量。过流断面的流量又分为体积流量 Q 和质量流量 W。通过过流断面的体积流量定义式为

$$Q = \int_A u\mathrm{d}A \tag{1-58}$$

式中 u——液体通过过流断面上某一微小面积 $\mathrm{d}A$ 的流速，积分是对整个过流断面面积 A 计算的。

21. 什么是过流断面平均流速？

答：过流断面上各点流体的运动速度的算术平均值称为过流断面平均流速。即

$$c = \frac{Q}{A} \tag{1-59}$$

式中 c——断面平均流速，m/s；

Q——通过过流断面的实际流量，m^3/s；

A——过流断面面积，m^2。

22. 如何推导出理想流体的能量平衡——柏努利方程？

答：设有质量为 $m$kg 的理想流体流过如图 1-18 所示的管道，当流体通过管道横截面Ⅰ时，所具有的总机械能为：

$$E_1 = mgz_1 + m\frac{p_1}{\rho_1} + m\frac{w_1^2}{2}$$

当流体通过管道横截面Ⅱ时，所具有的总机械能为：

$$E_2 = mgz_2 + m\frac{p_2}{\rho_2} + m\frac{w_2^2}{2}$$

若在横截面Ⅰ和Ⅱ间无能量的加入和损失，则根据能量守恒定律。$E_1 = E_2$，即

$$mgz_1 + m\frac{p_1}{\rho_1} + m\frac{w_1^2}{2} = mgz_2 + m\frac{p_2}{\rho_2} + m\frac{w_2^2}{2}$$

由于理性流体不可压缩并忽略温度对流体密度的影响，可视作 $\rho_1 = \rho_2 = \rho$，则上式可简化为

$$gz_1 + \frac{p_1}{\rho} + \frac{w_1^2}{2} = gz_2 + \frac{p_2}{\rho} + \frac{w_2^2}{2} \tag{1-60}$$

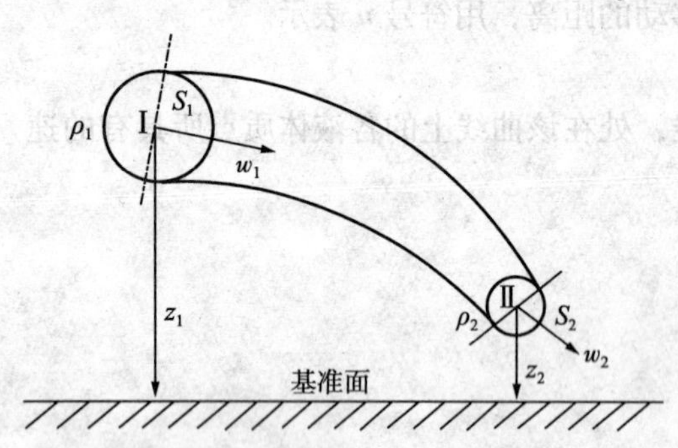

图 1-18　理想流体的能量平衡——柏努利方程式的推导

式(1-60)是每千克流体的能量平衡式，式中各项单位均为 J/kg。显然，能量若以压头表示，即 1N 流体的能量平衡式为：

$$z_1 + \frac{p_1}{\rho g} + \frac{w_1^2}{2g} = z_2 + \frac{p_2}{\rho g} + \frac{w_2^2}{2g} \tag{1-61}$$

式(1-60)和式(1-61)为理想流体的能量方程式，也称为理想流体的柏努利方程式。z、$c^2/2g$、$p/\rho g$ 它表示了单位重量具有的位置能头、速度能头、压力能头。能量方程式表示，流体在运动过程中，位置能头、速度能头、压力能头之间可以互相转换。

23. 什么是流体的黏性？什么是黏度？

答：将流动流体具有内摩擦力的这种特性称为流体的黏性。衡量流体黏性大小的物理量称为黏度。

24. 何谓流体的动力黏度？

答：在单位接触面积上，速度梯度为 1 时，由流体的黏性所引起的内摩擦力的大小称为动力黏度和绝对黏度，用符号 μ 表示。单位为 Pa · s，即

$$\mu = \frac{F}{S \cdot \frac{\Delta w}{\Delta y}} \tag{1-62}$$

式中　μ——黏度；

F——内摩擦力；

S——两流体层面积，m^2；

Δw——两流体层的相对速度，m/s；

Δy——两流体层间的距离，m；

$\frac{\Delta w}{\Delta y}$——速度梯度。

从式(1-62)可知，若取 $S = 1m^2$，$\Delta w / \Delta y = 1/s$，则在数值上 $\mu = F$。

25. 何谓流体的运动黏度？

答：流体的运动黏度是指黏度μ与密度ρ的比值，用符号ν表示。单位为m^2/s，即

$$\nu=\frac{\mu}{\rho} \tag{1-63}$$

26. 流体的流动状态分为哪两大类？各有什么流动特点？

答：英国物理学家雷诺经过大量试验研究后发现流体的运动存在着两种截然不同的状态，即层流状态和紊流状态。

流体流动时，液体质点之间相互无干扰、无掺混的流动状态称为层流。

流体流动时，液体质点之间相互干扰、掺混的流动状态称为紊流。

27. 层流和紊流各有什么流动特点？

答：层流时，各层间液体质点的运动轨迹是直线或有规则的平滑曲线。

紊流时，液体质点运动呈紊乱状态，运动轨迹不规则，除有沿主流方向的运动，还有沿垂直方向的运动。工厂企业自备电站中，汽、水、风、烟等在管道系统中的流动均为紊流运动。

28. 什么是雷诺数？

答：表征流体惯性力与黏性力之比的无量纲数称为雷诺数。流体力学中常用它来判断流体的流动状态，雷诺数用符号Re表示。即

$$Re=\frac{cd}{\nu} \tag{1-64}$$

式中 c——管中流体的平均流速，m/s；

d——圆形管道内径，m；

ν——流体的运动黏度，m^2/s。

流体雷诺数在2300与13800之间，其流动状态可能是紊流，也可能是层流。但这时的层流状态极易转变为紊流状态。工程中将这个范围内的流动当作紊流状态来处理。所以在流体力学中常以下临界雷诺数(简称临界雷诺数$Re_{临}$)作为判定流动状态的标准，即

$Re<Re_{临}=2300$，是层流状态；

$Re>Re_{临}=2300$，是紊流状态。

上述的$Re_{临}$值是在安静的实验室圆形管中测定的。因在实际中干扰很大，实际的$Re_{临}$会更小些。

29. 圆形水管直径$d=100mm$，水的平均流速$c=0.5m/s$，水的运动黏度$\nu_{水}=1\times10^{-6}m^2/s$，这时水处于什么流动状态？

答：水的雷诺数：$Re_{水}=\frac{cd}{\nu_{水}}=\frac{0.5\times0.1}{10^{-6}}=50000>2000$

水在圆形管中的流动为紊流状态。

30. 管道中流体流速是如何分布的？

答：由于流体在流动中有内摩擦力的存在，尤其是在紧靠管壁处，流体质点与管壁之间摩擦阻力更大。由于流体在圆管中流动时，紧贴管壁处的流体质点流速等于零；管轴处(中心处)的流体质点流速最大。在流体状态为层流和稳流时，流速的分布规律是不同的。

在层流运动时，因质点间不发生干扰与掺混，各流束都作平行于管轴的规则运动，在内

摩擦力的约束下，流速沿管道直径以抛物线的规律分布，如图 1－19(a)所示，过流断面上的平均流速 c 恰好等于管轴处流速 u_{max} 的 1/2，即 $c=\frac{1}{2}u_{max}$。

在紊流时的流速分布亦与抛物线相似，如图 1－19(b)所示，但由于流体质点间的互相干扰与掺混，使得除管壁附近以外各点的流速值相差不大，使得圆管中的流速分布曲线的顶端稍宽，且紊流程度愈剧烈，曲线的顶端亦愈显得宽而平坦，此时的平均流速为管轴处流速 u_{max} 的 0.8 倍左右，即 $c=0.8u_{max}$。

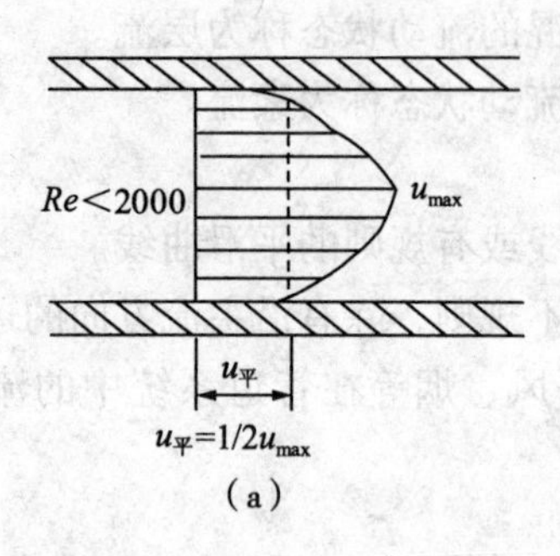

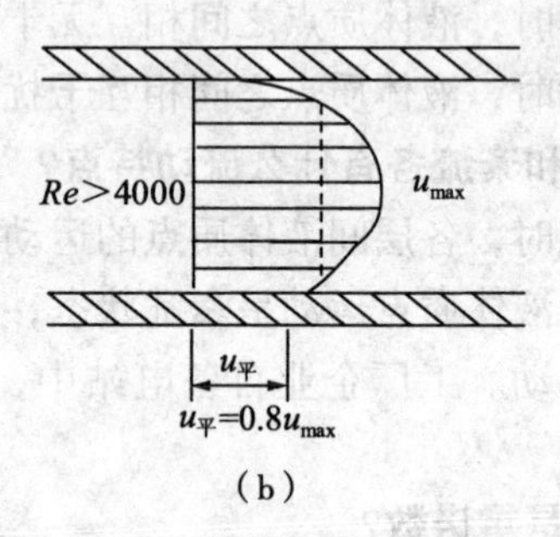

图 1－19　管道中流体流速的分布

从图 1－19 所示可以看出，由于紊流中，流体质点间动量的交换，使得以管道轴线为中心绝大部分的流体处于紊流状态；但在贴近管壁表面有一层很薄的流体，因受壁面的限制而没有脉动现象，保持着层流状态。这层流体称为层流边界层。紊流程度越大，层流边界层越薄，反之则越厚。层流边界层只能减少，不能消失。

31. 什么是流动阻力？

答：由于流体具有黏滞性，在流动时就产生了阻力，这种阻力称为流动阻力。

32. 流体阻力分为哪两大类？

答：根据流体流动边界是否沿流程变化，将流动阻力分为直管(或称沿程)阻力和局部阻力两大类。

直管阻力是指流体流经一定管径的直管时，由于内摩擦而产生的阻力。

局部阻力是指流体在流动中，由于管道的某些局部障碍(如管道系统中的管件、阀门、流量计以及管径突然扩大或缩小等)所引起的局部阻力。

33. 什么是直管阻力损失？

答：单位质量流体克服沿程阻力而损失的能量称为直管阻力损失，以 h_f 表示。

当流体通过圆形直管的阻力损失，其值大小除了随速度头的增加而增加外，还与管路的长度 L 成正比，并随管径 d 的减小而增大。即

$$h_f=\lambda.\ \frac{L}{d}.\ \frac{c^2}{2g} \tag{1-65}$$

式中　d——管道直径，m；

L——管道长度，m；

c——平均流速，m/s；

g——重力加速度；

λ——沿程阻力系数。

式(1－65)是紊流运动时沿程损失的计算公式。紊流中 λ 有时与雷诺数 Re 有关，有

时与管壁的相对粗糙度 ε 有关；有时 λ 与雷诺数 Re 有关，也与管壁的相对粗糙度 ε 有关。

34. 什么是局部阻力损失?

答：单位质量流体克服局部阻力而损失的能量称为局部损失，以 h_j 表示。

局部阻力损失计算公式有：

(1)局部阻力系数法

$$h_j = \xi \frac{c^2}{2g} \tag{1-66}$$

式中 ξ——局部阻力系数，由实验测定。

(2)当量长度法

工程上为了计算方便，还采用将局部阻力损失折合成相当于一定长度的直管所产生的阻力损失进行计算的方法，这种计算方法称为当量长度法。用符号 L_e 表示当量长度，于是局部阻力损失便可用直管阻力损失公式来计算，只是将式(1-72)中直管长度 L 改为 L_e。即

$$h_f = \lambda . \frac{L_e}{d} . \frac{c^2}{2g} \tag{1-67}$$

各种管件、阀门和流量计的当量长度都由实验测定，如表 1-1 所示。

表 1-1 各种管件、阀件及流量计等以管径计的当量长度

名 称	L_e/d	名 称	L_e/d
45°标准弯头	15	截止阀(全开)	300
90°标准弯头	30~40	角式截止阀(全开)	145
90°方形弯头	60	闸阀(全开)	7
180°弯头	50~75	(3/4 开)	40
标准三通管、流向为		(1/2 开)	200
		(1/4 开)	800
	40	旋启式止回阀(全开)	135
		带有过滤器的的底阀(全开)	420
	60	6″以上的蝶阀(全开)	20
		吸入阀或盘形阀	70
		盘式流量计(水表)	400
	90	文式流量计	12
		转子流量计	200~300
		由容器入管口	20

35. 什么是管道总阻力损失?

答：管道总阻力损失是指各段直管阻力损失与各个局部阻力损失之和。即

$$h_w = \sum h_f + \sum h_j \tag{1-68}$$

若整个管道系统中，管径 d 不变，则

$$h_w = \left(\sum \lambda \frac{L}{d} + \sum \zeta \right) \frac{c^2}{2g} \tag{1-69}$$

36. 什么是水击现象?

答：在压力管道中，由于液体的惯性作用，从而引起管道内的液体压力产生显著、反复、迅速地变化，这种现象称为水击或称为水锤。

37. 水击现象对管道运行有哪些危害?

答：水击现象发生时，引起管道中的压力升高的数值可能达到正常压力的几十倍甚至几百倍，使管壁材料受很大的应力，产生变形，严重时造成管道或附件的破裂。压力的反复变化，使管壁和水泵的过流部件受到反复的撞击，造成管道、管件或设备的振动。反复的撞击还可使金属表面损坏，轻者增大了管壁表面的粗糙度，重者损坏了管道或设备。

38. 水锤产生的原因有哪些?

答：产生水锤的内因是液体的惯性和压缩性，外因是外部扰动(水泵的启停、阀门的开关)。

39. 水击压力波在管道中的传播分为几个过程?

答：水击现象发生后，管道中的压力将出现周期性的变化，每一个周期又可分为四个过程，即压缩过程、压缩恢复过程、膨胀过程和膨胀恢复过程。

40. 写出水击压力波在管道中的传播速度计算公式。

答：水击波的传播速度，可由质量守恒定律、材料力学中的虎克定律推导出其计算式为：

$$c_0 = \frac{\sqrt{E_0/\rho}}{\sqrt{1 + \dfrac{E_0}{E}\dfrac{d}{\delta}}} \tag{1-70}$$

式中 c_0——水击波的传播速度，m/s；

E_0——液体的弹性系数，N/m^2(如水的 $E_0 = 2.06 \times 10^9$N/m^2)；

E——管壁材料的弹性系数，N/m^2(如钢管的 $E_0 = 206 \times 10^9$N/m^2)；

d——管道直径，mm；

δ——管壁厚度，mm。

41. 减少液体流动损失的方法有哪些?

答：(1)尽量保持液体管道系统的阀门处于全开状态，减少不必要的阀门和节流元件。

(2)合理选择管道直径和合理进行管道布置。

(3)采取适当的技术措施，减少局部阻力。

(4)减少涡流损失。

42. 削弱水击影响的措施有哪些?

答：延长阀门的启、闭时间；尽量缩短管道长度或增大管径；在管道上装设安全阀，以限制压力升高。

第三节　金属材料基础知识

1. 金属材料的性能包括哪些性能?

答：金属材料的性能包括使用性能和工艺性能。

2. 什么是金属材料的使用性能?

答：金属材料的使用性能是指金属材料在使用条件下所表现的性能，包括物理性能、化学性能和机械性能。

3. 什么是金属材料的机械性能?

答：金属材料在外力的作用下所表现出来的特性称为金属材料的机械性能，包括强度、硬度、弹性、塑性、冲击韧性、疲劳强度和断裂韧性等。

4. 什么是变形？

答：金属材料在外力的作用下所引起的尺寸和形状的变化称为变形。任何金属在外力作用下产生的变形都是先发生弹性变形然后到弹性–塑性变形，最后发生断裂的阶段。

5. 什么是金属强度？金属强度分为哪几种？

答：金属材料在外力作用下抵抗变形和破坏的能力称为金属强度。金属强度可分为抗拉强度、抗压强度、抗弯强度和抗扭强度4种。

6. 什么是抗压强度？

答：材料抵抗压力的极限强度称为抗压强度。

7. 强度指标主要有哪些？

答：强度指标主要有弹性极限、屈服极限、强度极限。

金属材料在外力作用下产生弹性变形的最大应力称为弹性极限。用符号 σ_e 表示。

金属材料在外力作用下出现塑性变形时的应力称为屈服极限。用符号 σ_s 表示。

金属材料在外力作用下断裂时的应力称为强度极限。用符号 σ_b 表示。

8. 什么是塑性？

答：塑性是指金属材料产生塑性变形而不破坏的能力。塑性指标有延伸率和断面收缩率。

9. 什么是延伸率？

答：试样被拉断后，伸长的长度同原始长度之比的百分率，称为延伸率，用符号 A 表示。即

$$A = \frac{l - l_0}{l_0} \times 100\% \qquad (1-71)$$

式中 l——试样拉断后的长度，mm；

l_0——试样原始的长度，mm。

10. 什么是断面收缩率？

答：试样被拉断后，断面缩小的面积与原截面面积之比的百分率，称为断面收缩率，用符号 Z 表示。即

$$Z = \frac{S_0 - S}{S_0} \times 100\% \qquad (1-72)$$

式中 S_0——试样的原始截面积，mm^2；

S——试样断口处的截面积，mm^2。

11. 什么是金属材料的物理性能？包括哪些方面？

答：金属材料不需要化学变化而表现出的性能称为金属材料物理性能。金属材料物理性能包括金属的密度、比热容、熔点、导电性、导热性、磁性、热膨胀性、抗氧化性和耐腐蚀性等。

12. 什么是金属材料的化学性能？

答：金属材料与周围介质接触时抵抗发生化学或电化学反应的性能称为金属材料化学性能，如耐腐蚀性、抗氧化性、耐酸性、耐碱性等。

13. 什么是硬度？

答：材料抵抗硬物压入其表面的能力称为硬度。硬度是衡量金属材料的软硬程度的一项

重要的性能指标，它既可以理解为是材料抵抗弹性变形、塑性变形或破坏的能力，也可表述为材料抵抗残余变形和反破坏的能力。金属材料的硬度越高，其表面抵抗塑性变形的能力越强，塑性变形越困难。

14. 常用硬度的测定方法有那几种？各有哪些特点：

答： 常用硬度的测定方法有布氏硬度实验法、洛氏硬度实验法和维式硬度实验法三种。

布氏硬度实验法的压痕面积较大，因此布氏硬度能反映较大范围内的平均硬度，有很高的测量精度和测量数据的稳定性。但操作比较费时，不宜用于大批量逐件检验以及某些不允许表面有较大伤痕的工件。

洛氏硬度实验法的优点是操作简便，可以直接读出硬度值；压痕小，几乎不伤工件表面。其缺点是压痕小，所测硬度值离散性较大。洛氏硬度实验法是目前生产中应用最广的硬度测试方法。洛氏硬度实验法适合于测量较硬材料的硬度。

维式硬度计测试精度高，体积小，易于携带和现场操作，可以从任何方向测试工件，可测试复杂的大型工件；但对于那些小、轻、薄或形状特殊复杂的工件，测试有一定的困难或测试误差较大。

15. 简述布氏硬度值测定原理。

答： 布氏硬度值是由布氏硬度实验法测定的，其原理如图 1－20 所示。将直径为 D 的钢球或硬质合金球上施加一定载荷 F，使钢球压入被测金属表层，经规定持续时间后卸除载荷，测定压痕直径 d，以球冠形压痕单位面积所承受的平均负荷作为布氏硬度 HB 值，即

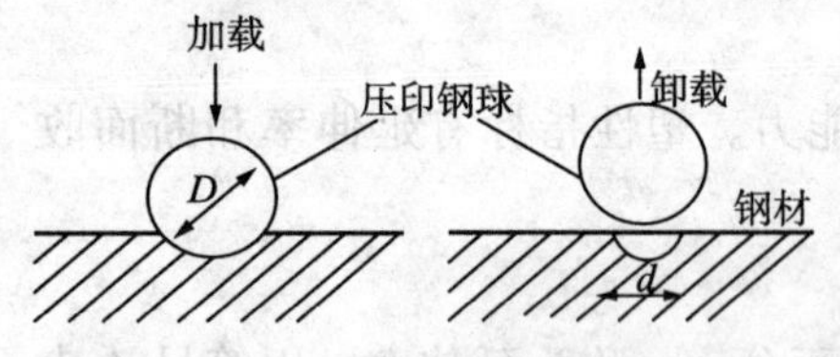

图 1－20　布氏硬度测定原理

$$HB = 0.102\frac{2F}{\pi D(D-\sqrt{D^2-d^2})} \qquad (1-73)$$

式中　F——所加载荷，N；

D——压头直径，mm；

d——压痕直径，mm。

16. 简述洛氏硬度值测试原理。

答： 洛氏硬度值由洛氏硬度实验测定的。其原理是用一个锥角 120°的金刚石锥体或一定直径的钢球为压头，在规定载荷的作用下，压入被测金属表层，持续一定时间后卸除载荷，由留下的压痕深度来确定其硬度值，并定义为洛氏硬度，记为 HR。实验时，由于实验机巧妙地运用了杠杆原理和进行了数据处理，操作者可直接在实验机表盘上读出其硬度值。材料越硬，洛氏硬度值越大。

17. 简述维氏硬度值测试原理。

答： 维氏硬度值是用维式硬度计来测定的，其原理是在一定载荷的作用下，使装有碳化钨球的冲击侧头冲击被测金属表面，测量冲击侧头距试件表面 1mm 处的冲击速度与回跳速度。维式硬度值是以冲击侧头回跳速度与冲击速度之比来表示的，即

$$HL = 1000\frac{v_b}{v_a} \qquad (1-74)$$

式中　HL——维氏硬度值；

v_a——冲击侧头冲击速度；

v_b——冲击侧头回跳速度。

18. 什么是冲击韧性、冲击载荷？

答：金属材料在冲击载荷作用下表现出来的抵抗破坏的能力称为冲击韧性。

在极短时间内有很大幅度变化的载荷称为冲击载荷。

19. 钢材在高温时的性能变化主要有哪几方面？

答：钢材在高温时的性能变化主要有蠕变、持久断裂、应力松弛、热脆性、热疲劳以及钢材在高温腐蚀中的氧化、腐蚀和失去组织稳定性。

20. 对高温工作下的紧固件材料突出的要求有哪些？

答：对高温工作下的紧固件材料突出的要求应有较好的抗松弛性能，其次是应力集中敏感性、热脆性小和良好的抗氧化性能。

21. 何谓金属的疲劳？

答：金属材料在远低于其屈服强度的交变应力长期作用下发生断裂的现象，称为金属的疲劳。绝大多数机械零件的破坏是疲劳破坏，如齿轮、汽轮机叶片、轴以及某些焊接件的破坏等。

22. 金属的疲劳的特点是什么？

答：(1)引起疲劳断裂的应力低于静载荷下的屈服极限 σ_s；

(2)疲劳断裂时无明显的宏观塑性变形而是突然破坏，具有很大的危险性；

(3)疲劳断面上显示出裂纹源、裂纹扩展区和最后断裂区三个组成部分。

23. 疲劳断裂的原因是什么？

答：一般认为疲劳断裂的原因是由于零件应力集中严重或材料本身强度较低的部位(裂纹、夹杂、刀痕等缺陷处)在交变应力作用下产生了疲劳裂纹，随着应力循环次数的增加，裂纹缓慢扩展，有效承载面积不断缩小，当剩余面积不能承受所加载荷时，发生突然断裂的现象。

24. 何谓疲劳强度？

答：金属材料在无限多次交变载荷作用下，而不至引起断裂的最大应力，称为疲劳强度，又称为疲劳极限。实际上，不可能让材料经受无限多次的应力循环，所以生产上常将能经受 $10^6 \sim 10^8$ 次循环而不断裂的最大应力作为疲劳强度。

25. 影响材料疲劳强度的因素有哪些？如何提高金属材料的疲劳强度？

答：影响金属材料疲劳极限的因素除了材料本身的成分、组织结构和材质等内因外，还与零件的几何形状、表面质量和工作环境等外因有关。因此，优化零件设计，改善表面加工质量，采取喷丸、滚压、表面热处理等工艺，均能有效地提高金属材料的疲劳强度。

26. 什么是金属材料的工艺性能？

答：金属材料的工艺性能是指金属材料承受各种加工、处理能力的性能。包括铸造性、可锻性、焊接性、热处理和切削加工性能等。

27. 什么是金属材料的铸造性能？

答：金属或合金适合铸造的工艺性能称为金属的铸造性能。主要包括流动性，充满模具的能力；收缩性，铸件凝固时体积收缩的能力；偏析性，化学成分不均匀。

28. 什么是金属材料的可锻性能？

答：金属材料在压力加工时，能承受一定程度的变形而不产生裂纹的能力，称为可锻性能。钢能承受锻造、轧制、拉拔、挤压等加工，可锻性能好。其中低碳钢可锻性最好，中碳钢次之，高碳钢较差，铸铁不能锻造。

29. 什么是金属材料的可焊性能?

答: 金属材料获得优质焊接接头的能力，称为金属的焊接性，也称可焊性。焊接性能的好坏，主要以焊接有无裂纹、气孔等缺陷以及焊接接头的机械性能来衡量。

30. 影响可焊性能的因素是什么?

答: 影响钢的可焊性能的主要因素是钢的含碳量。随着含碳量的增加，焊后产生裂纹的倾向增大。钢中其他合金元素的影响相应较小。将合金元素对可焊性能的影响折合成碳的影响，即为碳当量。碳当量 C_e 的计算公式为

$$C_e = C + \frac{Mn}{6} + \frac{Cr + Mo + V}{5} + \frac{Ni + Cu}{15}(\%) \quad (1-75)$$

式中 C、Mn、Cr、Mo、V、Ni、Cu——钢中该元素的质量分数,%;

当 $C_e < 0.4\%$ 时，可焊性能优良，焊接时可不预热；当 $C_e = 0.4\% \sim 0.6\%$ 时，可焊性能较差，焊接时需采取适当预热等工艺措施；当 $C_e > 0.6\%$ 时，可焊性能很差，焊接时需采取较高预热温度和较严格的工艺措施。

31. 什么是金属材料的切削加工性能?

答: 金属材料的切削加工性能是指金属材料是否易于切削加工。切削加工性能不但包括是否能得到高的切削速度、是否容易断屑，还包括是否能获得较高的表面粗糙度等。

32. 什么是金属的塑性变形?

答: 金属部件在受到外力作用时产生的变形，即当外力去除时不能恢复到原来的形状和尺寸的永久变形，称为塑性变形。金属在锻造、轧制、冲压、冷拉等加工过程中，均要产生塑性变形。借助于金属材料的塑性变形，可以赋予产品所需要的形状和尺寸，而且还可以提高强度，节约材料。

33. 塑性变形对金属组织和性能有哪些影响?

答: 金属在塑性变形后，其性能要发生一系列的变化。其中最主要的是造成加工硬化，同时也使其某些物理、化学性能发生变化，如电阻增大、耐腐蚀性降低等。金属因塑性变形使其强度、硬度升高而塑性、韧性降低。金属材料的变形越大，其性能的变化也越大。随着变形度的增加，金属的强度和硬度不断地提高，而塑性逐渐下降。

34. 什么是热加工?

答: 在高温状态下对金属进行加工的工艺称为热加工。通常热加工是指铸造、热处理、热轧、焊接等工艺。

35. 什么是钢的热处理?

答: 将钢在固态进行加热、保温和冷却来改变钢的组织，从而改变钢的性能的工艺称为钢的热处理。钢的热处理(如退火、正火、淬火、回火)可分为加热、保温和冷却三个阶段，一般用热处理工艺曲线来表示，如图 1-21 所示。热处理是提高金属材料使用性能的有效途径，也是改善金属材料加工性能的重要手段。绝大多数重要的机械零件都要进行热处理。例如汽轮机的转子、叶片、紧固件、铸件等均要经过热处理。

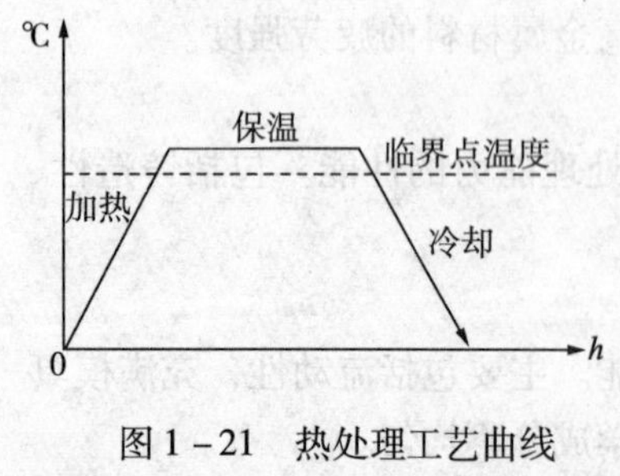

图 1-21 热处理工艺曲线

36. 什么是钢的退火? 退火的目的是什么?

答: 将工件加热略高于或略低于临界点的某一温度，保温一定时间，然后缓慢冷却的一种热处理工艺，称为退火。

退火的目的是细化晶粒，改善钢的力学性能；降低硬度，提高塑性，以便进一步切削加工；去除或改善前一道工序造成的组织缺陷或内应力，防止工件的变形和开裂。

37. 什么是钢的正火？正火的目的是什么？

答：将工件加热至略低于临界点以上50～70℃，保温后将工件从炉中取出在空气中冷却的一种热处理工艺，称为正火。

正火的主要目的是细化晶粒，均匀组织，改善钢的力学性能；消除铸、锻和焊接件的内应力；调整硬度，以改善切屑加工性。

38. 什么是钢的淬火？淬火的目的是什么？

答：将工件加热至高于或略低于临界点以上30～50℃，保温后快速冷却的一种热处理工艺，称为淬火。

淬火的主要目的是为了获得马氏体组织，提高钢的机械性能。

39. 回火的目的是什么？根据回火时的加热温度可分为哪几类回火？

答：回火的主要目的是降低脆性、提高韧性和塑性，从而满足对工件使用的性能的要求。

根据回火时的加热温度，回火可分为低温回火(150～250℃)、中温回火(350～500℃)、高温回火(500～650℃)三类。

40. 什么是表面淬火？

答：仅对钢的表面加热和冷却而不改变钢表层化学成分的热处理工艺，称为表面淬火。表面淬火是通过快速加热使钢表层奥氏体化，不等热量传至心部立即快速冷却，使表层获得硬而耐磨的马氏体，心部仍为塑性、韧性较好的退火、正火或调质状态的组织。

41. 常用表面淬火的方法有哪几种？

答：常用表面淬火的方法有火焰加热表面淬火和感应加热表面淬火两种。

(1)火焰加热表面淬火。此方法是用乙炔－氧或煤气－氧混合气体的火焰喷射到钢件表面，使其快速加热至淬火温度，随即喷水冷却。此方法简单，但加热温度不易控制，淬火质量不稳定，故应用不广泛。

(2)感应加热表面淬火。此方法是将工件置于通以一定频率交流电的线圈中，利用钢件表面的感应电流对钢件表面快速加热至淬火温度，然后喷水冷却，使钢件表面淬硬的一种热处理工艺。钢的加热表面淬火温度易控制，加热速度快，不易产生氧化、脱碳及变形，是应用较广泛的表面淬火工艺。

42. 什么是表面化学热处理？

答：将钢件置于一定介质中加热和保温，使介质中的活性原子渗入工件表层，以改变表层的化学成分和组织，从而使工件表层具有某些特殊的力学或物理、化学性能的一种热处理工艺，称为表面化学热处理。常见的化学热处理有渗碳、渗氮、碳氮共渗、渗金属等。

43. 什么是焊前热处理？焊前预热的目的是什么？

答：焊前热处理是指钢材在焊前先预热到一定温度，在此温度下进行焊接的加热工艺。焊前热处理也称为焊前预热。

焊前预热的目的是降低焊后冷却速度，从而减小淬硬倾向及焊接应力；预热可以减小焊件热影响区的温度梯度，使其在比较宽的范围内获得较均匀的分布，有助于减小因温差而造成的焊接应力。

44. 什么是焊后热处理？其目的是什么？

答：将焊接接头加热到适当温度并保温，然后缓慢冷却的热处理工艺，称为焊后热处理。

焊后热处理的目的是经过正确的焊后热处理，可以降低焊接残余应力，软化淬硬区，改善焊缝和热影响区的组织和性能，降低含氢量等。

45. 什么是碳钢？碳钢按含碳量如何分类？

答：含碳量为0.02%～2.11%的铁碳合金称为碳素钢，简称碳钢。碳钢按含碳量分类可分为低碳钢(C≤0.25%)、中碳钢(C＝0.25%～0.6%)、高碳钢(C>0.6%)。

46. 碳钢按含量如何分类？

答：根据钢中有害杂质S、P的含量分为普通碳素钢(S≤0.050%、P≤0.045%)、优质碳素钢(S≤0.035%、P≤0.035%)、高级优质碳素钢(S≤0.025%、P≤0.025%)。

47. 什么是合金元素、合金钢？

答：为了提高钢的某些性能或使之获得某些特殊的性能，在冶炼时特意向钢中加入一定量的某些元素，这些元素称为合金元素。含有合金元素的钢称为合金钢。

48. 合金钢按化学成分如何分类？

答：(1)按加入的合金元素种类分为锰钢、铬钼钢、铬钼钒钢等。

(2)按钢中所含合金元素总量分为低合金钢(合金元素总量<5%)、中合金钢(合金元素总量为5%～10%)、高合金钢(合金元素总量>10%)。

49. 什么是不锈钢？什么是耐酸钢？

答：能抵抗大气、蒸汽、水等介质腐蚀的钢称为不锈钢。

能抵抗酸、碱、盐等强烈的腐蚀介质腐蚀的钢称为耐酸钢。

50. 常用不锈钢如何分类？

答：(1)按化学成分。可分为铬不锈钢、铬镍不锈钢、铬锰不锈钢等。

(2)按正火状态的组织。可分为马氏体型不锈钢。铁素体型不锈钢、奥氏体型不锈钢、铁素体－奥氏体型双相不锈钢、沉淀硬化性不锈钢等。

51. 常用的马氏体型不锈钢是哪一型钢？它有哪些特点？

答：常用的马氏体型不锈钢是Cr13钢(1Cr13、2Cr13、3Cr13、4Cr13)，这类钢正火后可得到马氏体组织，故称为马氏体型不锈钢。

马氏体型不锈钢在氧化性介质(如大气、水蒸气、海水、氧化性酸等)中有足够的耐蚀性，而在非氧化性介质(如硫酸、盐酸、碱溶液等)中耐蚀性很低。随着钢中的含碳量的增加，钢的强度、硬度增加，塑性、韧性降低，耐蚀性降低。

52. 什么是耐热钢？常用的耐热钢有哪些？

答：耐热钢是指在高温下具有高的热稳定性及热强性的钢。热稳定性是指高温化学稳定性，即钢对各种介质高温化学腐蚀的抗力，特别是高温抗氧化性，热强性则表示钢在高温下的强度性能。

按小截面试样正火后的金相组织，耐热钢可分为珠光体耐热钢、马氏体耐热钢、铁素体耐热钢和奥氏体耐热钢。

53. 什么是铸铁？铸铁如何分类？

答：含碳量为2.11%～6.69%的铁碳合金称为铸铁。

铸铁按如下分类：

(1)根据碳在铸铁中的存在形式，可将铸铁分为：白口铸铁、灰口铸铁、麻口铸铁。

(2)根据铸铁中石墨形态的不同，可将铸铁分为：灰口铸铁、可锻铸铁、球墨铸铁、蠕墨铸铁。

54. 什么是蠕变？

答：金属在高温下，即使其所受的应力低于金属在该温度点下的屈服点，只要在这样的应力下长期工作，也会随着时间的延长发生缓慢而持续的塑性变形，这种现象称为蠕变。

金属材料的不同，开始发生蠕变的温度也不同，且蠕变的快慢程度也不同。如碳钢在300～500℃，合金钢超过400℃，在一定应力长期作用下都会产生蠕变，并且蠕变温度随合金成分不同而变化，而且温度越高，应力越大，蠕变速度越快。

锅炉、汽轮机在运行中产生蠕变的零部件很多，例如过热器管、蒸汽管道和高温紧固件等。过热器管蠕变现象严重时会使管壁越来越薄，最终导致爆管事故的发生。因此，抗蠕变能力的大小是衡量耐热钢高温机械性能的一个重要指标。

55. 什么是蠕变曲线？蠕变变形过程分为哪三个阶段？

答：描述金属在一定温度和应力作用下的蠕变变形量与时间的关系曲线，称为蠕变曲线。蠕变曲线可以描述金属在蠕变时的整个变形过程，典型的蠕变曲线如图1－22所示，从图1－22可以看出，典型的蠕变变形过程可分为ab、bc、cd三个阶段：

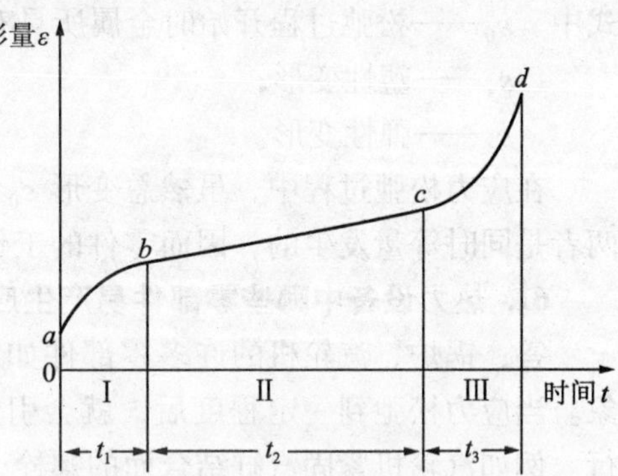

图1－22 典型蠕变曲线（T＝常数，σ＝常数）

ab——蠕变第Ⅰ阶段，也称蠕变的不稳定阶段。其特点是塑性变形的增长速度，随时间的延长而逐渐减小，直至经过时间t_1后，蠕变速度不再发生变化。

bc——蠕变第Ⅱ阶段，也称为蠕变的稳定阶段。此阶段内，金属材料以恒定的蠕变速度变形，bc为近似直线。时间段t_2的长短决定了金属在高温下工作的蠕变寿命。

cd——蠕变第Ⅲ阶段。也称蠕变的失稳阶段，在此阶段蠕变速度增加很快，直至d点发生断裂。金属部件一般不允许在这一阶段状态下运行，故此阶段持续时间t_3不能计入部件的使用寿命。

56. 蠕变极限有哪两种表示方法？

答：蠕变极限是金属高温强度考核指标之一，蠕变极限有两种表示方法：一种方法是在一定工作温度下，引起规定变形速度的应力值，这里所指的变形速度即蠕变第二阶段的变形速度，当温度为T，变形速度为$1\times10^{-5}\%/h$下，相对应的蠕变极限（应力）为$\sigma_1^T\times10^{-5}$。另一种方法是在一定的工作温度下，在规定的时间内，使金属发生一定总变形量相对应的应力值，后一种方法是常用的表示方法。

在汽轮机中，将蠕变极限定为运行10^5h以后，引起的总变形量为0.1%的应力值。

57. 什么是持久强度？

答：金属的持久强度是指在给定温度下经过一定的时间材料破坏时的应力值。如汽轮机汽缸、叶轮、隔板等零部件用钢的设计寿命一般为10^5h（约为12年），则其持久强度表示为$\sigma_{10^5}^T$，表示在温度t下持续时间为10^5h材料的持久强度，单位为MPa。例如$\sigma_{10^5}^{700}$表示在700℃下持续10^5h材料破坏时的应力即持久强度。

58. 什么是持久塑性？

答：当做持久强度试验时，材料断裂后的断后伸长率和断面收缩率表征了材料在高温和应力长期作用下的塑性性能，称为持久塑性。

59. 影响蠕变极限和持久强度的因素有哪些？

答：影响蠕变极限和持久强度的因素主要取决于材料的化学成分，而且与冶金质量、组织状态、温度波动、热处理工艺、冷变形程度、晶粒度等密切相关。

60. 何谓应力松弛？

答：金属零部件在高温和某一初始应力的作用下，若维持总变形量不变，随着时间的延长，零部件内的工作应力逐渐降低的现象称为应力松弛，简称松弛。松弛过程可以用一数学式来表示，即

$$\varepsilon_0 = \varepsilon_p = \varepsilon_e = \text{常数} \tag{1-76}$$

式中 ε_0——松弛过程开始时金属所具有的开始的总变形；

ε_p——塑性变形；

ε_e——弹性变形。

在应力松弛过程中，虽然总变形 ε_0 不变，但弹性变形 ε_e 在逐渐地转变为塑性变形 ε_p，两者是同时等量发生的，因而零件的工作应力随时间而降低。

61. 热力设备中哪些零部件易产生应力松弛现象？

答：锅炉、汽轮机的许多零部件如紧固件、弹簧、汽封、弹簧片等会产生应力松弛现象。当应力松弛到一定程度后，就会引起汽缸水平剖分面或阀门盖漏汽，影响机组正常运行。例如汽轮机紧固汽缸结合面的螺栓，在开始运行前受一预先的初紧力，产生一定的总变形，这个总变形中的弹性变形产生的初始工作应力致使螺栓将上下汽缸水平剖分面压紧而不漏汽。在高温下螺栓逐渐发生蠕变，螺栓的总长度不变，弹性变形减小，塑性变形增加，所以工作应力降低，螺栓紧力松弛，当松弛达到一定程度汽缸水平剖分面将会漏汽。

62. 应力松弛和蠕变有哪些区别及联系？

答：应力松弛和蠕变既有区别，又有一定的联系。可以认为，蠕变是在恒温、恒应力的长期作用下，塑性变形随时间的延长而逐渐增加的过程；而应力松弛则是在恒定的总变形量的条件下，应力随时间的增加而逐渐缩小的过程。蠕变抗力高的材料，其抗松弛也好。因此，可以将应力松弛现象可视为应力随时间的增加而逐渐减小的蠕变过程。

63. 影响钢的抗松弛性的因素有哪些？

答：(1)合金元素对抗松弛性的影响

①钢的含碳量对抗松弛稳定性的影响。对于碳钢，当工作温度为400～450℃时，对抗松弛稳定性产生最佳影响的含碳量是0.17%。在低合金Cr－Mo－V－Nb钢中含碳量由0.2%增加到0.3%时，使抗松弛稳定性降低。

②在低合金Cr－Mo钢中加入钒能显著提高钢的抗松弛稳定性。在低合金Cr－Mo－V钢中，当V/C＝4时，抗松弛稳定性最高。在低合金Cr－Mo－V钢中加入适量的钛，能显著改善钢的抗松弛稳定性。

(2)热处理对钢的抗松弛稳定性的影响

①热处理规范对钢的抗松弛稳定性的影响。低合金Cr－Mo－V钢经正火＋回火热处理后，抗松弛稳定性比淬火＋回火好。

②热处理参数对低合金耐热钢的抗松弛稳定性的影响。提高奥氏体化温度可使钢的抗松弛稳定性增加，提高回火温度使钢的抗松弛稳定性降低。不同成分的低合金耐热钢，对抗松弛稳定性影响的温度范围各不相同。

(3)重负加载对抗松弛稳定的影响

汽轮机汽缸使用的螺栓，在机组每次大修时均需拆装一次，即相当于螺栓重复加载一次，高温螺栓在整个使用寿命中需经重复加载若干次。对低合金 Cr－Mo－V 钢研究表明，重复加载能提高钢的抗松弛稳定性。

64. 什么是热疲劳?

答: 工作部件在温度反复变化下其内部产生较大的交变热应力而导致裂纹的萌生和扩展的过程，称为热疲劳。汽轮机在启停或工况变化时，汽缸、转子等金属部件就会受到因温度变化而产生的交变热应力，经过一定数量的热应力循环，就会出现疲劳裂纹。零部件上的孔、槽、凸台等地方由于应力集中，将显著降低零部件的疲劳强度。

65. 什么是低周疲劳？什么是疲劳强度极限?

答: 一般将部件承受 $10^4 \sim 10^5$ 次应力和应变循环而产生裂纹或断裂的现象称为低周疲劳。将能承受 10^7 次应力和应变循环的作用而不发生破坏的应力称为疲劳强度极限。

66. 影响热疲劳的因素有哪些?

答: (1)温度差的影响。部件本身的温度差愈大，引起的热应力就愈大，材料就容易产生热疲劳破坏。

(2)材料本身性能的影响。金属材料内部产生的热应力与导热系数成反比。与膨胀系数成正比。因此，钢的膨胀系数愈大，导热系数愈小，势必造成较大的温差，产生较大的热应力，使材料的抗热疲劳性能降低。

钢在高温长期应力作用下，组织会发生变化，使钢的持久强度和持久塑性下降，从而使热抗疲劳性能降低。高温下钢的组织稳定性愈好，抗热疲劳能力愈高。

67. 什么是热脆性?

答: 金属材料在高温长期载荷作用下，冷却后出现脆性断裂的现象，称为热脆性。

68. 产生热脆性的原因是什么?

答: 产生热脆性的主要原因是在一定温度的长期作用下，由于钢中某些相的成分发生变化，在晶界析出金属间化合物、碳化物、氮化物等，使晶界相对弱化而产生脆性。

69. 珠光体钢与奥氏体钢的热脆性的表现有哪些不同?

答: 珠光体钢产生热脆性后，除冲击韧性下降外，其他机械性能无显著变化；而奥氏体钢产生脆性后，不仅冲击韧性下降，而且其他机械性能也有明显变化，这主要是由于奥氏体钢的过饱和固溶体沿晶界析出了强化相的结果。

70. 什么是冷脆性?

答: 转子钢材在低温下的的脆断性能的脆化特性称为冷脆性。

71. 耐热钢在高温下会发生哪些组织变化?

答: 耐热钢在高温长期应力作用下的组织变化有珠光体的球化，石墨化、时效和新相的组成、合金元素在固溶体和碳化物之间的重新分配。在高温长期应力作用下，由于原子扩散过程的加剧，钢的组织将逐渐发生变化，从而导致钢的性能的改变。

72. 什么是脆性转变温度?

答: 低碳钢和高强度合金钢在某些工作温度下有较高的冲击韧性，随着工作温度的降低，其冲击韧性将有所降低，当冲击韧性显著下降时的温度称为脆性转变温度，或称 FATT。金属材料的工作温度低于 FATT 时，在同样条件下发生脆性破坏的可能性增大。

73. 影响转子材料脆性转变温度的因素有哪些？

答：(1)合金元素成分的影响。在钢中加入镍、锰等能形成奥氏体的合金元素，可使脆性转变温度降低。随着含碳、磷元素的增加，脆性转变温度明显升高。

(2)加载速度的影响。缓慢加载可降低脆性转变温度，且使脆性转变温度的范围扩大。

(3)晶粒度的影响。细晶粒钢要比粗晶粒钢具有较高的冲击韧性和较低的脆性转变温度。

(4)热处理的影响。采用不同的热处理的方法，可以得到不同的金相组织，因而冲击韧性不同。

74. 锅炉受热面管及蒸汽管道包括哪些管子？

答：锅炉受热面管是指水冷壁管、省煤器管、过热器管等；蒸汽管道包括主蒸汽管、导汽管等。锅炉受热面管及蒸汽管道在高温、应力及水汽介质的作用下长期工作，会产生蠕变和氧化腐蚀，尤其以过热器管和主蒸汽管道最为典型。

75. 过热器管和主蒸汽管道主要承受哪些作用？

答：锅炉受热面管和蒸汽管道在高温、应力及水汽介质的作用下长期工作，将产生蠕变和氧化腐蚀，尤其以过热器管和蒸汽管道最为典型。过热器管由于布置在锅炉内，其管子外部承受高温烟气的腐蚀和烟气中夹带的烟灰的磨损作用；内部则流动着高温、高压蒸汽，管壁温度比管内介质温度高出20～90℃；蒸汽管道主要承受管内过热蒸汽的温度和压力作用，以及钢的重量、介质的重量和支承吊支架等引起的附加载荷的作用，管壁温度与管内介质温度相近。

76. 什么是金属的超温、过热？两者之间有什么关系？

答：超温是指金属的管壁温度超过其额定温度运行；过热是指因超温致使金属发生不同程度的损坏。即超温是过热的原因，过热是超温的结果。

77. 什么是长时超温爆管？长时超温爆管的爆破口有何宏观特征？

答：在超温幅度不太大的情况下，管子金属在长时间的应力作用下发生蠕变直到破裂的现象，称为长时超温爆管，也称为长时过热爆管。

长时超温爆管一般发生在过热器管上，特别是高温过热器出口段的外圈向火侧。长时超温爆管的破口呈粗糙脆性断口，管壁减薄不多，管径胀粗不显著。胀粗情况一般随钢号不同而不同，20#钢可达到9%，12CrMoV钢可达5%，向火侧胀粗多于背火侧。一般爆口较小，呈鼓包状；爆口边缘粗糙不平整，爆口周围外壁有较多的纵向裂纹，并有较厚的氧化皮。

78. 什么是短时超温爆管？短时超温爆管的爆破口有何宏观特征？

答：管子短时间内在应力和超温温度下运行引起的损坏称为短时超温爆管。短时超温爆管一般发生在锅炉内直接与火焰接触，接受辐射热的部分，如在水冷壁上。有时当锅炉运行极不正常时，高压锅炉的辐射式或半辐射式过热器上发生。

短时超温爆管破口宏观特征为韧性断口，管径明显胀粗，管壁减薄，一般爆口较大，呈喇叭状。爆口边缘薄而锋利，爆口附近有时有氧化层。

79. 运行中造成过热器管超温的原因有哪些？

答：(1)锅炉启动升火时，操作不当，如投入主火嘴较多，在蒸汽流尚小时，宜造成过热器管壁超温。

(2)运行中，蒸汽温度过高，使过热器管壁温度升高。

(3)过热器管排汽量过小。

(4)炉膛结焦，燃烧器调节不当。

(5)运行中火焰中心上移，导致部分过热器管管壁热负荷过高等。

80. 造成短时超温的原因有哪些?

答：(1)管子堵塞。如焊接管子时会有大的焊瘤产生，若管内异物掉下，将会造成管子堵塞；管子结垢较严重时，会影响管子传热，管子接受的辐射热量来不及带走，就会引起短时超温爆管。

(2)锅炉的结构布置不合理。要保证正常水循环，上、下联箱间的压差应大于水冷壁管内水汽混合物液珠的重量，防止上升管上部出现“自由水面”，因为自由水面上部的管子会发生短时大幅度超温。沸腾管不应水平放置，防止汽水分层，对高压锅炉其倾斜角不应小于30°，对于中压锅炉不应小于15°。

(3)运行中未维持良好的汽水循环。

(4)燃烧室工况不稳定，火焰中心偏移。

(5)汽包缺水。

第四节　传热学知识

1. 什么是传热学?

答：传热学是研究热量传递规律的学科。

2. 传热过程有哪三种基本热传递方式?

答：热量总是自动地从温度较高的物体传向温度较低的物体。传热的基本方式有热传导、热对流和热辐射。

3. 从对传热过程要求来看，工程中的传热分为哪两种类型?

答：(1)增强传热，即提高换热设备的传热能力，或在满足传热量的前提下使设备的尺寸尽量缩小；

(2)削弱传热，即减少热损失或保持设备内适宜的工作温度。

4. 什么是热传导?

答：热量从物体中的一部分传递到另一部分，或从一个物体传递到另一个物体的热量传递，称为热传导，简称导热。

5. 什么是对流传热?

答：流体中温度不同的各部分之间发生相对运动或相互混合而引起的热量传递，称为对流传热，又称给热。对流传热仅发生在流体(液体和气体)中。

6. 何谓辐射传热?

答：高温物体的部分热能转变为辐射能，以电磁波的形式辐射出来遇到接收物体就会部分或全部地吸收而转变为热能，这种传热方式称为辐射传热。

7. 什么是温度场?

答：某一瞬间空间各点的温度分布称为温度场，它是时间和空间的函数。即

$$t=f(x,\ y,\ z,\ t) \tag{1-77}$$

式中　x、y、z——空间坐标；

t——时间坐标，s。

8. 热力设备中，物体的温度场分为哪两类？

答：(1)变化工作条件下的温度场。这时物体内部的温度分布随时间而变化，这种温度场称为不稳定温度场。如热机在启动、停机或变工况时的温度场就可以看作是不稳定温度场。其函数表达式见式(1－83)。

(2)稳定工作条件下的温度场。这时物体内部的温度分布不随时间而变化，这种温度场称为稳定温度场。如热机在正常工况下运行时的温度场就可以看作是稳定温度场。此时的温度仅是空间坐标的函数。即

$$T=f(x,\ y,\ z) \tag{1-78}$$

9. 什么是一维稳定温度场？

答：在稳定温度场中，如果物体内部的温度沿一个方向变化，称为一维稳定温度场。即

$$T=f(x) \tag{1-79}$$

锅炉在正常运行中，炉墙中的温度分布就可近似看作为沿路墙厚度方向传热的一维稳定温度场。

10. 什么是等温线或等温面？

答：在温度场中，同一时刻温度相同的点相连所形成的线或面称为等温线或等温面。空间中任何一个点不可能同时具有两个不同的温度值，因此任意的两个等温线或等温面是不会相交的。等温面上的各点温度相同，温度差等于零，因此热量传递只能穿过等温面的方向才能进行。在相邻的两个等温面之间，沿法线方向的温度变化最为显著。

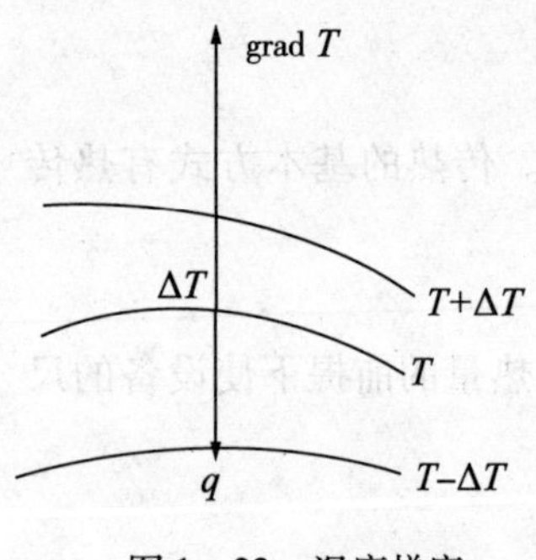

图1－23　温度梯度

11. 什么是温度梯度？其方向与热量传递的方向有何区别？

答：图1－23所示为温度梯度。等温面法线方向上的温度增量与法向距离比值的极限，称为温度梯度，用符号 grad T(℃/m)表示，即

$$\mathrm{grad}\ T=n\frac{\Delta T}{\Delta n} \tag{1-80}$$

温度梯度是一个沿等温面(线)法线方向的向量，它表示沿温度增加的方向上的温度变化率，正方向由低温指向高温，与热量传递的方向相反。对一维稳定温度场，温度梯度可表示为

$$\mathrm{grad}\ t=n\frac{\mathrm{d}t}{\mathrm{d}n} \tag{1-81}$$

12. 什么是稳定导热？

答：若在传热过程中，物体各点温度只随位置变化，而不随时间变化的传热过程，称为稳定传热。

13. 什么是单层平壁的稳定导热公式？

答：单层平壁的稳定导热，如图1－24所示。面积为 S，壁厚为 δ 的单层平壁，平壁的温度仅沿垂直于壁面的 x 轴方向变化。平壁两侧的温度分别保持 T_1 和 T_2，且 $T_1>T_2$。沿壁厚方向从高温向低温传递。通过平壁的热量 Q 与垂直于热流方向的截面积 S 与平壁两侧表面的温度差成正比，与壁厚 δ 成反比，即

$$Q\propto S\frac{T_1-T_2}{\delta}$$

引入导热系数 λ 得

$$Q = \lambda S \frac{T_1 - T_2}{\delta} \tag{1-82}$$

或

$$Q = \frac{T_1 - T_2}{\dfrac{\delta}{\lambda S}} = \frac{\Delta T}{R} \tag{1-83}$$

或

$$q = \frac{Q}{S} = \frac{\Delta T}{\dfrac{\delta}{\lambda}} = \frac{\Delta T}{R'} \tag{1-84}$$

式中　Q——导热速率，W；

q——热流强度(通过单位面积的导热量)，W/m²；

$T_1 - T_2$——分别为两壁面的表面温度,℃；

ΔT——温度差，导热推动力,℃。

λ——材料的导热系数，W/(m·℃)；

R——导热热阻,℃/W；

R——导热热阻，m²·℃/W。

从式(1-83)看出，热流强度与平壁两侧面的温差 ΔT、壁厚 δ 及平壁的导热系数 λ 有关。热流强度与平壁两侧面的温差 ΔT 成正比，与 δ/λ 成反比。

14. 导热系数的物理意义是什么?

答：由式(1-82)移项得

$$\lambda = \frac{Q\delta}{S(T_1 - T_2)} \tag{1-85}$$

从式(1-85)看出，导热系数的物理意义是当壁厚为1m，单位时间内通过1m² 的传热面积，两壁表面温差为1℃时的传热量。

15. 什么是圆筒壁的导热公式?

答：圆筒壁的导热与单层平壁的导热的不同之处在于圆筒壁的导热面积不是常量，而是随半径而变；同时温度也随半径而变。如图1-25所示。

图1-25所示为从管道上截取的一段单层圆筒壁，设圆筒的内、外半径分别为 r_1、r_2，内、外壁温度分别为 T_1、T_2，其长度为 L。

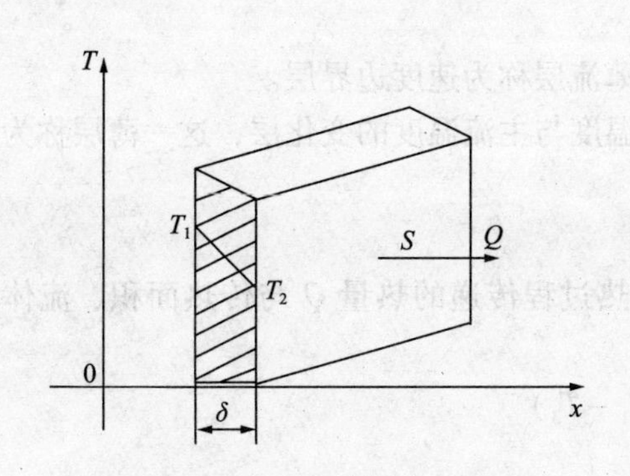

图1-24　单层平壁的导热

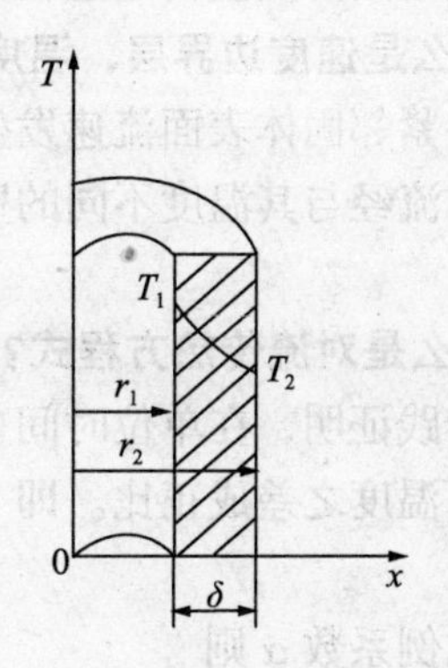

图1-25　单层圆筒壁的导热

将圆筒壁导热的传热面积随半径的变化作如下处理：

$$S=\frac{r_2-r_1}{\ln\frac{r_2}{r_1}} \tag{1-86}$$

式中　S——对数平均面积，m^2。

用 S 作为单层圆筒壁导热的传热面积，并依据单层平壁导热速率方程式，则单层圆筒壁的导热速率方程为：

$$Q=\lambda S_m\frac{T_1-T_2}{\delta} \tag{1-87}$$

式中　δ——r_2-r_1，m。

将式(1-86)代入式(1-87)得

$$Q=\frac{(T_1-T_2)(r_2-r_1)}{\delta\ln\frac{r_2}{r_1}}=\lambda\frac{(T_1-T_2)(2\pi Lr_2-2\pi Lr_1)}{(r_2-r_1)\ln\frac{2\pi Lr_2}{2\pi Lr_1}}$$

$$Q=\frac{2\pi L\lambda(T_1-T_2)}{\ln\frac{r_2}{r_1}} \tag{1-88}$$

或

$$Q_L=\frac{2\pi\lambda(T_1-T_2)}{\ln\frac{D_2}{D_1}} \tag{1-88a}$$

当 $\frac{r_2}{r_1}<2$ 或 $\frac{D_2}{D_1}<2$ 时，可以用算术平均值计算

因为

$$S_m=2\pi r_mL=\pi D_mL$$

$$r_m=\frac{r_1+r_2}{2}$$

所以

$$Q=\frac{2\pi r_mL\lambda(T_1-T_2)}{r_2-r_1}=\frac{\pi D_mL\lambda(T_1-T_2)}{r_2-r_1} \tag{1-89}$$

16. 对流传热在企业自备电站生产过程中有何应用？

答：对流传热在企业自备电站生产过程中应用十分广泛，如在锅炉的过热器、省煤器以及汽轮机的主要辅助设备凝汽器、加热器中。管内流动的工质与管内壁之间、管外流动的工质与管外壁之间的热量传递过程都是对流传热过程。

17. 什么是速度边界层、温度边界层？

答：将紧邻固体表面流速发生剧烈变化的薄流层称为速度边界层。

当流体流经与其温度不同的壁面时，壁面温度与主流温度的变化层，这一薄层称为温度边界层。

18. 什么是对流传热方程式？

答：实践证明，在单位时间内，以对流传热过程传递的热量 Q 与传热面积、流体主体温度和壁面温度之差成正比。即

$$Q\propto S(T_1-T_3)$$

引入比例系数 α 则

$$Q=\alpha S(T_1-T_3) \tag{1-90}$$

或
$$Q=\frac{T_1-T_3}{\frac{1}{\alpha S}}=\frac{\Delta T}{R} \tag{1-90a}$$

式中 Q——单位时间内由流体传给固体壁面的热量，W；

S——对流换热面积，m^2；

ΔT——(T_1-T_3)，流体与固体壁面之间的温差，T_1 为热流体的主体温度，T_3 为和热流体接触一边的壁面温度，℃；

α——对流传热系数，W/(m^2·℃)；

$R=\frac{1}{\alpha s}$——对流传热热阻，℃/W。

19. 对流传热系数 α 的物理意义是什么？

答：对流传热的物理意义是在单位时间内，当壁面与流体的温度差为1℃时，每1m^2 固体壁面与流体之间所传递的热量，单位为 W/(m^2·℃)。对流传热系数越大，表明对流传热过程传递的热量越多。显然，在对流传热过程中，对流传热系数越大越好。

20. 影响对流传热系数 α 的因素有哪些？

答：对流传热是一个复杂的物理现象，影响对流传热系数的因素与下列因素有关：

(1)流体的物性。如密度、比热容、导热系数、黏度等。对于每一种流体，这些物性都是温度的函数，而其中某些物性还和压力有关。

(2)流体的流动状态。当流体呈紊流时，随着雷诺数的增大，边界层减薄，故传热系数就越大。而当流体作层流时，边界层加厚。显然，紊流时的传热系数比层流时大。

(3)流体流动的动力。按流体流动的动力可将对流换热分为自然对流换热和强制对流换热两大类。一般来说，同一流体的强制对流传热系数比自然对流传热系数大；强制对流使流体的流速高，放热好；自然对流流速低，放热差。

(4)流体有无相变。对于同一种流体，有相变的对流换热与无相变的对流换热相比有很大的区别，有相变的对流换热系数要大得多。例如，液体受热汽化，将吸收大量的汽化潜热，汽化潜热值要比比热容大得多，同时还产生许多汽泡，汽泡的产生和运动增加了液体内部的扰动，也使对流换热增强。

(5)换热面的几何因素。对流换热的过程中，流体沿着壁面流动，壁面的几何形状、大小及流体与固体表面间的相对位置对流体的流动也有很大的影响，从而也影响了换热系数的大小。如圆管、套管的环隙、翅片管等不同换热表面形状，管、管板或管束、管径和管长，管子排列方式，垂直放置和水平放置等。

21. 什么是相变？什么是有相变的对流换热、无相变的对流换热？

答：相变是指气体变为液体或液体变为气体的相态变换。

有相变的对流换热是指液体的沸腾换热和蒸汽的凝结换热。在热工设备中，蒸汽遇冷凝结和液体受热沸腾的对流换热过程，如水在锅炉中吸热变成蒸汽，汽轮机排出的乏汽在凝汽器中放热变成凝结水等。

没有相态变化的对流换热称为无相变的对流换热。如过热蒸汽在过热器管内流动时的换热、给水在省煤器管内流动时的换热、凝汽器中冷却水与管壁之间的换热等。

22. 对流换热的准则有哪些？

答：由于影响对流换热的因素很多，很难提出一个普遍的计算公式，求出各种情况下的

对流换热系数 α。在分析各种因素对对流换热的影响时，发现常常是几个因素综合在一起共同起作用的。我们将众多的影响 α 因素按照它们在对流换热过程中的作用组合成若干个无量纲的特征数，有：

(1)努塞尔数：$Nu=\frac{\alpha a}{\lambda}$。努塞尔数是一个换热特征数。在 λ、a 相同时，它可以表征对流换热的强弱，Nu 越大换热越强。

(2)雷诺数：$Re=\frac{ua}{\nu}$。雷诺数是一个表征流体强制流动时流态的特征数，它反映了流体强制流动时惯性力和黏性力的相对大小。当 Re 大，表明惯性力较大黏性力对流动的约束不显著，流动趋于紊乱；当 Re 小，由于黏性力对流动的约束，流动比较平稳。因此，用 Re 来表示强制对流时运动状态对换热的影响。

(3)普朗特数：$Pr=\frac{\nu}{a}$。普朗特数是一个表征流体热物理特性的特征数，又称物性准则。它反映了流体动量扩散能力与热扩散能力的相对大小。Pr 大就意味着流体动量扩散能力大于热扩散能力，速度边界层比温度边界层厚，如各种油类；Pr 小则相反。因此，用 Pr 来说明流体的物理性质对换热的影响。

(4)格拉晓夫数：$Gr=\frac{\beta g\Delta Tl^3}{\nu^2}$。格拉晓夫数是一个表征流体自然流动时流态的特征数。在自然对流换热中，浮升力是运动的动力。格拉晓夫准则反映了自然对流换热现象中浮升力与黏性力的相对大小，其作用相当于强制对流换热中的 Pr；Gr 数大，表明浮升力较大，流体自然对流换热越强烈。因此，用 Gr 数表示自然对流时运动状态对换热的影响。

各特征数表达式中：

ν——流体的运动黏度，m^2/s，又称动量扩散率；

a——热扩散率，m^2/s；

g——当地重力加速度，m/s^2；

α——对流换热系数，W/(m^2·℃)；

λ——热导率，W/(m^2·℃)；

β——容积膨胀系数，$℃^{-1}$；

d——管内径，m；

ΔT——流体温度 T_f 与管壁温度 T_w 之间温度差，℃。

23. 什么是流体在圆形直管内紊流时的强制对流换热准则方程式?

答：考虑到工程的实际应用，流体在圆形直管内紊流时的强制对流换热准则方程式：

$$Nu=0.023Re^{0.8}Pr^n \tag{1-91}$$

或

$$\alpha=0.023\frac{\lambda}{d}\left(\frac{d\omega\rho}{\mu}\right)^{0.8}\left(\frac{c\mu}{\lambda}\right)^n \tag{1-91a}$$

式中 α——给热系数，W/(m^2·℃)；

λ——导热系数，W/(m^2·℃)；

d——管内径，m；

ρ——流体密度，kg/m^3；

ω——流速，m/s；

μ——流体的黏度，$(N \cdot s)/m^2$；

c——流体的比热容，$J/(kg \cdot ℃)$。

24. 管束的排列方式对流体横掠管束的对流换热有何影响？

答：管束的排列方式有顺排和叉排两种，如图1－26所示。顺排与叉排相比较，顺排时后排管子的前部直接位于前排管子的尾流之中，部分管面没有受到来流的直接冲刷；而对叉排管束来说，各排管子不但均受到前排管子间来流的直接冲刷，而且流体的流动速度和方向不断改变，增强了流体的混合和扰动。故在相同的雷诺数 *Re* 及管束排列时，叉排管束的平均对流换热一般比顺排管束时要高。同时叉排管束的阻力损失也比顺排管束大。

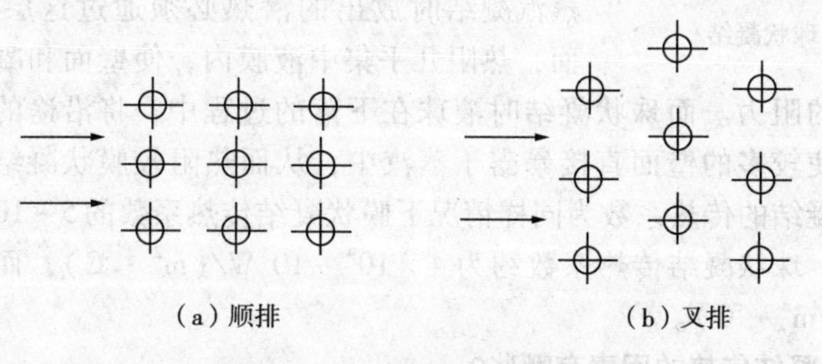

图1－26　管束的排列方式

25. 根据凝结液润湿壁面的性能不同，蒸汽凝结有哪两种形式？

答：根据凝结液润湿壁面的性能不同，蒸汽凝结有以下两种不同的形式：膜状凝结和珠状凝结。若凝结液能很好地润湿壁面，并在壁面上形成一层完整的液膜向下流动，这种凝结方式称为膜状凝结；若凝结液不能全部润湿壁面，凝结液在壁面上凝聚成珠状小液珠，而不形成连续的液膜，这种凝结方式称为珠状凝结。

26. 膜状凝结有哪些特点？

答：膜状凝结常发生在蒸汽和壁面都比较清洁，没有油、脂等一类物质所沾污的情况下。此时壁面能为凝液所湿润，冷凝液在壁面表面形成片状液膜，当液膜集成一定厚度时，由于重力的作用液体沿壁面向下流动，但壁面上不断有新的冷凝液补入，因此在壁上总覆盖着一层液膜，如图1－27所示。

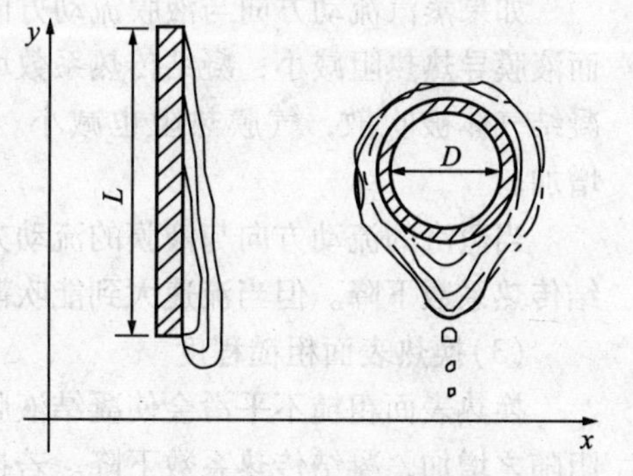

图1－27　膜状凝结

可见，蒸汽的膜状凝结只能在液膜表面上发生，冷凝时放出的潜热必须通过这层液膜才能传给冷壁。热阻几乎集中在冷凝液膜内，这是蒸汽膜状凝结给热的一个重要特点。若冷凝液膜在重力作用下沿壁面向下流动，则所形成的液膜越往下越厚，故壁面 L 越高或水平放置的管径 D 越大，使整个壁面的平均给热系数也就变小。

27. 珠状凝结的特点有哪些？

答：珠状凝结通常发生在蒸汽中混有油或脂类等物质或壁面为这类物质所沾污，这时冷凝液不能全部湿润壁面，由于表面张力的作用，冷凝液在壁面上形成许多液滴。当液滴聚集成一定大小后，由于重力的作用自壁面滴落，重新露出冷壁面以供冷凝不断进行，如图1－28所示。

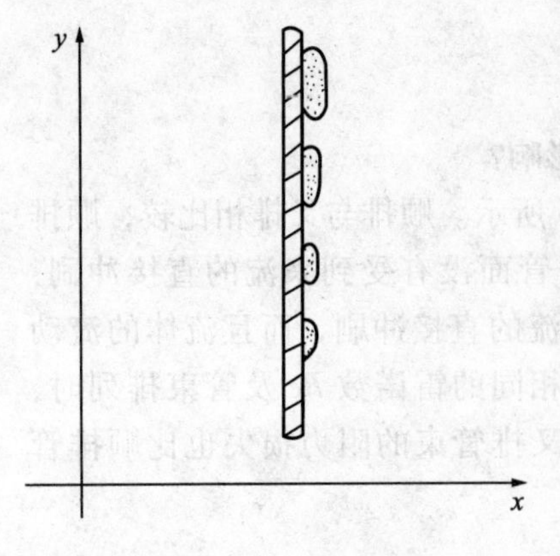

图 1-28 珠状凝结

28. 为什么滴状传热系数比膜状给热系数大？

答：由于膜状凝结时，蒸汽在壁面上能湿润表面，凝结液在壁面形成一层液膜，当液膜集成一定厚度后，由于重力的作用使液膜沿壁面向下流动，则所形成的液膜越往下越厚，使整个壁面的放热系数就越小。而珠状凝结时，蒸汽在金属壁面上凝结液不能全部湿润表面，由于表面张力的作用，蒸汽在壁面上凝结并形成许多液滴。当液滴聚集成一定大小后，由于重力的作用自壁面滴落。由于膜状凝结时，壁面上始终覆盖着一层液膜，蒸汽凝结时放出的潜热必须通过这层液膜才能传给壁面，热阻几乎集中液膜内，使壁面和凝结蒸汽之间的放热系数增加很大的阻力。而珠状凝结时液珠在下落的过程中，将沿途的液珠带走，对壁面起清扫作用，使较多的壁面直接暴露于蒸汽中，从而热阻较膜状凝结大大减少。实验测量表明，珠状凝结的传热系数为同样情况下膜状凝结传热系数的5~10倍以上。例如水蒸气在大气压下，珠状凝结传热系数约为 $4\times10^4\sim10^5$W/(m^2·℃)，而膜状凝结系数约为 $6000\sim10^4$W/(m^2·℃)。

29. 影响膜状凝结传热的因素有哪些？

答：结合汽轮机凝汽器的凝结传热的情况，影响膜状凝结传热的因素主要有：

(1)蒸汽中含有不凝结气体

当蒸汽中含有空气时，空气附在冷却面上，影响蒸汽的通过，造成很大的热阻，使蒸汽凝结传热显著削弱。

(2)蒸汽流速和方向

如果蒸汽流动方向与液膜流动方向一致时，蒸汽的运动加速了液膜的流动，使液膜变薄而液膜导热热阻减小；凝结传热系数增大。同时，由于蒸汽的驱赶作用，能使液膜表面的不凝结气体被吹散，气膜热阻也减小。这样，蒸汽凝结过程的总热阻减小，凝结传热系数增加。

当蒸汽的流动方向与液膜的流动方向相反且流速不大时，它使液膜减速且增厚，导致凝结传热系数下降。但当流速大到能吹散液膜时，凝结传热系数将增大。

(3)换热表面粗糙程度

换热表面粗糙不平滑会使凝结液膜向下流动阻力增加，从而增加了液膜厚度，使液膜层阻随之增加，凝结传热系数下降。若换热表面不清洁、有结垢、生锈等，不仅会使液膜厚度增加，而且还会引起附加的导热热阻，使换热系数减小。

(4)管束的排列方式

凝汽器的管束常见的排列有顺排、叉排、幅向排列三种方式。当管束排列相同时，下排管束受上排管束凝结水膜下落的影响为顺排最大、叉排最小，幅向排列居中。因此，叉排管束的凝结传热系数最大，幅向排列的管束凝结传热系数次之，顺排管束的凝结传热系数最小。

30. 什么是沸腾换热？随着壁面的过热度不同，沸腾换热有哪几个阶段？

答：沸腾换热是指液体在受热沸腾过程中与固体壁面间的传热现象。根据壁面过热度不同，饱和水的沸腾可以分为自然对流、核态沸腾和膜态沸腾三个阶段，如图 1-29

所示。

(1)自然对流阶段。当温度差较小时，加热面只有少量的汽化核心产生，气泡少，而且气泡长大的速度也很慢，边界层受到搅动不大，因而热量传递以自然对流为主，换热系数 α 随温度差增加大致和自然对流时相同。

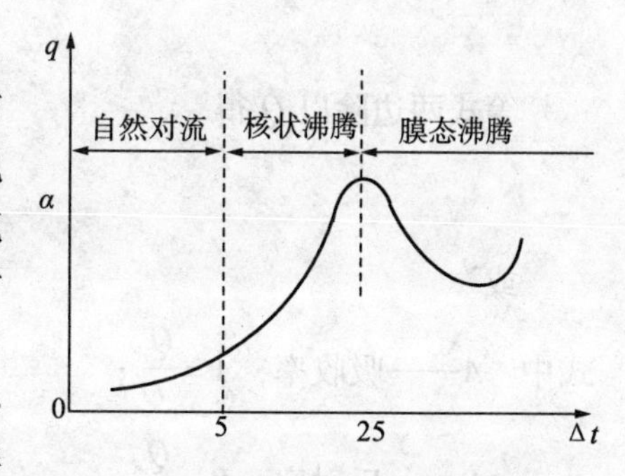

图 1－29　液体沸腾换热的三个阶段

(2)核态沸腾阶段。随着温度差的增大，汽化核心数增加，汽泡长大速度也较快，对液体产生强烈的搅拌作用，从而使换热系数 α 随温差增加显著提高，这时的沸腾称为核状沸腾。

(3)膜态沸腾阶段。随着温度差继续提高，加热面上汽泡的数量迅速增加，若汽泡产生的速度大于它脱离加热面的速度，就会使它们在脱离加热面之前汇合，形成一层汽膜，覆盖在加热面上，将沸腾液体和加热面隔开，此时加热面的热量只能穿过这一层汽膜才能传递给液体，这时的沸腾称为膜态沸腾阶段。由于蒸汽的导热系数很小，故这层蒸汽膜导热热阻很大，换热恶化，换热系数 α 迅速减小。

31. 什么是热辐射？什么是热射线？

答：当物体受热而引起内部原子热运动状态改变，而将辐射能以电磁波的形式发射出来并进行传播的过程，称为热辐射。

热辐射产生的电磁波称为热射线。热射线包含紫外线、全部可见光和红外线。紫外线的波长小于 0.38μm；可见光波长为 0.38～0.76μm；红外线的波长大于 0.76μm。

32. 热辐射过程有哪些特点？

答：(1)与导热和热对流不同，热辐射不需要物体间直接接触，也不需要中间介质来传递热量。

(2)热辐射具有一定的波长范围。在工业上所遇到的温度范围内，热辐射主要通过红外线来传递热量。

(3)热辐射过程不仅包括含有能量的传递，而且还存在着能量形式的转换。物体发出辐射能，是将该物体的热力学能转换为电磁波发出，当电磁波投射到另一物体表面而被吸收时，电磁波的能量又转换为物体的热力学能。

(4)热射线产生于物体内部微观粒子的热运动。支配热运动的因素是物体的温度，因此并不是只有高温物体才会放射出热辐射能，一切物体不论温度高低都在不停地发射出热辐射能。发射的结果，物体因减少了能量使温度下降。同时一切物体又每时每刻都在吸收外界投来的辐射能，吸收的结果，物体因增加了能量使温度上升。

33. 什么是吸收率、反射率、透过率计算公式？

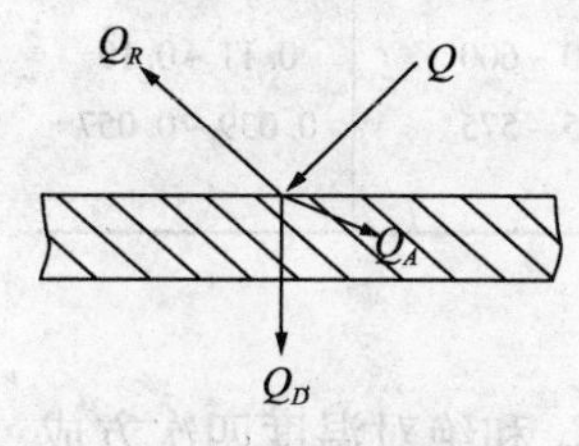

图 1－30　辐射能的吸收、反射和穿透

答：热辐射和可见光一样，同样具有反射、折射和吸收的特性，服从光的反射和折射定律，在均一介质中作直线传播，在真空和有些气体中可以完全透过，而对固体和液体则不能透过。根据这些特性，设投射在某一物体上的总辐射能为 Q，则其中一部分能量 Q_A 被吸收，有一部分能量 Q_R 被反射，另一部分能量 Q_D 则穿透物体，如图 1－30 所示。根据能量守恒定律，得

$$Q = Q_A + Q_R + Q_D$$

等式两边除以 Q 得

$$\frac{Q_A}{Q} + \frac{Q_R}{Q} + \frac{Q_D}{Q} = 1 \qquad (1-92)$$

或

$$A + R + D = 1 \qquad (1-93)$$

式中 A——吸收率，$A = \frac{Q_A}{Q}$；

R——反射率，$R = \frac{Q_R}{Q}$；

D——透过率，$D = \frac{Q_D}{Q}$。

34. 什么是黑体、白体、透热体？

答：能全部吸收辐射能的物体，即 $A = 1$，这种物体称为绝对黑体或黑体。自然界中绝对黑体是不存在的，但有些物体较接近于黑体，如没有光泽的黑漆表面，$A = 0.96 \sim 0.98$。

能全部反射辐射能的物体，即 $R = 1$，这种物体称为绝对白体，简称白体。实际上绝对白体是不存在的，但也有某些物体较接近白体，如表面磨光的铜，其反射率可达0.97。

能穿透全部辐射能的物体，即 $D = 1$，称为绝对透热体，简称透热体。例如单原子和对称双原子构成的气体（如 H_2、O_2、N_2 等），一般可视为透热体。

35. 什么是辐射力？

答：物体在单位时间内，单位面积上所发射出的辐射能量称为辐射力，用符号 E 表示，单位为 W/m^2。

36. 什么是黑度？

答：在同一温度下，物体的辐射力接近黑体的程度称为黑度。用符号 ε 表示，即

$$\varepsilon = \frac{E}{E_0} \qquad (1-94)$$

实际物体的黑度都在0～1.0之间，其具体数值不仅与材料和表面情况有关，还与辐射能的波长，即与温度有关。

常用工业材料的黑度见表1-2。

表1-2 常用工业材料的黑度 ε 值

材 料	温度/℃	黑度 ε	材 料	温度/℃	黑度 ε
红砖	20	0.93	铜（磨光的）	—	0.43
耐火砖	—	0.8～0.9	铸铁（氧化的）	200～600	0.64～0.78
钢板（氧化的）	200～600	0.8	铝（氧化的）	200～600	0.11～0.19
钢板（磨光的）	940～1100	0.55～0.9	铝（磨光的）	225～575	0.039～0.057
铜（氧化的）	200～600	0.57～0.87			

37. 如何计算绝对黑体的辐射能力？

答：物体的温度越高，其辐射能力越强。绝对黑体的辐射能力 E_0 和绝对温度四次方成正比。即

$$E_0 = \sigma_0 T^4 \qquad (1-95)$$

式中　σ_0——黑体的辐射常数，其数值为 $5.67\times10^{-8}\mathrm{W/(m^2\cdot K^4)}$；

T——黑体表面的绝对温度，K。

式(1－95)为斯忒藩－玻尔兹曼定律数学表达式，它说明了黑体的辐射能力和绝对温度（热力学温度）的关系。

为了计算方便，将式(1－95)表示为

$$E_0=C_0\left(\frac{T}{100}\right)^4 \tag{1-96}$$

式中　E_0——黑体的辐射能力，$\mathrm{W/m^2}$；

C_0——黑体的辐射系数，$5.67\mathrm{W/(m^2\cdot K^4)}$。

38. 影响辐射传热的因素有哪些？

答：(1)黑度大小影响辐射能力及吸收率。

(2)温度高低影响辐射能力及传热量的大小。

(3)角系数由形状及位置而定，它影响有效辐射面积。

(4)物质不同影响辐射传热。如气体与固体不同，气体辐射受到有效辐射层厚度的影响。

39. 强化传热的途径有哪些？

答：在式 $Q=KS\Delta T_m$ 中，要使单位时间内的传热量 Q 增大，可以看出，增大 K、S 和 ΔT_m 三项中的任何一项，都可以达到强化传热的目的。因此，强化传热的途径主要有以下几个方面：

(1)增大传热面积 S

增加传热面积可以使传热量 Q 增大，改进已有换热器传热面结构，设法提高设备单位体积内设备的传热面积来实现设备的强化传热。图1－31所示为几种典型的加筋结构。

①螺旋槽管。在某些场合用螺旋槽管代替光滑管，如图1－31(a)所示。螺旋槽的槽深、螺距对传热的强化有影响，传热系数可提高60%～70%。

②加翅片。在光管上加翅片如图1－31(b)所示。既增大了传热面积，又增大了流体的紊流程度，从而提高了传热系数。

(2)增大平均温差 ΔT_m

提高冷热流体间的温差，可通过升高热流体的温度或降低冷流体的温度来实现。例如冷热流体在保证各受热面安全的情况下，在加热或冷却介质进、出温度均固定的情况下，采用逆流操作或接近逆流的布置，可以使传热平均温度差增加。

(3)提高传热系数 K

为了提高传热系数 K 值，应采用以下方法：

①增大流体的流速

例如，将管壳式换热器由单程改为多程，或在壳程安装挡板等，均可增加流速，从而提高给热系数。

②增大紊流程度

增大紊流程度以减少层流边界厚度，可以通过特殊设计的传热面，如螺旋槽、纵槽、加翅片等，使流体在流动过程中不断地改变流动方向，破坏其有规则的层流流动，使流

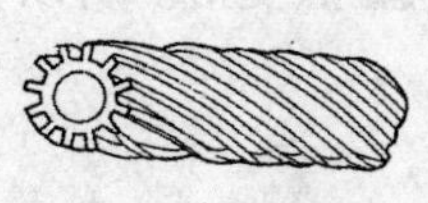

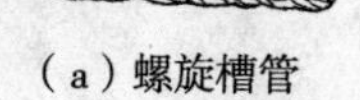

(a)螺旋槽管

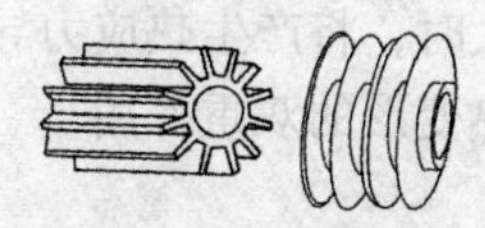

(b)加翅片

图1－31　几种典型的筋

体在较低的流速下形成紊流，从而强化了传热。

③增大流体的导热系数

原子能工业中的液态金属作为热载体的传热过程中，其导热系数比水大十倍之多，故大大降低层流边界层的热阻，从而提高的 K 值。

④减少污垢热阻

影响污垢热阻有污垢层热阻和管壁热阻。因此，减小污垢层热阻应定期除垢和冲洗来强化传热。

另外，为了减小管壁热阻，在选换热器材料时，尽量采用薄壁、导热系数大的金属管和不易结垢的金属管，来强化传热。

40. 如何削弱传热?

答: 根据传热方程式可知，通过减小传热温差、减小传热面积和传热系数的方法来削弱传热。工程上经常使用的方法是在管道和设备上覆盖保温隔热材料(管道和设备的保温隔热)，使其导热热阻大幅度增加，进而使总热阻增加，以削弱传热。

41. 设备或管道进行保温隔热目的是什么?

答: (1)减少热损失。增加设备或管道的热阻，减少热量、冷量损失，提高操作的经济效益。

(2)保证流体温度，满足工艺需要。保持设备或管道所需的高温或低温的操作条件。

(3)减少环境热污染，保护环境。保证良好的工作环境和劳动条件。

(4)保证操作人员的安全。为防治工作人员被烫伤，应将设备和管道的外表面保温良好，温度不得超过50℃。

42. 选择保温隔热材料应符合哪些要求?

答: 通常设备或管道外面的保温，应选择导热系数小的隔热材料，从而使设备或管道的热阻增加，热损失减小。选择保温隔热材料时，应符合如下要求:

(1)导热系数小，热容量小。一般要求 $\lambda < 0.23\mathrm{W/(m^2 \cdot ℃)}$，密度在 $450\mathrm{kg/m^3}$ 以下。选用新型的保温隔热材料，使其的热导率比传统的保温隔热材料小得多。

(2)温度稳定性好。保证保温隔热材料的使用温度不得超过允许值，使其结构不发生变化，使其热导率稳定，不会造成本身结构破坏。

(3)有一定的机械强度。当温度变化或有机械振动时，保温隔热材料不易破坏。

(4)对金属没有腐蚀作用。保温隔热材料吸水、吸湿性小。

(5)制造和施工方便、价格低廉，并尽量就地取材。

43. 汽轮机汽缸外部的保温材料起到哪两个双重作用?

答: 汽轮机汽缸外部的保温层，从蒸汽到空气的传热过程中，由于保温层局部的保温质量欠佳，因此局部温差较大，所以热阻在保温层上。若汽缸外壁保温质量很好时，汽缸内外壁的温度都接近蒸汽温度，汽缸内外壁面的温差较小，不会产生热变形。若汽轮机在运行过程中产生保温层损坏或脱落现象时，将使热损失增加，并使汽缸内外壁温差增加，当温差很大时，将产生热应力导致汽缸热变形。所以，汽缸外部的保温材料起到了减小热损失和减小热变形的双重作用。

第二章　工业汽轮机工作原理

第一节　绪　论

1. 什么是汽轮机?

答：汽轮机是以蒸汽为工质，将蒸汽的热能转变为机械能的旋转式原动机。

汽轮机和燃气轮机都属于涡轮机械。涡轮机械的译名为透平，因此汽轮机又称为蒸汽透平。

2. 工业汽轮机的定义是什么?

答：工业汽轮机是指工业企业中驱动用汽轮机与自备电站发电用汽轮机的总称，即指除公用电站汽轮机和船舶推进汽轮机以外的各种类型的汽轮机。

3. 工业汽轮机包括哪些汽轮机?

答：从工业汽轮机定义可以看出，它包括如下汽轮机：

(1)工厂企业的自备供热发电汽轮机。

(2)石油化工、冶金行业中驱动压缩机、鼓风机、泵等工作机械的汽轮机。

(3)舰船蒸汽动力装置中驱动各种辅机和发电机的汽轮机。

(4)公用电站中驱动给水泵和风机的汽轮机。

4. 工业汽轮机有哪些特点?

答：工业汽轮机的应用范围十分广泛，使用场合各不相同，对进排汽参数、功率、转速以及布置型式和调节特性等方面，也都有各种不同的要求，因此工业汽轮机的用途广泛，品种繁杂，型式多样，规格参数范围宽广。既可用来驱动离心式压缩机、往复式压缩机，又可用来驱动风机、泵和发电机；既有凝汽式、背压式，还有抽汽式或多压式；既有高压机组、还有中、低压机组。工业汽轮机多采用积木块式结构，产品已系列化生产，最大程度地满足用户对工业汽轮机的需求，其特点是：

(1)使用领域宽广，易实现转速调节，具有较大的转速调节范围，通常为额定转速的 -10% ~ +15%，特殊情况可达额定转速的 -40% ~ +30%，增加了调节手段或操作的灵活性。

(2)汽轮机的转速高，转速范围大。转速范围可达 3000 ~ 16000r/min，可用来直接驱动工作机械(压缩机、风机、泵)或发电机；驱动发电机的汽轮机转速多为 3000r/min(定转速)。而驱动工作机械的多为高转速，一般为 5000 ~ 16000r/min。

(3)多数机组还采用了变转速运行，其转速变化范围一般为工作转速的 80% ~105%，以便适应石油化工生产工艺对工作机械工作流量或压力的不同需要。

(4)适用于各种工作环境，满足机组防尘、防爆和防腐蚀等的特殊要求，无易燃、易爆危险。

(5)工业汽轮机组运行参数，多根据用户生产工艺的实际需要而确定。一般进汽压力为

1.0～14MPa，进汽温度为200～535℃，功率为10～50000kW。根据用户的要求，有不同的转速、功率，有不同的进、抽和排汽参数，可选择不同的机组布置方式。

(6)具有高效的自动控制联锁系统并适用于有较高自动化要求的工业流程。

(7)运行安全、平稳、可靠，效率高，蒸汽来源稳定并能利用工厂的余热。

5. 石油化工、冶金等行业为什么采用工业汽轮机驱动工作机械？

答：石油化工、冶金等行业，大多采用工业汽轮机作为原动机来驱动压缩机、风机、泵及发电机等工作机械，主要是为了提高装置的独立性，减少对电网的依赖性，提高开工率，一般都建有汽轮发电机组的自备电站，既供热又供电，这样可减少远距离输电和送汽，既解决本装置生产和生活的用汽，又可综合利用本装置资源，如生产过程的余热、余料等，这种热电联合的自备电站经济效益很明显，自备发电与公用发电并存，如有裕量还可向公用电网送电。

6. 汽轮机是如何将热能转变为机械能的？

答：在汽轮机中，能量转换的主要部件是喷嘴和动叶片。在冲动式汽轮机中，蒸汽流过固定的喷嘴后，压力和温度降低，体积膨胀，流速增加，热能在喷嘴内转变为汽流动能。高速汽流冲击着动叶片，动叶片受力带动转子转动，蒸汽从动叶片流出后流速降低，动能转变为机械能。在反动式汽轮机中，蒸汽在动叶膨胀部分，直接由热能转变为机械能。

7. 汽轮发电机是如何将机械能转变为电能的？

答：蒸汽推动汽轮机转子旋转，汽轮机转子与发电机转子是用联轴器连接在一起传递扭矩的，汽轮机转子驱动发电机转子旋转。根据电磁感应原理，导体和磁场作相对运动，当导体切割磁力线时，导体产生感应电动势。发电机转子就是磁场，定子内放置的线圈就是导体。转子在定子内旋转，定子线圈切割转子磁场发出的磁力线，于是在定子线圈中就产生了感应电势。将三个定子线圈的始端引出A、B、C三相，接通用电设备(如电动机)，线圈中就有电流通过。这样发电机就把汽轮机输入的机械能转变为发电机输出的电能，就完成了将机械能转变为电能的任务。

8. 工业汽轮机装置由哪些设备组成？

答：工业汽轮机装置由锅炉、汽轮机、凝汽器、给水泵等设备组成，如图2－1所示。水在锅炉中被加热成蒸汽，再经过过热器使蒸汽加热后变成过热蒸汽，过热蒸汽通过主蒸汽管道进入汽轮机；过热蒸汽在汽轮机中不断膨胀，高速流动的蒸汽冲动汽轮机动叶片，使汽轮机的转子转动；由汽轮机的轴端输出，用于驱动压缩机、风机、泵以及自备电站发电机等工作机械；蒸汽通过汽轮机后排入凝汽器并被冷却水冷却凝结成水，凝结水再由锅炉给水泵加压后送入锅炉。

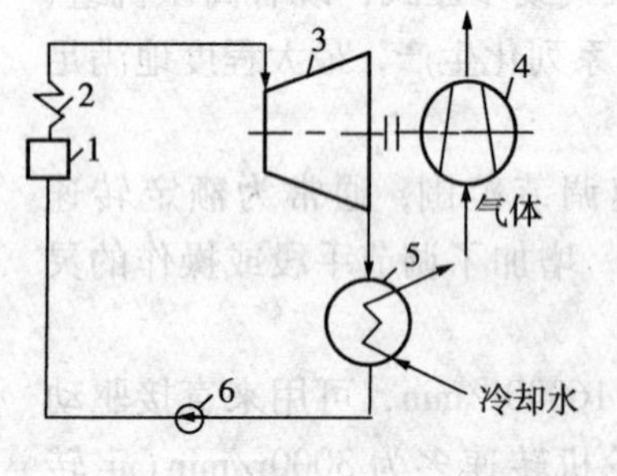

图2－1　工业汽轮机装置设备的组成

1—锅炉；2—过热器；3—汽轮机；4—离心式压缩机或发电机；5—凝汽器；6—锅炉给水泵

9. 工业汽轮机如何分类？

答：工业汽轮机的分类见表2－1。

工业汽轮机还可以按其他形式进行分类，如按汽轮机输出轴数分为单出轴、双出轴汽轮机；按汽缸的数目可分为单缸、双缸和多缸汽轮机等。

表2-1 工业汽轮机分类

<table>
<tr><th>分类</th><th colspan="2">型式</th><th>简要说明</th></tr>
<tr><td rowspan="2">按工作原理</td><td colspan="2">冲动式汽轮机</td><td>蒸汽主要在喷嘴（或静叶栅）中进行膨胀，在动叶中蒸汽不再膨胀或膨胀很少，而主要是改变流动方向</td></tr>
<tr><td colspan="2">反动式汽轮机</td><td>蒸汽在汽轮机的喷嘴（或静叶栅）和动叶栅中都进行膨胀，膨胀程度基本相同</td></tr>
<tr><td rowspan="5">按热力特性</td><td colspan="2">凝汽式汽轮机</td><td>蒸汽在汽轮机内膨胀做功后，全部排入凝汽器，排汽在低于大气压力的真空状态下凝结成水的汽轮机</td></tr>
<tr><td colspan="2">背压式汽轮机</td><td>蒸汽在汽轮机做完工后，在大于一个大气压的压力下排出汽缸，其排汽供热用户使用的汽轮机</td></tr>
<tr><td colspan="2">抽汽凝汽式汽轮机</td><td>蒸汽进入汽轮机中膨胀做功时，将中间某一级抽出一部分，供工业或热用户使用，也可供其他压力较低的汽轮机使用，其余大部分蒸汽在后面几级作功后排入凝汽器。生产用抽汽压力一般为0.8～1.6MPa，生活用抽汽压力一般为0.07～0.25MPa</td></tr>
<tr><td colspan="2">抽汽背压式汽轮机</td><td>为了满足不同用户的需要，从抽汽背压式汽轮机中间某一级抽出部分压力较高的蒸汽，进入热力管网供给工业用户使用，其余的蒸汽在汽轮机内继续作功后以较低的压力排出，供给工业生产或居民采暖的背压式汽轮机</td></tr>
<tr><td colspan="2">多压（混压）式汽轮机</td><td>若生产工艺过程中某一个压力的蒸汽用不完，可将一股多余蒸汽用管道注入汽轮机中的某个中间级内，与原来的蒸汽一起作功的汽轮机。即向同一汽轮机内不同压力段分别送入不同压力的蒸汽作功的汽轮机</td></tr>
<tr><td rowspan="3">按汽流方向</td><td colspan="2">轴流式汽轮机</td><td>蒸汽在汽轮机内基本上沿轴向流动，流动总体方向大致与转子相平行</td></tr>
<tr><td colspan="2">辐流式汽轮机</td><td>蒸汽在汽轮机内基本上沿幅向（径向）流动，流动的总体方向大致与转子垂直</td></tr>
<tr><td colspan="2">周流（回流）式汽轮机</td><td>蒸汽在汽轮机内大致沿轮周方向流动的小功率汽轮机</td></tr>
<tr><td rowspan="4">按用途分</td><td rowspan="2">工业驱动</td><td>驱动并供热</td><td>用于驱动各种工业机械，同时向外界供汽，以满足其他用途（动力、工业或生活）。为抽汽背压式、抽汽凝汽式和背压式汽轮机，可以变转速运行</td></tr>
<tr><td>单纯驱动</td><td>仅驱动各种工业机械（泵、风机和压缩机），不向外界供汽，为凝汽式汽轮机，可以变转速运行</td></tr>
<tr><td rowspan="2">工业自备电站</td><td>发电并供热</td><td>驱动发电机并向外界供汽。通常为抽汽凝汽式、抽汽背压式或背压式。定转速运行</td></tr>
<tr><td>单纯发电</td><td>驱动发电机，不向外供汽，为凝汽式汽轮机。定转速运行</td></tr>
<tr><td rowspan="2">按结构分</td><td colspan="2">单级</td><td>由一个级（单列、双列、三列）构成的汽轮机。一般为背压式，因其功率小、效率低、结构简单，用来驱动泵、风机等辅助设备</td></tr>
<tr><td colspan="2">多级</td><td>由二个以上的级组成的汽轮机。因其功率大，转速高，效率高，广泛用于各工业部门。可为背压式、凝汽式、抽汽背压式、抽汽凝汽式和多压式汽轮机。既可驱动各种工业机械，也可驱动发电机</td></tr>
</table>

续表

分　类	型　式	简要说明
按新蒸汽参数	低压汽轮机	新蒸汽压力为1.176～1.47MPa
	中压汽轮机	新蒸汽压力为1.96～3.92MPa
	高压汽轮机	新蒸汽压力为5.88～9.8MPa
	超高压汽轮机	新蒸汽压力为11.76～13.72MPa
	亚临界汽轮机	新蒸汽压力为15.68～17.64MPa
	超临界汽轮机	新蒸汽压力超过22.06MPa
按蒸汽流道分	单流道	全部排汽都通过末级的汽轮机
	双流道或多流道	蒸汽在两个或多个并列的汽流流道中分流的汽轮机。
按能量传递方式分	直联式	汽轮机直接与工作机械相连
	带变速齿轮箱	汽轮机通过变速齿轮箱与工作机械相连

10. 国产汽轮机型号是如何表示的？

答：为了便于识别汽轮机的类别，每台汽轮机的型号常用一些符号表示它的基本特性或用途。我国生产的汽轮机所采用的系列标准及型号已经统一，汽轮机产品型号组成如下：

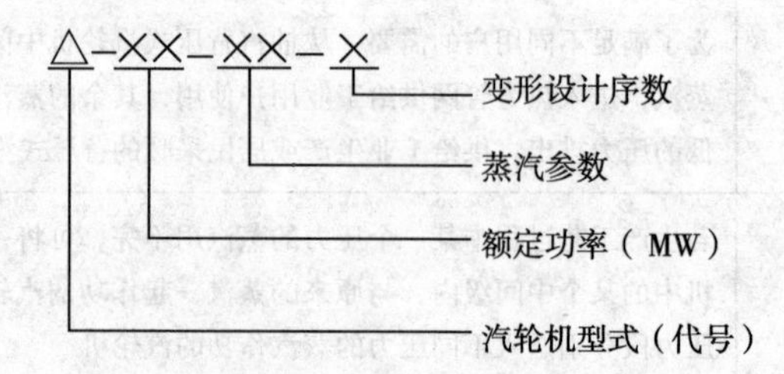

汽轮机型式代号如表2-2所示。汽轮机蒸汽参数表示方法如表2-3所示。

表2-2　国产汽轮机型式代号

代　号	汽轮机型式	代　号	汽轮机型式
N	凝汽式	CB	抽汽背压式
B	背压式	CY	船用
C	一次调整抽汽式	Y	移动式
CC	二次调整抽汽式	HN	核电汽轮机

表2-3　汽轮机蒸汽参数表示方式

汽轮机型式	参数表示方式
凝汽式	蒸汽初压
抽汽凝汽式	蒸汽初压/高压抽汽压力/低压抽汽压力
背压式	蒸汽初压/背压
抽汽背压式	蒸汽初压/抽汽压力/背压

注：所用的单位　功率——兆瓦(MW)(1MW＝1000kW，船用汽轮机为千马力)；
蒸汽压力——兆帕(MPa)；
蒸汽温度——摄氏温度(℃)。

11. 我国单级工业汽轮机型号是如何表示的？

答： 我国的单级工业汽轮机的规格型号已标准化，其表示如下：

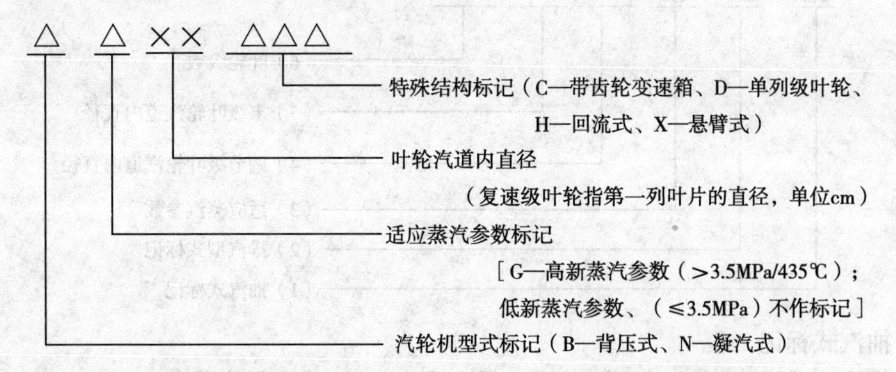

12. 我国多级工业汽轮机型号有哪几种表示方式？其分别是如何表示的？

答： 多级工业汽轮机型号表示方式有以下两种，下面分别表示：

第一种：

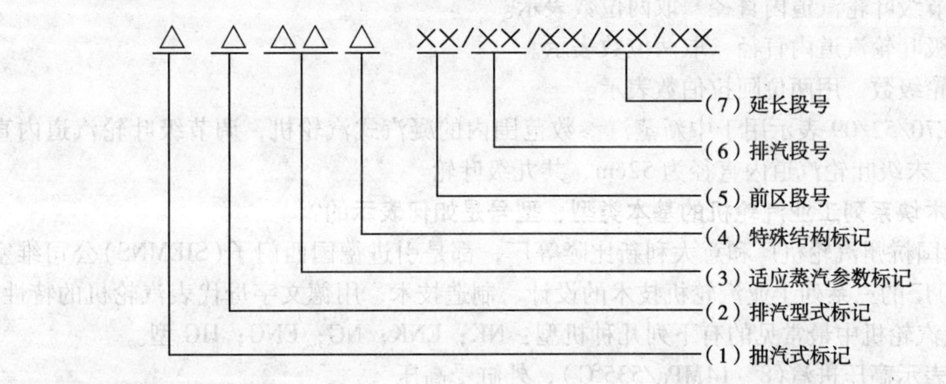

(1)抽汽式标记　C。

(2)排汽型式标记　B—背压式；N—凝汽式；S—双分流凝汽式。

(3)适应蒸汽参数标记　G—高新蒸汽参数，连续运行可能的最大值为14MPa/(535℃)；Z—中新蒸汽参数，连续运行可能的最大值为8MPa/(510℃)；GZ—G和Z类的区段组合，适应高新蒸汽参数；低新蒸汽参数不作标记。

(4)特殊结构标记　D—各级为叶轮整体电解成型叶片的转子；T—采用了非标准区段或部套。

(5)前区段号　用外缸轮室部分的内半径表示，双分流式用内缸轮室内半径表示。

(6)排汽段号　一般用转子末级叶轮汽道内半径表示，为了区分扭叶类型，允许段号有小调整。

(7)延长段号　用延长段长度表示，有几个延长段便表出几段的段号，无延长段时以“0”表示。

例：

CNG240/63/20/25/28表示用于G及Z类区段组合，适应高新蒸汽参数的抽汽凝汽式汽轮机，前区段号为40，排汽段号为63，三个延长段号分别为20，25，28。

BGD25/20/0表示适应高新蒸汽参数的电解叶片转子结构的背压式汽轮机，前区段号为25，排汽段号为20，无延长段。

第二种：

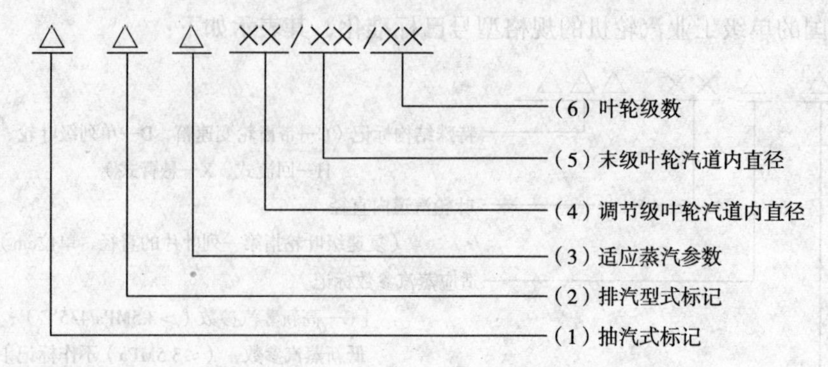

(1)抽汽式标记　C。

(2)排汽型式标记　B—背压式；N—凝汽式；S—双分流凝汽式。

(3)适应蒸汽参数标记　G—高新蒸汽参数(>3.5MPa/435℃)；Z—中新蒸汽参数，(2.4MPa/390℃)~(3.5MPa/435℃)；低新蒸汽参数(2.4MPa/390℃)，不作标记。

(4)调节级叶轮汽道内直径　取两位数表示。

(5)末级叶轮汽道内直径　取两位数表示。

(6)叶轮级数　用两位阿拉伯数表示。

例：NZ70/52/09 表示用于中新蒸汽参数范围内的凝汽式汽轮机，调节级叶轮汽道内直径为 70cm，末级叶轮汽道内直径为 52cm，共九级叶轮。

13. 积木块系列工业汽轮机的基本类型、型号是如何表示的？

答：我国杭州汽轮机厂和意大利新比隆等厂，都是引进德国西门子(SIEMNS)公司维塞尔(WESEL)厂的三系列工业汽轮机技术的设计、制造技术，用德文字母代表汽轮机的特性。积木块工业汽轮机中最常见的有下列几种机型：NK；ENK；NG；ENG；HG 型。

H——表示高压进汽(8~14MPa/535℃)，外缸受高压

N——表示常压进汽(0.1~8MPa/510℃)，外缸承受常压

K——表示凝汽式

G——表示背压式

E——表示抽汽式

积木块系列工业汽轮机型号含义如下：

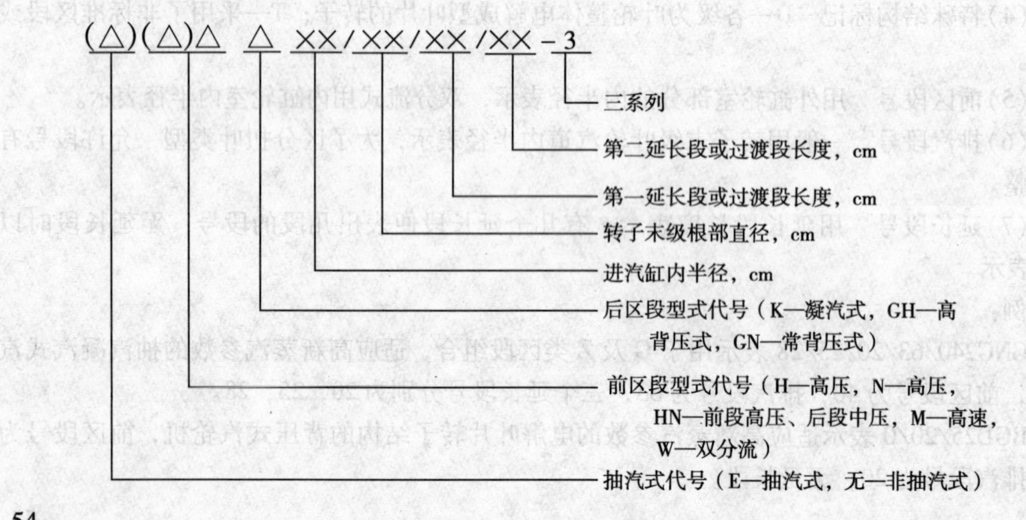

14. 积木块系列工业汽轮机分为几个区段？各包括哪些部件？

答：积木块系列工业汽轮机分为进汽段、中间段和排汽段三个主要区段，如图2－2所示。进汽段包括调节系统、前轴承座、速关阀、蒸汽室（喷嘴室）、调节级轮室和前汽封的外缸前部。中间段包括转子、叶片和外缸的中间部分。排汽段包括汽封、外缸后部和后轴承座。

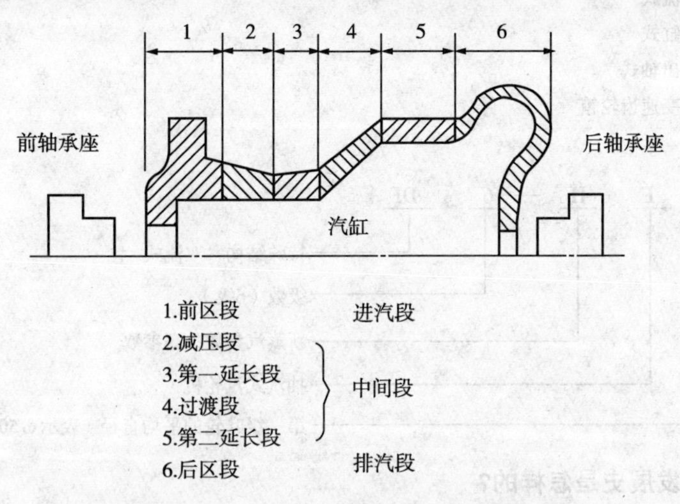

图2－2　积木块系列工业汽轮机区段及汽缸区段划分示意图

15. 积木块系列工业汽轮机汽缸分为几个区段，各有何作用？

答：（1）前区段：分常压和高压两种。

（2）减压段：用于厚壁的汽缸前段和薄壁的后段之间的连接部分。

（3）延长段：汽缸直径不变，只是增加通流部分的长度。

（4）过渡段：既可以延长通流部分尺寸，又可增加通流部分直径。

（5）后区段：凝汽式汽轮机前汽缸和排汽缸连接区段。

（6）排汽段：分为背压式排汽段和凝汽式排汽段两种。

16. 日本三菱重工汽轮机产品型号是如何表示的？

答：日本三菱重工（MHI）广岛造船制造所的汽轮机采用的是美国克拉克公司的专利技术。日本三菱重工广岛造船所制造的汽轮机也是用文字符号和数字代表汽轮机的特性，其型号中各单元的含义表示如下：

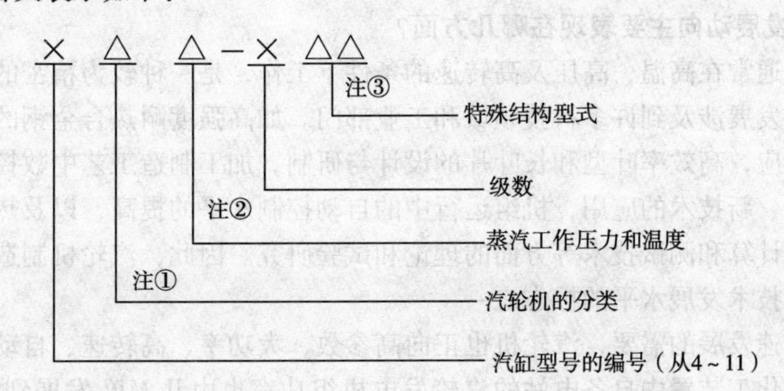

注：① B——背压式汽轮机

EB——抽汽背压式汽轮机

C——凝汽式汽轮机

E——抽汽凝汽式汽轮机

MX——混压式凝汽式汽轮机

② H——新蒸汽为高参数，工作压力≥8.0MPa，温度≥480℃

L——新蒸汽为低参数，工作压力<8.0MPa，温度<480℃

③ DF——双流式

TF——三流式

MC——多缸式

BD——双出轴式

SG——带变速齿轮箱

例如：

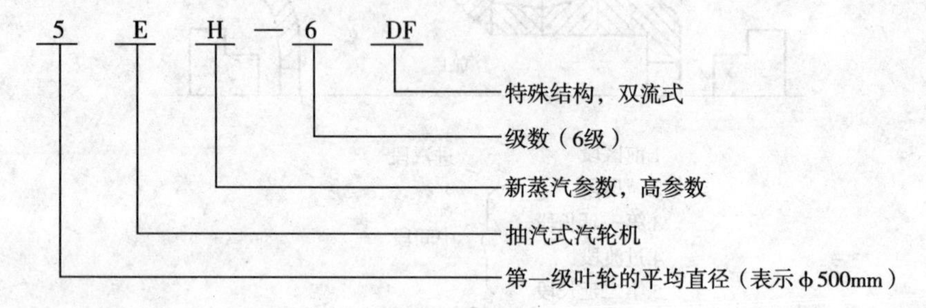

17. 汽轮机的发展史是怎样的?

答: 从1883年瑞典工程师拉法尔设计制造出世界第一台功率为5hp(3.67kW)的单级冲动式汽轮机，1884年英国帕森斯设计制造了第一台10hp的多级反动式汽轮机以来，汽轮机已有100多年的发展历史，特别是20世纪50年代以后汽轮机的发展尤为迅速。随着科学技术的不断进步，金属材料工业的迅速发展，近些加工设备越来越先进，透平理论研究成果不断得到推广应用，汽轮机的设计和制造水平有了很大的提高。

汽轮机是在高温、高压、高转速下工作的大型精密动力机械，它的研发和制造涉及到许多高科技领域和工业部门，汽轮机的制造水平是一个国家科学技术和工业装备技术发展的标志之一。

随着汽轮机向着高参数、大容量、高效率和高度自动化方向不断发展，提高汽轮机的经济性、安全性、负荷适应性和自动化水平始终是汽轮机发展的中心和重点。与此同时，汽轮机的热力系统、调节保护系统、检测控制系统等都将进一步复杂化。

目前世界上已经出现了超临界参数(初压35MPa，初温649℃)的发电汽轮机，单机最大功率达到1300MW。

18. 汽轮机发展动向主要表现在哪几方面?

答: 汽轮机通常在高温、高压及高转速的条件下工作，是一种较为精密的动力机械。它的研发和制造及发展涉及到许多科技领域和工业部门。如高强度耐热合金钢的研制，优质大锻件、铸件的供应，高效率叶型和长叶片的设计与研制，加工制造工艺中数控技术、大型转子焊接等新工艺、新技术的应用，机组运行中的自动控制水平的提高，以及热工学、流体力学、强度振动、计算和测试技术等方面的理论和试验研究。因此，汽轮机制造业的发展是反映一个国家工业技术发展水平的标志之一。

由于工业迅速发展的需要，汽轮机也正向高参数、大功率、高转速、自动控制和多品种方向发展，石油化工装置中自备电站的汽轮发电机组功率也由几MW发展到100MW。由于工业汽轮机转速较高、变速范围较大的特点，这就给工业汽轮机的强度、振动以及由于转速较高所引起的极限功率低等方面带来新的问题。

汽轮机发展动向主要表现在：

(1)增大单机功率。可以迅速发展电力、石油化工、冶金等行业，并可降低单位功率投资成本，有利于提高机组的热经济性。

(2)提高蒸汽初参数。提高蒸汽初参数是提高热效率的重要途径，同时也可提高单机功率。

(3)提高效率。

(4)提高汽轮机运行的可靠性。现代大型机组均增设和改善了调节、保安系统和状态监测系统，有的机组还配置了智能化故障诊断系统，提高了机组运行、维护和检修水平，增强了机组运行的可靠性，并保证汽轮机组设备的规定使用寿命。

19. 目前世界和我国生产汽轮机主要企业有哪些?

答: 目前世界上汽轮机的主要制造企业有：美国的通用电气公司(GE)、西屋电气公司(WH)、克拉克公司，日本的三菱重工(MHI)、东芝和日立公司；欧洲的德国西门子公司、俄罗斯的列宁格勒金属工厂(JIM3)，英国通用电气公司(GEC)，法国的阿尔斯通－大洋公司(AA)等等。

我国自1955年生产第一台中压6MW汽轮机以来，先后陆续生产出从12MW至300MW的汽轮发电机组。我国生产发电汽轮机的主要工厂有上海汽轮机厂、哈尔滨汽轮机厂、东方汽轮机厂。另外还有北京重型电机厂、青岛汽轮机厂和武汉汽轮机发电机厂等中小型汽轮机厂。

我国生产工业汽轮机为主的工厂为杭州汽轮机厂，此厂创建于1958年，主要生产工业汽轮机产品，1976年该厂引进了德国西门子公司的三系列积木块式工业汽轮机的设计、制造技术，经多年的消化、吸收和创新和发展，使该厂的设计、制造水平跨入国际先进行列，产品不仅满足国内用户需要，还销售亚洲、非洲、欧洲、拉丁美洲等20多个国家和地区。目前，工业汽轮机正向高参数、大功率、高转速、积木块式多品种和自动化的方向发展。

20. 工业汽轮机与电站汽轮机有何不同之处?

答: 工业汽轮机与电站汽轮机的工作原理、结构形式及运行操作方法是相同的，但不同之处由以下几个方面：

(1)电站汽轮机的工作转速低，其固定不变，一般为3000r/min；而工业汽轮机驱动离心式压缩机、鼓风机的工作转速都比较高，且可以变速运行，一般为5000～16000r/min。

(2)工业汽轮机的功率相对较小，如驱动泵和风机的汽轮机最小功率有几十kW，驱动离心式压缩机组的汽轮机功率可达50MW，自备电站带动发电机的汽轮机功率目前可达100MW。

(3)工业汽轮机大都采用积木块式结构，其制造、安装及检修比较简单，通常不设高、低压加热器等辅助设备，因此热效率较低。

(4)工业汽轮机自动化程度高，操作简单，调节系统采用国际较先进的调速器，如Wood－Ward505调速器，也有的采用全液压调速器。

第二节 工业汽轮机工作原理

1. 汽轮机的基本工作原理是什么?

答: 汽轮机是利用水蒸气为工质，将热能转变为机械能的旋转式原动机。来自锅炉或其他汽源的蒸汽，经主汽阀和调节汽阀进入汽轮机，依次流过一系列环形配置的喷嘴(或静叶栅）和转子上的动叶栅而膨胀做功，推动汽轮机转子旋转，将蒸汽的热能转换成动能，再将动能转换为机械功，这便是汽轮机基本的工作原理。

2. 什么是冲动作用原理？

答：在冲动式汽轮机中，蒸汽在喷嘴中产生膨胀，压力降低，速度增加，将热能转变为动能。高速汽流流经动叶片时，由于汽流方向的改变，产生了对动叶片的冲动力，推动转子旋转作功，将蒸汽的动能转变为转子旋转的机械能，这种利用冲动力的作功原理，称为冲动作用原理，如图2-3所示。

3. 什么是反动作用原理？

答：由牛顿第三定律可知，一物体对另一物体施加一作用力时，这个必然受到与其作用力大小相等，方向相反的作用力，这个反作用力称为反动力。利用反动力做功的原理，称为反动作用原理。

4. 高速蒸汽流经动叶片时产生冲动力的原理是什么？

答：现以半圆形叶片为例，说明高速蒸汽流经动叶片时，对动叶片产生冲动力原理，如图2-4所示。汽流以c_1速度流向圆弧形动叶片，并能沿着平行于汽流的方向移动。汽流进入由动叶片构成的圆弧形流道后，便沿内弧逐步改变其流动方向，最后以c_2速度流出流道。当动叶片固定不动时，c_2的方向恰与c_1方向相反。由于汽流沿圆弧形叶片壁面不断地改变方向作匀速圆周运动，因此每一个汽流微团都将产生一个离心力作用在叶片上，同时根据牛顿第三定律，动叶片也受到汽流微团给它一个大小相等方向相反的反作用力，在这里就是一个离心力。如果作用在位置1点处蒸汽微团的离心力为F_1，可分解为轴向分力F_{1z}和运动方向分力F_{1u}。同样在位置2点处蒸汽微团的离心力为F_2，可分解为轴向分力F_{2z}和运动方向分力F_{2u}。若动叶片内弧形状两侧对称，则对应位置1与2点处的离心力相等，即对应点处的轴向方向分力F_{1z}和F_{2z}大小相等、方向相反，相互抵消，因此汽流作用在动叶片上的离心力在轴向上的分力之和为零（$F_{1z}+F_{2z}=0$）。而在弯曲运动方向上的分力之和为（$F_{1u}+F_{2u}=F$）动叶片在合力F作用下向右移，推动叶轮旋转作功，力F称为冲动力，这就是高速蒸汽流经动叶片时产生的冲动力原理。

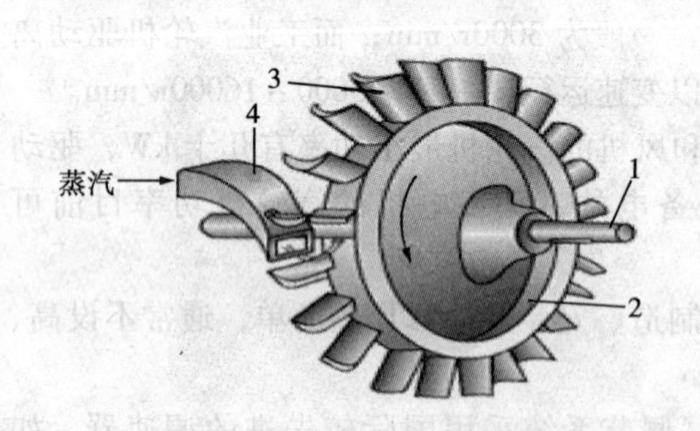

图2-3　单级冲动式汽轮机示意图

1—转子；2—叶轮；3—动叶片；4—喷嘴

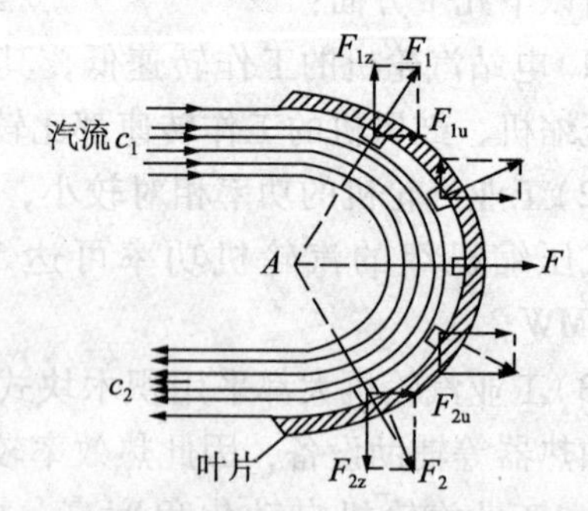

图2-4　蒸汽微团作用在叶片上的离心力

5. 单级冲动式汽轮机的基本工作原理是什么？

答：图2-5所示为单级冲动式汽轮机工作原理示意图。新蒸汽以压力p_0及速度c_0进入喷嘴，在喷嘴内膨胀，压力由p_0降至p_1，流速从c_0增至c_1，蒸汽的热能转变为动能，蒸汽进入动叶栅后，在弯曲的流道内改变汽流的方向，产生冲动作用力使叶轮旋转做功，将蒸汽的动能转变为转子机械功。蒸汽离开动叶栅的速度也从c_1降至c_2。因为沿汽流方向的叶栅间的流道断面相同，所以蒸汽在动叶栅中不再产生膨胀，故工作完了的蒸汽压力 p_2 就等于 p_1。其排汽经过排汽管流出汽轮机。

6. 什么是单级反动式汽轮机的基本工作原理？

答：图2－6为单级反动式汽轮机的结构示意图。动叶片安装在转鼓上，由轴、平衡活塞及转鼓组成了转子。导向叶片（或称静叶片）安装在汽缸上，与进、排汽管组成静子。反动式汽轮机仍然是由一列静叶片和一列动叶片组成。静叶前截面用0－0表示，静叶和动叶之间的截面用1－1表示，动叶后面的截面用2－2表示。当蒸汽流从静叶片进入动叶片后，因动叶流道截面是渐缩型的，所以汽流在动叶片中进一步降压、膨胀和加速。具有一定动能的汽流对动叶片产生一个冲动力，汽流速度由 c_1 降至 c_2，汽流在动叶流道内继续膨胀，加速对动叶产生一个反作用力，汽流压力由 p_1 降至 p_2。这样，在冲动力和反动力的作用下，动叶片推动转子转动，产生机械功。

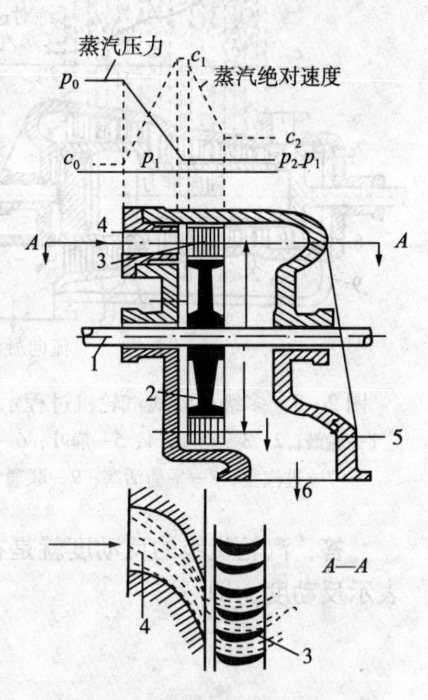

图2－5　单级冲动式汽轮机工作原理示意图

1—转子；2—叶轮；3—动叶栅；4—喷嘴；5—汽缸；6—排汽管

7. 说明多级冲动式汽轮机工作过程。

答：图2－7所示为一台具有三个级的多级冲动式汽轮机。图中示出了蒸汽压力和速度的变化情况。整个汽轮机的焓降分别由三个冲动级加以利用。新蒸汽进入汽缸后，在第一级喷嘴中发生膨胀，压力由 p_0 降至 p_1，汽流速度由 c_0 增至 c_1，然后进入第一级动叶片中做功，做功后流出动叶片的压力降至 p_1，温度降至 t_1，汽流速度降至 c_2。蒸汽从第一级动叶流出后，再依次进入第二、三级重复上述过程继续做功，最后蒸汽从排汽管中排出。

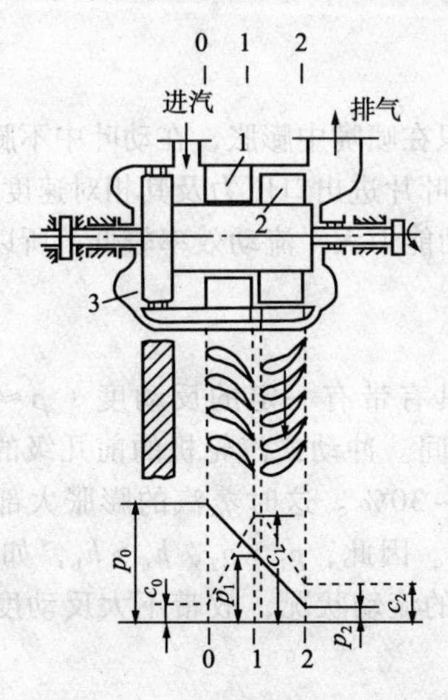

图2－6　单级反动式汽轮机示意图

1—导向叶片；2—动叶片；3—平衡活塞

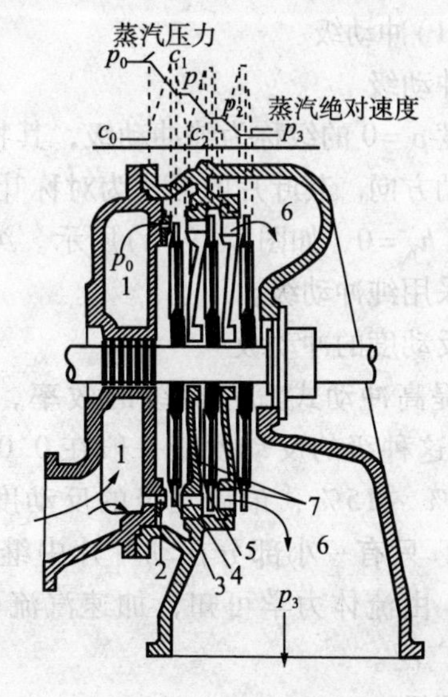

图2－7　多级冲动式汽轮机工作过程示意图

1—蒸汽室；2—第一级喷嘴；3—第一级动叶片；4—第二级喷嘴；5—第二级动叶片；6—排汽管；7—隔板

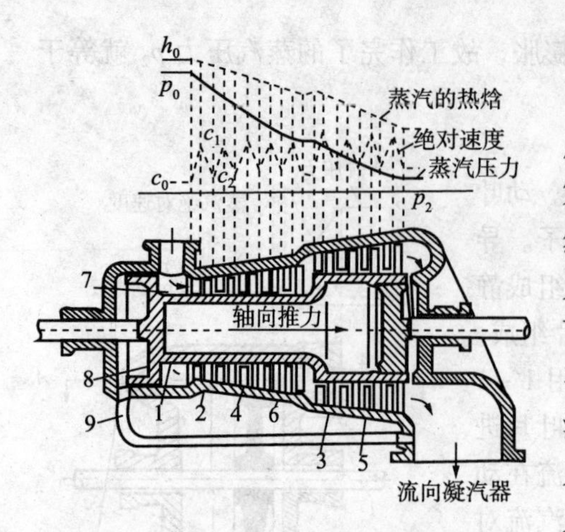

图2-8　多级反动式汽轮机过程示意图
1—轮鼓；2、3—动叶；4、5—静叶；6—汽缸；
7—进汽室；8—平衡活塞；9—联通管

8. 说明轴流式多级反动式汽轮机工作过程。

答： 图2-8所示为多级反动式汽轮机示意图。压力为p_0的新蒸汽由环形汽室7进入汽轮机后，在第一静叶中膨胀，压力下降，速度由c_0增加到c_1，然后进入第一列动叶片，改变流动方向，产生冲动力；在动叶片中蒸汽同样继续发生膨胀，压力继续下降，对动叶产生反动力，速度降低为c_2，在转子冲动力和反动力的作用下旋转做功。蒸汽从第一级流出后以速度c_2进入第二级静叶中重新膨胀，速度又增加到c_1，然后进入第二级动叶片内做功，速度又降低到c_2。蒸汽就依次不断地流过各级静叶和动叶重复上述过程。直到蒸汽流过最末一级动叶片后，从排汽管排出。

9. 什么是汽轮机级的反动度？

答： 汽轮机级的反动度就是在动叶中的理想焓降与整个级的滞止理想焓降之比，常用ρ表示反动度，即

$$\rho = \frac{h_b}{h_t^*} \tag{2-1}$$

式中　h_b——动叶中的理想焓降；

h_t^*——整个级的滞止理想焓降。

纯冲动式级的反动度的$\rho=0$；反动式级的反动度$\rho=0.5$，带反动度的冲动式级反动度为$0<\rho<0.5$。

10. 按照反动度的不同，汽轮机的级可分为哪几种？

答： (1) 冲动级

①纯冲动级

反动度$\rho=0$的级称为纯冲动级，其特点是蒸汽只在喷嘴中膨胀，在动叶中不膨胀而只改变其流动方向。其叶片的形式为对称叶片，所以动叶片进出口压力及其相对速度均相等，即$p_1=p_2$，$h_b=0$，如图2-9(a)所示。纯冲动级做功能力大，流动效率较低，所以现代汽轮机均不采用纯冲动级。

②带反动度的冲动级

为了提高冲动式汽轮机级的效率，冲动级应具有带有一定的反动度（$\rho\approx0.05\sim0.40$），这种级的反动度值一般在0.05~0.20之间。冲动式汽轮机的前几级的反动度不大于10%~15%，最后几级的反动度可达20%~30%。这时蒸汽的膨胀大部分在喷嘴中进行，只有一小部分在动叶片中继续膨胀进行。因此，$p_1>p_2$，$h_n>h_b$，如图2-9(b)所示。由流体力学可知，加速汽流可改善汽流的流动状况，故带不大反动度的冲动级应用最广泛。

③速度级

在较小的速比下工作的，一个叶轮上装有两列动叶栅和两列动叶片之间固定不动的导向叶片组成的汽轮机的级称为速度级，又称为复速级。导向叶片使汽流改变方向，第二列动叶片是将第一列动叶片的余速动能进一步转换为机械能。图2-9(c)所示为速度级中蒸汽压力

和速度的变化情况。

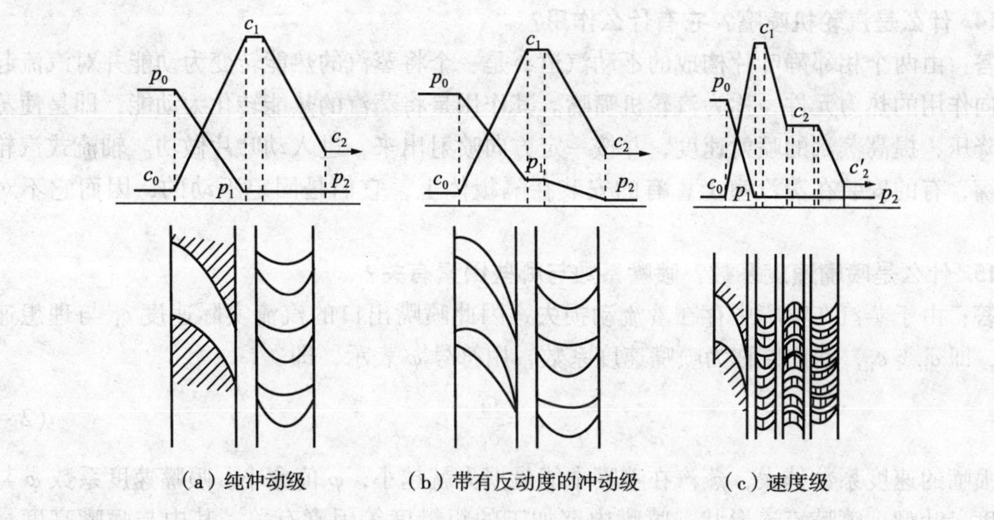

（a）纯冲动级　　（b）带有反动度的冲动级　　（c）速度级

图 2-9　冲动级中蒸汽压力和速度的变化示意图

(2)反动级

反动度 $\rho=0.5$ 的级称为反动级。其特点是蒸汽膨胀一半在喷嘴叶栅中进行，另一半在动叶栅中进行。由于喷嘴型线与动叶型线完全一致，所以蒸汽在喷嘴和动叶中的膨胀程度也相同。图 2-10 所示反动级中的蒸汽压力和速度变化的情况。在反动级中，由于蒸汽在动叶栅中膨胀加速，是在冲动力和反动力的合力的作用下使叶轮转动做功的。所以反动级的效率比冲动级高，但做功能力较小。

11. 什么是调节级和压力级?

答: 在采用喷嘴调节的多级汽轮机中，第一级的通流面积是随负荷变化而变化的级称为调节级。调节级可以是复速级也可以是单列级。一般中小型汽轮机用复速级作为调节级，而大型汽轮机常用单列冲动级作为调节级。

利用级组中合理分配的压力降或焓降为主的级称为压力级，又称为单列级。单列冲动级或反动级均属于压力级。

12. 双列速度级有哪些特点?

答: 双列速度级的优点是可增大汽轮机调节级的焓降，减少压力级级数，减少轴向尺寸和重量，节省耐高温的优质材料，从而降低了汽轮机的制造成本。双列速度级的焓降较大，其效率较低。

13. 带有反动度的速度级有什么特点?

答: (1)提高级的轮周效率，因为各列叶片中都有压力降，即呈负压梯度流动，汽流在叶片表面附近的附面层不宜增厚，也不易脱落，故流动损失较小，从而使效率提高。

(2)使第一、二列动叶做功均匀，即第一列动叶少做些功，第二列动叶多做些功，减少第一列动叶总的受力，使第一列动叶做 70% 左右的功。

(3)减少第一列动叶片的高度，增加第二列动叶片的高度，使速

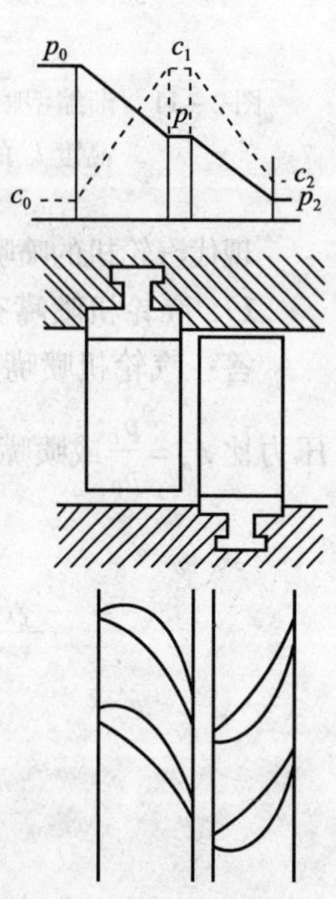

图 2-10　反动级中的蒸汽压力和速度变化的规律示意图

度级的通流部分变化适宜，有利于汽流的流动。

14. 什么是汽轮机喷嘴？它有什么作用？

答：由两个相邻静叶片构成的不动汽道，是一个将蒸汽的热能转变为动能并对汽流起一定导向作用的热力元件，称为汽轮机喷嘴。其作用是将蒸汽的热能转化为动能，即是使蒸汽膨胀降压，提高蒸汽的喷射速度，并按一定方向喷射出来，进入动叶片做功。轴流式汽轮机的喷嘴，有的安装在蒸汽室上，有的安装在隔板体上，它们是固定不动的，因而它不对外做功。

15. 什么是喷嘴速度系数？喷嘴系数与哪些因素有关？

答：由于蒸汽在喷嘴中存在着流动损失，因此喷嘴出口的汽流实际速度 c_1 与理想速度 c_{1t}小，即 $c_{1t}>c_1$，其比值称为喷嘴速度系数，用符号 φ 表示，即

$$\varphi=\frac{c_1}{c_{1t}} \tag{2-2}$$

喷嘴的速度系数越大，蒸汽在喷嘴中能量损失就越小，φ 值愈小。喷嘴速度系数 φ 与喷嘴高度、叶型、喷嘴流道形状、喷嘴内壁加工的粗糙度等因素有关，其中与喷嘴高度最为密切。

16. 绘图说明渐缩喷嘴速度系数与喷嘴高度的关系。

答：图 2－11 所示是根据实验结果绘的渐缩型喷嘴速度系数 φ 随喷嘴高度 l_n 变化曲线。从图中可以看出，随着喷嘴高度 l_n 的增加，φ 值逐渐增加，当 $l_n>100\text{mm}$ 时，φ 值基本上不再随 l_n 增加，达到最大值。当喷嘴高度 $l_n<12\sim15\text{mm}$ 时，速度系数 φ 急剧下降；因此，为了减少喷嘴的损失，应尽量使喷嘴高度 l_n 大于 15mm。

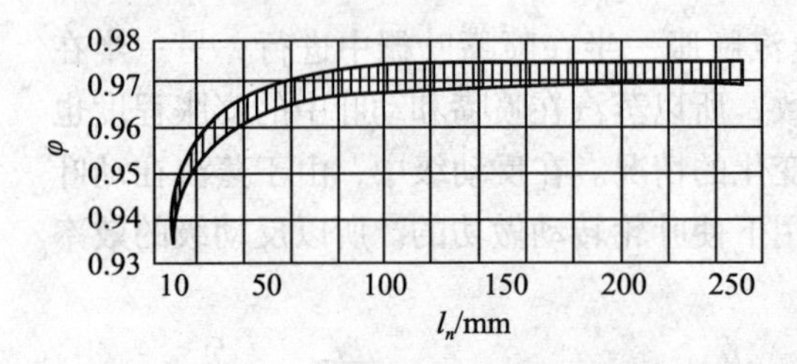

图 2－11　渐缩型喷嘴速度系数 φ 随喷嘴高度 l_n 的变化曲线

现代汽轮机的喷嘴速度系数常取 $\varphi=0.92\sim0.98$。为了计算方便，一般常取 $\varphi=0.95\sim0.97$。

17. 汽轮机喷嘴有哪几种型式？如何选择喷嘴型式？各有何用途？

答：汽轮机喷嘴的结构型式有渐缩喷嘴和缩放喷嘴，如图 2－12 所示。根据喷嘴进出口压力比 $\varepsilon_n=\frac{p_1}{p_0}$或喷嘴出口截面上的马赫数 $Ma=\frac{c_1}{a_1}$来选择喷嘴型式。

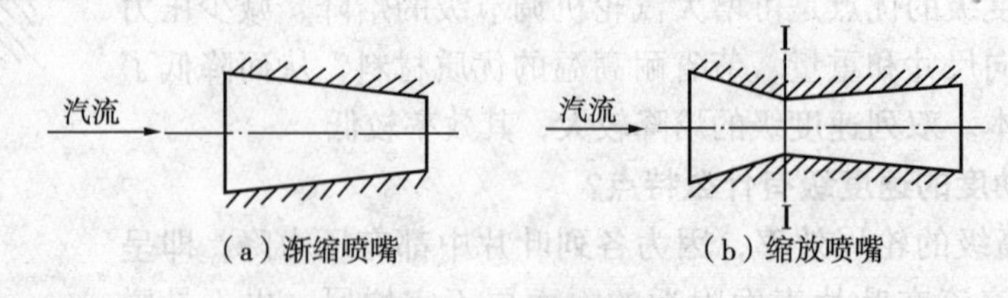

图 2－12　喷嘴的型式

（1）根据喷嘴进出口压力比 $\varepsilon_n=\frac{p_1}{p_0}$来选择喷嘴型式：

①若喷嘴压力比 ε_n 大于临界压力比 ε_c 时，即$\frac{p_1}{p_0}>\frac{p_c}{p_0}$时，应选用渐缩型喷嘴。因为喷嘴出口压力 $p_1>p_c$，而出口流速 c_1 小于出口截面上的音速，故这时能获得亚音速汽流。

②若喷嘴压力比 ε_n 等于临界压力比 ε_c 时，即$\frac{p_1}{p_0}=\frac{p_c}{p_0}$时，也应选用渐缩型喷嘴。因为喷嘴出口压力 $p_1=p_c$，而出口流速 $c_1=a$，即获得亚音速汽流。此时充分发挥了渐缩型喷嘴的作用。

③若喷嘴压力比 ε_n 小于临界压力比 ε_c 时，即$\frac{p_1}{p_0}<\frac{p_c}{p_0}$时，应选用缩放型喷嘴(或称拉伐尔喷嘴)。因为 $p_1<p_c$，而且 $c_1>a$，获得超音速汽流。

(2)根据喷嘴出口截面上的马赫数 $Ma=\frac{c_1}{a}$来选择喷嘴型式：

①当 $Ma\leqslant1$ 时，选用渐缩喷嘴，此时喷嘴界面达到最小值，喷嘴出口已达到临界速度；

②当 $Ma\geqslant1$ 时，选用缩放喷嘴。

由于两种喷嘴的特性不同，所以使用的场合也不一样。渐缩型喷嘴因为承担的焓降较小，所以多用于冲动式汽轮机的中间级，以满足这类级的焓降不大，喷嘴出口是亚音速汽流的需要。而缩放型喷嘴因为承担的焓降大，所以多用于单级汽轮机和多级汽轮机的第一级与最末级上，以满足这些级的焓降大，喷嘴出口是超音速汽流的需要。但是缩放型喷嘴工作效率低，且又不易加工制造，故只用于少数必须装缩放型喷嘴的地方。一般汽轮机中尽量选用斜切喷嘴代替缩放型喷嘴，以获得超音速汽流。但是，这种代替是有限的。

18. 汽流在渐缩斜切喷嘴的斜切部分发生偏转的原因有哪些?

答：渐缩斜切喷嘴可看作为一个不完整的缩放喷嘴，斜切部分相当于缩放喷嘴喉部之后的渐扩部分，蒸汽在最小截面获得临界压力后，进入斜切部分继续膨胀。由于斜切部分的结构特点，汽流压力在壁面 bc 是由 p_c 逐渐下降到 p_1，而在 a 点由 p_c 突然降至 p_1，因而壁面 bc 侧的蒸汽压力大于 ad 侧，在此压力差的作用下，汽流向无壁面阻挡的一侧即 ad 侧发生了的偏转，如图 2-13 所示。蒸汽在斜切部分的膨胀程度越大，偏转角就越大。

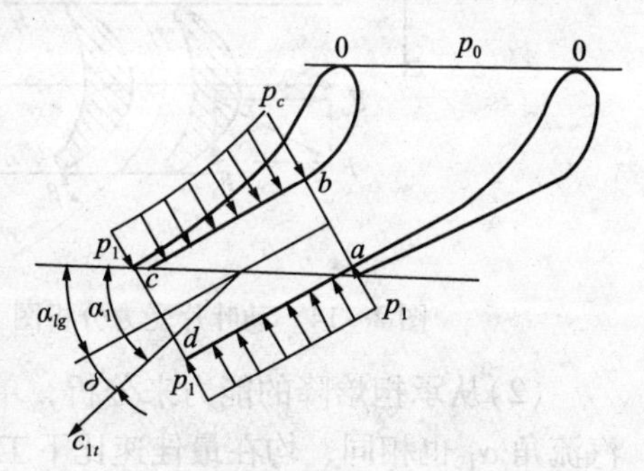

图 2-13　蒸汽在渐缩斜切喷嘴斜切部分的压力分布

19. 动叶速度系数与哪些因素有关?

答：动叶速度系数主要与动叶的叶型、动叶高度、动叶进出口角、反动度以及动叶表面粗糙度等因素有关，其中与动叶高度和反动度的关系尤为密切，ψ 值一般由实验确定，通常取 $\psi=0.85\sim0.95$。

20. 什么是动叶损失?

答：动叶损失是指 1kg 蒸汽中流动的能量损失，用符号 Δh_b 表示。即

$$\Delta h_b=\frac{\omega_{2t}^2}{2}-\frac{\omega_2^2}{2}=\frac{\omega_{2t}^2}{2}(1-\psi^2)=\frac{\omega_2^2}{2}\left(\frac{1}{\psi^2}-1\right)\tag{2-3}$$

由式(2-3)可知，动叶速度系数 ψ 越大，动叶损失越小。

21. 蒸汽对动叶的作用力有哪些?

答：由于蒸汽的流动方向与动叶的运动方向成一定角度，因此蒸汽对动叶片的作用力 F

可以分解成沿动叶运动方向的圆周方向的力 F_u 和与动叶运动方向垂直的轴向力 F_z。圆周力 F_u 推动叶轮旋转做功，而轴向力 F_z 只能使转子产生轴向推力，引起转子轴向位移，如图 2-14所示。

22. 什么是轮周功率?

答：汽流的圆周力，在单位时间内对动叶所作的功，称为轮轴功率，用符号 N_u 表示，单位为 N · m/s。它等于圆周力与圆周速度的乘积，即

$$N_u = F_u u = Gu(c_1\cos\alpha_1 + c_2\cos\alpha_2) \tag{2-4}$$

$$N_u = \frac{G}{2}[(c_1^2 - c_2^2) + (\omega_2^2 - \omega_1^2)] \tag{2-5}$$

23. 双列速度级与单列级比较应从哪几方面进行分析?

答：(1)从轮周效率来分析，由图 2-15 可知，当速比 x_1 在 m 点以右时，制作成单列级为好；在 m 点以左时，制作成双列速度级为好，并可得到较高的效率，但从轮周效率的最大值来分析，双列速度级不如单列级的轮周效率最大值高。

若单列级与双列速度级均在最佳速比下工作时，单列级的轮周效率(约为 0.75)，高于双列速度级的轮周效率(约为 0.64)。这主要是由于双列速度级第一列动叶的损失较大，且增加了导叶和第二列动叶的损失的原因。

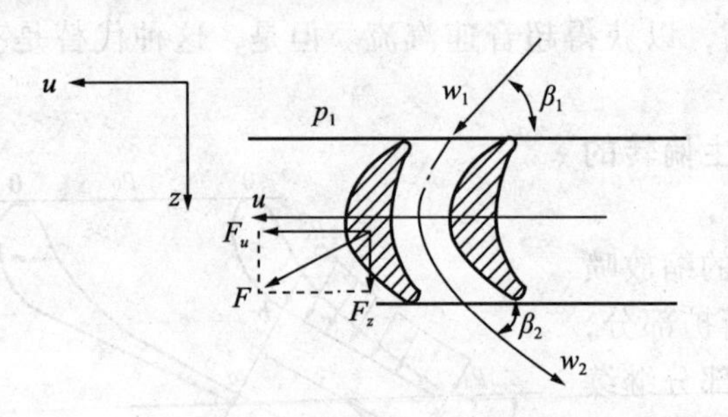

图 2-14 动叶片受力分析图

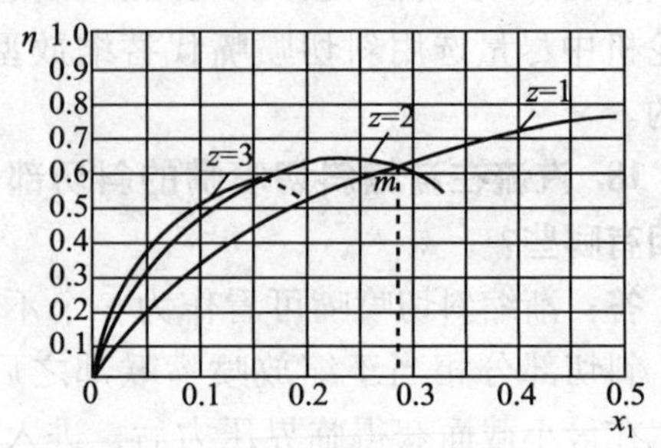

图 2-15 速度级的轮周功率

(2)从承担焓降的能力来分析，单列级与双列速度级都在相同的轮周速度 u 下工作时，汽流角 α_1 也相同，均在最佳速比下工作且不计流动损失，均可按冲动式原理工作。在上述条件下，利用最佳速比的概念及有关公式经过推导，可得下列关系式

$$h_{t双} = 4h_{t单} \tag{2-6}$$

式中 $h_{t双}$——双列速度级的焓降；

$h_{t单}$——单列级的焓降。

从以上分析可知，双列速度级可以承担较大的焓降，但轮周效率较低。因此，只有在单级汽轮机和多级汽轮机的调节级要求承担焓降较大时，才采用速度级。

24. 什么是轮周功? 什么是轮周焓降?

答：1kg 蒸汽对动叶所做的功称为轮周功，用符号 ω_u 表示。单位为 N · m/kg。即

$$\omega_u = \frac{N_u}{G} = u(c_1\cos\alpha_1 + c_2\cos\alpha_2) = \frac{1}{2}[(c_1^2 - c_2^2) + (\omega_2^2 - \omega_1^2)] \tag{2-7}$$

轮周功用热量表示时，称为轮周焓降，用符号 Δh_u 表示。单位为 kJ/kg。即

$$\Delta h_u = \omega_u = \Delta h_t^* - \Delta h_n - \Delta h_b - \Delta h_{c2} \tag{2-8}$$

式中 Δh_t^*——喷嘴的滞止焓降，kcal/kg；

Δh_n——喷嘴损失，kcal/kg；

Δh_b——动叶损失，kcal/kg；

Δh_{c2}——余速损失，kcal/kg。

25. 什么是级的轮周效率？

答： 1kg 蒸汽在级内所做的轮周功 ω_u 与该级的理想能量 E_0 之比，称为级的轮周效率，用符号 η_u 表示。即

$$\eta_u = \frac{\omega_u}{E_0} \tag{2-9}$$

26. 什么是汽轮机的级内损失？

答： 蒸汽在级内能量转变过程中，影响蒸汽状态的各种损失称为级内损失。级内损失包括喷嘴损失、动叶损失、余速损失、叶高损失、撞击损失、扇形损失、摩擦损失、部分进汽损失、湿汽损失及漏汽损失等。

27. 什么是喷嘴损失？

答： 蒸汽在喷嘴中流动过程中的能量损失称为喷嘴损失，用 Δh_n 表示。喷嘴损失主要包括下列几种损失：

(1) 由于喷嘴表面不光滑，蒸汽与喷嘴壁之间所引起的摩擦损失；

(2) 由于蒸汽分子运动的速度不同，存在着速度梯度，即靠近喷嘴壁的汽流速度慢，而靠近汽流中心的速度快，以致蒸汽分子之间产生摩擦损失；

(3) 汽流脱离喷嘴壁时的涡流损失。

以上三项损失，约占各级理想焓降的 8% ~10%。

28. 什么是动叶损失？

答： 1kg 蒸汽在动叶中流动的动能损失称为动叶损失，用 Δh_b 表示。即

$$\Delta h_b = \frac{\omega_{2t}^2}{2} - \frac{\omega_2^2}{2} = \frac{\omega_{2t}^2}{2}(1-\psi^2) = \frac{\omega_2^2}{2}\left(\frac{1}{\psi^2}-1\right) \tag{2-10}$$

由上式可知，动叶速度系数 ψ 越大，动叶损失越小。

29. 什么是余速损失？如何减少余速损失？

答： 蒸汽离开动叶片后，仍具有一定的速度即余速，也就是蒸汽在本级内并没有将动能全部转变为机械能，其余速都成为损失，这种损失称为余速损失，用符号 Δh_{c2} 表示。

在多级汽轮机中，上一级的排汽进入下一级，即上一级的动能可以被下一级部分地利用，余速损失减小。为了充分利用排汽的动能，尽可能减少余速损失，通常将喷嘴与动叶片之间的间隙尽量减小。一般要求，中小型汽轮机的余速损失不应超过汽轮机理想焓降的 2%。大型汽轮机的余速损失可达 3% ~4% 或 7%。

30. 什么是扇形损失？

答： 等截面叶片的节距、圆周速度及蒸汽参数数值均偏离了平均直径处的设计值，蒸汽流过时会增加流动损失。另外，在等截面直叶片级的轴向间隙中，汽流还会径向流动引起损失，这些损失统称为扇形损失。汽轮机级中的叶栅是沿圆周布置成环形，叶栅通道的断面呈扇形，如图 2-16 所示。

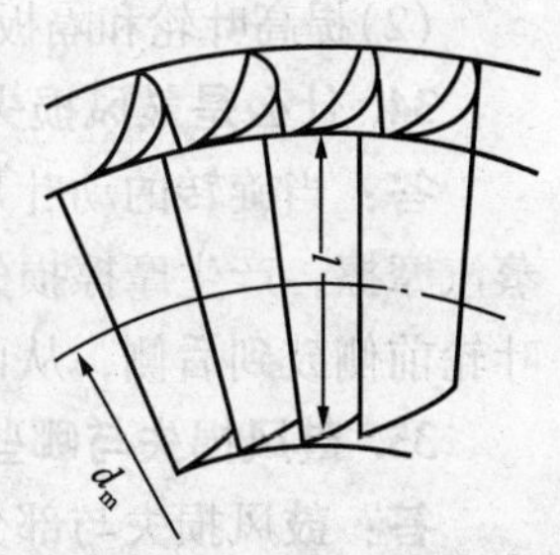

图 2-16　环形叶栅流道的断面示意图

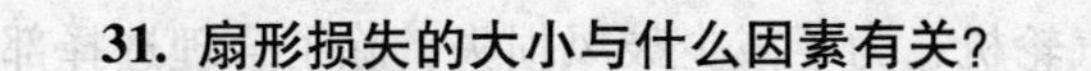

31. 扇形损失的大小与什么因素有关？

答： 扇形损失的大小与径高比 θ 有关，通常用下列公式计算

$$\Delta h_\theta = 0.7\left(\frac{l_b}{d_b}\right)E_0 \tag{2-11}$$

式中　Δh_θ——扇形损失，kJ/kg；

l_b——动叶高度，m；

d_b——动叶平均直径，m；

E_0——级的理想能量，kJ/kg；

θ——径高比，$\theta = l_b/d_b$。

由上式可知，扇形损失与径高比的平方成反比，径高比越大，则扇形损失越小，径高比越小，反之，则扇形损失越大。当径高比 $\theta > 8 \sim 12$ 时，即动叶片较短，其扇形损失可忽略不计，为了加工方便，一般采用等截面直叶片；当径高比 $\theta \leqslant 8 \sim 12$ 时，动叶片较长，其扇形损失显著增大，为了减少级的扇形损失，可设计变截面扭叶片，以提高级的效率。

32. 叶轮摩擦损失有哪两部分损失组成？

答：(1)叶轮两侧蒸汽流动的速度差引起的摩擦损失。在叶轮的两侧和外缘与隔板(或汽缸)之间充满了停滞的蒸汽，当叶轮在充满蒸汽的汽室中旋转时，紧贴在叶轮和轮缘两侧表面上的蒸汽质点随着运动。其速度等于叶轮和轮缘的圆周速度，而紧贴在隔板(或汽缸)壁面上的蒸汽质点速度等于零。这样就使叶轮与隔板的轴向间隙中的蒸汽存在速度差，如图 2-17 所示，要克服蒸汽质点之间的摩擦并带动汽室内的蒸汽运动就要消耗一部分轮周功。

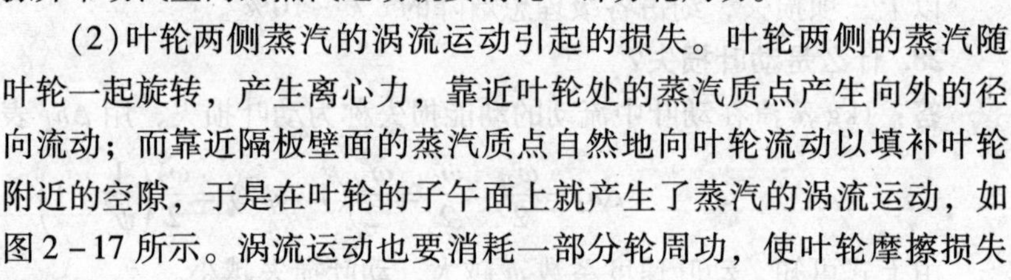

(2)叶轮两侧蒸汽的涡流运动引起的损失。叶轮两侧的蒸汽随叶轮一起旋转，产生离心力，靠近叶轮处的蒸汽质点产生向外的径向流动；而靠近隔板壁面的蒸汽质点自然地向叶轮流动以填补叶轮附近的空隙，于是在叶轮的子午面上就产生了蒸汽的涡流运动，如图 2-17 所示。涡流运动也要消耗一部分轮周功，使叶轮摩擦损失增加。

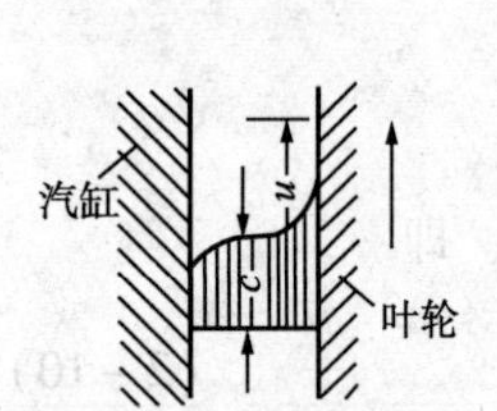

图 2-17　叶轮摩擦损失

由以上分析可知，叶轮摩擦损失主要是由于叶轮存在引起的损失。由于冲动式汽轮机各级叶轮轮盘较大，引起的损失也较大；对于反动式汽轮机，由于动叶是直接安装在转鼓上的，没有叶轮，因此没有这一损失。

33. 减少摩擦损失的主要措施有哪些？

答：(1)减少叶轮两侧汽室的容积，即在结构上应尽可能减少叶轮与隔板之间的轴向间隙。

(2)提高叶轮和隔板壁的粗糙度，避免汽室壁采用有筋的结构等，均可以降低摩擦损失。

34. 什么是鼓风损失？

答：当旋转的动叶片进入非工作弧段时，叶轮充满了蒸汽，旋转的叶轮与该段内停滞的蒸汽摩擦，产生摩擦损失。同时，叶轮产生鼓风作用就像鼓风机一样将该段内停滞的蒸汽从叶轮前侧鼓到后侧，从而消耗一部分有用功，这些损失称为鼓风损失。

35. 鼓风损失与哪些因素有关？

答：鼓风损失与部分进汽度 e 有关，e 越小则鼓风损失就越大。当部分进汽度 $e=1$ 时(即全周进汽)，鼓风损失为零。对于冲动式汽轮机，为了减少鼓风损失，除了合理选择部分进汽度外，还常采用一种护罩装置，如图 2-18 所示。即在非工作弧段内将动叶两侧用护罩罩起来，减少动叶转动对蒸汽的干扰，这样动叶只是在护罩内的少量蒸汽中转动，鼓风损失大为减少。对于反动式汽轮机，由于采用全周进汽和没有叶轮，所以鼓风损失为零。

36. 什么是斥汽损失?

答: 在采用部分进汽的级中，动叶经过没有喷嘴的弧段时，停滞在汽室中的非工作蒸汽将充满动叶通道。当这些带有停滞蒸汽的动叶重新又进入喷嘴弧段时，从喷嘴射出来的汽流首先要排斥这部分停滞在动叶内的蒸汽并使其加速，从而消耗一部分有用动，引起损失。另外，由于叶轮高速旋转的作用，在喷嘴组出口端与叶轮的间隙中发生漏汽，在喷嘴组进入端的间隙中，将一部分停滞蒸汽吸入动叶通道，扰乱了主流蒸汽，同样形成损失，这些损失统称为斥汽损失。

37. 什么是湿汽损失？产生湿汽损失的原因有哪些?

答: 凝汽式多级汽轮机的末几级在湿蒸汽区域内工作，由于水分的存在而产生一部分能量损失，这种损失称为湿汽损失。

湿汽损失产生的原因是:

(1)在湿蒸汽中存在一部分水珠，湿蒸汽在膨胀过程中还要凝结出一部分水珠，这些水珠不能在喷嘴中膨胀加速，因而减少了做功的蒸汽量，引起损失；

(2)由于水珠不能在喷嘴中膨胀加速，必须依靠汽流带动加速，因而要消耗汽流的一部分动能，形成损失；

(3)水珠虽然被高速汽流带动得到加速，但水珠的速度 c_{1x} 只能达到汽流速度 c_1 的10% ~ 13%。从动叶进口速度三角形看出，由于水珠和蒸汽进入动叶的相对速度和方向均不同，即水珠进入动叶的方向角 β_{1x} 大于动叶的进汽角 β_1，于是水珠将撞击动叶进口边的背弧，如图2－19所示。由于水珠的流动对叶轮的旋转产生制动作用，消耗了叶轮的有用功，造成损失；

(4)在动叶出口处，水珠的相对流速 ω_{2x} 小于汽流相对速度 ω_2，由图2－19的出口速度三角形可知，水珠的绝对速度 c_{2x} 的方向角 α_{2x} 大于汽流的 α_2 角，即水珠将撞击下一级喷嘴静叶片的背弧上，扰乱了主汽流造成损失；

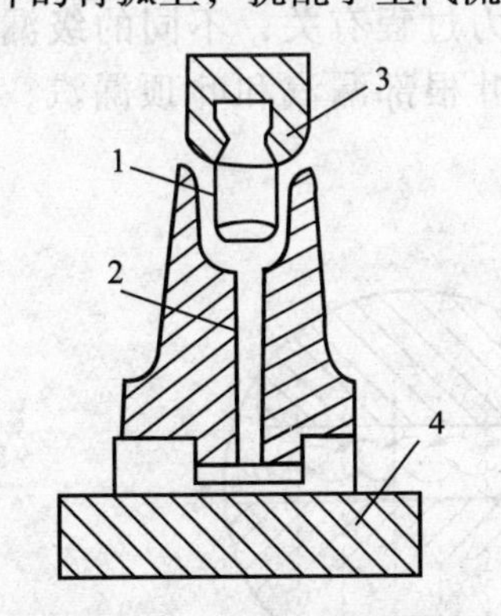

图2－18　部分进汽的护罩装置

1—叶片；2—护罩；3—叶轮；4—汽缸

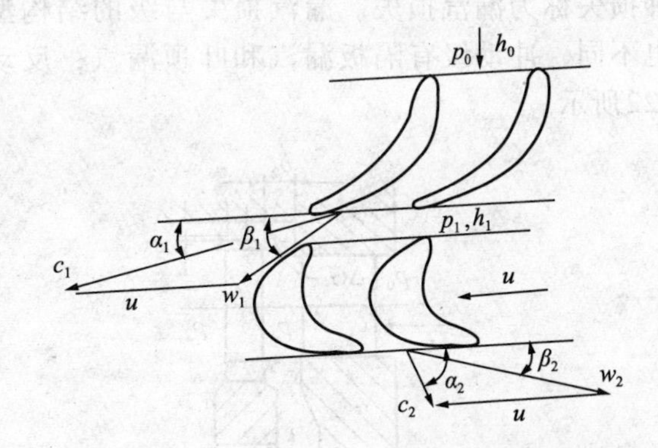

图2－19　水珠撞击动静叶示意图

(5)在高速蒸汽的流动过程中，使一部分蒸汽来不及凝结成水珠，即汽化潜热没有释放出来，降低了蒸汽的理想焓降，速度降低，从而造成过冷损失。

38. 减少湿汽损失及防止动叶冲蚀的措施有哪些?

答: (1)限制多级汽轮机末几级的排汽湿度，一般要求末几级的蒸汽湿度不应超过

12%～15%。在运行中应尽量保持汽轮机在额定的蒸汽参数下运行，防止由于新蒸汽温度降低而造成排汽湿度增大。

(2)采用去湿装置。减少湿蒸汽中的水分，提高动叶抗浸蚀能力。为减少蒸汽中的水珠对叶片的冲蚀应装有捕水装置，如图2－20所示。利用动叶片尖端将水珠甩出，经过*A*落到*B*室内，再由*B*室用排水管与凝汽器连接。当凝汽式汽轮机最末几级装有捕水装置时，后面几级的湿度可降低到12%～15%。

(3)提高动叶表面抗冲蚀能力。对最末几级动叶采用耐冲蚀性强的的材料，如钛合金、镍铬钢、不锈锰钢等；也可将多级汽轮机的最末几级动叶进汽边的背弧表面采取加焊硬质合金、局部淬硬、表面镀铬、电火花强化及氮化等措施。目前常用的方法是在动叶顶部进汽边的背弧上镶焊硬度较高的司太立合金薄片，如图2－21所示。

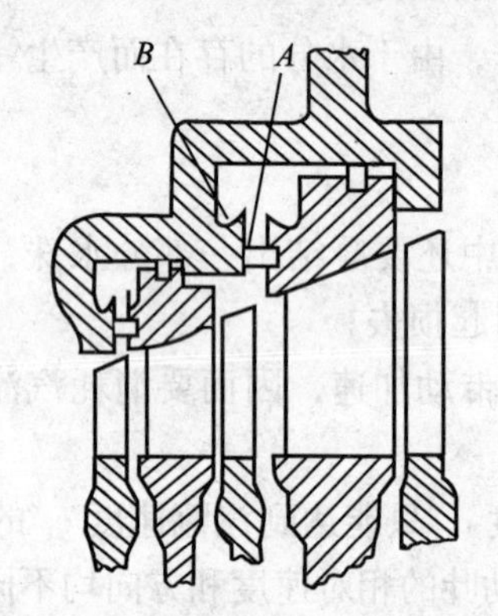

图2－20　汽轮机最末几级的捕水装置

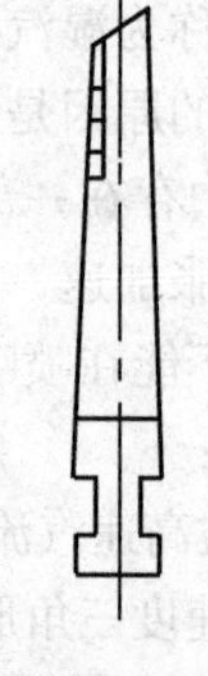

图2－21　动叶顶部进汽边镶焊硬质合金示意图

39. 什么是漏汽损失？漏汽损失与哪些因素有关？

答：汽轮机的通流部分动静之间存在着间隙，且间隙前后都存在压力差，使蒸汽不能完全从喷嘴和叶片的流道内通过，不可避免地从动静间隙中产生泄漏而引起损失，这种损失称为漏汽损失。漏汽损失与级的结构型式和热力过程有关，不同的级漏汽部位也不同，冲动级有隔板漏汽和叶顶漏汽，反动级有静叶根部漏汽和叶顶漏汽，如图2－22所示。

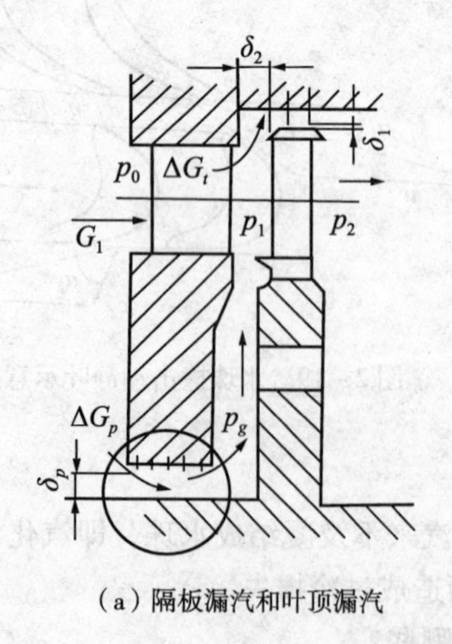

(a)隔板漏汽和叶顶漏汽

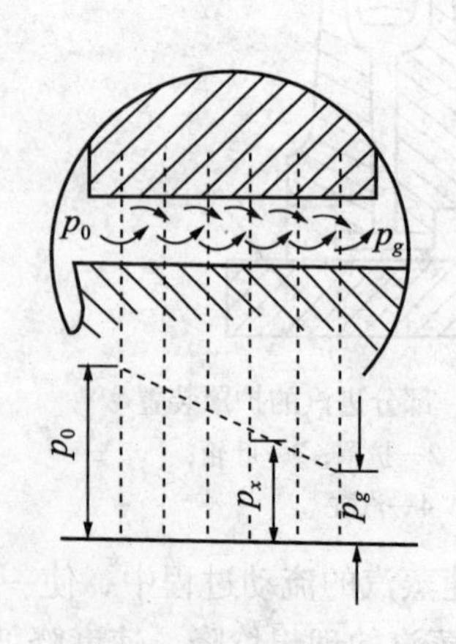

(b)高低齿汽封漏汽

图2－22　冲动级漏汽示意图

40. 反动级的叶顶漏汽损失比冲动级叶顶漏汽损失大的原因有哪些?

答: (1)静叶内径的漏汽量比冲动级的隔板漏汽量大。原因是反动级常用转鼓结构，其内径汽封的直径比冲动级隔板汽封的直径大，而汽封齿数又比较少;

(2)反动级的反动度 ρ 较大，使得动叶前后的压差较大，所以动叶顶部漏汽引起的损失相当可观。

41. 减少隔板漏汽损失的措施有哪些?

答: (1)在动静部分的间隙中设置隔板汽封。一般采用迷宫式密封，密封齿数越多，漏汽量越少。

(2)在叶轮上开设平衡孔。使隔板漏汽全部通过平衡孔流到级后，避免漏汽进入动叶汽道，扰乱主汽流。

(3)在动叶根部选择适当的反动度，使叶根处既无吸汽现象(隔板漏汽漏入到通流部分)也无漏汽现象(蒸汽由通流部分漏到隔板与叶轮之间)。

(4)在动叶根部进汽边加工若干个凸齿作为轴向汽封，以减少隔板漏汽进入动叶通道。

42. 减少叶顶漏汽损失的措施有哪些?

答: (1)对于高压部分的直叶片级的叶片，由于叶片高度较小，叶顶的相对漏汽量较大，可采用安装径向汽封和轴向汽封。

(2)在叶顶部分装设围带，使叶片构成封闭通道，同时可装设围带汽封，减少叶顶漏汽损失。

(3)对于无围带的较长的扭叶片，可将动叶顶部削薄，以减小动叶与汽缸的间隙，达到叶顶汽封的作用。

(4)应尽量设法减少扭叶片顶部的反动度，使动叶顶部前后的压力差较小。

43. 什么是级的相对内效率? 它与哪些因素有关?

答: 级的有效焓降 h_i 与级的理想能量 E_0 之比，称为级的相对内效率，用 η_i 表示，即

$$\eta_i = \frac{\Delta h_i}{E_0} = \frac{\Delta h_t^* - \Delta h_n - \Delta h_b - \Delta h_l - \Delta h_\theta - \Delta h_f - \Delta h_e - \Delta h_p - \Delta h_x - \Delta h_{c2}}{E_0} \quad (2-12)$$

由式(2-12)可知，级的相对内效率反映了能量转换过程的完善程度，是衡量汽轮机热经济性的一个重要指标。它的大小不仅与所选用的叶型、反动度、速比和叶高等有密切关系，而且还与蒸汽的性质、级的结构有关。

44. 如何计算级的内功率?

答: 级的内功率，也称级的有效功率，它是由级的有效焓降和蒸汽流量来确定，即

$$P_i = \frac{D\Delta h_i}{3600} \quad (2-13)$$

式中　D——级的进汽流量，kg/h;

Δh_i——级的有效焓降，kJ/kg。

第三节　多级工业汽轮机

1. 什么是多级汽轮机?

答: 按工作压力高低顺序依次排列的若干个级串联而成的汽轮机，称为多级汽轮机。常见的多级汽轮机有多级冲动式汽轮机和多级反动式汽轮机两种。

2. 为什么要将汽轮机设计、制作成多级汽轮机?

答:由级的工作原理可知,级只有在最佳速比附近工作,才能获得较高的级效率,圆周速度和级的直径也必须相应增大。但是级的直径和圆周速度的增大是有限度的,它受到叶轮和叶片材料强度的限制。由于级的直径和圆周速度增大后,旋转着的叶轮和叶片的离心力将增大,所以为保证汽轮机有较高的效率和较大的单机功率,就必须将汽轮机设计成多级汽轮机,即相当于许多单机汽轮机的串联,蒸汽依次在各级中膨胀做功,各级均按照最佳速比选择适当的焓降,根据总的焓降确定多级汽轮机的级数,这样即能利用很大的焓降,又能保证较高的级效率。所以,功率稍大的汽轮机都制作成多级汽轮机。

3. 多级汽轮机有哪些优缺点?

答:多级汽轮机的优点是:

(1)由于级数多,每一级的焓降小,可在材料强度允许的条件下,保证各级在最佳速比附近工作,使各级和整个汽轮机均有较高的效率。

(2)在保持最佳速比的前提下,可使级的平均直径减小,可将静叶和动叶的出口高度相应增大,因而使叶高损失减小,有利于级效率的提高。

(3)除了调节级,级后有抽汽口、最末一级外,多级汽轮机的上一级余速动能可全部或大部分被下一级所利用,从而提高级的相对内效率。

(4)多级汽轮机参数高、功率大,在提高经济性的同时,降低了单位千瓦容量的制造成本和运行费用。

(5)将多级汽轮机中设计成调节抽汽式或非调节抽汽式,提供工业或生活用蒸汽实现热能的综合利用,从而提高了汽轮机的经济性。

(6)由于重热现象的存在,多级汽轮机前面级的损失可以部分地被后面各级所利用,使整机的相对内效率提高。

多级汽轮机的缺点是:

(1)多级汽轮机结构复杂、零部件多、机组尺寸大、重量大,需要较多的优质合金材料,总造价高。

(2)多级汽轮机由于结构和工作过程的特点,会产生一些附加损失,如级内的漏汽损失、末几级的湿汽损失等。

4. 什么是多级汽轮机的重热现象?

答:在多级汽轮机中,前面级的损失可以在以后级中部分的得到利用,这种现象称为多级汽轮机的重热现象。

5. 重热系数 α 的大小与哪些因素有关?

答:(1)与多级汽轮机的级数有关。当级数越多,则前面级的损失被后面级中利用的可能性越大,重热系数 α 将增大。

(2)与多级汽轮机各级的级效率有关。当级的效率为1,即各级没有损失,后面的级也无损失可利用,则重热系数 $\alpha=0$。级效率越低,则损失越大,被后面级利用的可能性越多,则重热系数 α 也越大。

(3)与汽轮机的工作蒸汽状态有关。当初温越高,初压越低时,初态的熵值较大,使膨胀过程接近等压线间渐扩较大的部分,重热系数较大。由水蒸气的 $h-s$ 图可知,过热蒸汽区的等压线向熵增方向的扩散程度比湿蒸汽区的大,因此过热区的重热系数 α 要比湿汽区的重热系数 α 大。

6. 多级汽轮机有余速利用时应采取哪些措施？

答：在多级汽轮机中，只要在下一级结构上采取适当措施，就可以全部或大部分利用上一级的余速损失，从而提高级的和整机汽轮机的效率。因此，有余速利用时应采取以下措施：

(1)相邻两级的平均直径应接近相等。

(2)后一级喷嘴的进汽方向应与前一级动叶的排汽方向一致。

(3)相邻两级之间的轴向间隙应尽可能小，而且在此间隙内汽流不发生扰动。

(4)相邻两级均为全周进汽。

7. 多级汽轮机的损失有哪些？

答：多级汽轮机在完成蒸汽的热能转变为机械能的过程中，不仅会产生各种级内损失，而且还会产生全机损失。例如，汽轮机进排汽机构中的节流损失、前后端轴封的漏汽损失及机械损失等。汽轮机所有损失可分为两大类，即内部损失和外部损失。

8. 什么是汽轮机内部损失？包括哪些损失？

答：蒸汽热力过程和状态发生变化而造成的损失，称为内部损失。包括进汽机构节流损失、排汽管的压力损失和级内损失。

9. 什么是节流损失？

答：由锅炉来的新蒸汽在进入汽轮机第一级喷嘴室之前，首先要经过主汽阀和调节汽阀，蒸汽流经这些阀门时要受到阀门的节流的作用，使蒸汽压力降低，使蒸汽的可用焓值减少，从而降低了蒸汽在汽轮机内的能力，通常将这种损失称为节流损失。

图2－23所示为蒸汽流经主汽阀、调节汽阀时，产生节流损失的热力过程，由于阀门的节流作用，使新蒸汽压力由 p_0 降至 p'_0。由图可知，在背压不变，在没有节流损失时，汽轮机的等熵焓降为 H_t；在有节流损失后，其焓降为 H''_t，显然，$H_t<H''_t$，其差值 $H_t-H''_t$ 称为进汽机构节流损失，用 ΔH_1 表示。

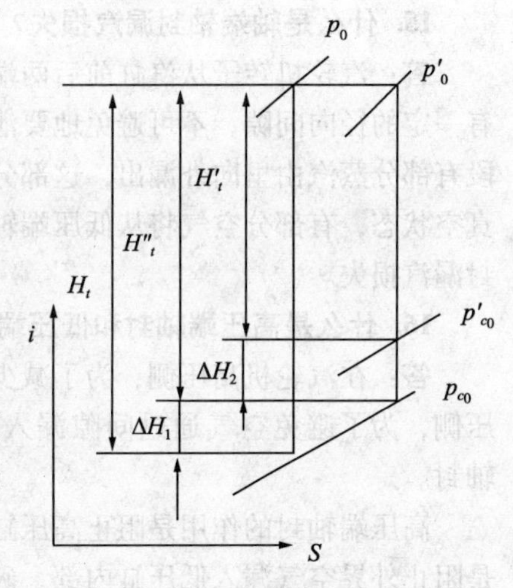

图2－23　节流损失

10. 进汽机构节流损失与哪些因素有关？如何减少节流损失？

答：进汽机构节流损失与汽流速度、阀门型线、汽室形状及管道长度等因素有关。为了减少进汽机构节流损失，设计时使蒸汽流过汽阀和管道的流速≤40～60m/s，并选用流动特性良好的阀门，将压力降控制在$(0.03\sim0.05)p_0$的范围内。

11. 什么是排汽管的压力损失？

答：蒸汽在排汽管道流动时，存在着摩擦、撞击和涡流等损失，使其压力降低，这部分压力降并未用于作功，而用来克服排汽管阻力，故将这种损失称为排汽管压力损失，用 Δp_{c0} 表示。

12. 排汽管压力损失与哪些因素有关？如何减少排汽管压力损失？

答：排汽管压力损失 Δp_{c0} 的大小取决于排汽管中蒸汽的流速、排汽管的结构型式和它的型线等。Δp_{c0} 可由经验公式计算，即

$$\Delta p_{c0}=\lambda\left(\frac{c_n}{100}\right)^2 p_{c0} \tag{2-14}$$

式中 Δp_{c0}——凝汽器内压力，MPa；

λ——阻力系数，一般取 $\lambda=0.05\sim0.1$，若排汽缸型线良好，汽流速度较小时，λ 取较小值，否则取较大值；

p_{c0}——凝汽器内的绝对压力，MPa；

c_n——排汽缸中的汽流速度，对凝汽式汽轮机 $c_n=80\sim120\text{m/s}$。对背压式汽轮机 $c_n=40\sim60\text{m/s}$。

汽轮机的排汽压力损失一般为 $\Delta p_{c0}=(0.02\sim0.06)p_{c0}$。为了减少排汽管的压力损失，提高机组的热经济性，通常将排汽管设计成扩压效率较高的缩放形状的扩压管，利用排汽本身的动能转变为压力能，来补偿排汽管中的压力损失。

13. 什么是汽轮机外部损失？

答：对蒸汽状态没有影响的损失，称为外部损失。汽轮机外部损失包括机械损失和端部轴封漏汽损失及汽缸散热损失。

14. 什么是机械损失？

答：多级汽轮机运行时，为克服轴承的机械摩擦阻力消耗一部分有用功及带动调速器、主油泵等也要消耗一部分有用功，这些能量损失称为机械损失，用 ΔN_m 表示。机械损失的大小与汽轮机转速有关，并随转速增大而增大。一般机械损失约占汽轮机额定功率的 0.005～0.010。具有减速装置的汽轮机的机械损失会更大一些。

15. 什么是轴端轴封漏汽损失？

答：汽轮机转子从汽缸前后两端穿出，为了防止动、静部分的摩擦，转子与汽缸之间留有一定的径向间隙，不可避免地要泄漏一定数量的蒸汽。由于汽缸内外的压差较大，在高压段有部分蒸汽由里向外漏出，这部分漏汽不再参与级内做功，造成能量损失；低压端处于高真空状态，有部分空气将从低压端轴封处漏入汽缸内，引起真空下降，这些损失称为轴端轴封漏汽损失。

16. 什么是高压端轴封和低压端轴封？各有什么作用？

答：在汽轮机高压侧，为了减少漏汽损失，装有的轴封称为高压端轴封或前轴封。在低压侧，为了避免空气通过间隙漏入排汽缸而影响真空，装有的轴封称为低压侧轴封或后轴封。

高压端轴封的作用是阻止高压缸内的蒸汽向外泄漏，减少漏汽损失；低压端轴封的作用是阻止外界空气漏入低压缸内部，破坏汽轮机的真空。

17. 在汽轮机发电机组通常用哪些效率来衡量能量转换过程中不同阶段的完善程度？

答：汽轮机发电机组是将蒸汽的热能转换为电能的装置，这种能量转换过程中存在着各种损失，蒸汽的理想焓降不能全部转换为电能。通常用各项效率（汽轮机的相对内效率、机械效率、发电机效率、汽轮发电机组的绝对电效率）来衡量整个能量转换过程中不同阶段的完善程度。

18. 什么是汽轮机的相对内效率？

答：汽轮机的有效焓降 H_i 与理想焓降 H_t 之比，称为汽轮机的相对内效率，常用 η_i 表示，即

$$\eta_i = \frac{H_i}{H_t} = \frac{i_0 - i_k}{i_0 - i_{kt}} \tag{2-15}$$

式中　$(i_0 - i_k)$——蒸汽的理想焓降；

$(i_0 - i_{kt})$——蒸汽的有效焓降。

汽轮机的相对内效率反映了蒸汽在汽轮机膨胀做功时所有内部损失的大小，因此 η_i 的高低表明了汽轮机热力过程的完善程度。汽轮机的相对内效率越高，说明其内部损失越小，一般汽轮机的相对内效率为78%～90%。

19. 什么是汽轮机机械效率？

答：考虑机械损失后汽轮机联轴器端的输出功率（轴端功率）N_e 与汽轮机内功率 N_i 之比，称为汽轮机的机械效率，用符号 η_m 表示，即

$$\eta_m = \frac{N_e}{N_i} = 1 - \frac{\Delta N_m}{N_i} \tag{2-16}$$

机械效率反映了机械损失的大小，对于中、小功率汽轮机的机械效率 η_m 一般在96%～98%之间；大功率的汽轮机的机械效率 $\eta_m = 99\%$。

20. 什么是发电机效率？

答：考虑了电机损失后，发电机发出的功率 N_{el} 与汽轮机的轴端输出功率 N_e 之比称为发电机效率，用 η_g 表示。即

$$\eta_g = \frac{N_{el}}{N_e} = 1 - \frac{\Delta N_g}{N_e} \tag{2-17}$$

式中　ΔN_g——发电机损失，包括电气损失（电气方面的励磁、铁芯损失和线圈发热等）以及机械损失（机械摩擦和鼓风损失等）损失的功率，kW。

发电机在将汽轮机输入的机械功转换为电能的过程中，存在着各种电气损失和机械损失，所以发出的电功率总是小于汽轮机轴端输出的功率，它们之间的关系可以用发电机效率来表示。发电机的效率与发电机的容量及冷却方式有关。中、小型发电机采用空气冷却时，其效率一般为92%～97%。

21. 什么是汽轮发电机组的绝对电效率？

答：发电机发出的电功率 N_{el}（热量单位）与蒸汽在锅炉（热源）中总吸热量 Q_0 之比，称为汽轮发电机组的绝对电效率，用符号 η_e 表示。即

$$\eta_e = \frac{3600 N_{el}}{Q_0} \tag{2-18}$$

对纯凝汽式汽轮发电机组的绝对电效率

$$\eta_e = \eta_t \eta_i \eta_m \eta_g \tag{2-18a}$$

22. 汽轮发电机组热经济性指标有哪些？

答：汽轮发电机组热经济性指标主要有汽耗率和热耗率。

23. 什么是汽轮发电机组的汽耗率？

答：汽轮发电机组每生产1kW·h的电能所消耗的蒸汽量，称为汽轮发电组的汽耗率，用符号 d 表示，单位为kg/（kW·h）。即

$$d = \frac{D_0}{N_e} = \frac{D_0}{\Delta H_t \eta_m \eta_g} = \frac{3600}{\Delta H_t \eta_i \eta_m \eta_g} \tag{2-19}$$

式中　3600——电热当量，即1kW·h电能相当于3600kJ（860kcal）热量。

对于初终参数不同的汽轮机，即使功率相同，但它们消耗的蒸汽量却不同，所以就不能用汽耗率来比较其经济性，对于供热式汽轮机更是如此。因此，汽耗率不适宜用来比较不同类型机组的经济性，而只能对同类型同参数汽轮机评价其运行管理水平。

24. 什么是汽轮发电机组的热耗率？

答：汽轮发电机组每生产1kW·h电能所消耗的热量，称为热耗率，用符号q表示，单位为kJ/(kW·h)。即

$$q=\frac{Q_0}{N_e}=\frac{3600}{\eta_e}=\frac{3600}{\eta_t\eta_i\eta_m\eta_g} \tag{2-20}$$

式中 Q_0——汽轮机装置总吸热量，kJ/h；

η_e——汽轮发电机组的绝对电效率；

η_t——循环热效率。

热耗率也可用蒸汽参数和汽耗率来表示，即

$$q=d(i_0-i_w) \tag{2-21}$$

式中 i_0——汽轮机蒸汽的初焓，kJ/kg；

i_w——锅炉给水焓，kJ/kg；

d——汽耗率。

热耗率是评价不同参数机组的热经济性的指标。热耗率不仅取决于汽轮发电机组的效率，而且与装置循环的热系统的完善性有关。热耗率越低，经济性越好，装置循环越完善。

25. 驱动工业机械的工业汽轮机与汽轮发电机组热经济性指标有何区别？

答：驱动工业机械的工业汽轮机(如驱动各种泵、风机和压缩机等)与汽轮发电机组热经济性指标不同。汽轮发电机组的输出功率可由发电机输出的电功率直接求出(中间考虑发电机能量转换损失η_g)，只要知道电压和电流数值就可以。而工业汽轮机用途广泛，输送介质多种多样，由输送介质消耗的功率反求汽轮机输出功率既不方便也不精确，因此对驱动工业机械的工业汽轮机，只需求出汽轮机轴端的输出功率N(也称为有效功率)，再根据其求出其他热经济性指标。

26. 驱动用工业汽轮机的功率有哪两种？

答：驱动用工业汽轮机的功率分为设计功率和额定功率两种。

设计功率是工业汽轮机热力设计和通流部分设计的依据，在此功率下保证工业汽轮机运行时的最高效率。

额定功率对驱动用工业汽轮机是指工业汽轮机轴端保证连续输出的功率。

27. 什么是多级汽轮机转子的轴向推力？

答：在轴流式汽轮机中，通常是高压蒸汽由高压端进入汽轮机膨胀做功，低压蒸汽从低压端排出，同时还将产生与汽流方向相同的轴向力，使汽轮机转子存在一个由高压端指向低压端移动的趋势，这个力称为转子的轴向推力。

28. 冲动式多级汽轮机的轴向推力产生的原因是什么？

答：(1)作用在动叶片上的轴向推力。多级汽轮机每一级都有压降，动叶前后存在压差将会产生轴向推力。

(2)作用在叶轮轮面上的轴向推力。隔板汽封间隙中漏汽也会使叶轮前后产生压差，而产生与汽流同向的轴向推力。

(3)作用转子汽封凸肩上的轴向推力。当隔板汽封采用高低齿迷宫密封时，转子相应位

置也制作成凸肩结构。由于汽封每个凸肩前后存在着压力差，因而产生轴向推力。

29. 蒸汽作用在反动式多级汽轮机的轴向推力包括哪几部分？

答：由于反动多级汽轮机转子为转鼓型结构，未装设叶轮，其轴向推力由以下三部分组成：

(1)作用在动叶上的轴向推力；

(2)作用在转鼓锥面上的轴向推力；

(3)作用在转子阶梯上的轴向推力。

30. 多级汽轮机的轴向推力有哪几种平衡措施？

答：多级汽轮机的轴向推力与机组型号、容量、参数和结构有关，现代多级汽轮机常在结构上采取措施，使轴向推力大部分平衡掉，常用平衡轴向推力的措施有：

(1)平衡活塞法。增大转子高压端轴封第一段轴封套的直径 d_b，使其端面上产生与轴向推力相反的推力，即起到平衡活塞的作用。在平衡活塞两侧压力差(p_1-p_n)作用下，形成反向的轴向平衡力，如图2－24所示。若选择合适的平衡活塞面积和平衡活塞两侧的压力，则可使转子上的轴向推力得到平衡。这种平衡方法的缺点是平衡活塞直径增大后，将使轴封间隙面积增大，漏汽量增加，使机组效率降低。平衡活塞法主要用于反动式汽轮机。

(2)叶轮上开设平衡孔。一般在冲动式汽轮机的叶轮上开设5~7个平衡孔，如图2－25所示。平衡孔使轮盘两侧蒸汽流动，减少叶轮前后的压力差，从而减少汽轮机转子的轴向推力。平衡孔一般设计为奇数，避免在叶轮的同一直径上有对称的平衡孔而影响叶轮的强度，并且对叶轮的振动情况有好的影响。

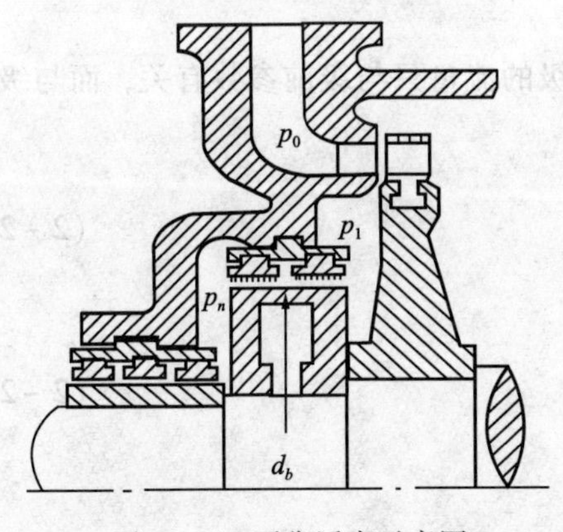

图2－24　平衡活塞示意图

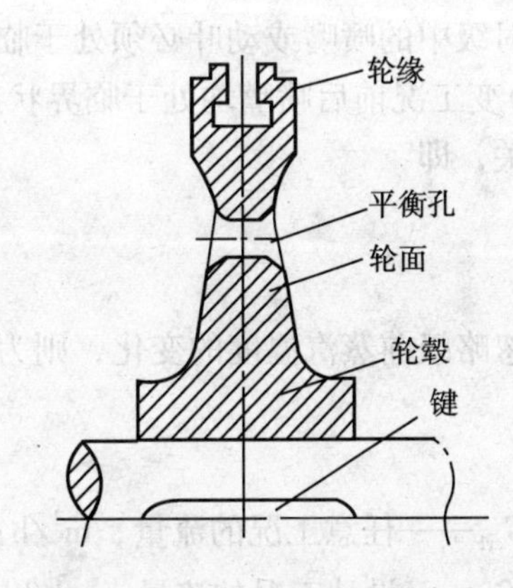

图2－25　叶轮上开设平衡孔

(3)采用汽缸反向布置。若汽轮机设计为多汽缸时，可采用相反流动布置方法，使蒸汽在汽缸内向相反的方向流动，使其产生的轴向推力方向相反，以自动平衡轴向推力。

(4)采用推力轴承。轴向推力经上述措施平衡后，剩余部分的轴向推力由推力轴承来承担，并确定转子的轴向位置。以保证在各种运行工况下，轴向推力方向不变，使机组能平稳地运行而不发生窜轴现象。

第四节　汽轮机的变工况

1. 什么是汽轮机的设计工况、经济工况？

答：汽轮机在运行时，如果各种参数都保持设计值，这种工况称为汽轮机的设计工况。

汽轮机在设计工况下运行，不仅效率最高而且安全可靠，故汽轮机设计工况又称为汽轮机的经济工况。

2. 什么是汽轮机的变工况？

答：汽轮机的运行时，负荷、蒸汽等初终参数都始终不能保持设计值不变，这种参数偏离设计值的工况称为汽轮机的变工况，或称非设计工况。

3. 研究汽轮机变工况的目的是什么？

答：研究汽轮机变工况的目的，在于分析汽轮机在不同工况下的效率，各项热经济指标及主要零部件的受力情况；设法确保汽轮机在变工况下安全、经济地运行。

4. 试绘出渐缩喷嘴流量曲线图，并说明其关系。

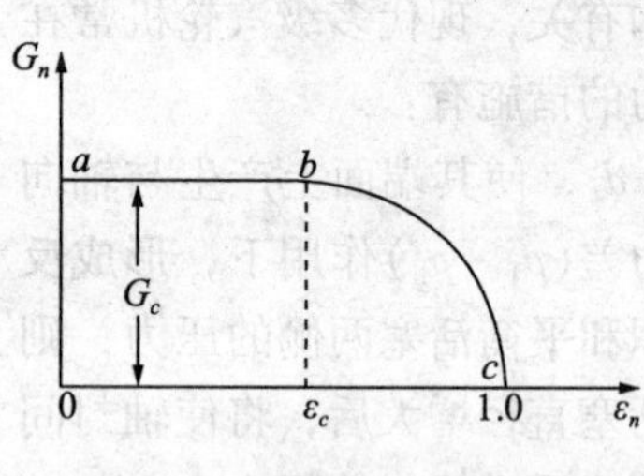

图 2-26　渐缩喷嘴流量曲线

答：图 2-26 所示渐缩喷嘴流量曲线。表明了喷嘴初压 p_0 不变时，流经喷嘴的流量只与喷嘴背压有关，其关系曲线如图 2-26 中 abc 曲线所示。

(1) 当 $\varepsilon_n \leqslant \varepsilon_c$ 时，$\alpha=1$，通过喷嘴的流量达到临界流量，即 $G_n=G_c$，相应于图 2-26 中的水平段 ab。

(2) 当 $\varepsilon_n > \varepsilon_c$ 时，$\alpha<1$，通过喷嘴的流量小于临界流量，即 $G_n<G_c$，如图 2-26 曲线段 bc 所示。

5. 级在临界工况下工作，级前后参数与流量有什么关系？

答：研究汽轮机级的变工况特性，主要是分析级前后参数与流量的关系。由于级在临界与亚临界工况下各项参数与流量之间的变化关系不同，因此需分别讨论。级在临界工况下工作。此时级中的喷嘴或动叶必须处于临界状态。

(1) 变工况前后喷嘴均处于临界状态，则通过该级的流量只与级前参数有关，而与级后参数无关，即

$$\frac{G_{cr1}}{G_{cr}}=\frac{p_{01}^*}{p_0^*}\sqrt{\frac{T_0^*}{T_{01}^*}} \tag{2-22}$$

若忽略级前蒸汽温度的变化，则为

$$\frac{G_{cr1}}{G_{cr}}=\frac{p_{01}^*}{p_0^*} \tag{2-23}$$

式中　G_{cr1}——任意工况的流量，m^3/h；

G_{cr}——设计工况的流量，m^3/h；

p_0^*——变工况前的压力，MPa；

p_{01}^*——变工况后的压力，MPa；

T_0^*——变工况前的温度，℃；

T_{01}^*——变工况后的温度，℃。

式(2-23)表明，当级的喷嘴处于临界状态时，通过该级的流量与级前的压力成正比。

(2) 工况变动前后动叶均处于临界状态，若略去温度的变化，可导出通过该级的流量和动叶前、喷嘴前的压力关系，即

$$\frac{G_{cr1}}{G_{cr}}=\frac{p_{11}^*}{p_1^*}=\frac{p_{11}}{p_1}=\frac{p_{01}^*}{p_0^*} \tag{2-24}$$

式(2-24)表明，动叶处于临界状态时，流过该级的流量不仅与动叶前的滞止压力成正

比，而且还与动叶前的实际压力成正比。

6. 级在亚临界工况下工作，各项参数与流量之间有什么关系？

答：级在亚临界工况下工作时，在喷嘴内或动叶内均未达到临界状态，在此条件下，可由任一级喷嘴出口截面上的连续方程可推出以下结果

$$\frac{G_1}{G}=\sqrt{\frac{p_{01}^2-p_{21}^2}{p_0^2-p_2^2}}\sqrt{\frac{T_0}{T_{01}}} \tag{2-25}$$

式(2-25)表明，级在变工况前后均未达临界状态时，流经该级的流量与级前后压力的平方差的平方根成正比，与级前的温度的平方根成反比。

若忽略级前温度的变化，则为

$$\frac{G_1}{G}=\sqrt{\frac{p_{01}^2-p_{21}^2}{p_0^2-p_2^2}} \tag{2-26}$$

式中　G、G_1——设计工况及变工况时通过该级的蒸汽流量；

p_0、p_{01}——设计工况及变工况时该级级前的蒸汽压力，MPa；

p_2、p_{21}——设计工况及变工况时该级级后的蒸汽压力，MPa；

T_0、T_{01}——设计工况及变工况时该级级前的蒸汽的绝对温度，℃。

式(2-25)和式(2-26)表明，汽轮机某级在变工况前后均处于亚临界状态时，通过该级流量与级前后蒸汽参数之间的关系式。即通过级的流量不仅与级前参数有关，还与级后参数有关。

7. 如何判断变工况下级组处于临界状态、亚临界状态？

答：在级组变工况下，一个机组是否处于临界状态，取决于级组末级是否处于临界状态。如果末级处于临界状态，则该级组就处于临界状态，否则就处于亚临界状态。

8. 变工况前后级组内各级均未达临界状态，级组前后的压力与流量有什么关系？

答：假设级组内有 z 级，变工况前后级组内各级均未达临界状态，级组前后的压力与流量关系为

$$\frac{G_1}{G}=\sqrt{\frac{p_{01}^2-p_{z1}^2}{p_0^2-p_z^2}}\sqrt{\frac{T_0}{T_{01}}} \tag{2-27}$$

若略去温度变化，则

$$\frac{G_1}{G}=\sqrt{\frac{p_{01}^2-p_{z1}^2}{p_0^2-p_z^2}} \tag{2-28}$$

式中　p_0、p_{01}——变工况前后级组前的压力；

p_z、p_{z1}——变工况前后级组后的压力。

式(2-27)和式(2-28)称为弗留格尔公式，它表明：当工况变化前后级组内均未达到临界状态时，级组的流量与级组前后的压力平方差的平方根成正比。

9. 变工况前后级组内各级均达到临界状态，流量与级组前的压力有何关系？

答：图2-27所示级中的第三级变工况前后处于临界状态，此时可得到通过级组的蒸汽流量与级组前的蒸汽压力成正比，即

$$\frac{G_1}{G}=\frac{p_{01}}{p_0}$$

若将该级组的第Ⅰ级去掉，将剩下的级作为一个新级组，仍包含已达到临界状态的第三

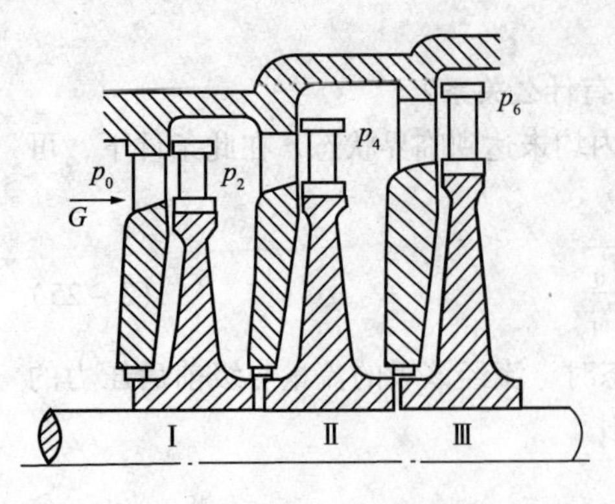

图2－27　汽轮机级组示意图

级(末级)，故蒸汽流量仍与级组前蒸汽压力成正比，亦即与第二级级前蒸汽压力成正比，即

$$\frac{G_1}{G}=\frac{p_{21}}{p_2}$$

以此类推，若级组由若干级组成，则有

$$\frac{G_1}{G}=\frac{p_{01}}{p_0}=\frac{p_{21}}{p_2}=\frac{p_{41}}{p_4}=\cdots \qquad (2-29)$$

在变工况下，若级组的末级始终处于临界状态，则通过级组的蒸汽流量与级组中所有各级级前的蒸汽压力成正比。若温度变化不能略去，则通过级组的蒸汽流量与级组中各级前的压力关系为

$$\frac{G_1}{G}=\frac{p_{01}}{p_0}\sqrt{\frac{T_0}{T_{01}}}=\frac{p_{21}}{p_2}\sqrt{\frac{T_2}{T_{21}}}=\cdots=\frac{p_{n1}}{p_n}\sqrt{\frac{T_n}{T_{n1}}} \qquad (2-30)$$

10. 弗留格尔公式的应用条件是什么？

答：(1)严格的讲，弗留格尔公式只适用于具有无穷多级数的级组。但实际计算表明，当级组中的级数不少于3～4级时，亦可得到精确满意的结果。若是只作粗略估算，甚至可用于一级。总之，级组中的级数越多，应用弗留格尔公式计算的结果越精确。

(2)在同一工况下，通过级组各级的流量应相等。因此对于调节抽汽式汽轮机，只能将两抽汽点之间的各级取为一个级组。对于非调整抽汽式汽轮机，只要回热系统运行正常，且抽汽仅用来加热本机凝结水，当负荷变化时，则各段回热抽汽量与新汽流量成正比，故仍可将所有压力级(除调节级外)取为一个级组。

(3)在不同工况下，级组中各级通流面积应保持不变。对采用喷嘴调节汽轮机，因为工况变动时其调节级的通流面积随调节汽阀的开启数目的改变而变化，故不能取在一个级组内。但变工况前后，调节汽阀开启数目相同，则可将调节级和压力级取在一个级组内，因为这时调节级的通流面积并不变化。

11. 弗留格尔公式的应用在哪些方面？

答：弗留格尔公式是一个非常重要的公式，在汽轮机运行中可用来分析或计算确定其内部工况，从而判断运行中的经济性和安全性。主要应用在两个方面：

(1)可用来推算不同流量下各级级前压力，求得各级的压差，焓降，从而确定相应的功率、效率及零部件的受力情况。当然也可以由压力推算出通过级组的流量。

(2)监视汽轮机通流部分是否正常，即在已知流量(或功率)的条件下，根据运行时各级组前压力是否符合弗留格尔公式，从而判断通流部分面积是否改变。因此在运行中常对某些级(称监视段)前的压力进行监视，用以判断通流部分是否结垢或有故障。

12. 如何计算变工况时汽轮机任一级的理想焓降？

答：汽轮机任一级的理想焓降可近似地用下式表示：

$$\Delta h_t=\frac{k}{k-1}p_0v_0\left[1-\left(\frac{p_2}{p_0}\right)^{\frac{k-1}{k}}\right]=\frac{k}{k-1}RT_0\left[1-\left(\frac{p_2}{p_0}\right)^{\frac{k-1}{k}}\right] \qquad (2-31)$$

式(2－31)表明，级的理想焓降为级前温度和级前后压力比的函数。如果级前温度在工况变动时保持不变，则级的理想焓降只取决于级前后的压力比 p_2/p_0。一般情况下，工况变动时汽轮机除个别级外，各级级前温度变化是不大的。

13. 凝汽式汽轮机变工况时调节级的焓降是怎样变化的?

答: 凝汽式汽轮机调节级前的蒸汽压力、温度主要取决于锅炉的运行情况，一般情况下其变化较小，可以认为近似不变。对调节级而言，其初压 p_0 与背压 p_2 较为复杂，取决于调节汽阀在一定工况下的开启程度。在蒸汽流量变化过程中，调节汽阀的开启程度不同，喷嘴组的焓降也是不同的。当调节汽阀全开时，调节级后的压力与蒸汽流量成正比，即蒸汽流量增加时，调节级后压力增大，调节级压力比增加，故调节级的焓降减小。反之，蒸汽流量减少时，调节级的压力比减小，焓降增大而在第一个调节汽阀全开，第二个调节汽阀未开时，调节级焓降达到最大。

14. 凝汽式汽轮机变工况时中间级的焓降是怎样变化的?

答: 对于凝汽式汽轮机各中间级，无论级组是否处于临界状态，其各级级前的压力均与级组的流量成正比，即

$$\frac{G_1}{G}=\frac{p_{01}}{p_0}=\frac{G_1}{G}=\frac{p_{21}}{p_2}=\frac{G_1}{G}=\frac{p_{41}}{p_4}=\cdots$$

由此可得

$$\frac{p_{01}}{p_0}=\frac{p_{21}}{p_2}\text{或}\frac{p_2}{p_0}=\frac{p_{21}}{p_{01}} \tag{2-32}$$

式(2-32)表明，在工况变动时，凝汽式汽轮机各中间级的压力比不变，各中间级的理想焓降也不变。对于发电用汽轮机，在定转速下，由于各级的圆周速度不变，因此级的速比也不变，故级内效率亦不变。所以各中间级的内功率与流量成正比，即

$$P_i=G\Delta h_t\eta_i=KG \tag{2-33}$$

15. 凝汽式汽轮机变工况时最末级的焓降是怎样变化的?

答: 对于凝汽式汽轮机最末级，由于其背压 p_z 取决于凝汽器工况和排汽管的压力损失，不与流量成正比，故其压比 p_z/p_{z1} 随流量的变化而变化，当流量增加时，压比减少，末级的焓降增加；反之，当流量减少时，级的焓降亦减少。由此可知，工况变动时，凝汽式汽轮机末级的焓降、速比、效率及内功率等也相应发生变化。

16. 背压式汽轮机在变工况时各级焓降与流量的关系是怎样的?

答: 如果背压式汽轮机的末级在不同工况下均处于临界状态，则各级的级前压力与流量成正比。在此情况下，中间各级的焓降、速比、效率和功率的变化规律，亦与凝汽式汽轮机的中间级一样。但是，背压式汽轮机的末级一般不会达到临界状态，若不考虑级前温度变化，故级前压力与流量的关系为

$$\left(\frac{p_{21}}{p_{01}}\right)^2=1-\frac{p_0^2-p_2^2}{(p_0^2-p_z^2)+\left(\dfrac{G}{G_1}\right)^2p_{z1}^2} \tag{2-34}$$

分析式(2-34)可知，当流量 G_1 减少时，比值$\dfrac{G}{G_1}$增大，比值$\dfrac{p_{21}}{p_{01}}$增大，再由式(2-33)可知，级内理想焓降减少；反之，当流量增大时，级内理想焓降增加。

17. 汽轮机蒸汽流量变化时焓降如何变化?

答: 由式(2-34)可知，p_0 越小，即越接近末级的那些级，流量变化对这些级的焓降的影响越大。所以，当级组流量变化时，各级焓降的变化以末级为最大，越处于前面的级，其焓降变化越小。

图2-28 所示为一背压式汽轮机在变工况时各级焓降与流量的关系曲线。从图2-28 看

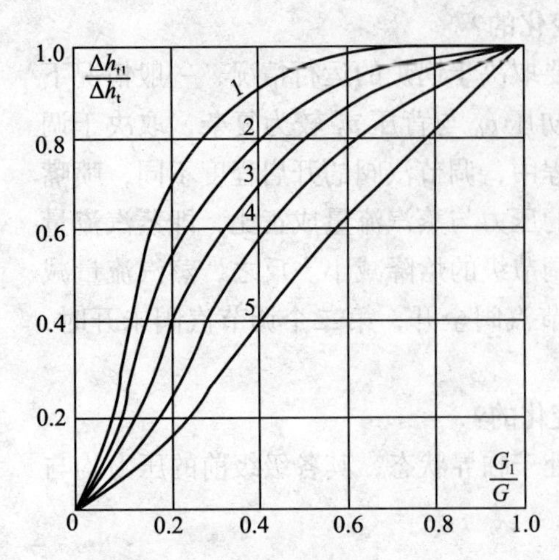

图 2-28　背压式汽轮机变工况时各级焓降与流量的关系曲线

出，当流量由设计流量减少时，末级的焓降减小最明显，第四级次之，第一、二级的焓降减小的最少。当流量减少到设计流量的40%时，第一、二级的焓降才急剧减少，但仍然是前面级的焓降减小的少，后面级的焓降减少的多。

背压式汽轮机除调节级焓降变化外，最后几级的焓降也发生变化，负荷变化的范围越大，受影响的级数越多。

根据以上分析可知，采用喷嘴调节的凝汽式汽轮机，当蒸汽流量改变时，由于中间级级前压力与流量成正比，因此工况变动前后各级的压力比也保持不变，焓降也不变，焓降的变化主要发生在调节级和最末一级中。例如当流量增加时，调节级的焓降减小，而末级的焓降增大；而当流量减少时，调节级的焓降增大，而最末级的焓降减小。所有中间级在流量变化时，焓降几乎不变。但在低负荷时，中间级焓降也会变小。

18. 汽轮机在变工况运行时效率如何变化？

答：汽轮机在变工况运行时，效率会降低。而且流量(负荷)变化越大，效率会降低越多。喷嘴调节的凝汽式汽轮机效率的降低，主要发生在调节级和最末一级。背压式汽轮机，除调节级外，最后几级效率都将降低；采用节流调节的凝汽式汽轮机没有调节级，所以效率的降低主要是由于节流损失增大和最末级效率降低引起的。

19. 汽轮机变工况引起焓降变化时，级内反动度是怎样变化的？

答：汽轮机变工况引起级内焓降变化时，级的反动度也将随之变化。若变工况时级的焓降减少，喷嘴出口速度 c_1 相应减少，则由图 2-29(b)可知

$$\frac{\omega_{11}\cos\theta}{c_{11}} < \frac{\omega_{11}}{c_1} \tag{2-35}$$

式(2-35)说明，工况变动后由喷嘴流出的汽流速度相对较大，而流入动叶的速度相对较小，不能使喷嘴中流出的蒸汽全部进入动叶内，并使动叶出口速度 ω_{11} 也偏小，动叶对汽流形成阻塞作用。结果使动叶前的压力升高，动叶的焓降增大，使动叶汽流得到额外加速，同时由于动叶前压力亦即喷嘴后的压力升高，使喷嘴焓降减少，喷嘴出口速度也减小，直到调节符合级内连续流动的要求。在此过程中，动叶焓降增加而喷嘴焓降减少，即级内反动度增加。

若工况变动时级内的焓降增大，则由图 2-29(a)同理可知

$$\frac{w_{11}\cos\theta}{c_{11}} > \frac{w_{11}}{c_1} \tag{2-36}$$

此时，工况变动后喷嘴的出口速度相对偏小，而动叶的进口速度相对偏大，从而引起动叶的出口速度也偏大，从而使喷嘴流出的蒸汽不能充满动叶汽道，使动叶前的压力降低，动叶的焓降减小而喷嘴的焓降增大，直到调节到符合连续流动的要求，将使级内的反动度减小。

20. 焓降变化时引起反动度的变化与什么因素有关？

答：根据实际计算表明，焓降变化所引起的反动度变化的大小与反动度的设计值的大小

有关，反动度设计值越大(例如反动级)，则焓降变化时引起反动度的变化就越小；反之，反动度设计值越小(例如冲动级)，则焓降变化时所引起反动度的变化值就大。因此在工况变动时级内焓降改变引起反动度的变化，主要发生在冲动级内。当反动度的设计值过小时，焓降变化后有可能使反动度成为负值，这时蒸汽在动叶中不但不加速反而减速，产生压缩流动，将引起较大的附加损失。对于反动级，可认为焓降变化时反动度近似不变化。

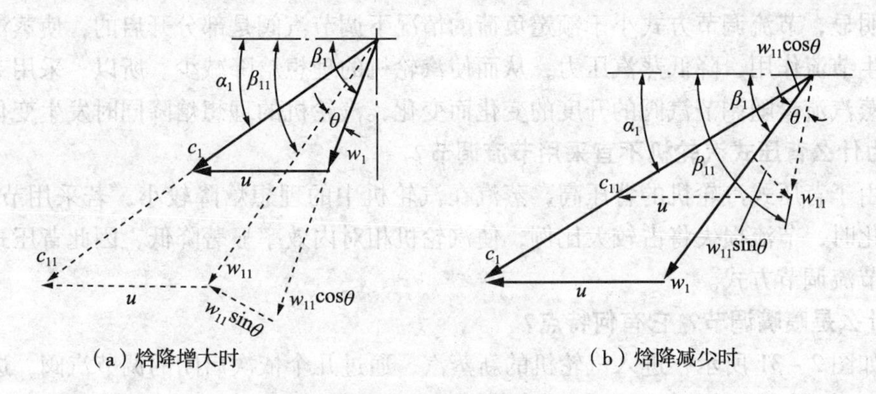

图 2-29　变工况的速度三角形

21. 通流面积变化时级内反动度如何变化？

答：级内反动度是通过一定的动、静叶栅出口面积比 $f=A_b/A_n$ 来保证的，在有些情况下，使面积比 f 值发生变化，将引起反动度的改变。实践中引起动、静叶栅面积比改变的原因有：

(1)制造加工方面的偏差，通流部分的高度或出汽角都有可能不符合图纸要求；

(2)通流部分结垢，或动叶遭水分浸蚀引起动、静叶面积比值 f 的改变；

(3)检修时对通流部分进行了变动。

动静面积比的改变，对级内反动度的影响，可用连续流动理论来解释：当面积比 $f=A_b/A_n$ 减少时，从喷嘴流出的汽流在动叶汽道中引起阻塞流动使动叶前压力升高，级内反动度增大；反之，当面积比 $f=A_b/A_n$ 增大时，级内反动度减少。

22. 汽轮机进汽量常用的调节方式有哪几种？

答：汽轮机进汽量常用的调节方式有节流调节、喷嘴调节、旁通调节和滑压调节(滑参数调节)四种。旁通调节是一种汽轮机过负荷的辅助调节方式，它不能单独使用，只能与喷嘴调节或节流调节结合使用。

23. 什么是节流调节？

答：节流调节是指进入汽轮机的蒸汽都经过一个或几个同时启闭的调节汽阀，然后进入第一级喷嘴，如图 2-30 所示。这种调节方式主要通过控制调节汽阀的开度对蒸汽进行节流，使进入汽轮机的蒸汽流量及焓降改变，从而调整汽轮机功率，以适应外界负荷的改变。

24. 节流调节有哪些特点？节流调节一般用于哪些机组？

答：节流调节具有结构简单，制造成本低；由于采用全周进汽，因而汽缸加热均匀；与喷嘴调节相比较在负荷变化时级前温度变化较小，提高了机组运行的可靠性和对负荷变化的适应性等优点。但节流调节的汽轮机除最大负荷工况外，调节汽阀均在部分开启状态，蒸汽受到节流，使机组低负荷的热经济性较差，限制了它的使用范围。

节流调节适用于如下机组：

(1)辅助性的小功率机组，使调节系统简单；

(2)带基本负荷的大型电站凝汽式汽轮机组，由于经常在满负荷下运行，故能保证有较高的效率。

25. 为什么调节汽阀的开度取决于汽轮机的负荷?

答: 调节汽阀的开度取决于汽轮机的负荷，最大功率时，调节汽阀完全开启，此时汽轮机效率最高，流量达到最大值，蒸汽在调节汽阀中的节流损失最小。负荷减少时，调节汽阀关小。很明显，节流调节方式小于额定负荷的情况下调节汽阀是部分开启的，使蒸汽在调节汽阀内产生节流作用，降低蒸汽压力，从而使汽轮机的理想焓降减少。所以，采用节流调节时，不仅蒸汽流量随调节汽阀的开度的变化而变化，汽轮机的理想焓降同时发生变化。

26. 为什么背压式汽轮机不宜采用节流调节?

答: 由于背压式汽轮机的背压高，蒸汽在汽轮机中的理想焓降较小，若采用节流调节，当负荷变化时，节流损失将占较大比例，使汽轮机相对内效率显著降低，因此背压式汽轮机不宜采用节流调节方式。

27. 什么是喷嘴调节? 它有何特点?

答: 如图2-31所示，进入汽轮机的新蒸汽，通过几个依次启闭的调节汽阀，进入第一级(调节级)喷嘴调整汽轮机的负荷。调节级的喷嘴分为若干组，每个调节汽阀控制一组喷嘴，当汽轮机负荷变化时，依次开启或关闭调节汽阀，改变调节级的通流面积，从而控制汽轮机的进汽量，这种调节进汽的方法称为喷嘴调节。

调节级的喷嘴不是整圈布置的，而是分成若干个独立的组，由于组与组之间用隔离块隔开，所以调节级总是部分进汽的。

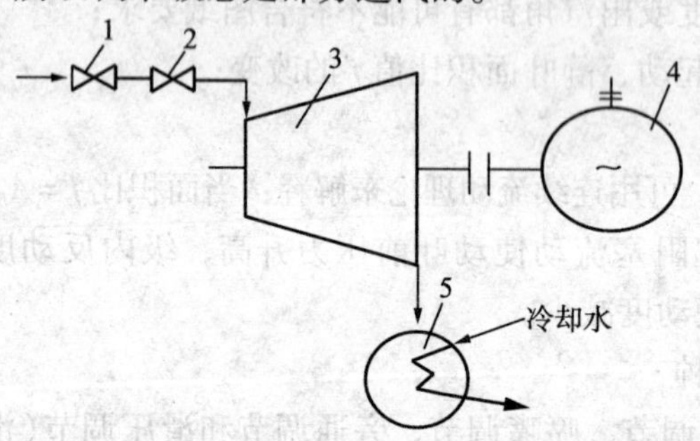

图2-30　节流调节汽轮机示意图

1—主汽阀；2—调节汽阀；3—汽轮机；4—发电机；5—凝汽器

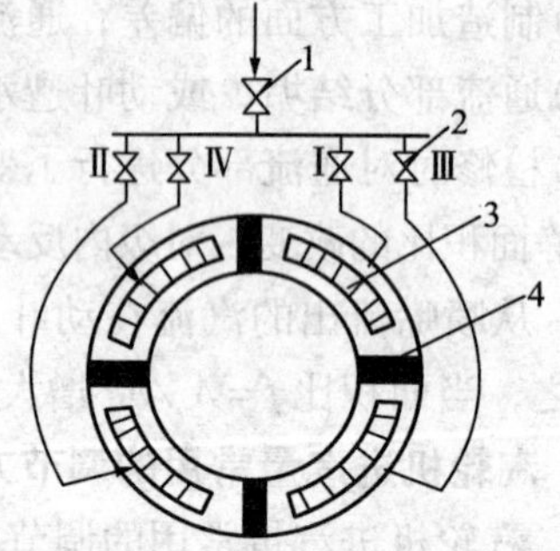

图2-31　沿圆周布置的喷嘴组

1—自动主汽阀；2—调节汽阀；3—喷嘴组；4—隔离块

28. 采用喷嘴调节时，调节汽阀是如何动作的?

答: 喷嘴调节在任意工况下，仅一个调节汽阀处于部分开启状态，其余各调节汽阀均为全开或全关位置，所以进入汽轮机的总流量中，只有流过部分开启的调节汽阀的那部分蒸汽受到节流，从而改善机组在低负荷下运行的经济性。

当带负荷时，先开启第一个调节汽阀，然后随着负荷的增加，依次开启其他各调节汽阀，并且只有当前一个调节汽阀完全开启或接近全开时，后一个调节汽阀才开启。反之，当负荷减少时，各调节汽阀按相反的顺序依次关闭。所以，喷嘴调节在任意工况下，仅一个调节汽阀处于部分开启状态，其余各调节汽阀均为全开或全关位置，所以进入汽轮机的总流量中，只有流过部分开启的调节汽阀的那部分蒸汽受到节流，存在节流损失，从而改善机组在低负荷下运行的经济性，如图2-32所示。故在部分负荷时，机组的效率高于节流调节机组。

29. 为什么要掌握汽轮机轴向推力的变化规律？

答：汽轮机运行时，负荷及蒸汽参数的变化、动静间隙的改变、通流部分结垢及水冲击等均会引起汽轮机轴向推力的变化，有时可能达到最大的数值。汽轮机轴向推力过大，将会使轴向位移过大，使转子与静子的轴向间隙减小甚至消失，将会使动静部分产生摩擦甚至事故，危害极大，因此应掌握汽轮机轴向推力的变化规律。

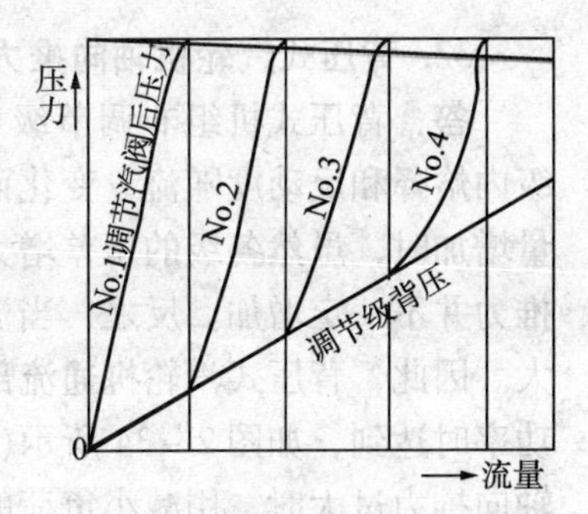

图2－32 喷嘴调节压力－流量的特性

30. 蒸汽流量变化时凝汽式汽轮机轴向推力是如何变化的？

答：根据对多级汽轮机轴向推力的分析可知，若不考虑级间漏汽的影响，作用在某一级上的轴向推力，取决于级前后的压差和级的反动度。因此工况变化时，级内轴向推力的变化可近似地表示为

$$\frac{F_{zl}}{F_z}=\frac{\rho_{ml}\Delta p_{sl}}{\rho_m\Delta p_s} \tag{2-37}$$

式中 Δp_s、Δp_{sl}——变工况前后、级前后的压差；

ρ_m、ρ_{ml}——变工况前后级的反动度。

当蒸汽流量变化时，凝汽式汽轮机各中间级焓降基本不变，因而反动度也不变，而级的压差与流量成正比，因此汽轮机级的轴向推力与流量成正比。式(2－37)可写成

$$\frac{F_{zl}}{F_z}\approx\frac{\Delta p_{sl}}{\Delta p_s}=\frac{D_l}{D} \tag{2-38}$$

汽轮机的轴向推力等于各级轴向推力之和，而最末级的级内压力不与流量成正比关系，且级内的反动度也是变化的。但最末级的轴向推力值占汽轮机总轴向推力值比例较小，可以认为包括末级在内的各压力级总的轴向推力将随负荷增大而增加，并在最大负荷时达到最大值，如图2－33中曲线1所示。

31. 采用喷嘴调节的凝汽式汽轮机，调节级轴向推力是如何变化的？

答：调节级轴向推力的变化较复杂，它与反动度、部分进汽度和级前后压力差等因素有关。一般调节级有较大的通道，使调节级叶轮两侧的压力平衡，故不可计作用在叶轮面上的轴向推力。因此，调节级的轴向推力主要是动叶上的轴向推力，而且调节级动叶上的最大轴向推力发生在最大负荷时。虽然，调节级前后压差最小，但级的部分进汽度和反动度为最大，随着流量的减少，其压差增大，反动度减小，部分进汽度亦随调节汽阀的一次关闭而减小，故轴向推力亦随之减小。当流量减少到第一个调节汽阀全开，第二个调节汽阀部分开启时，由于这时调节级后的压力已很低，导致动叶内达到临界状态，如图2－33中的 b 点所示。此后再降低流量，反动度反而会增加，轴向推力也随之增加，如图2－33中 $b-a$ 所示。从第一个调节汽阀开始关闭起，汽轮机转入节流调节，此时调节级的轴向推力与其他各级一样随流量成正比地减少。因此，在变工况时，调节级的轴向推力呈折线变化，如图2－33中的曲线2所示，其中 a、b、c、d 点对应于各调节汽阀全开的工况。图2－33中的曲线表示喷嘴调节凝汽式汽轮机的变化规律。曲线2与曲线1之差值为调节级的轴向推力。

凝汽式汽轮机各中间级推力和端部轴封反向作用力均与流量正比变化，调节级和末级一样，其轴向推力在总轴向推力中所占的比例较小，因此一般可近似认为，凝汽式汽轮机总的轴向推力与流量正比变化，且最大负荷时轴向推力达最大值。

32. 背压式汽轮机轴向推力是怎样变化的?

答: 背压式机组非调节级(压力级)在工况变动时,因级前、后压力与流量不成正比,级内焓降和反动度随流量变化而变化的,因此级的轴向推力也不与流量成正比。例如,当流量增加时,虽然各级的压差增大,但由于级的焓降增大,所以其反动度却下降,故各级轴向推力并不一定增加。反之,当流量减少时,各级的轴向推力并不一定减小,有时可能反而增大。因此,背压式汽轮机通流部分总的轴向推力的最大值并非在最大功率,而是在某一中间功率时达到,如图2-34所示(图中ΔT为推力瓦块的温升)。因此,对于背压式汽轮机,当轴向推力过大时,用减小负荷的方法不见得能减小轴向推力,有时反而会增大轴向推力。

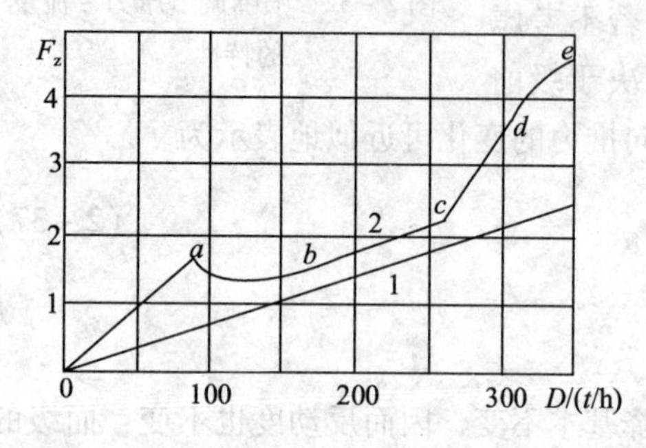

图2-33 凝汽式汽轮机轴向推力变化曲线

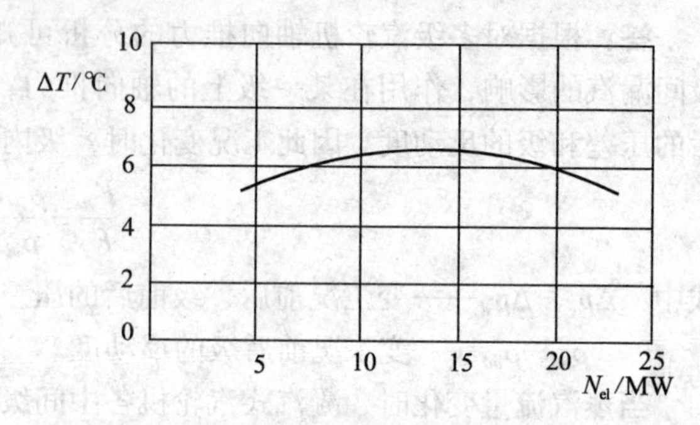

图2-34 背压式汽轮机推力瓦块温度变化曲线

33. 凝汽式汽轮机的特性曲线是怎样的?

答: 汽轮机的蒸汽流量是随负荷的变化而变化的,蒸汽流量的变化将引起各级级前压力的变化,对于凝汽式汽轮机来讲,除喷嘴调节的调节级外,通流部分的喷嘴面积是不变的,因此位于该级之前所有各级的初压p_j将正比于流量而变。

汽轮机一般只在调节级汽室或其他监视段装有压力表,因此汽轮机在变工况运行时,各级压力的变化是很难掌握的。根据通过各中间级的压力与流量成正比的关系,用图线表示成一组辐射状的直线,这些直线的延长线均通过坐标原点,如图2-35所示。如果已知级前压力,根据特性曲线就可以求出流量(或功率),汽轮机的汽室压力就是按此规律建立的。

34. 背压式汽轮机的特性曲线是怎样的?

答: 背压汽轮机各中间级前的压力与流量间的关系为一组双曲线,如图2-36所示。工况变动时,背压机组各级焓降均将发生变化,并将引起速比x、反动度ρ及级效率n_i的相应变化。当流量减少时,调节级焓降增大,各压力级焓降减小;反之亦然。各压力级焓降的变化程度是不相同的,末级变化最多,前几个压力级变化较少。

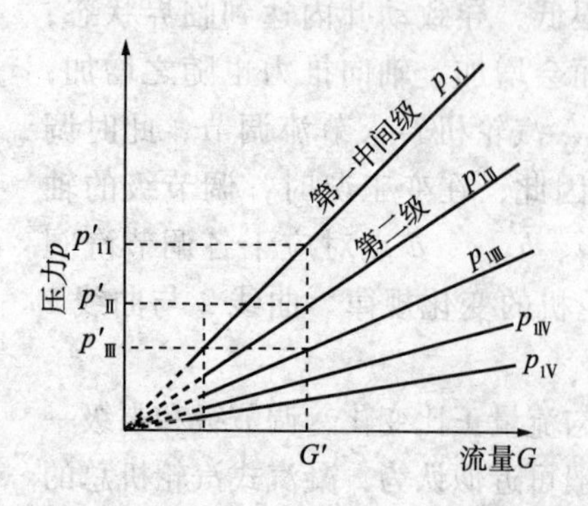

图2-35 流量(或功率)与各中间级前压力的关系

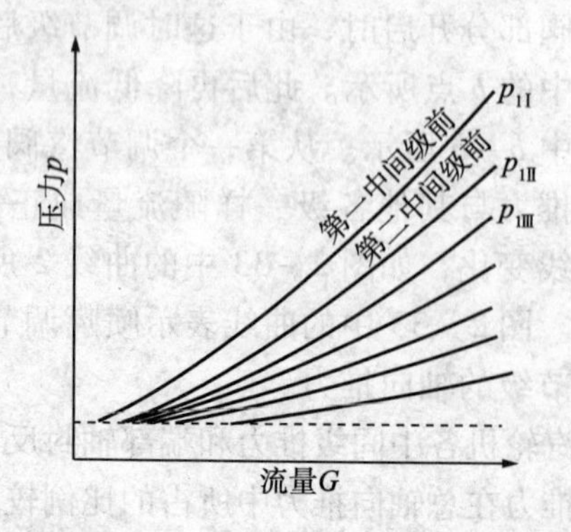

图2-36 背压式汽轮机级前压力与流量变化曲线

第三章　工业汽轮机本体结构

第一节　工业汽轮机静子结构

1. 什么是汽轮机本体？它由哪几部分组成？

答：由汽轮机转动部分、静止部分和控制部分的总成称为汽轮机本体。转动部分包括主轴、叶轮(反动使汽轮机为转鼓)、动叶片、轴封、联轴器、推力盘、盘车装置及紧固件等。静止部分包括汽缸、蒸汽室、喷嘴、导叶持环、隔板、隔板套、汽封、轴承、轴承座、滑销系统以及有关紧固件等。控制部分包括调节系统、保护装置和油系统等。

2. 什么是汽缸？汽缸的作用是什么？

答：汽缸是包容转子承受压力，并供安装导叶持环、隔板套或隔板、静叶等的壳体。汽缸是汽轮机通流部分的外壳，是用来将主汽阀、调节汽阀、进汽、排汽、抽汽管道等部件的连接躯体，与转子组成汽轮机的通流部分，从而保证蒸汽在汽轮机内完成其作功过程。它的主要作用是将汽轮机的通流部分与大气隔绝，以形成蒸汽能量的封闭汽室。汽缸除了承受内外压差以及本身和装在其中的某些静止部件的重量等静载荷外，还要承受由于沿汽缸轴向、径向温度分布不均匀而产生的热应力，特别是高参数大功率的汽轮机。对于轴承座固定在汽缸上的机组，汽缸要承受汽轮机转子的部分重量。

3. 汽轮机的汽缸结构有哪几种形式？

答：根据汽轮机的型式、容量、蒸汽参数及制造厂商的不同，汽缸的结构也有多种形式。汽缸按蒸汽参数的不同，可分为高压缸、中压缸和低压缸；根据每个汽缸的工作条件的不同，汽缸可设计制造成单层缸、双层缸和三层缸；按通流部分在汽缸内的布置方式可分为顺向布置、反向布置和对称分流布置；按汽缸形状可分为水平剖分型和垂直剖分型等。

4. 什么是通流部分？

答：汽轮机本体中从高压调节汽阀后到汽缸排汽口的整个汽流通道和元件的总称，称为通流部分。

5. 汽轮机汽缸的结构应满足哪些要求？

答：由于汽缸形状复杂，内部又处在高温、高压蒸汽的作用下，承受着由蒸汽压力所产生的静应力和由各部分温度分布不均匀所产生的热应力和热变形，或由于尺寸庞大和所受的真空力而产生的静变形等。因此在汽缸结构设计时，应满足以下要求：

(1)应保证有足够的强度、刚度，足够好的蒸汽密封性及尽可能均匀变形；

(2)汽缸形状应简单、对称，壁厚变化应均匀，同时在满足强度和刚度的要求下，尽量减薄缸壁和连接法兰的厚度；

(3)通流部分应有较好的流动性能；

(4)为了避免产生过大的热应力，保证汽缸受热时能自由地热膨胀，并能始终保持转子与汽缸的同轴度不变；

(5)合理使用金属材料，节约贵重钢材消耗量，高温部分尽量集中在较小的范围内，排汽部分应使用价格较便宜的铸铁材料；对分段制造的汽缸，应合理选择分段处的压力、温度；前区段、中间段、后区段垂直剖分面拼接时，应确保垂直剖分面密封严密；

(6)工艺性要好，便于加工制造、安装、检修及运输；

(7)为了便于装配和拆卸汽轮机，多数汽缸做成水平剖分式，但要尽量避免出现平壁。

(8)在下汽缸最低处应开有疏水孔，以便排除凝结水。

6. 背压式工业汽轮机汽缸结构由哪些部件组成?

答: 图 3-1 所示为背压式工业汽轮机 WK 型的汽缸结构。主要由导叶持环定位块 2、排汽缸 3、排汽缸上猫爪 4、后汽封室 5、汽封抽汽管 8、导叶持环洼窝 10、前汽缸下猫爪 11、前汽封室 12、调节汽阀阀座 13 等组成。

7. 凝汽式工业汽轮机汽缸结构由哪些部件组成?

答: 图 3-2 所示为凝汽工业汽轮机汽缸结构。主要由导叶持环定位块 2、排汽缸 3、后汽封室 4、后轴承座架 5、后汽缸滑销导板 6、导叶持环洼窝 8、前汽缸下猫爪 9、前汽封室 10、调节汽阀阀座 12 等组成。

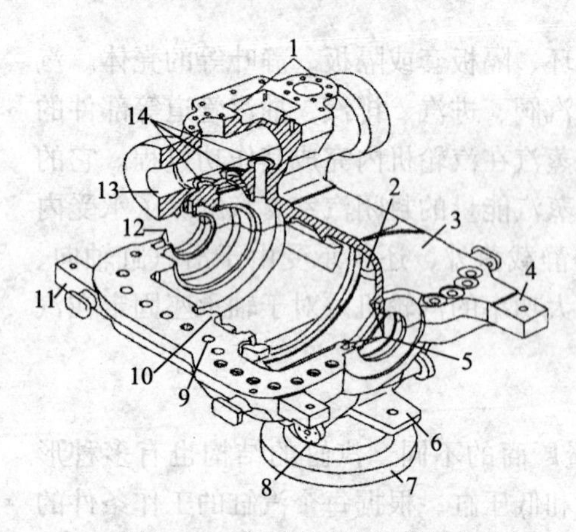

图 3-1 背压式工业汽轮机的汽缸

1—调节汽阀拉杆孔；2—导叶持环定位块；3—排汽缸；4—排汽缸上猫爪；5—后汽封室；6—与后座架连接的偏心销孔；7—排汽法兰；8—汽封抽汽管；9—汽缸水平剖分面螺栓孔；10—导叶持环洼窝；11—前汽缸下猫爪；12—前汽封室；13—新汽进口；14—调节汽阀阀座

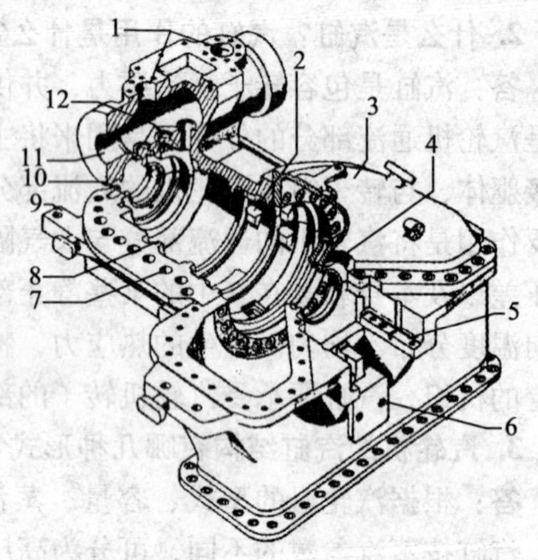

图 3-2 凝汽式工业汽轮机的汽缸

1—调节阀拉杆孔；2—导叶持环定位块；3—排汽缸；4—后汽封室；5—后轴承座架；6—后汽缸滑销导板；7—汽缸水平剖分面螺栓孔；8—导叶持环洼窝；9—前汽缸下猫爪；10—前汽封室；11—新汽进口；12—调节汽阀阀座

8. 工业汽轮机汽缸内腔结构形状可分为几类?

答: 由于工业汽轮机的用户要求各异，因此汽缸的结构各不相同。工业汽轮机汽缸内腔形状，经过分析比较归纳后，大致可分为整体型汽缸、钟罩型汽缸和双喇叭型汽缸三大类，如图 3-3 所示。

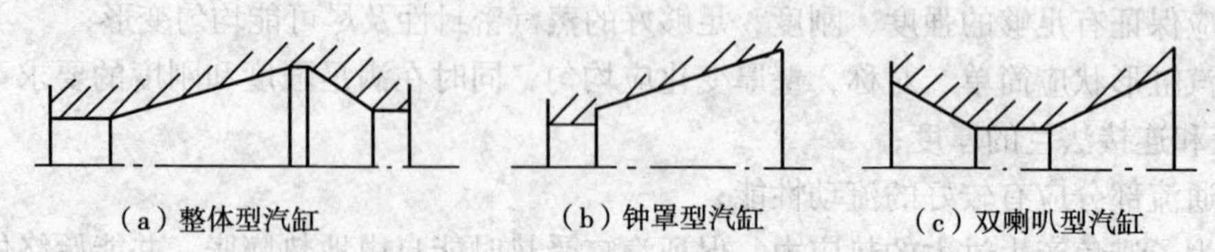

(a) 整体型汽缸　(b) 钟罩型汽缸　(c) 双喇叭型汽缸

图 3-3 工业汽轮机汽缸内腔形状

(1)整体型汽缸：图3－3(a)所示为背压式汽轮机NG、HNG型汽缸，它的两端直径小，是放置前、后轴封体的；中间直径大，以放置转子和叶片的；

(2)钟罩型汽缸：图3－3(b)所示为凝汽式汽轮机NK、HNK型的前汽缸，汽缸出轴端的孔径是放置轴封体的；内孔直径逐渐扩大，以容纳转子和叶片的。

(3)双喇叭型汽缸：图3－3(c)所示为双流式汽轮机WK型的汽缸，蒸汽由汽缸中部进入，然后流入双向排汽的汽缸，汽缸的内腔中间直径小，两端直径大。

9. 汽缸采用双层汽缸的优点有哪些？

答：汽缸采用内外双层缸的优点是简化了汽缸结构，将原单层缸承受的巨大蒸汽压力分摊给内外两缸，减少了每层缸的压差和温差，缸壁和法兰可以相应减薄，在机组启停和变工况时，使汽缸热应力也相应减小，因此有利于缩短启动时间和提高负荷的适应性。内缸主要承受高温和部分蒸汽压力，使内缸尺寸较小，缸壁做得较薄，这样所耗用的贵重耐热金属材料相对减少。而外缸处于较低的温度环境下工作，故可采用较便宜的合金钢制造，从而节约耐热合金钢。双层汽缸的外缸的内外压差比单层汽缸降低了很多，因此减少了汽缸结合面漏汽的可能性，汽缸结合面的严密性能够得到保障。

10. 在什么条件下汽轮机汽缸采用双层汽缸结构？

答：当汽轮机的初参数压力≥13.5MPa、温度≥545℃时，因缸内所承受的压力和温度都很高，因此要求汽缸壁应适当加厚，法兰尺寸和螺栓的直径等也要相应的加大，当机组启动、停机和工况变化时，其突出矛盾是热应力和热膨胀，为减少汽缸的热应力、改善螺栓的受力条件、减少贵重耐热金属材料消耗及保证汽缸水平剖分面的严密性，故采用双层汽缸结构。

有的工业汽轮机双层汽缸的内缸采用无水平中分面的垂直剖分结构(或称筒形结构)，图3－4为积木块式汽轮机HG系列的内缸(蒸汽室)唯一整体结构。内缸支承面固定在外缸内相应的支承面上，通过改变调整垫片的厚度，使内缸与外缸的垂直方向的中心相重合，由于支承面设置在水平剖分面处，这样就可以保证受热变形后内缸与外缸的水平剖分面仍保持一致不变。内缸与外缸的左右位置调整，可通过调整外缸底部的偏心销来达到。

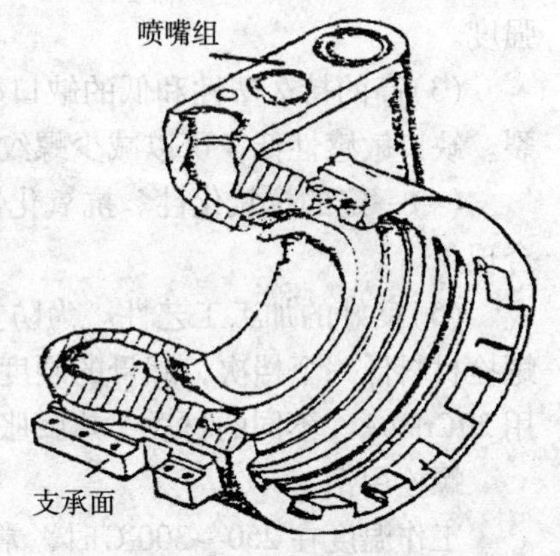

图3－4　汽缸采用垂直剖分式结构(筒形结构)

11. 汽缸采用垂直剖分式结构有哪些优缺点？

答：汽缸采用垂直剖分式结构的优点是：

(1)质量轻、整体对称性好、内应力小，减少了汽缸热应力和机组轴心线的偏斜；

(2)由于汽缸无水平剖分面，可以完全避免外缸水平剖分面因热变形翘曲而产生漏汽问题；

(3)无应力集中，适应于快速启动和负荷变动；

(4)由于内缸无法兰，故可简化制造加工工艺和工作量，有利于提高产品质量。也省掉了笨重的法兰和水平剖分面连接螺栓。

但垂直剖分式结构汽缸装配及维修较困难。

12. 汽缸使用的材质应符合什么要求？应怎样选用汽缸材质？

答：汽缸是一个形状复杂铸造壳体，承受内压力和内外壁温差所引起的热应力，还承受其连接元件的作用力和自重，故它应有足够的强度和刚度，因此汽缸材料应符合以下要求：

(1)具有足够高的常温机械性能和较好的热强性；

(2)具有良好的抗热疲劳性能和组织稳定性，一定的抗氧化性、抗蒸汽腐蚀的能力；

(3)具有良好的铸造性能和焊接性能；

汽缸选用什么材质，主要取决于它的工作温度。

温度在250℃以下时，可采用灰铸铁HT28－48、HT25－40、HT30－54，合金铸铁HT－28－48CrMo等；温度高时，灰铸铁会产生蠕胀现象，因此不能使用。

温度不超过320℃，可采用QT45－5球墨铸铁。

温度在400～450℃，可采用碳素铸钢ZG25。

温度在400～500℃，可采用合金铸钢ZG22Mo。

温度在400～540℃，可采用铬钼钒铸钢ZG20 CrMo或ZG20 CrMoV。

温度≤570℃，可采用铬钼钒铸钢ZG15 CrMoV。

13. 对汽缸螺栓材料有哪些性能要求?

答：汽缸螺栓是汽轮机上的重要的连接件，在工作时主要承受拉应力。拉应力产生作用于密封面上的应力，使所连接的两个密封面紧密结合而不至于产生漏汽。由于螺栓长期在高温下工作，会发生应力松弛现象，并承受高温氧化作用，也会使螺栓过早的断裂，这些都是材料方面的因素引起的。因此，对螺栓材料提出以下性能要求：

(1)具有高的抗松弛性能。高的抗松弛性能，可以保证在较低的预紧力下，在一个大修期内压紧力不低于最小密封力。我国螺栓设计的最小密封应力为147MPa。

(2)足够高的屈服极限。为了使预紧时螺栓不产生屈服，要求螺栓材料应具有高的屈服强度。

(3)高的持久塑性和低的缺口敏感性。一般认为持久塑性＞3%～5%能防止螺栓脆性断裂。缺口敏感性低，可以减少螺纹根部应力集中处裂纹的产生。

(4)一定的抗氧化性。抗氧化性好，可防止长期运行后因螺纹氧化而发生螺栓与螺母咬合现象。

(5)良好的加工工艺性。为防止螺栓长期受力而发生咬合现象，螺母材料强度级别应比螺栓材料低一个档次，螺母的硬度应比螺栓低20～40HB。如螺栓选用35CrMoA，螺母可采用20CrMoA。不同的材质，热膨胀系数不同，这样可减少破损，并便于拆卸。

螺栓用钢：

工作温度在250～300℃时，常采用优质碳素钢，如35#或45#钢。

工作温度在250～400℃时，可采用中碳铬钼钢，如35CrMo。

工作温度＜510℃时，可采用铬钼钒铸钢，如25CrMoV。

14. 汽缸为什么要设计合理支承方式?

答：由于汽缸尺寸庞大、笨重、结构复杂，运行过程中其热态经常发生变化。因此，为了保证汽缸受热后能自由膨胀，且保证动静部分的同轴度不变或变化很小，所以应设计合理的汽缸支承方式。

15. 汽缸的支承有哪几种支承方式?

答：汽缸的支承方式目前有猫爪支承、台板支承和挠性板支承三种方式。

汽缸通过其水平法兰所延伸的猫爪作为承力面，支承在轴承座上称为猫爪支承。猫爪支承分为上猫爪支承和下猫爪支承两种形式。

台板支承是指通过排汽缸下缸外伸的撑脚支承在台板(支座)上。

挠性板支承是指用挠性板替代前轴承座和排汽缸两侧的座架滑动面。

16. 什么是下汽缸猫爪支承?

答: 下汽缸猫爪支承是指由下汽缸水平法兰前后延伸出的猫爪(称为下猫爪)作为支承猫爪(或称工作猫爪),分别支承在汽缸前后的轴承座上。下猫爪支承又可分为非中分面猫爪支承和中分面猫爪支承两种。

17. 什么是非中分面猫爪支承?

答: 猫爪支承的承力面与汽缸水平剖分面不在一个平面内的支承方式,称为非中分面猫爪支承,如图3-5所示。这种猫爪支承方式当汽缸受热使猫爪温度升高而产生膨胀时,将导致汽缸剖分面向上抬起,偏离转子的中心线,造成动静部分径向间隙改变,甚至使动、静部分摩擦过大而造成严重事故。所以,这种猫爪支承结构只适用于温度不高的中低参数机组。这种猫爪支承方式结构简单,安装检修方便。

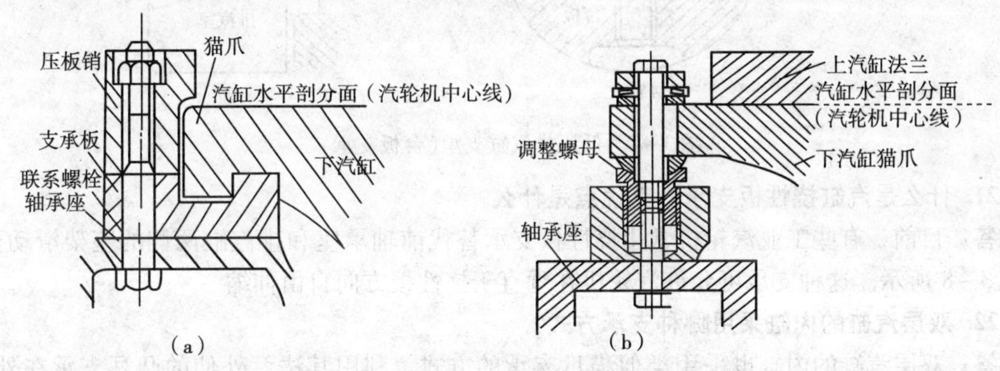

图3-5　下汽缸非中分面支承

18. 什么是中分面猫爪支承?

答: 猫爪的承力面与汽缸水平剖分面在同一平面上的支承方式,称为中分面猫爪支承。此种结构在机组运行过程中,当汽缸温度发生变化时,猫爪的热膨胀就不会影响汽缸的中心线,且不会改变动、静部分的径向间隙,它可以降低螺栓受力,以及改善汽缸水平剖分面漏汽状况。故这种猫爪支承结构适用于高参数大容量机组。但这种结构因猫爪承力面的抬高,将使下汽缸制造加工工艺较为复杂。

19. 什么是上猫爪支承?

答: 由上汽缸法兰前后延伸的猫爪(也称工作猫爪)来支承汽缸,称为上猫爪支承,又称剖分面支承。工作猫爪作为承力面支承在轴承箱上,其承力面与汽缸水平剖分面在同一水平面上,猫爪受热膨胀时,汽缸中心仍与转子中心保持一致。下汽缸靠水平剖分面法兰的螺栓连接吊在上汽缸上,使螺栓受力增加。图3-6为积木块式工业汽轮机上汽缸猫爪支承方式。在安装时将下汽缸四个猫爪下面的调整螺顶均匀将汽缸顶起0.1mm,并旋紧防松螺母。当上汽缸安装完毕,将调整螺钉旋回3~5mm,并旋紧防松螺母,此时下汽缸猫爪不再承力,这时,上汽缸猫爪支承在调整元件上,承担

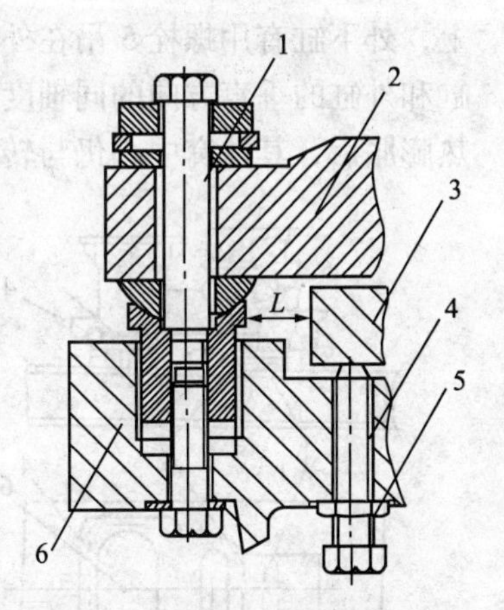

图3-6　上猫爪支承方式

1—调整元件;2—上汽缸猫爪;3—下汽缸猫爪;4—调整螺钉;5—防松螺母;6—前座架

汽缸重量。

20. 凝汽式汽轮机的低压缸采用哪种支承方式？

答：对于凝汽式汽轮机组，由于低压缸所处的温度低，并且低压缸外形尺寸较大，膨胀不显著，所以一般不采用猫爪支承，而是采用下缸外伸的撑脚直接支承台板上。这样，低压缸的支承面比汽缸水平剖分面低，如图3－7所示。因此，当低负荷汽缸过热时，转子和汽缸的同轴度将发生变化。但因其温度低，膨胀较小，影响并不大。汽缸的连接螺栓与座架（台板）孔之间应留有足够的间隙，以保证汽缸的热膨胀。

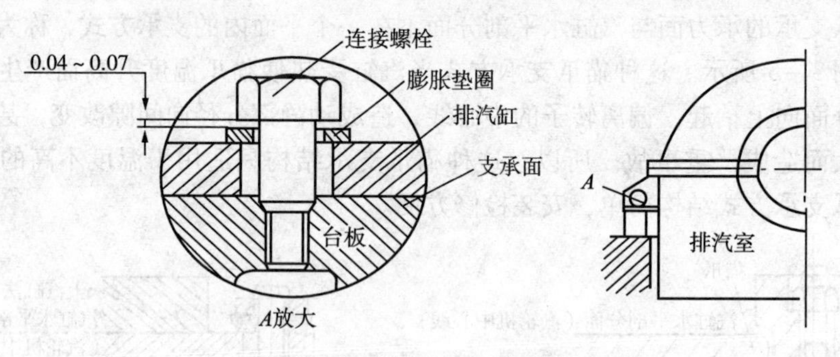

图3－7　低压排汽缸支承（台板支承）

21. 什么是汽缸挠性板支承？其优点是什么？

答：目前，有些工业汽轮机常用挠性板支承替代前轴承座和排汽缸两侧的座架滑动面。如图3－8所示。这种支承可允许汽轮机在垂直于挠性板方向自由伸缩。

22. 双层汽缸的内缸采用哪种支承方式？

答：双层汽缸的内缸也采用类似猫爪支承的方式，利用其法兰外伸的凸耳支承在外缸上，亦有下缸猫爪支承和上缸猫爪支承两种支承方式，如图3－9所示。它的内下缸1通过法兰螺栓2吊在内上缸3上，内上缸的法兰水平剖分面支承在外下缸4的法兰水平剖分面上，外下缸有用螺栓5吊在外上缸6上，而外上缸只通过前后猫爪支承在轴承座7上的。内缸和外缸的垂直方向的同轴度是靠调整垫片8和9的厚度来进行调整的。这种结构在汽缸受热膨胀后，其注窝中心仍与转子中心保持一致。

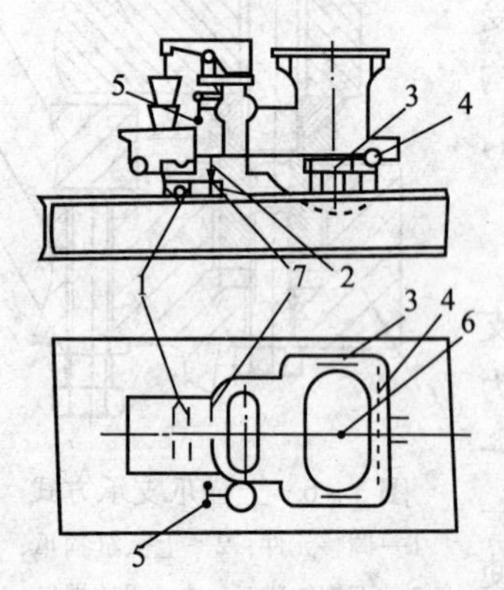

图3－8　挠性板支承示意图

1—前挠性支撑板；2—前立销；3—后挠性支撑板；4—加固拉杆；5—主汽阀；6—“死点”；7—横销

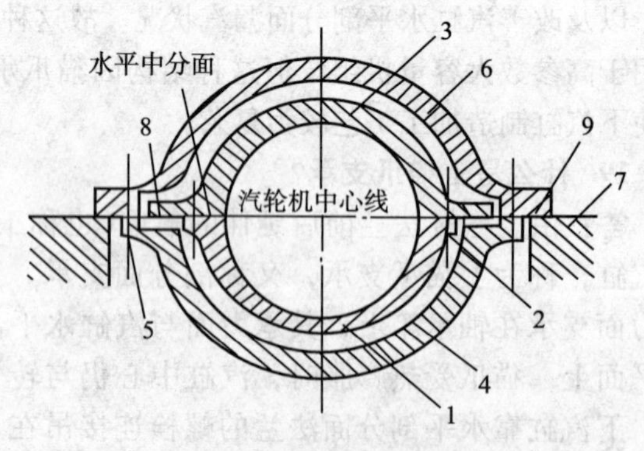

图3－9　内缸的支承方式

1—内下缸；2—内缸连接螺栓；3—内上缸；4—外下缸；5—外缸连接螺栓；6—外上缸；7—轴承座；8—内缸支承调整垫片；9—外缸支承调整垫片

23. 汽缸为什么设置滑销系统?

答: 汽轮机在启动、停机和变工况运行时，汽缸的温度变化较大，将沿长、宽、高几个方向膨胀和收缩。如果膨胀不合理或受到阻碍和由于汽缸热应力过大，就会造成汽缸变形和裂纹，使机组的振动加剧和汽缸水平剖分面漏汽或造成汽轮机内部各部分间隙发生变化，致使汽轮机动、静部件发生摩擦和碰撞，严重时使汽缸无法工作，大大降低了汽轮机运行的经济性。为保证汽缸的胀缩时按给定的方向自由膨胀或收缩，并保持汽缸中心与转子中心的一致，避免因膨胀不畅引起动静部件之间的摩擦和机组振动，因此必须设置一套合理的滑销系统。在汽缸与台板之间和汽缸与轴承座之间设置各种滑销，并使固定汽缸的连接螺栓留出适当的间隙，以保证汽缸的自由膨胀，又能保持机组中心不变。

24. 滑销系统通常由哪几种销组成?

答: 根据滑销的构造形式、安装位置和不同的作用，滑销系统通常由横销、纵销、立销、猫爪横销和角销等组成，图 3－10 为滑销的构造和间隙示意图。

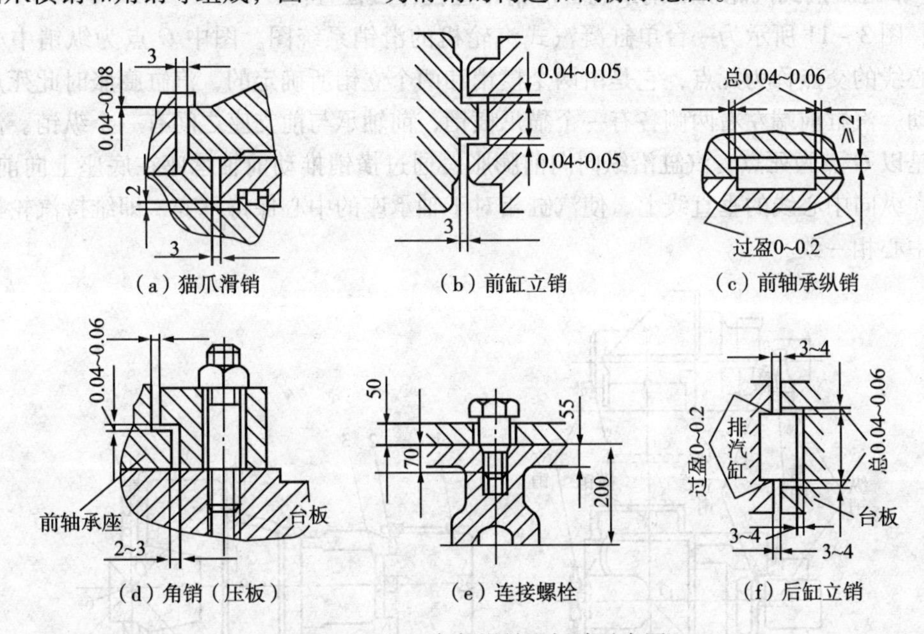

图 3－10　汽缸各部滑销和间隙示意图

25. 横销安装在什么位置? 起什么作用?

答: 横销一般装在低压排汽室的横向中心线上或排汽室的尾部，左、右两侧各装一个。横销的作用是保证汽缸沿横向自由膨胀，并与纵销(或立销)配合，确定汽缸膨胀的固定点，称为死点，汽缸膨胀时该点始终保持不动。对于凝汽式汽轮机来说，死点多布置在低压排汽室排汽口的中心或附近，这样在汽轮机受热膨胀时，对庞大笨重的凝汽器影响较小。

26. 纵销安装在什么位置? 起什么作用?

答: 纵销多装在后轴承座或前轴承座的底部与台板(支座)的结合面之间，所有纵销均在汽轮机的纵向中心线上。纵销作用是保证汽缸在纵向中心线自由膨胀，并限制汽缸纵向中心线的横向移动。纵销中心线与横销中心线的交点称为死点，汽缸膨胀时，该点始终保持不动，汽缸只能以此点为中心向前、后、左、右方向膨胀。

27. 立销安装在什么位置? 起什么作用?

答: 立销装在低压汽缸排汽室尾部与台板之间，高压汽缸的前端与前轴承座间。所有的立销均在机组的纵向中心线上。立销的作用是保证汽缸在垂直方向自由膨胀，并与纵销共同保持机组的纵向中心不变。

28. 猫爪横销安装在什么位置？起什么作用？

答：猫爪横销一般装在前轴承座及双缸汽轮机中间轴承座的水平结合面上。猫爪横销作用是保证汽缸在横向自由膨胀，同时随着汽缸在轴向的膨胀和收缩，推动轴向座向前或向后移动，以保持转子与汽缸的轴向相对位置。猫爪横销和立销共同保持汽缸的中心与轴承座的中心一致。

29. 角销(也称压板)安装在什么位置？起什么作用？

答：角销装在前轴承座及双缸汽轮机中间轴承底部的左、右两侧，用以代替连接轴承座与支座的螺栓，并允许轴承座纵向移动和防止热膨胀时轴承座与台板脱离。角销作用是保证轴承座与台板的结合面紧密接触，防止产生间隙和轴承座翘头现象。

30. 单缸凝汽式汽轮机滑销系统各滑销布置在什么位置？

答：图3－11所示为一台单缸凝汽式汽轮机的滑销系统图。图中 O 点为纵销中心线与横销中心线的交点称为死点，它是由两个横销和两个立销所确定的，汽缸膨胀时此死点始终保持不动。汽缸前端左右两侧各有一个猫爪横销，前轴承与前支座之间有一个纵销。汽缸的热膨胀是以 O 点为死点，汽缸沿纵向向前膨胀，通过横销推动前轴承座在底座上向前滑动。立销均在纵向中心线的垂直线上，使汽缸相对于轴承座的中心保持不变，即维持汽轮机动静部分的中心相一致。

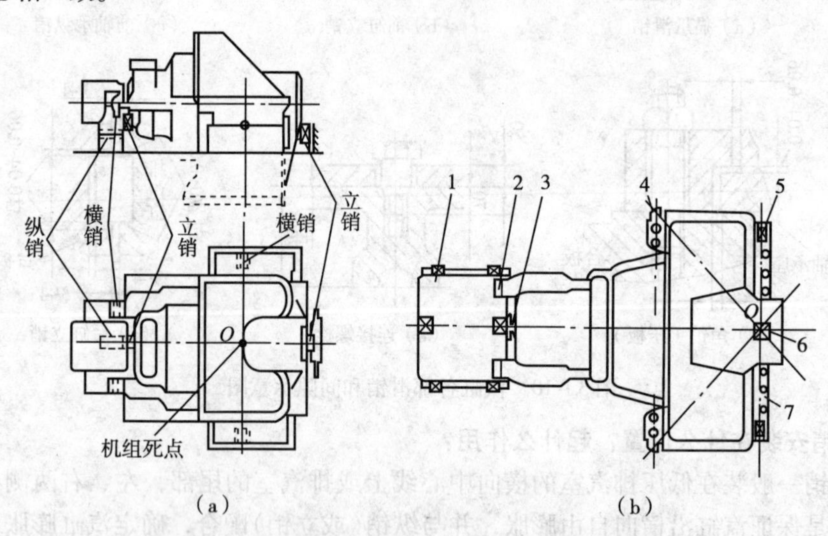

图3－11 单缸凝汽式汽轮机的滑销系统示意图

1—角销；2—猫爪销；3—立销；4—斜销；5—横销；6—纵销；7—螺栓

31. 对汽轮机滑销系统有什么要求？

答：为了保证汽轮机安全、长周期、平稳运行，对滑销系统提出以下要求：

(1)保证汽轮机运行时，应保证汽缸与转子能够自由地膨胀，汽缸与转子的膨胀值和它们之间的胀差值应在技术文件规定的范围内；

(2)保证汽轮机运行时，汽缸与转子的中心应保持一致，避免因机体热膨胀而使轴线发生变化，引起机组振动或动静部件之间的摩擦；

(3)当温度发生变化时，汽缸、轴承座等有关部件不应产生变形、破裂和损坏；

(4)当温度发生变化时，应保证动静部分的径向间隙与轴向间隙符合技术文件的要求，确保汽轮机组的安全、平稳运行。

32. 汽缸是怎样进行热膨胀的?

答: 汽缸热膨胀时，轴向以排汽缸的纵销中心线和横销中心线的交点为“死点”，向汽轮机高压端方向膨胀；汽缸径向以几何中心线为基准，沿立销垂直方向膨胀，如图3－12所示。汽缸轴向热膨胀时应与汽缸温度相对应并均匀增加，无卡涩和抖动现象；汽缸径向热膨胀时，汽缸左、右两侧的膨胀值应均匀。

33. 什么是转子与汽缸的相对膨胀?

答: 汽轮机组汽缸的“死”点都在后端，汽缸受热时，汽缸轴向由“死点”向前轴承箱方向膨胀，汽缸还通过两拉杆螺栓将前轴承座推向前方，汽轮机的推力轴承也随之前移，也将转子拉向前端，推力轴承所在位置就是转子相对于汽缸的相对膨胀“死点”，转子轴向由安装在前轴承箱内的止推轴承定位，当转子受热膨胀时，则以推力轴承为相对死点，相对于汽缸向排汽缸方向膨胀，沿轴向向后端伸长，如图3－13所示。

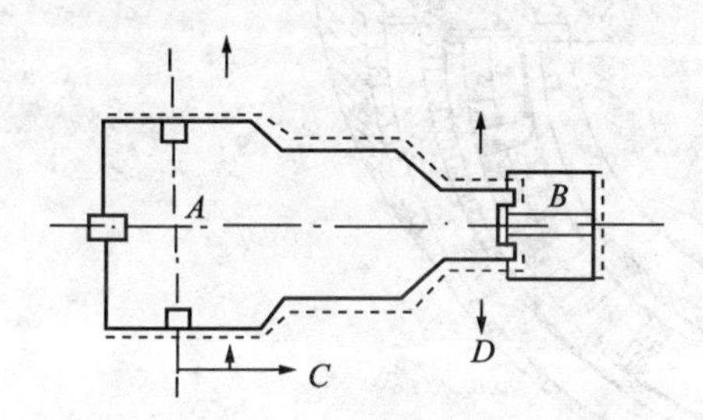

图3－12　汽缸热膨胀示意图

A—绝对“死点”；B—纵销；C—轴向膨胀方向；D—径向膨胀方向

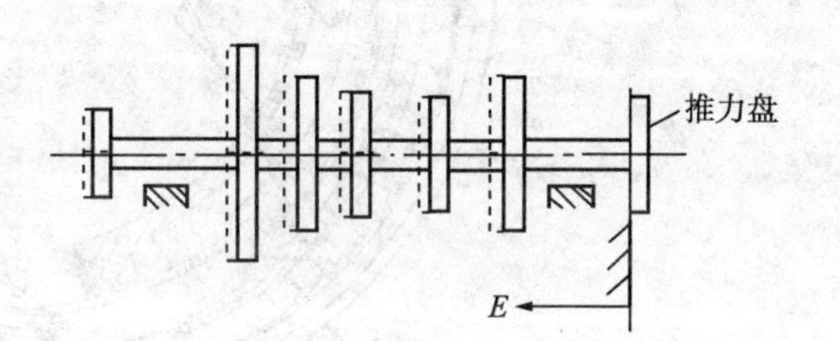

图3－13　汽缸与转子相对热膨胀

E—转子热膨胀方向

34. 什么是相对膨胀差?

答: 转子的膨胀量相对于汽缸膨胀量的差值，称为相对膨胀差。当汽轮机启动加热或停机冷却及负荷变化时，转子和汽缸都会产生热膨胀或冷却收缩。由于转子的受热表面积比汽缸大，且转子的质量比相对应的汽缸小，蒸汽对转子表面的放热系数较大，因此在相同条件下，由于转子的温度变化比汽缸快，因而两者之间存在膨胀差，即胀差。

35. 汽轮机的罩壳有什么作用?

答: 汽轮机在装置投产后，在汽缸外面要安装汽轮机罩壳。其作用不仅是装饰外表，而且可以大大的减少汽缸保温层表面的修饰工作量，缩短检修周期，有着不可低估的经济效益。另外，罩壳还可以起到保温和隔声的作用。

36. 什么是静叶?

答: 固定在导叶持环或隔板等部件上静止不动的叶片称为静叶，又称静叶片。静叶在速度级作为导向叶片，使汽流改变方向进入下一列动叶片。在反动式汽轮机中，静叶起喷嘴作用。

37. 什么是汽轮机的喷嘴?

答: 由两个相邻静叶片构成的不动汽道，是一个将蒸汽的热能转变成动能的结构元件，称为汽轮机的喷嘴。轴流式汽轮机的喷嘴，有的安装在蒸汽室上，有的安装在隔板体上，它们都是固定不动的，因而它不对外做功。

38. 什么是喷嘴弧？

答：根据调节汽阀的个数沿圆周成组布置的弧段，称为喷嘴弧段，简称为喷嘴弧。由于从调节汽阀出来的蒸汽压力高，比体积小，所以采用180°弧段或225°弧段进汽。喷嘴根据需要分成几个弧段。一般是45°为一个弧段。弧段与弧段间用中间块隔开，使每一个喷嘴弧段互不相通，每一个喷嘴弧段由一个调节阀控制进汽量。

39. 什么是调节级喷嘴？

答：每一个调节汽阀对应一组喷嘴，并按照一定的顺序依次开启调节汽阀，增大或减少汽轮机的进汽量，称为调节级喷嘴，又称喷嘴组。调节级喷嘴由多个喷嘴组合在一起，构成一个扇形的喷嘴弧段，将它们直接安装在汽缸喷嘴室上的部件，如图3－14所示。主要由内环、外环、喷嘴和围带组装焊接而成。整个喷嘴组根据汽轮机调节汽阀的个数成组分布，并通过分隔板将其分开，使其互不干扰。

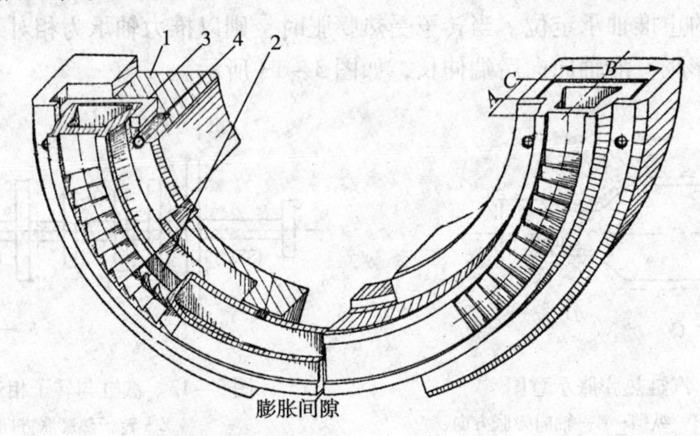

图3－14　喷嘴组结构

1—蒸汽室；2—喷嘴组；3—密封键；4—销钉

40. 为什么汽轮机第一级喷嘴安装在蒸汽室上？

答：(1)喷嘴直接安装在喷嘴室上，新蒸汽通过喷嘴后，蒸汽的压力、温度均降低很多(因为中小型汽轮机的第一级多为双列速度级，其焓降大)，因此高压段除喷嘴室和喷嘴以外的汽缸、转子等部件都可以用低一级耐热钢的材料制造，从而降低成本。

(2)由于高压段进汽端承受的蒸汽压力较新蒸汽压力低，故在同一结构尺寸下，使该部分机械应力下降，使汽缸壁厚减薄。

(3)简化了高压段的轴封结构，降低了高压段进汽端轴封漏汽压差，可减少轴端漏汽损失，并有利于汽轮机的结构设计和制造。

(4)使汽缸结构简单、均称，提高汽缸对变工况的适应性。

41. 工业汽轮机喷嘴室的结构是怎样的？起什么作用？

答：积木块式工业汽轮机喷嘴室是调节汽阀后喷嘴前的腔室，调节汽阀与汽轮机轮室的连接部分，喷嘴室包括喷嘴组以及与汽轮机转子平衡活塞相对应的汽封体。其上半装有喷嘴，下半正对调节级处装有减少叶片鼓风损失的护罩。喷嘴室前端装有汽封体并在其上镶入汽封片，它与转子上的密封齿形成迷宫密封。在喷嘴室的中间部分沿圆周开有许多孔，用来抽出大部分泄漏蒸汽，以平衡活塞前端面上的蒸汽压力，以改善转子轴向推力的平衡，如图3－15所示。喷嘴室固定在外缸内的相应支承面上，通过汽封体上的凹槽与喷嘴室内的槽道相配，使喷嘴室既能轴向又能径向的保持其必需位置。

喷嘴室主要作用是使通过喷嘴的蒸汽汽流降压、升速、转向，将蒸汽的热能转变成动能，并使高速汽流按一定的方向喷向动叶片。

42. 什么是部分进汽？

答：蒸汽通过圆周上的部分喷嘴的进汽的方式，称为部分进汽，如图 3－16 所示。n 表示有蒸汽流过的喷嘴数目，t 表示喷嘴之间的距离，nt 则表示有蒸汽流过的喷嘴的总弧长。这主要是因为高压蒸汽的比容小，在满足汽轮机所需蒸汽量的情况下，需要的蒸汽流通面积较小，故保证在喷嘴叶片有一定高度的前提下，只有减少喷嘴的数目和所占的弧长。因此，形成了第一级或前几级采用部分进汽的结构。

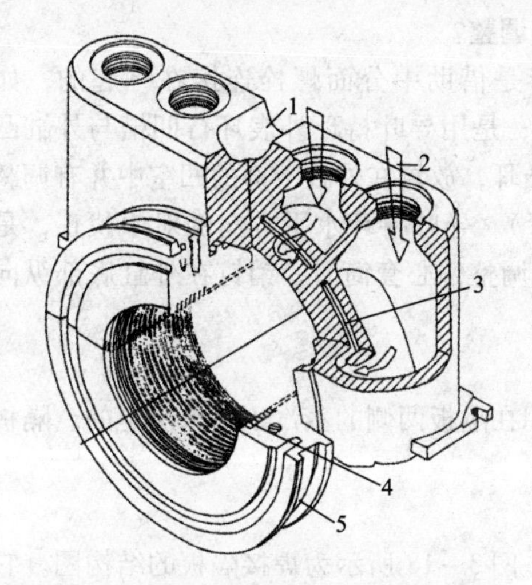

图 3－15　带汽封体的蒸汽室（180°进汽）

1—超负荷汽道；2—汽流方向；3—通向喷嘴组的汽道；4—汽封片；5—汽封体

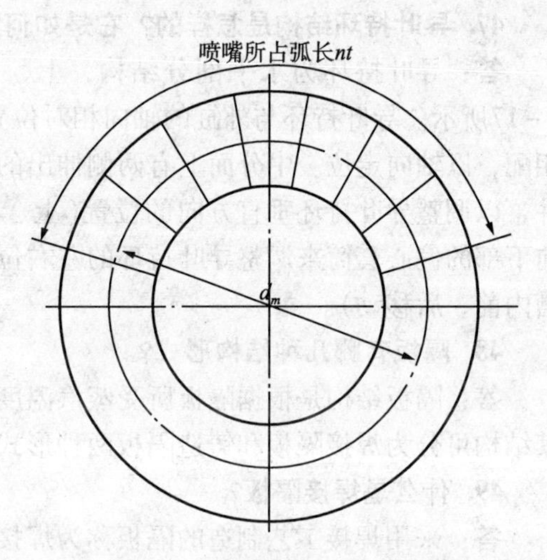

图 3－16　喷嘴部分进汽示意图

43. 什么是部分进汽度？

答：汽轮机喷嘴工作弧段与整个圆周长的比值，称为部分进汽度。为了说明部分进汽的大小，常用部分进汽度这一概念，即

$$\varepsilon = \frac{nt}{\pi d_m} \tag{3-1}$$

式中　ε——部分进汽度；

n——蒸汽流过喷嘴的数目；

t——喷嘴之间的间距，mm；

nt——喷嘴所占的弧长，mm；

πd_m——平均直径处的圆周长，mm。

44. 什么是隔板？它有什么作用？

答：隔板是汽轮机各级的间壁，用以固定各级的静叶片，和阻止级间漏汽，并将汽轮机通流部分分隔成若干个级。隔板可以直接安装在汽缸内壁的隔板槽中，也可以借助隔板套安装在汽缸上。

隔板的作用是将汽轮机内部空间分成若干个蒸汽参数不同的腔室，蒸汽通过各级静叶栅，其压力、温度逐级下降，将蒸汽的热能转变成动能，以很高的速度进入动叶片。

45. 什么是隔板套？它有哪些优、缺点？

答：外缘装在汽缸槽内，内缘可装静叶或隔板的中间支承零件，称为隔板套。隔板套一般适用于现代高参数大功率汽轮机中。采用隔板套的优点是：不仅便于拆装，而且可使级间距离不受或少受汽缸上抽汽口的影响，从而可以相对减少汽轮机轴向尺寸，简化了汽缸形状，有利于启停和负荷变化，并为汽轮机实现模块式通用设计创造了条件。

其缺点是将增大汽缸径向尺寸，相应地增加法兰厚度，延长了汽轮机的启动时间。

46. 导叶持环有什么作用？

答：导叶持环的作用是采用导叶持环，可以在汽缸解体时，上汽缸在无需翻转的情况下调换静叶片，且简化外缸设计、加工工艺、减少外缸报废的可能性。

47. 导叶持环结构是怎样的？它是如何定位和调整？

答：导叶持环为水平剖分结构，上、下两半是借助中分面螺栓连接在一起的，如图3－17所示。导叶持环与外缸的轴向相对位置定位，是用导叶持环外表环行凹槽与外缸凸肩相配，以轴向定位。中分面上有两侧伸出的两对凸耳，放置在外缸下部的凹室中并有调整元件，以调整导叶持环垂直方向的位置(上、下位置)。导叶持环水平方向的对中找正，是靠前下部的偏心套筒来调整导叶持环的左右位置的(调整偏心套筒时，销钉在外缸底部纵向凹槽内前、后移动)。

48. 隔板有哪几种结构形式？

答：隔板结构是根据隔板所受蒸汽温度和作用在隔板两侧的蒸汽压差来决定的。隔板按其结构可分为焊接隔板和铸造隔板两种形式。

49. 什么是焊接隔板？

答：采用焊接工艺制造的隔板称为焊接隔板。图3－18所示为焊接隔板的结构图。它是将铣制或精密铸造、模锻、冷拉的静叶片，在围带上预先冲制成具有导叶的断面形状，并将加工好的静叶片与内外围带组装焊接在一起，形成喷嘴弧，然后再将其焊接在隔板体和隔板外缘之间，这样就组成了焊接隔板。

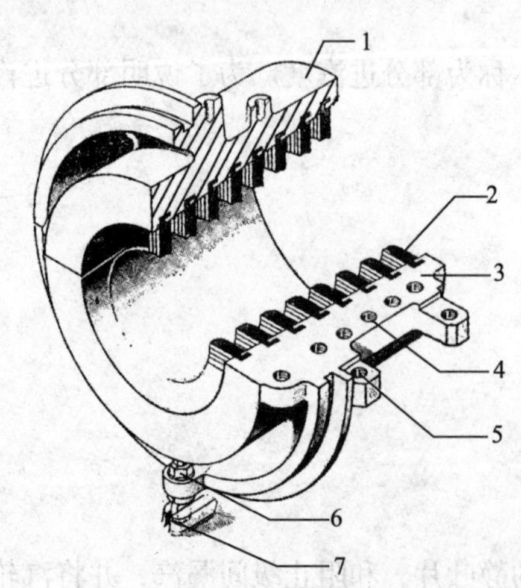

图3－17　导叶持环

1—导叶持环；2—导叶片；3—水平剖分面；4—水平剖分面螺栓孔；5—凸耳；6—偏心套筒；7—外缸底部凹槽

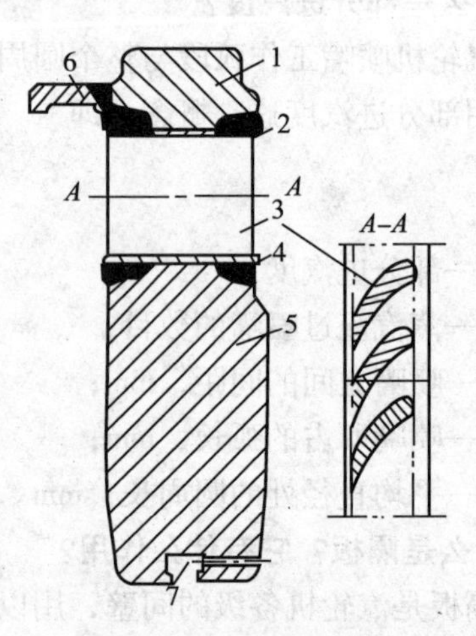

图3－18　焊接隔板

1—隔板外缘；2—外围带；3—静叶片(导叶片)；4—外围带；5—隔板体；6—径向汽封安装环；7—汽封槽

50. 焊接隔板有哪些优、缺点?

答: 焊接隔板优点是:具有较高的强度和刚度,静叶汽道表面光滑、形状较精确、具有较好的汽密性,加工较方便,流动损失小,广泛应用于中小型汽轮机的高、中压部分。其缺点是:焊接工艺要求高,如果焊接工艺不当,隔板体会产生变形。同时,在内外围带上冲制具有静叶形状的孔眼时也费力费时。

51. 什么是铸造隔板?

答: 采用铸造工艺制造的隔板称为铸造隔板。铸造隔板又分为铸铁隔板和铸钢隔板。当工作温度为 230 ~ 250℃时,采用铸铁隔板,如 HT18 – 36、HT21 – 40 等;当工作温度为 250 ~ 300℃时,可采用珠光铸铁 HT28 – 48 或球墨铸铁 QT45 – 5;当工作温度为 300 ~ 350℃时,可采用铸钢铸铁,如 ZG30、ZG40 等。

铸造隔板是将冲压成形的静叶片,放入浇注隔板体砂型中一体浇铸而成,如图 3 – 19 所示。不论铸铁隔板还是铸钢隔板,其静叶片(或称导叶)都是用铣制、冷拉、模锻以及爆炸成型等方法制造的。

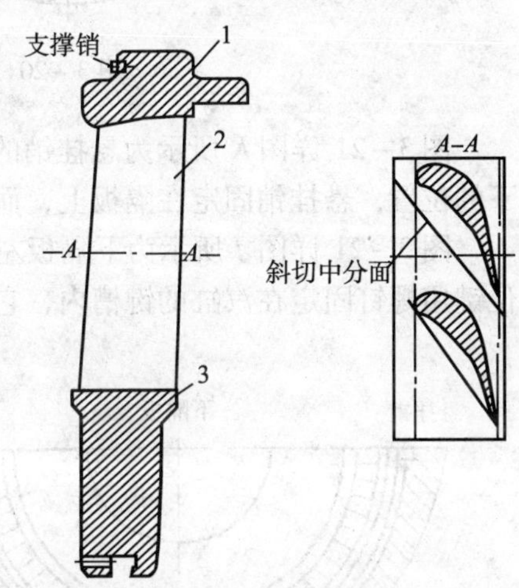

图 3 – 19　铸造隔板

1—隔板外缘;2—静叶片;3—隔板体

52. 铸造隔板有哪些优、缺点?

答: 铸造隔板优点是加工制造工艺简单,成本低。但这种隔板的强度较差,铸造后表面粗糙度较差,故蒸汽流动损失较大,一般多用于汽轮机的低压部分。

53. 隔板在汽缸中有哪几种支承定位方式?各适用于哪种隔板?

答: 隔板一般大多装在汽缸内的隔板槽中,为了保证隔板在受热时能自由膨胀及拆装方便,隔板在其槽内的径向及轴向都留有适当的间隙。为了保证汽轮机安全、平稳地运行,隔板在汽缸中有如下支承定位方式:

(1)径向销钉支承定位方式,适用于低压铸造隔板;

(2)悬挂销和键支承定位方式,适用于高压隔板;

(3)Z 形悬挂销支承方式,适用于超高压参数机组的隔板。

54. 隔板采用销钉支承时怎样定位?

答: 图 3 – 20 所示为隔板在汽缸中采用径向销钉支承定位的情况。在隔板的外缘的径向方向装有 6 ~ 8 个圆形销钉,使销钉的顶部接触在隔板槽的底部,将隔板径向定位。如需调整隔板径向位置时,可以相应地减少或增加销钉的长度。在隔板的进汽侧也装有 6 ~ 8 个圆形销钉,其顶部支承在隔板槽的侧壁上,将隔板进行轴向定位。如需调整隔板与隔板槽之间的轴向间隙时,可用调整圆形销钉的长度来达到。

55. 隔板在汽缸中采用悬挂销和键支承时怎样定位?

答: 隔板在汽缸中采用悬挂销和键支承定位时,其下隔板上下位置靠悬挂在水平结合面处左右两侧的悬挂销支承在汽缸的凹槽中,用调整悬挂销的厚度,可以调整隔板的中心高低位置,如图 3 – 21 所示。悬挂销和隔板连接既可以采用螺钉,也可以直接焊接在钢制的隔板上。当隔板受热时由中分面向四周膨胀,其中心不变。

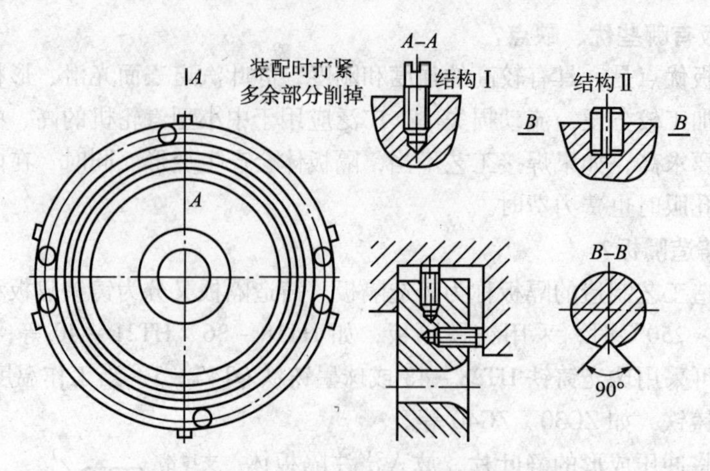

图3－20　隔板在汽缸中采用销钉支承定位

图3－21详图K所示为悬挂销的三种结构。其中结构Ⅰ和Ⅱ的悬挂销处于水平结合面偏下的位置，悬挂销固定在隔板上，而结构Ⅲ的悬挂销则固定在汽缸上。

图3－21详图J所示为下隔板左右两侧方向的位置用下隔板下方的定位键进行定位，定位键用螺钉固定在汽缸的键槽内，它既可以是倒T形键，也可以是长方形的平键。

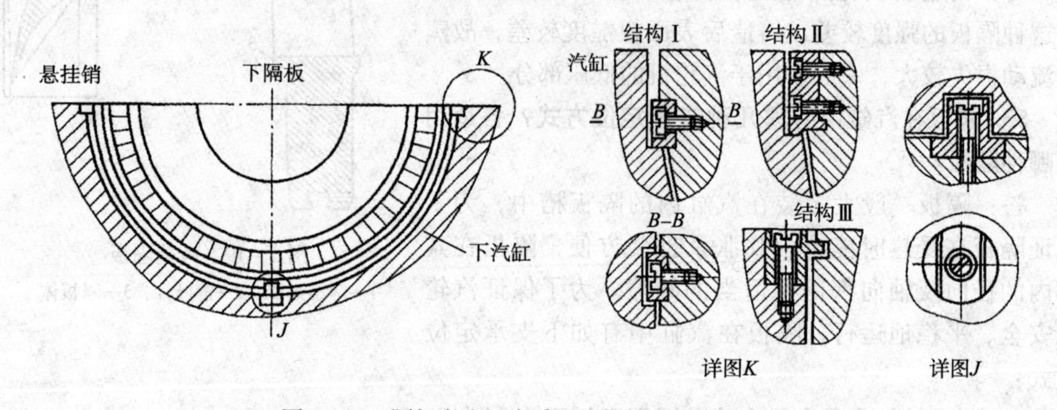

图3－21　隔板在汽缸中采用悬挂销和键支承定位

56. 上隔板在汽缸中如何定位？

答：图3－22所示为上隔板用销钉通过圆销块固定在上汽缸上。该销和隔板之间留有膨胀间隙，以保证隔板能自由膨胀，并使上隔板自由地落在下隔板之上，使隔板水平结合面紧密地贴合。为了增加隔板的刚度和水平结合面的严密性，在隔板水平结合面上一般都设有平键。该平键装在下隔板水平结合面的键槽内并用螺钉固定。在上隔板的水平结合面上有一个与该平键配研得很好的键槽，当上隔板落在下隔板上水平结合面时，同时上隔板的键槽与下隔板凸出的平键配合定位。

为保证上下隔板的整体性，防止上下隔板横向错位，有时在上、下两半隔板进汽侧的水平结合面处加装横向定位销或定位键，如图3－23所示。这样既保证上、下两半隔板的定位作用，又起密封作用，还能提高隔板的刚度。

57. 旋转隔板主要有哪些部件组成？它有什么作用？

答：旋转隔板是调节汽轮机进汽流量的部件。汽轮发电机组中调节抽汽式汽轮机的低压调节汽阀常常不采用调节汽阀的形式，而是采用旋转隔板，其结构主要由旋转挡板1、进汽孔2、隔板体3和回转轮5等组成，如图3-24所示。这种隔板只能用于调节蒸汽压力较低的低压部分，因为蒸汽压力过高时，回转轮将会被蒸汽的轴向推力压向隔板，引起油动机过载及隔板磨损。旋转隔板安装在调节抽汽式汽轮机汽缸内部，使汽轮机结构紧凑，轴向尺寸大为减小。

旋转隔板的作用是通过调整回转轮与隔板之间对应喷嘴的遮挡面积，来控制进入抽汽口后各级的蒸汽量，以达到调节抽汽压力和抽汽流量的目的。

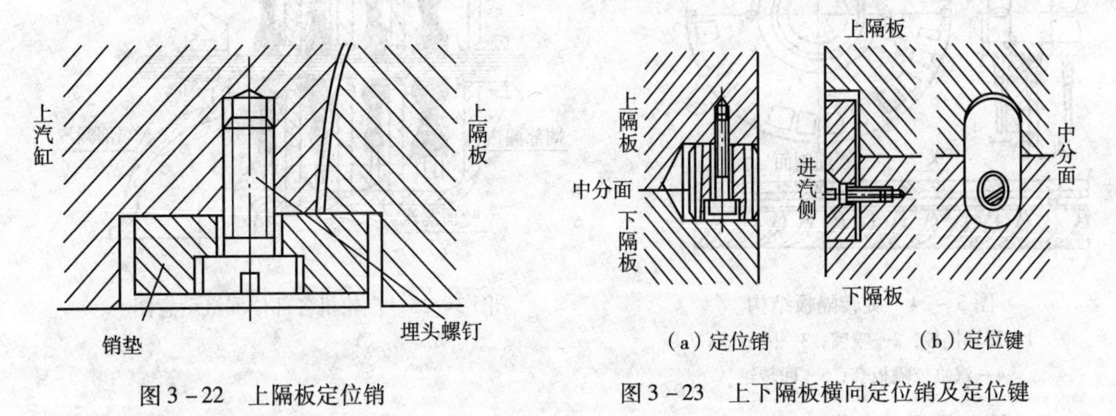

图3-22　上隔板定位销

图3-23　上下隔板横向定位销及定位键

58. 电站抽汽式汽轮机的旋转隔板是怎样工作的？

答：图3-24所示为旋转隔板，其工作过程为：当旋转挡板1在调节系统油动机活塞的带动下沿关闭方向转动时，逐渐遮挡环形进汽孔2（相当于调节汽阀的开度逐渐减小），使低压段进汽量逐渐减小。当旋转隔板转动至极限位置时，旋转挡板上的孔口与隔板上的进汽孔之间尚留有2mm间隙，使进汽孔尚保留一定的通流面积，以保证汽轮机低压段有足够的进汽量，以便带走各级叶轮摩擦鼓风产生的热量，防止排汽温度超标。

当回转轮子关闭位置顺时针方向转动时，先打开隔板上的内层喷嘴，然后打开外层喷嘴，使进汽孔通流面积逐渐扩大，低压段进汽量逐渐增加。为了保证旋转隔板打开时，汽流能均匀地增加，旋转隔板上的孔口的布置应使隔板外层喷嘴的叶道能稍微先开启，即当隔板的内层喷嘴的叶道尚未完全开启时，外层喷嘴的叶道已开始开启，这与调节汽阀开启时应有一定重叠度道理相同。

59. 什么是汽封装置？汽轮机为什么要设汽封装置？

答：防止蒸汽泄漏的装置称为汽封装置。在汽轮机转子伸出汽缸的两端和转子穿过隔板中心孔的地方，为了避免动静部件之间的摩擦和碰撞，必须留有适当的间隙。但由于前后压力差的存在，这些间隙处必然要产生漏汽造成能量损失，这样不仅会降低机组效率，还会影响机组安全运行。为了减少蒸汽的泄漏和防止空气漏入汽缸，因此必须在这些可能产生漏汽部位安装汽封装置，以减少漏汽。

60. 汽轮机中可能产生蒸汽泄漏部位有哪些？

答：汽轮机中存在着许多可能产生蒸汽泄漏的部位，如图3-25所示。如动叶片和静叶顶部的隔板漏汽；隔板与转子之间的径向间隙的隔板漏汽以及汽轮机转子穿过汽缸两端处径向间隙的端部漏汽等。这些漏汽的存在，使做功的蒸汽量减少，降低了运行的经济性，有时还会影响汽轮机的安全运行。

61. 汽封按所在部位不同可分为哪几种？

答：根据汽封所在安装部位不同可分为通流部分汽封、轴端汽封（简称轴封）、隔板汽封三大类。反动式汽轮机还装有高、中、低压平衡活塞汽封。

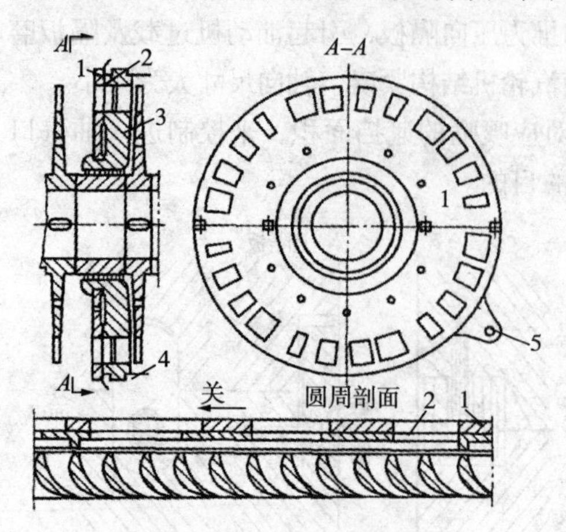

图3-24　旋转隔板结构

1—旋转挡板；2—喷嘴；3—隔板体；4—汽缸或隔板套；5—回转轮

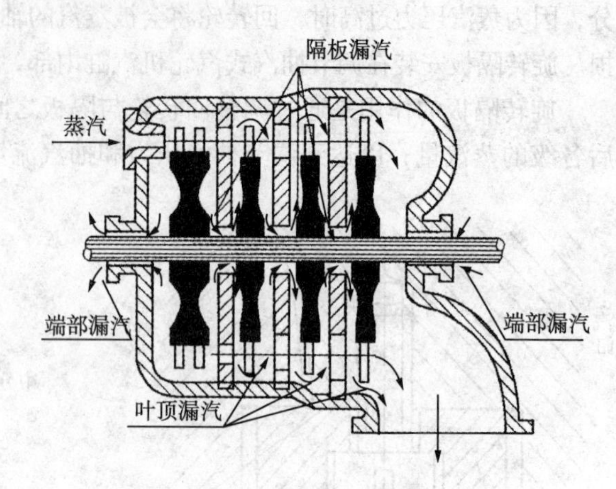

图3-25　汽轮机各部位漏汽示意图

62. 什么是通流部分汽封？其作用是什么？

答：动叶顶部和根部的汽封称为通流部分汽封。通流部分汽封是用来阻止蒸汽从动叶两端漏汽。通常在动叶顶端的围带及根部有个凸出部分以减少轴向间隙，围带与装在汽缸或隔板套上的阻汽片组成汽封与减少径向间隙，使漏汽损失减少。

63. 什么是轴封？它有什么作用？

答：在汽轮机转子穿过汽缸两端处装有的汽封，称为轴封。高压端轴封的作用是防止高压蒸汽漏出汽缸而造成能量损失及恶化运行环境；低压端轴封的作用是阻止外界空气漏入低压段内部，破坏汽轮机的真空。

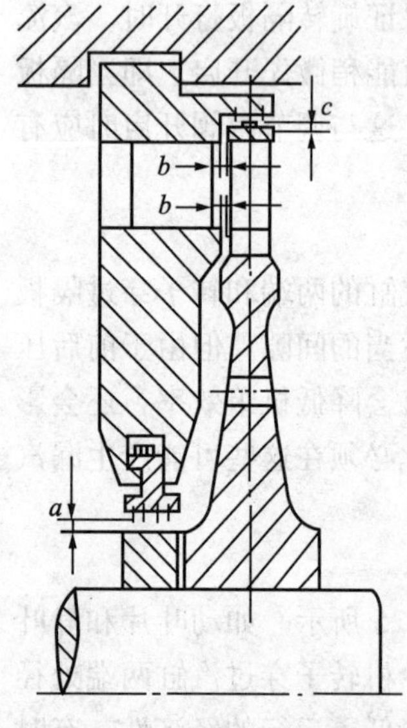

图3-26　隔板汽封和通流部分汽封的位置

64. 什么是隔板汽封？它的作用是什么？

答：隔板内圆与转子之间的汽封称为隔板汽封，如图3-26所示。隔板汽封的作用是防止或减少汽流沿隔板内圆与转子之间的级间漏汽，它还可以维持叶轮前后的压差，降低转子的轴向推力。

65. 什么是汽轮机轴封系统？

答：汽轮机汽缸的轴端汽封和与之相连接的管道、阀门及附属设备，统称为汽轮机轴封系统。在汽轮机汽缸的高、低压端虽然均装有轴端汽封，减少汽缸内蒸汽向外泄漏或外界空气漏入汽缸，但总是不可避免地会有少量蒸汽外漏。为了防止和减少这种漏汽现象，保证汽轮机正常运行和回收漏汽的热量，减少系统的工质损失和热量损失，所以汽轮机均设有轴封系统。

66. 汽轮机轴封系统有哪几种？

答：轴封系统一般可分为开式和闭式两种。开式轴封系统适应于小型机组，轴封系统简单，但有蒸汽从冒汽管冒出漏入机房，如图3-27所示。密封蒸汽和漏汽不能完全回收，蒸汽消耗量较大。

闭式轴封系统的结构比较复杂，设有轴封冷凝器和轴封抽汽器，但全部漏汽均封闭于系统之中，可以有效地回收密封蒸汽和漏出的蒸汽，并在轴封腔中形成真空，将漏入轴封系统中的空气抽走，防止空气漏入真空系统而破坏真空。

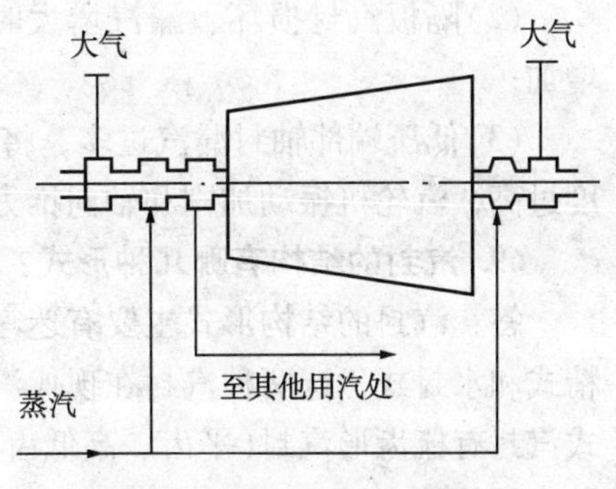

图 3－27　开式汽封系统

合理的轴封系统，是在既定汽封结构的情况下，适当的安排密封齿数，合理选择汽封各段腔室的压力，应尽量简化系统，减少漏汽量，并设法回收漏汽，提高机组效率。轴封系统的管道流速，一般取 30～40m/s。系统至轴封加热器的一般管道流速，通常取 20m/s 或更低一些。

67. 迷宫式汽封的工作原理是什么?

答: 迷宫式汽封的工作原理如图 3－28 所示。汽缸上的汽封片与转子上的凸肩及凹槽之间留有一定的径向间隙 δ。当蒸汽流过第一个间隙时，因节流作用使流速增加而压力下降，比容增大，如图 3－28(a)所示。当汽流突然进入较大的空间 A 时，产生紊乱的分子运动，速度随之降低。此外，汽流与汽封片、汽流与凸肩的碰撞，以及出现涡流等现象，使汽流的动能又转变为热能，此时的压力为 p'，且 $p' < p_1$。这样，连续经过若干个汽封间隙到达最末一个汽封片前的空隙，这里的蒸汽压力已很接近低压侧的压力 p_2。经过最后一级汽封片时的压力和流速都很低，从而使轴封中漏出的蒸汽量显著减少。

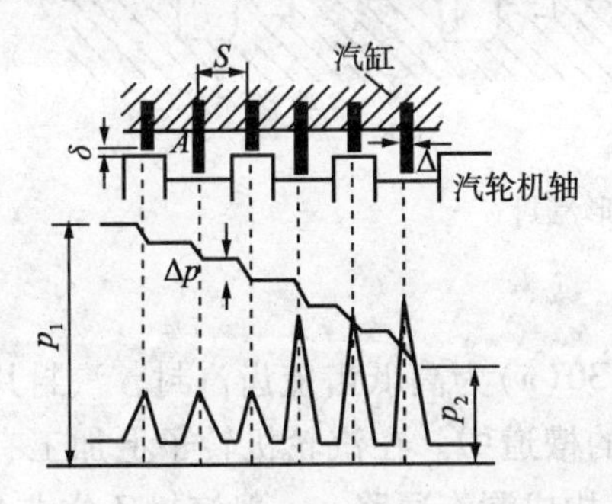

(a) 迷宫密封中的蒸汽压力、速度变化情况

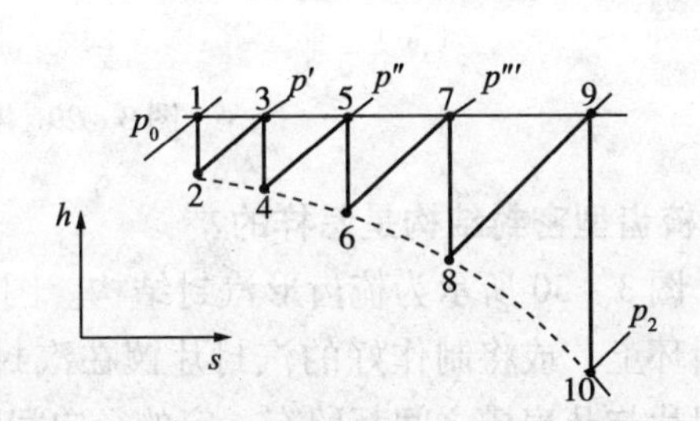

(b) 迷宫密封蒸汽膨胀过程在h-s图上的表示

图 3－28　迷宫密封的工作原理示意图

蒸汽在迷宫式汽封内的膨胀过程如图 3－28(b)所示，图中 1—2、3—4、5—6 等线表示蒸汽通过间隙 δ 时压力下降和速度增加的过程；图中 2—3、4—5、6—7 等线表示蒸汽在 A 室内速度能变为热能，使蒸汽的焓又增加到原来数值的过程。所以蒸汽经过汽封片的过程，是压力不断降低而速度是多次增加与减少的过程。

由此可知，漏汽量的多少取决于汽封前后的压力差参数、汽封片数量以及径向间隙 δ 的大小，在压力差大的部位，汽封片数量相应多一些。

68. 汽轮机汽封漏汽过多有哪些危害?

答: 汽轮机汽封漏汽除了严重地影响汽轮机的经济性外，还将会威胁汽轮机的安全、平稳运行。汽封漏汽过多危害如下：

(1) 高压端轴封漏汽过多，漏汽将会顺着转子流入轴承中，直接加热轴承使轴承温度升高并使润滑油中混入的水分增加，破坏轴承润滑，使轴承巴氏合金熔化造成严重事故，影响轴承工作的安全可靠性；

(2)隔板汽封损坏、漏汽增大时，将会增大叶轮前后的压力差，使转子上的轴向推力增加；

(3)低压端部轴封漏汽过多，将会使低压段内真空下降，以致真空完全破坏，使排汽温度过高，汽轮机振动加剧和轴向推力增加。

69. 汽封的结构有哪几种形式?

答: 汽封的结构形式主要有迷宫式、炭精式及水封式三种。早期汽轮机的汽封结构是炭精式和水封式，这两种汽封在现代汽轮机中已被淘汰。现代汽轮机均采用迷宫式密封。迷宫式汽封有梳齿形汽封(平齿、高低齿)、J形和枞树形汽封三种。梳齿形汽封和枞树形汽封两种应用的最广泛。

70. 枞树形汽封用于哪个部分? 其特点有哪些?

答: 枞树形汽封如图3－29所示。图中(a)适用于高压部分，图中(b)适用于低压部分。这种汽封既有径向间隙又有轴向间隙，而且轴向间隙可使漏汽节流，汽流通道曲折，阻汽效果好。但其结构复杂，加工精度要求高，实际应用受到限制。

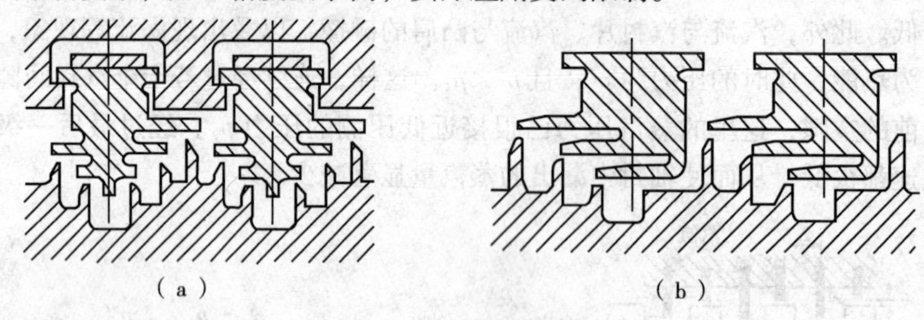

图3－29　枞树形汽封

71. 梳齿型密封结构是怎样的?

答: 图3－30所示为梳齿形汽封结构。图3－30(a)为高低齿梳齿汽封，汽封片直接加工在汽封环上，或将制作好的汽封片镶在汽封环的槽道中。在汽轮机转子上加工有方形凸肩，汽封片与凸肩槽之间都留有一定的径向间隙，构成漏汽通路。一般汽封环分成4～6块，装在汽封套或隔板中心孔的汽封槽中，由弹簧片压向中心。汽封片的梳齿高低相间，构成一个曲折且有很多窄缝的通道，对漏汽形成很大的阻力。

图3－30(c)、(d)、(e)所示为薄片形汽封，又称为J形汽封。在汽轮机转子轴套上和汽封环上都加工有数道凹槽，用镍铬钢丝嵌入软而薄的镍铬合金片(一般厚度为0.2～0.3mm)。汽封片与轴汽封环之间留有间隙，由此构成曲折的漏汽通道，从而减少了漏汽。这种汽封的特点是结构简单，汽封片薄又软。薄的汽封片与转子发生摩擦时，汽封片由于质软只能被压弯，而不易严重磨损，即使发生碰撞时，也不会使转子产生局部过热或导致变形。但它也存在不足的是这种汽封片由于软而薄不能承受较大的的压差，所以当汽缸内外压力差大时，需用很多道薄密封片；汽封片容易损坏，使检修工作量增多。

72. 汽封块与汽封套之间的弹簧片起什么作用?

答: 汽封块与汽封套之间的空隙较大，装上弹簧片后，直弹簧片被压成弧形，逐将汽封弧块弹性地压向汽轮机转子轴心，保持汽轮机动静部分的配合间隙。当一旦汽封块与汽轮机转子发生摩擦或碰撞时，使汽封块有回弹余地，减少摩擦的压力，防止转子发生热弯曲，以保护转子不受损坏。

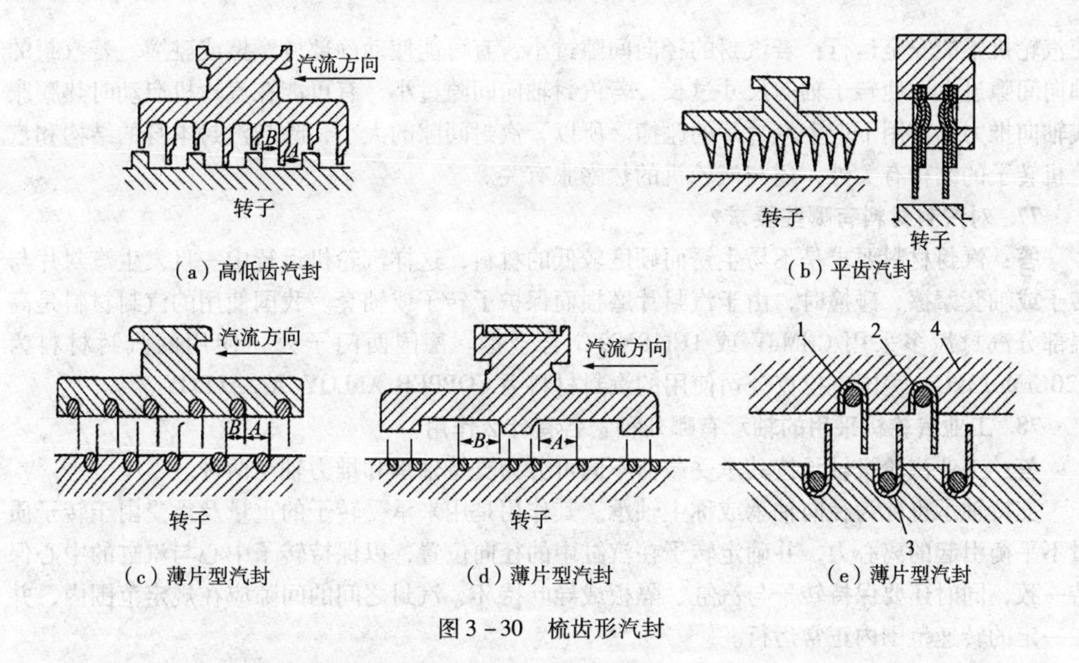

图 3－30　梳齿形汽封

1—镍铬金属丝；2—镍铬汽封薄片；3—汽轮机转子上的汽封套；4—汽封体

73. 什么是弹性汽封、刚性汽封？

答：带有弹簧片的汽封称为弹性汽封。不带弹簧片的汽封称为刚性汽封。

74. 如何确定低压段汽封间隙？

答：确定汽轮机低压段汽封间隙时，应考虑转子与汽缸相对膨胀和转子可能的轴向位移。汽轮机启动时，转子的热膨胀比汽缸快，且转子的热膨胀死点在推力轴承处，所以在启动时转子从推力轴承处起转子比汽缸的热膨胀差值逐渐增大。因此，低压段汽封间隙应保证在汽轮机启动时不会发生低压段汽封的碰撞和磨损。一般低压段汽封径向间隙为 0.2～0.4mm；轴向间隙为 0.25～0.45mm。挠性转子汽封的径向间隙应稍大一些。

75. 如何计算迷宫式汽封的漏汽量？

答：经过隔板汽封或端部汽封的漏汽量，可按下式计算

$$G = kf\sqrt{\frac{g(p_1^2 - p_2^2)}{zp_1 v_1}} \tag{3-2}$$

式中　g——重力加速度；

z——汽封片数量；

f——汽封间隙面积，mm^2；

k——漏汽系数，高低齿 $k=1$，平齿 $k>1$；

v_1——比体积；

p_1——汽封前的压力，MPa；

p_2——汽封后的压力，MPa。

一般在相同条件下，平齿汽封的漏汽量要比高低齿汽封高 30%～35%。增加汽封片数 z，可减少漏汽量；减少汽封间隙面积，也可减少漏汽。

76. 为什么汽封间隙不能过大或过小？

答：若汽封的径向间隙过大，将使漏汽量增加，这样既不经济也会影响润滑油的品质，

使汽轮机不能安全运行；若汽封的径向间隙过小，有可能使动静部件摩擦或碰撞。若汽封的轴向间隙过大，使转子轴向尺寸过长；若汽封轴向间隙过小，有可能在汽轮机启动时热膨胀或轴向推力的作用下产生汽封片的碰撞。所以，汽封间隙的大小，除与汽封本身的结构和汽轮机转子的结构有关外，还与汽轮机的热膨胀有关。

77. 对汽封材料有哪些要求？

答：汽封材料要求是不易生锈而硬度较低的材料，这样汽轮机运行中一旦发生汽封片与转子或轴套摩擦、碰撞时，由于汽封片磨损而保护了转子或轴套。我国使用的汽封材料是高温部分汽封齿多采用 CrlMoV 或 1Cr18Ni9Ti 合金钢。德国西门子公司使用的汽封材料为 X20CrMo13kG，美国克拉克公司使用的汽封材料为 COPPER ALLOY/AL ALLOY。

78. 工业汽轮机采用的轴承有哪几种？各有什么作用？

答：工业汽轮机轴承按其承受载荷不同可分为支持轴承和推力轴承两种。

支持轴承也称为径向轴承或称主轴承。其作用是用来承受转子的重量及承受由于转子质量不平衡引起的离心力，并确定转子在汽缸中的径向位置，以保持转子中心与汽缸的中心保持一致，同时还要保持转子与汽缸、隔板或导叶持环、汽封之间的间隙应在规定范围内，并在一定的转速范围内正常运行。

推力轴承的作用是承受蒸汽作用在转子上的轴向推力，并确定转子在汽缸中的轴向位置，限制转子的轴向窜动，以保证通流部分动静间的轴向间隙在规定范围内。

79. 工业汽轮机支持轴承分为哪几种结构型式？

答：工业汽轮机径向支持轴承的型式很多，按轴承支承方式可分为固定式和自位式轴承（也称球形轴承）两种；按轴瓦的几何形状可分为圆柱形轴承、椭圆形轴承、多油楔轴承和可倾瓦轴承。

80. 自位式轴承有什么特点？

答：自位式轴承的轴承衬背呈球面形状与轴承座孔接触。当转子中心变化引起轴颈倾斜时，轴承体可随轴颈转动自动调位保持中心一致，使轴颈与轴瓦保持良好的接触，能在轴承长度方向上均匀分配负荷。自位式轴承虽自调性能较好，但球面加工较复杂，工艺要求高，安装和检修较困难。

81. 椭圆形支持轴承与圆柱形支持轴承相比有哪些优点？

答：椭圆形支持轴承的结构与圆柱形支持轴承基本相同，只是增大了轴承侧间隙值，使轴承巴氏合金表面呈椭圆形。椭圆形轴承与圆柱形轴承相比，其优点是由于轴承上部的径向间隙减小，除下部主油楔外，在上部又增加了一个副油楔。由于副油楔的作用，压低了轴心的位置，使轴承的工作稳定性得到了改善；由于椭圆轴承的侧间隙大，使油楔的收缩更剧烈，有利于形成液体摩擦及增大轴承的承载能力。另外，由于椭圆形轴承的侧间隙加大，使轴向方向油的流量大，可带走轴颈上的热量。因而其轴承散热性好、温度低。由于在相同尺寸的条件下椭圆轴承比圆柱轴承顶间隙小，所以椭圆轴承在垂直方向上的抗振性能好。但由于椭圆轴承产生上下两个油楔，故消耗功率比圆柱轴承稍大一些。椭圆形轴承比压一般可达 1.17～1.96MPa，甚至可达 2.5～2.8MPa，由于其高速运行稳定性较好，因此在中、大型汽轮机组得到广泛应用。

82. 什么是多油楔轴承？

答：改变轴承内表面的形状，加大轴承各段圆弧相对轴的偏心率，同时将油膜分隔成不连续的多段，形成多个油楔，称为多油楔轴承，如图 3－31 所示，如三油楔轴承、四油楔轴承，三油叶轴承、四油叶轴承。多油楔轴承能够形成几个动压油膜，从轴颈的四周将转子推向轴承中心，所以各个方向的抗振性都好、运行平稳。三油叶、四油叶轴承均可以正反转，但油楔角度小(三油叶为60°，四油叶为45°)。角度越小，油楔越小，承载能力越低。所以，单向回转的转子可采用三油楔、四油楔轴承，这样油楔就加长一倍，提高了轴承的承载能力。

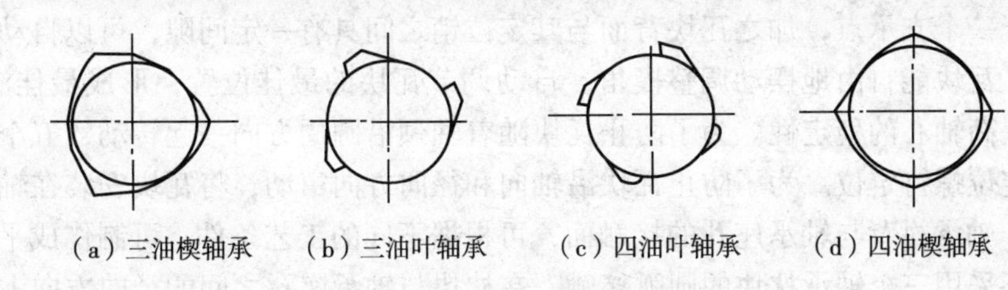

（a）三油楔轴承　（b）三油叶轴承　（c）四油叶轴承　（d）四油楔轴承

图3－31　多油楔轴承示意图

83. 多油楔轴承有哪些特点？

答：(1)抗振性能好，运行稳定，能减小转子由于动不平衡或制造、安装原因造成的振动；

(2)在不同的负荷下，多油楔轴承中轴颈的偏心度比圆柱形轴承小得多，保证了转子的对中性；

(3)当负荷与转速发生变化时，瓦块能自由摆动调节位置，可以防止油膜振荡，确保转子在高速轻载时可靠运行。

84. 四油楔轴承有哪几种回转结构？它有哪些特点？

答：四油楔轴承有单向回转和双向回转两种结构，如图3－32所示。单向回转结构通常称为四油楔轴承，双向回转结构称为四油叶轴承，单向回转四油楔轴承的承载能力比双向回转四油叶轴承高，摩擦力距较小。但是，由于工业汽轮机驱动的离心式压缩机在停机时可能会出现反转，所以这样的机组使用四油叶轴承较多。

四油楔轴承具有结构简单、轴承温升低、运行稳定、抗振性能好、安全可靠、使用寿命长等特点，多用于高速工业汽轮机。

85. 什么是可倾瓦轴承？它有哪些特点？

答：由3~5个或更多个能绕自身的一个支点摆动弧形瓦块组成的轴承，称为可倾瓦轴承。

可倾瓦轴承与其他径向轴承相比，具有以下优点。这种轴承结构简单，每一个瓦块均可自由摆动，形成最佳油膜，增加了支承柔性，具有吸收转子振动能量的能力，即具有较好的减振性，不易发生油膜振荡。另外，可倾瓦轴承还具有承载能力大(比压可用到4.0MPa)，摩擦功耗小并能承受各个方向的径向载荷，适应正反转动，高速稳定性好。可倾瓦轴承的稳定性、承载能力及功耗等性能均优，居于各种径向支持轴承之首，四油楔轴承、三油楔轴承及椭圆形轴承次之，圆柱形轴承最差。目前，高速、轻载工业汽轮机均采用可倾瓦轴承。它的不足之处是结构及加工工艺复杂、安装检修较为困难，价格昂贵等。

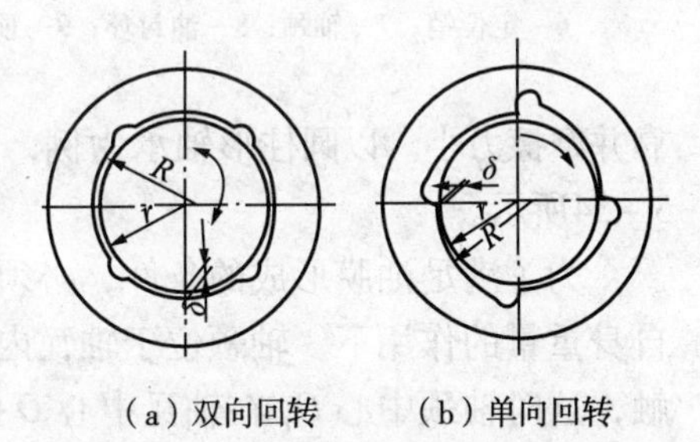

（a）双向回转　（b）单向回转

图3－32　四油楔轴承示意图

86. 五个瓦块的可倾瓦支持轴承结构是怎样的？

答：图3－33所示为五个瓦块可倾瓦轴承结构。可倾瓦轴承壳体水平剖分为上、下两半，安装在轴承座孔内，并用定位销定位和螺栓连接。为了防止轴承在轴承座孔内转动，在下轴承上安装一定位销钉进行定位。五个瓦块是沿轴颈圆周等距地安装在上、下两半轴承内，其中一块瓦块在底部，位于轴颈的水平静止点，以便停机时支承轴颈及冷态时用于轴对中找正。每一瓦块背面圆弧的曲率半径均小于轴承壳体的内径的曲率半径，使之成为线接触，它相当于一个支承点，加之瓦块背面与其定位销之间具有一定间隙，可以自动随汽轮机载荷的变化，瓦块能自由地摆动调整楔角，自动调节瓦块的最佳位置，形成最佳润滑油楔，则可以大大提高轴心的稳定性。为了防止瓦块随着轴颈沿圆周方向一起转动，五个瓦块与轴承壳体采用定位螺钉定位。为了防止瓦块沿轴向和径向方向窜动，将瓦块安装在轴承壳体内的T形槽中。轴承衬背与轴承座孔的接触面，可根据不同的工艺条件，可制作成平面或球面接触；有的还采用三个轴承枕块的圆弧接触，在枕块与轴承座孔之间的径向方向上可用不锈钢调整垫片来进行调整，以补偿加工或装配的误差。

可倾瓦轴承的进油孔数各不相同，有的轴承只有一个进油孔，有的轴承瓦块与瓦块之间都有进油孔(如图3-33所示)，它总是布置在不破坏油膜的位置。润滑油沿轴承轴向流出，在轴承两端装有油封环，润滑油流到油封环处的凹槽内，经过回油孔流至轴承箱，然后流入油箱。

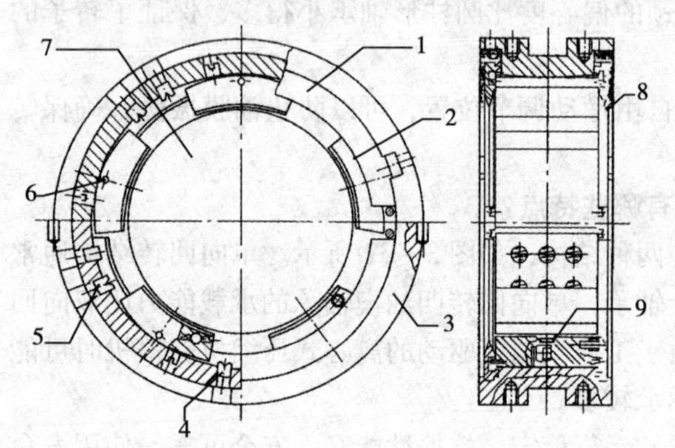

图3-33　五个瓦块的可倾瓦轴承
1—轴承上半；2—可倾瓦块；3—轴承下半；4、5—喷油嘴；6—定位销；7—轴颈；8—油封环；9—顶轴油系统

87. 支持轴承的顶轴装置有什么作用?

答：支持轴承下部设有两个顶轴油腔，在启动盘车装置之前，利用顶轴油泵向顶轴油腔供入高压油，将轴顶起0.02~0.04mm，以降低转子启动时的摩擦力矩，同时减少轴瓦的磨损，并可避免转子产生热弯曲。

88. 滑动轴承的液体摩擦是如何形成的?

答：工业汽轮机转子的全部质量，通过轴颈支承在表面浇铸巴氏合金的轴瓦上，并作高速旋转，因此要求轴承采用油膜润滑理论为基础的滑动轴承，这样工作时才安全可靠并摩擦力小。以圆柱形轴承为例，圆柱形轴承与轴颈之间建立完全液体摩擦的过程，如图3-34所示。

为了满足油膜形成的条件，必须使轴瓦的内径大于轴颈，当将转子放入轴承后，在转子自身重量的作用下，轴颈位于轴瓦内径的下部，直接与轴瓦内表面的巴氏合金在母线A处接触，这时轴颈中心O_1在轴瓦中心O的正下方，在轴颈与轴瓦之间形成上部间隙Δ大，下部逐渐减小的楔形间隙，左右两侧间隙对称分布，如图3-34(a)所示。

润滑油从右面的间隙进入，因为润滑油在楔形间隙中的流动阻力是随着间隙的减少而不断增大的，所以轴颈右面B处间隙中产生油压，将轴颈向旋转方向推移，以便形成能承受压力的油楔，当油楔中的总压力大于负荷P并保持稳定时，就能将轴颈抬或浮起来。此时B处不断地发生界限摩擦，如图3-34(b)所示。

当连续地向轴承供给具有一定压力和黏度的润滑油之后，轴颈有足够的转速旋转，黏附在轴颈表面上的润滑油被旋转的轴颈不断地带入楔形间隙中去，润滑油从间隙大处进入，而从间隙小处排出。因为润滑油在楔形间隙中流动阻力是随着间隙的减少而不断增大的，所以它产生一定的压力，将轴颈向旋转方向推移，以便形成能承受压力的油楔，当油楔中总的压力大于负荷 R 时，就能将轴颈抬起，轴颈中心就稳定在一定的位置上旋转。此时，轴颈与轴瓦完全由油膜隔开，建立了液体摩擦，此时最小处油膜厚度为 h，如图 3－34(c)所示。

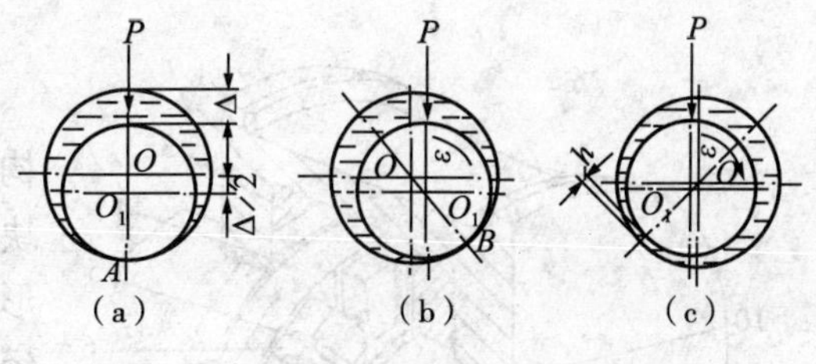

图 3－34　轴瓦液体摩擦形成过程的示意图

89. 轴颈与滑动轴承之间建立液体摩擦应具备哪些条件?

答: 汽轮机轴承是在高转速、大载荷条件下工作，为了避免轴颈与轴瓦直接摩擦，必须用润滑油进行润滑，使轴颈与轴瓦之间形成油膜，建立液体摩擦，从而减小两者之间的摩擦阻力。因此，轴颈和轴承滑动表面间建立油膜的条件是:

(1)轴颈与轴承巴氏合金两表面间应有最佳的楔形间隙;

(2)轴颈与轴承巴氏合金两表面间应有充足的润滑油量，且泄漏量最小;

(3)润滑油的黏度和性能应符合机器技术文件的规定;

(4)进油孔和油槽应开设在轴承的承载区以外;

(5)轴颈和轴承表面加工粗糙度应符合设计文件的规定;

(6)轴颈与轴承巴氏合金两表面间应有足够高的相对运动速度，以便在油楔中产生一定的压力。

90. 米切尔式推力轴承的工作原理是什么?

答: 图 3－35 所示为米切尔推力轴承工作原理图。当转子处于静止状态时，推力瓦块的工作面与推力盘是平行的。当转子的轴向推力经过油膜传给推力瓦块时，其油压合力 Q 并不作用在推力瓦块的支点 O 上，而是偏离进油口一侧，如图 3－35(a)所示。当推力盘带入楔形间隙的油量达到一定量时，因楔形间隙造成油的出口面积减小，合力 Q 便与推力瓦块支点的支反力 R 形成一个力偶，使推力瓦块略微偏转形成油楔。随着推力瓦块的偏转，油压合力 Q 逐渐向出油口一侧移动，当 Q 与 R 作用于一条直线上时，油楔的压力便于轴向推力保持平衡状态，如图 3－35(b)所示，在推力盘与推力瓦块之间建立液体摩擦。

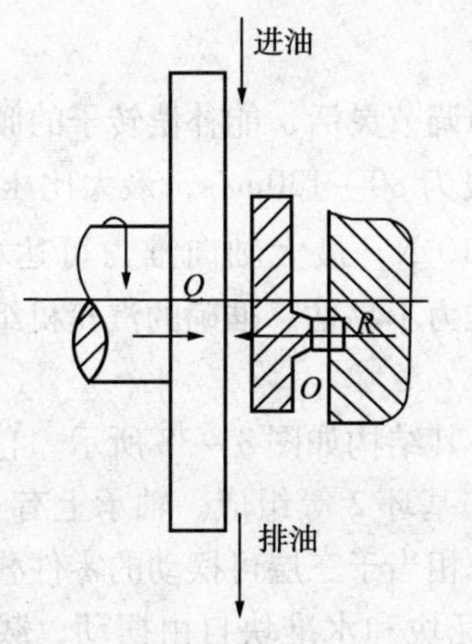

(a) 油压Q与支反力R形成一个力偶
(推力瓦块继续偏转)

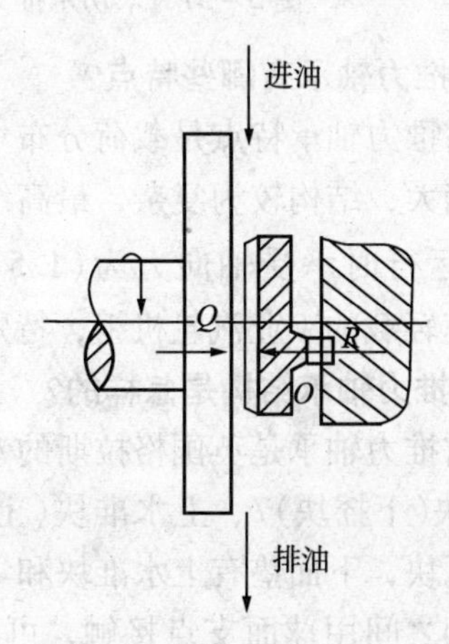

(b) 油压Q与支反力R作用在一条直线上
(工作时的平衡状态)

图 3－35　推力瓦块与推力盘间油膜的形成

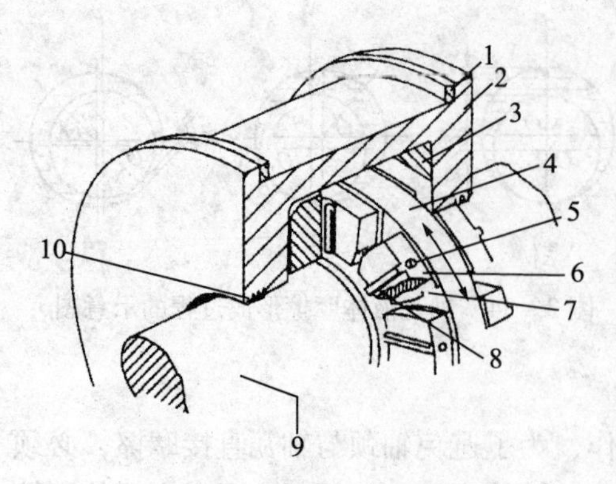

图 3－36　米切尔推力轴承结构图

1—调整垫片；2—轴承体；3—承压圈；4—推力盘；5—圆柱销；6—推力瓦块；7—巴氏合金；8—棱边(筋)；9—转子；10—油封

91. 米切尔推力轴承的结构是怎样的?

答：图 3－36 所示为米切尔推力轴承的结构。在推力盘两侧布置着主推力瓦块和副推力瓦块，推力轴承的瓦块一般为 8～10 块，做成扇形。正常的情况下，转子的轴向推力通过推力盘经过油膜传给主推力瓦块，然后通过基环传给轴承座。在启动或停机及机组故障突然关闭主汽阀时，转子会出现反向轴向推力，此时将有副推力瓦块来承受转子的轴向推力。推力瓦块的表面浇铸有巴氏合金层，其厚度应小于汽轮机动静部分的最小轴向间隙值，一般巴氏合金层厚度为 1～1.5mm。当汽轮机发生事故，推力瓦块上的巴氏合金溶化时，推力盘尚有钢圈支承着，短时间内不致于引起汽轮机内部动静部分碰撞、损坏。图 3－37 所示为米切尔推力轴承瓦块展开及布置图。

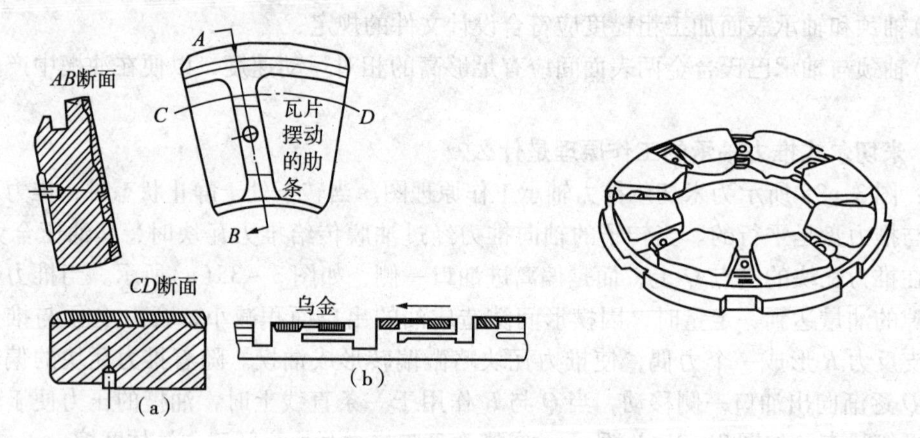

图 3－37　米切尔推力轴承瓦块展开及布置图

92. 金斯伯雷推力轴承有哪些特点?

答：金斯伯雷推力轴承特点是载荷分布均匀，自动调节灵活，能补偿转子的倾斜和不对中。但轴向尺寸稍大，结构较为复杂，最高线速度一般为 80～130m/s，最大比压 $p_{max}=3.0\sim5.0$MPa，正常运行时承受轴向力为 $(1.5\sim2.0)\times10^4$N，最大轴向推力可达 $(4\sim9)\times10^4$N。适用于高速轻载的工业汽轮机组，特别是轴向推力不易估算准确的汽轮机组。

93. 金斯伯雷推力轴承结构是怎样的?

答：金斯伯雷推力轴承是英国格拉斯的专利技术，其结构如图 3－38 所示。它是由推力瓦块 10、下水准块(下摇块)7、上水准块(上摇块)8 和基环 2 等组成。轴承上有 6～8 个沿圆周均布的推力瓦块，下面垫有上水准块和下水准块，相当于三层可摆动的零件叠加起来放置在基环上。它们之间用球面支点接触，可以使推力瓦块和水准块自由摆动，载荷分布均匀。当推力盘随转子倾斜时，推力瓦块可通过上下水准块的作用自动找平，使所有的推力瓦块与推力盘均匀的接触在同一平面上，这样使所有的推力瓦块均匀地承受轴向推力。推力瓦块的材质为碳钢，上面浇铸有巴氏合金层 3，推力瓦块体中镶有一个工具钢制作的支承销 9，硬度为 HRC50~60，这个支承块与上水准块接触。下水准块用一个调节螺钉在圆周方向定位。上、下水准块都用耐磨的 QT40-10 材质精密铸造而成。下水准块安装在基环 2 的凹槽中，用它的刃口与基环接触。下水准块用半圆头螺钉 3 在圆周方向定位。在基环上设有防转键 4，以防止基环转动。

94. 推力轴承非工作推力瓦块起什么作用？

答：汽轮机正常运行时，非工作推力瓦片不受任何轴向推力。当工况变化时承担与汽流方向相反的轴向推力，限制转子的轴向位移，防止动静部分产生摩擦。

95. 什么是推力支持联合轴承？其结构是怎样的？

答：在单缸汽轮机中，将推力轴承和支持轴承制成一体轴承，称为推力支持联合轴承。它是同时承受汽轮机转子轴向载荷和径向载荷的滑动轴承。这种轴承将推力轴承壳体和支持轴承的轴瓦制成一体，称为轴承体。为了保证各推力瓦块受力均匀，轴承衬背支撑面为球面，使轴承衬背与轴承座孔接触时能够在一个小的锥度范围内自由摆动，以自动适应推力盘的角度。轴承衬背的径向位置靠沿轴瓦圆周分布的三个枕块及调整垫片来进行调整，轴向位置是靠轴向调整垫片厚度来进行调整的。工作侧推力瓦块和非工作侧轴承推力瓦块一般各有 8~10 块，分别承受汽轮机转子正向和反向推力。瓦块背面有一条凸起的筋条，使瓦块可以绕它略微转动，从而在推力盘与推力瓦块之间形成液体摩擦。

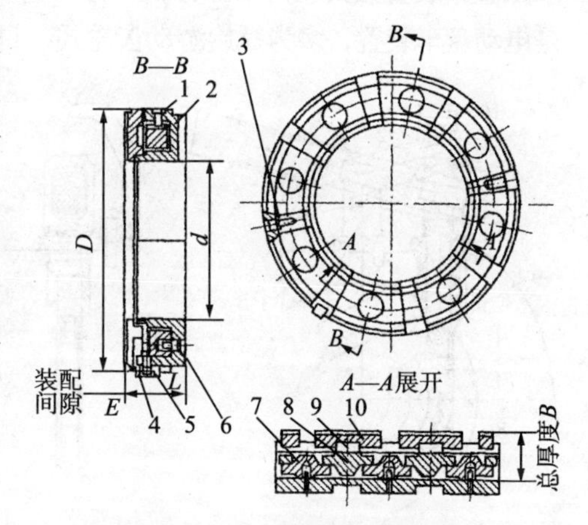

图 3-38　金斯伯雷推力轴承

1—固定螺钉；2—基环；3—半圆头螺钉；4—键；5—螺钉；6—水平垫钉；7—下水准块；8—上水准块；9—支承销；10—推力瓦块

96. 什么是盘车装置？对盘车装置有哪些要求？

答：在汽轮机启动冲转前和停机后，使转子以一定的转速连续地转动，以保证转子均匀受热和冷却，防止转子的弯曲变形的装置，称为盘车装置。

对盘车装置要求是：既能盘动转子，又能在汽轮机转子冲转时、当转速高于盘车转速时能自动脱开，并使盘车装置停止转动。

97. 工业汽轮机盘车装置的作用是什么？

答：(1)汽轮机启动前，盘动转子检查汽轮机是否具备启动条件。如倾听机内有无异常声响，检查转子弯曲度等。

(2)可以保证汽轮机在停机后随时启动。

(3)停机后，投入盘车装置连续盘车，可以使转子均匀受热或冷却，防止转子弯曲变形，还可消除上、下汽缸温差。

(4)投入盘车装置连续盘车时，启动润滑油泵，可以均匀冷却轴承。

(5)汽轮机冲转前，用盘车装置盘动转子低速转动，可以减少转子的启动摩擦力，减少叶片的冲击力，有利于机组顺利启动。

98. 盘车装置如何分类？

答：盘车装置按传动齿轮的种类分，可分为涡轮、涡杆传动的盘车装置及直齿轮传动的盘车装置。

盘车装置按其脱扣装置的结构分，可分为螺旋传动及摆动齿轮传动两种。

盘车装置按其盘动转子时的转速高低分，可分为低速盘车(转速为3～6r/min)和高速盘车(转速为40～70r/min)两种。低速盘车用于中、小型汽轮机中，高速盘车用在大型机组中。盘车转速的选择应以各轴承中能建立润滑油膜为下限。

盘车装置按其动力来源分，可分为电动盘车装置、液压盘车装置两种。中小型汽轮机使用的是电动盘车装置，多为螺旋游动齿轮式。目前，液压盘车装置在工业汽轮机中得到广泛应用。

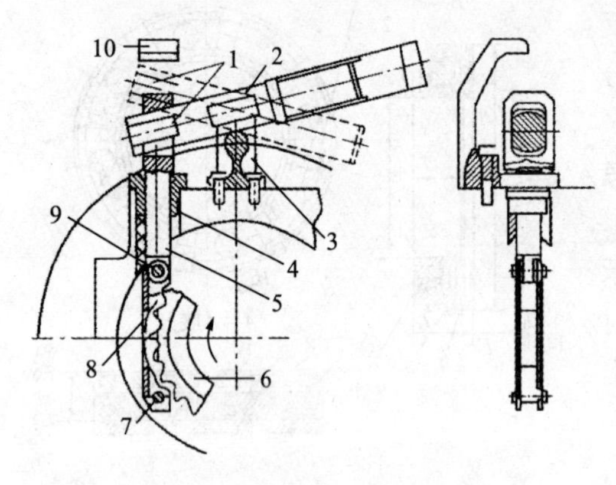

图3－39　手动盘车装置

1—杠杆位置；2—杠杆；3—支座；4—导向套；5—拉杆；6—棘轮；7—销轴；8—齿条；9—销轴；10—限位板

常见的盘车装置还有手动盘车装置，仅用于小型汽轮机中。

99. 手动盘车装置是怎样动作的?

答: 图3－39所示为手动盘车装置。盘车装置安装在后轴承座上，拉杆5在套筒中借拉杆的往复摇动可以上下移动，拉杆5下端通过一销轴9与棘轮爪(或齿条)连接，拉杆5上下移动带动棘轮爪，棘轮爪拨动热装在转子上的棘轮6，盘动转子。手动盘车装置只有在汽轮机完全停机后，转子停止转动后，盘车装置才可以投入使用。在汽轮机启动前应拆下杠杆，并挂上拉杆保险，防止启动后转子上棘轮碰到棘轮爪。手动盘车装置只能用于定期盘车，即每个一定的时间将转子旋转180°。

100. 液压盘车装置结构及原理是怎样的?

答: 图3－40所示为液压冲击式盘车装置。主要由电磁阀1、压力油缸3、活塞4和齿条(或称框架)9组成。连接板2将电磁阀与装在后轴承座上的压力油缸连接在一起，在压力油缸中装有活塞4及活塞杆5，在压力油缸上有一个导向杆6，活塞杆上固定着可摆动的齿条。

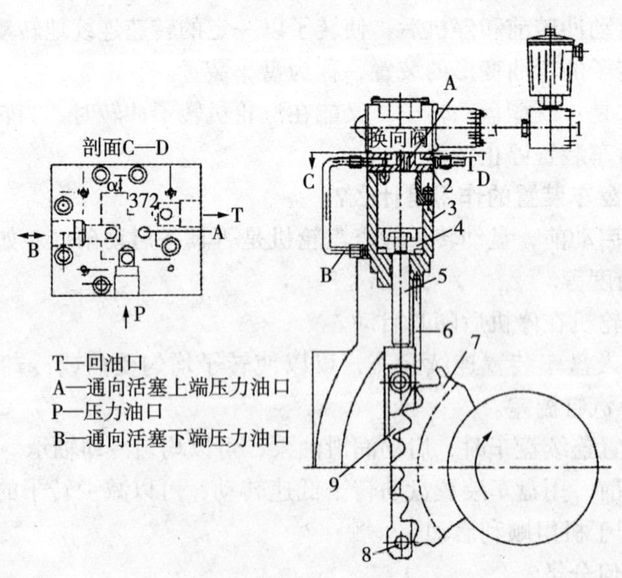

图3－40　冲击式盘车装置

1—电磁阀；2—连接板；3—压力油缸；4—活塞；5—活塞杆；6—导向杆；7—棘轮；8—销轴；9—齿条

连接板上有多个油孔，如图3-40剖面C-D所示。压力油经过接口P引向电磁阀的滑阀壳体。如果电磁阀未被激磁[见图3-41(a)]，则压力油要流向接口A，压力油进入活塞4上端，使活塞下移，齿条下移。如果电磁阀被激磁[见图3-41(b)]，滑阀移向左端，关闭通向接口A的压力油通道，同时打开油路B的通道，压力油进入活塞下端，活塞带动拉杆和齿条一起向上，齿条中的销轴8拉动棘轮7，使汽轮机转子旋转。活塞每次向上运动时，齿条带动棘轮使转子转动15°。

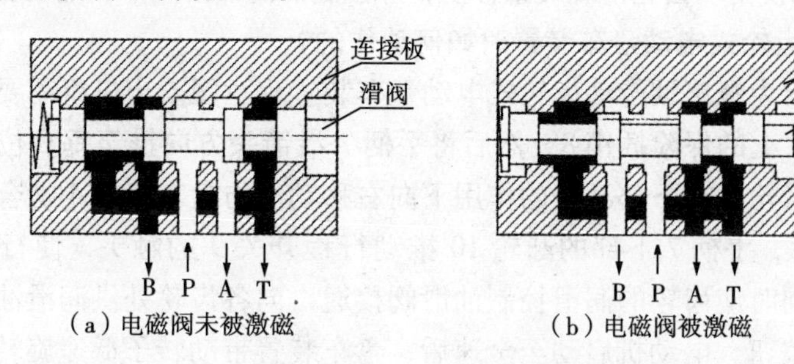

图3-41　电磁阀原理图

101. 液压盘车装置是如何动作的？

答：图3-42所示为液压盘车装置剖面图。液压盘车装置由顶轴油泵或专用油泵供液压油p_2，液压油经节流阀和调节系统的电磁阀，进入盘车装置的液压缸活塞下端，使活塞和齿条一起向上运动。当活塞运动至最高极限位置(100%升程)时，发出信号给调节系统，调节系统操纵电磁阀将活塞下部油排至油箱；从润滑油或调节油系统供给的液压油p_1进入活塞的上端，在液压油的作用下活塞和齿条一起向下运动。当活塞达到最低极限位置(0%升程)时，发出信号给调节系统，调节系统将液压油p_2送入活塞的下端。

102. 油蜗轮盘车装置的工作原理是什么？

答：图3-43所示为油涡轮盘车装置。油涡轮盘车装置安装在后轴承座上，由辅助油泵提供的高压油通过喷嘴喷向热装在转子上的油涡轮，推动转子旋转，经油涡轮后的油与轴承润滑油一起进入回油管，当高压油的截止阀全开时，油涡轮盘车装置盘动转子速度可达80~120r/min。

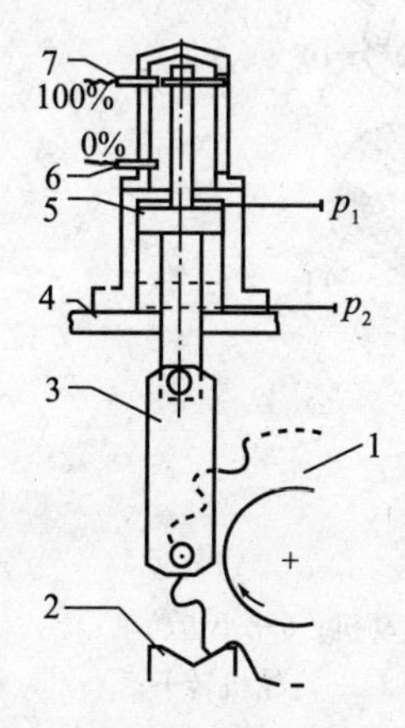

图3-42　液压盘车装置剖面图

1—齿轮；2—固定架；3—齿条；4—后轴承座；5—活塞；6—0%开关；7—100%开关

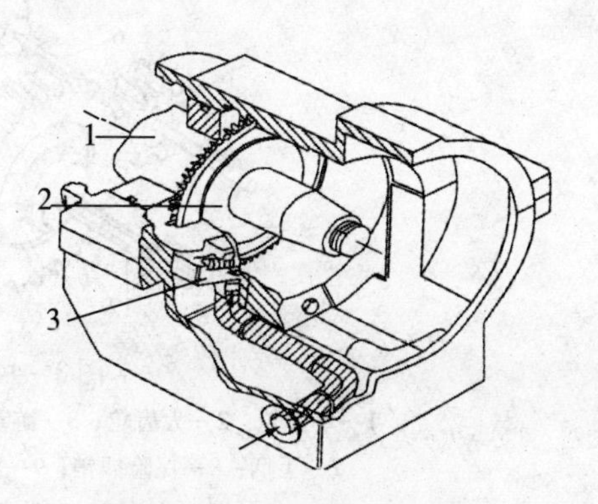

图3-43　油涡轮盘车装置

1—汽轮机转子；2—叶轮；3—喷嘴组壳体

103. 螺旋轴游动齿轮式电动盘车装置由哪些部件组成?

答:图3-44所示为中、小型汽轮机的螺旋轴游动齿轮式电动盘车装置。它主要由小齿轮1、大齿轮2、游动齿轮3、盘车齿轮4、电动机5、小齿轮轴6、电动机行程开关9、凸轮10、螺旋轴12、润滑油滑阀15、活塞16等组成。电动机5通过小齿轮1、大齿轮2,游动齿轮3,带动盘车齿轮4驱动转子11旋转。游动齿轮3与螺旋轴12之间用螺旋滑动键相连,转动手柄同时盘动电动机,可以使游动齿轮沿螺旋轴移动,并控制润滑油滑阀9和电动机行程开关10。

104. 螺旋轴游动齿轮式电动盘车装置时如何动作的?

答:图3-44所示为螺旋轴游动齿轮式电动盘车装置示意图。当机组需要投入盘车装置时,应首先拔出手柄7上的保险插销8,然后将手柄7沿箭头方向推至垂直位置,用手盘动电动机联轴器使游动齿轮3在下部叉杆的作用下向右移动而与盘车齿轮4啮合。当游动齿轮3与盘车齿轮4啮合后,手柄7下部的凸轮10推动行程开关9的触头,使行程开关接点闭合,接通盘车电源。同时使齿轮的润滑控制油滑阀接通,向各齿轮处供润滑油。如需启动盘车装置时,手按启动按钮,电动机启动至全速后,盘车装置带动转子低速旋转。

当汽轮机冲转后,转子转速高于盘车转速时,游动齿轮3反被盘车齿轮4带动(即盘车齿轮带动游动齿轮转动),游动齿轮便于螺旋杆产生相对转动,使游动齿轮被推至向左移动,与盘车齿轮脱开(退出啮合位置)。手柄7则由与摇杆的反推动和被润滑油滑阀15下部弹簧及油压的作用而回到原来的位置,保险插销8自动掉入销孔内,同时断开电源开关,供油中断,盘车装置自动停止工作。

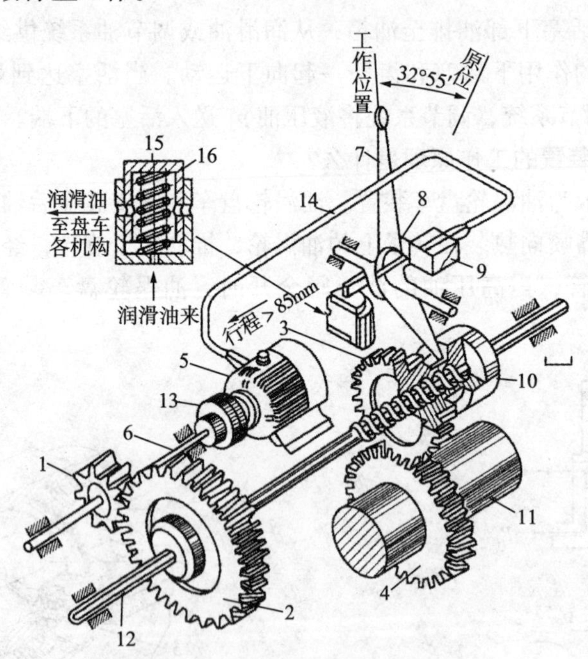

图3-44 电动盘车装置示意图

1—小齿轮;2—大齿轮;3—游动齿轮;4—盘车齿轮;5—电动机;6—小齿轮轴;7—手柄;8—保险插销;9—电动机行程开关;10—凸轮;11—汽轮机转子;12—螺旋轴;13—联轴器;14—电缆;15—润滑油滑阀;16—活塞

若需手动停止盘车时,只要按电源开关按钮即可。电源切断后,盘车装置停止工作,游动齿轮在汽轮机转子的惯性作用下与盘车大齿轮自动脱离,手柄也自动回到停止位置。

有些国产中小型汽轮机组的电动盘车装置将小齿轮1和大齿轮2改成涡轮蜗杆传动装置，其他部分结构与上述变化不大。

105. 某些工业汽轮机组为什么采用变速齿轮箱?

答：工业汽轮机大多具有较高的转速，为了驱动转速较低或较高的工作机械，应在汽轮机与被驱动工作机械之间设置变速齿轮箱，以提高工作机械的转速。

我国规定汽轮发电机交流电的频率f为50Hz。根据发电机的磁极对数p和规定的交流电频率f，便可知发电机的转速n：

$$n=\frac{60f}{p} \tag{3-3}$$

当发电机为一对磁极时，转速应为3000r/min；而当发电机为二对磁极时，转速应为1500r/min。

由以上分析可知，由于小功率汽轮机的转速较高，而发电机的转速由于频率的要求转速又不能太高，所以应在高速汽轮机和发电机之间的连接，必然设置减速装置——减速齿轮箱。

随着石油化工和冶金等工业的飞速发展，用于输送各种石油化工气体和空气的离心式压缩机，其单机功率有的已达20000~30000kW，离心式压缩机和风机的转速已达20000r/min以上。这些机组一般使用电动机或汽轮机来驱动的，而电动机的转速为3000r/min和1500r/min，汽轮机的转速一般小于10000r/min，由于它们规格有限，不能直接满足离心式压缩机转速的需要，因此采用变速齿轮箱来进行变速的途径。变速齿轮箱可以使离心式压缩机组获得各种转速的需要，为离心式压缩机和鼓风机规格化和系列化创造有力的条件。另外，提高离心式压缩机和鼓风机的转速并可以减少其体积和重量。

106. 齿轮变速箱有什么作用?

答：齿轮变速箱在汽轮机组运行过程中起着传递扭矩和改变转速及旋转方向的作用。

107. 对增速齿轮箱有哪些要求?

答：(1)高速传动，增速齿轮箱输出转速已达10000~20000r/min，齿轮线速度已达100~150m/s，已接近目前增速齿轮箱的最高线速度190m/s的数值；

(2)传动功率大。要求传动功率10MW以上；

(3)具有体积小，重量轻，强度大，承载能力强，功率损失小，效率高，振动小，噪音低，并能长周期、安全、平稳运行等特点。

108. 汽轮机组变速齿轮箱采用什么齿轮传动?

答：目前汽轮机组的变速齿轮箱广泛采用平行轴渐开线或圆弧型齿轮传动。

109. 渐开线齿轮传动有哪些优点?

答：渐开线齿轮已有200多年的历史，在设计、制造和安装及维修等方面已发展到相当完善的程度。它的优点是增加齿的长度，使同一时刻啮合的齿数增加，各齿受力均匀，保证齿轮副安全、平稳地运行，并减小运行过程中的振动和噪音。由于斜齿轮的齿是斜的，将产生轴向力，轴向力随螺旋角的增加而增大。为了减小轴向力，而采用人字齿轮，这样左右两边轮齿的螺旋角大小相等，方向相反，可将轴向力抵消。因此，在大齿轮输出端上的两个推力盘与径向推力轴承，来平衡轴向推力，而小齿轮的轴可以轴向移动。

但是，渐开线齿轮也有它的不足之处，如接触强度不足；制造和装配时会出现偏差以及零部件产生变形；由于摩擦损失大，必须设有强制润滑油系统对轴承和齿轮进行润滑和冷却。

110. 圆弧齿轮传动有哪些优缺点?

答:以圆弧作为齿廓的圆弧齿轮传动,它是一种新型的点啮合齿轮。20世纪50年代末由沈阳鼓风机厂设计、制造的高速圆弧齿轮变速器,1966年又制定了"高速圆柱圆弧齿轮变速器系列"(草案),简称GY系列,如图3-45所示。圆弧齿轮与渐开线齿轮相比较,具有以下优点:

(1)齿面接触强度高,承载能力高,比同样材质和尺寸的渐开线齿轮的接触强度大1~4倍,磨损小1/2以上;

(2)啮合点沿螺旋线滚动,接触迹线能形成齿间较厚的油膜,振动小、噪音低,运行性能好,接触时间短,曲率半径大,具有较高的抗齿面热磨损的能力;

(3)端面重合度系数为零,完全靠螺旋线来传动,对制造和装配的误差的敏感性小得多,传动平稳;

(4)运行安全可靠,适用于高速传动,最高转速可达20000r/min,在离心式压缩机组得到广泛应用。

圆弧齿轮有如下缺点和不足:

(1)有不利于轴承工作的轴向推力;

(2)局部接触面由齿宽的一端向另一端移动,频繁地给轴承传以脉冲,而且对中心距较为敏感;

(3)制造加工切齿工艺单一,只能采用高强度调质钢材,硬度HB < 300进行精滚齿加工。

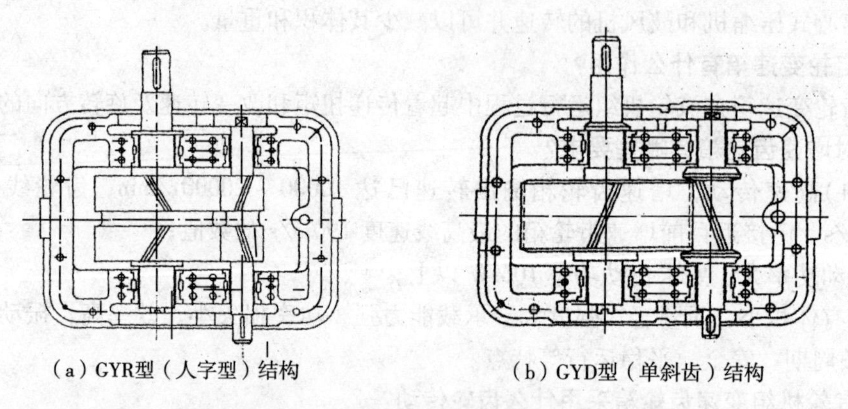

(a)GYR型(人字型)结构　　(b)GYD型(单斜齿)结构

图3-45　GY系列变速器结构示意图

111. 高速圆弧齿轮变速箱的轴承和齿轮采用哪种润滑方式?

答:高速圆弧齿轮变速齿轮箱采用滑动轴承,巴氏合金采用ChShSb11-6,轴承采用压力强制供油润滑,齿轮采用喷油润滑,供油压力为0.08~0.15MPa,进油温度为40℃±5℃。

第二节　工业汽轮机转子结构

1. 汽轮机转子由哪些部件组成?其作用是什么?

答:汽轮机转子主要由主轴、叶轮或转鼓、动叶片、推力盘、平衡活塞、危急保安器、盘车器和联轴器等组成。转子的主要作用是担负着工质能量转换和扭矩传递的重任,向外输出机械功，用以驱动压缩机、泵、风机或发电机等。

2. 汽轮机转子可分为哪几种类型？各有何特点？

答：按其结构型式转子可分为轮式转子和鼓式转子两种基本型式。轮式转子具有安装动叶片的叶轮，鼓式转子外形呈鼓形，鼓式转子则没有叶轮，动叶片直接装在转鼓上。通常冲动式汽轮机转子采用轮式结构，反动式汽轮机转子采用鼓式结构。按制造工艺可分为套装式、整锻式、焊接式和组合式转子。

3. 什么是套装式转子？它有哪些优缺点？

答：套装式转子的结构如图3-46所示，转子上的叶轮、推力盘、联轴器、轴封套等部件分别加工后，用热装配在阶梯形主轴上的。为防止配合面发生松动，各部件与主轴之间采用过盈配合，并用键传递扭矩。套装转子一般适应于中、低压汽轮机转子。

套装转子的主轴等锻件尺寸小、加工制造方便、加工周期短、制造质量容易保证，加工周期短；而且不同的部件可以采用不同的材料，可以合理地利用材料等优点。但在高温条件下，由于金属产生蠕变，叶轮内孔直径会逐渐增大，最后导致装配过盈量消失，使叶轮与主轴之间的配合常发生松动，从而使叶轮中心偏离转子的中心，造成转子质量不平衡，机组产生剧烈振动，且快速启动适应性差。因此，套装转子不宜用于高温高压汽轮机的高、中压转子，它常用于中压汽轮机或高压汽轮机的低压转子，转子温度不宜大于400℃。

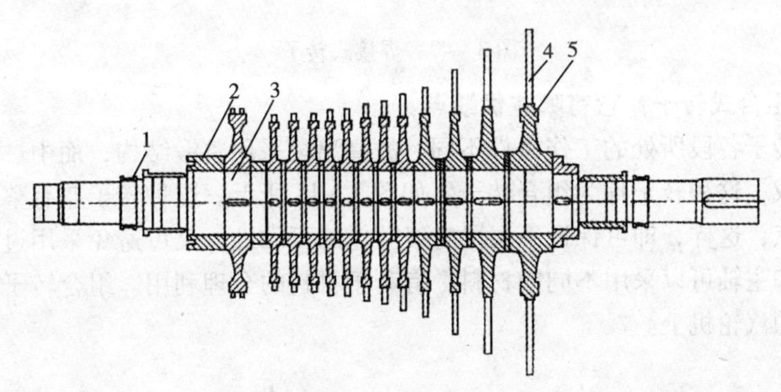

图3-46 套装转子

1—油封环；2—汽封环；3—轴；4—叶片；5—叶轮

4. 什么是整锻式转子？它有哪些优缺点？

答：由整体锻成并装有动叶片的转子称为整锻转子。整锻转子的叶轮、轴封、联轴器等部件与主轴是由一整体锻件加工而成的，无热套部件，因而可避免在高温下叶轮与主轴的配合可能出现的松动问题。

整锻式转子的优点是：

(1)结构紧凑，装配零件少，可缩短汽轮机轴向尺寸；

(2)加工简单，省去了叶轮套装在转子上的工艺过程，避免了在高温下叶轮与主轴松动的问题，对启动和变工况的适应性较强，适应于高温条件下运行；

(3)转子具有较好的刚性。其强度和刚度大于同一外形尺寸的套装转子。

其缺点是锻件尺寸大，工艺要求高，检验比较复杂加工周期长，锻件质量难以保证，贵重材料消耗量大，不利于材料的合理利用。

整锻转子的直径不宜过大，直径过大不易保证锻件的质量，一般整锻转子的直径不应超过1~1.1m。目前，各汽轮机厂大都采用数控机床保证加工精度。整锻转子常用作大型汽轮机的高、中压转子。

5. 什么是焊接式转子？它有哪些优缺点？

答：焊接式转子是由若干个叶轮与两个端轴组合焊接而成，如图3-47所示。焊接转子的优点是：质量轻，锻件小，结构紧凑，承载能力高，强度好，刚度大，整体材料质量容易保证。但由于焊接转子工作可靠性取决于焊接质量，故焊接工艺要求高，对材料的可焊性和加工工艺要求较高，焊接工艺复杂，加工制造周期较长。随着冶金和焊接技术的不断发展，焊接转子的应用日益广泛，大多用于大功率汽轮机的低压转子。

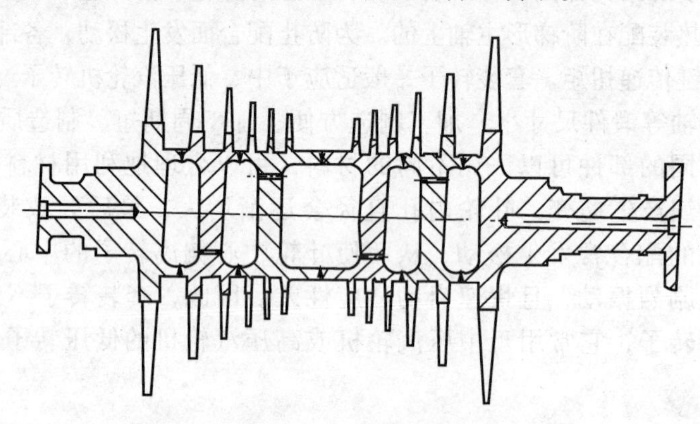

图3-47　焊接式转子

6. 什么是组合式转子？它有哪些优缺点？

答：由于转子各段所处的工作条件不同，故高温段采用整锻结构，而中、低温段采用套装结构组合而成，这种转子称为组合转子，如图3-48所示。这种转子兼有整锻式转子和套装式转子的优点，这样，即可保证高温段各级叶轮的可靠性，又可避免采用过大的锻件；而且套装的叶轮和主轴可以采用不同的材料，有利于材料的合理利用。组合转子广泛用于高参数、中等容量的汽轮机上。

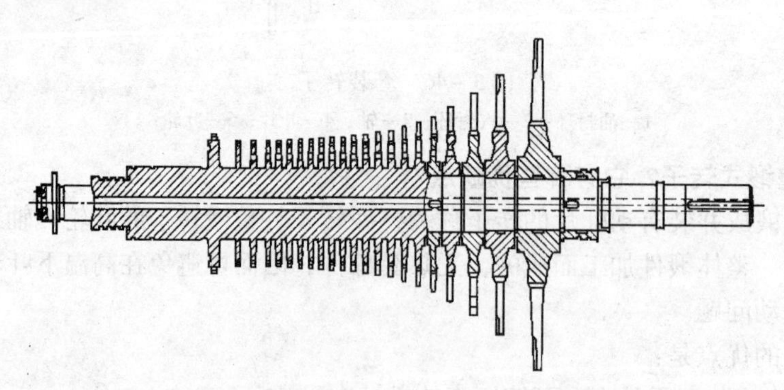

图3-48　组合式转子

7. 工业汽轮机鼓式转子结构有哪几部分组成？

答：图3-49所示为工业汽轮机鼓式转子结构，它由前段、叶片段和后段三部分组成。鼓式转子前段(图3-49中1~6)包括危急遮断器、轴向位移遮断凸肩、推力盘、前轴颈、前汽封段及平衡活塞。在平衡活塞的前端面外缘部分开有燕尾周槽，这是转子在汽轮机制造厂做动平衡时来固定平衡重块用的，称为主平衡面。在前轴颈与前端汽封之间沿圆周方向铰有一些 M8 的螺纹孔，这是汽轮机在现场安装、检修时，做现场动平衡时用来安置平衡质量用的，称为附加平衡面。

鼓式转子叶片段(图 3－49 中 7～9)，其中 7 是调节级叶轮，叶轮的外缘周向槽道中装有动叶片，8 和 9 是转鼓段(反动级叶片)，它们安装在转鼓的周向槽道中。转鼓的外形象鼓筒一样。

鼓式转子后段(图 3－49 中 10～14)，包括后端汽封、后轴颈、盘车棘轮或盘车用油涡轮、联轴器及后平衡面(现场动平衡用的附加平衡面)。转鼓的后端端面是主平衡面，沿圆周开有燕尾形槽，用来放置平衡重块。

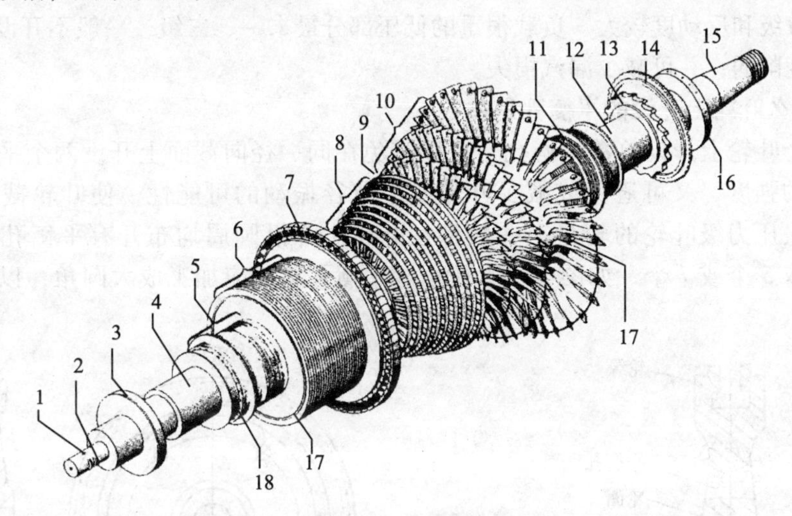

图 3－49　鼓式转子

1～6 前段；7～9 叶片段；10～14 后段；

1—危急遮断器；2—轴向位移遮断凸肩；3—推力盘；4—前轴颈；5—前汽封段；6—平衡活塞汽封段；7—调节级；8—转鼓段；9—中间汽封；10—低压段；11—后汽封；12—后轴颈；13—盘车棘轮；14—盘车用油涡轮；15—联轴器轴段；16—后平衡面；17—主平衡面；18—前辅助平衡面

由于反动式汽轮机的轴向推力较大，所以鼓式转子一般都带有平衡活塞，以平衡轴向推力。

8. 工业汽轮机转子的受力情况如何？

答：工业汽轮机转子的工作条件比较复杂，在高速旋转中承受很大的离心力、扭转力和轴向力以及交变弯曲力，特别是在推力盘处轴的截面变化较大，并有严重应力集中和咬蚀现象。在运行中沿轴的长度方向各部位的工作温度变化显著，前段温度可达 450℃以上，后端排汽温度只有 50℃左右，这将使转子承受很大的温度热应力。另外，转子在运行中还受到不同频率、周期性的交变应力的作用。每次启动和停机时都要通过转子的临界转速区域，这时转子还要承受振动应力的作用。因此，对转子的结构设计、材料选择和制造加工须提出很高的要求。在一般情况下，设计时应考虑到轴的刚度要求，使轴的直径较强度所需要的值更大一些。轴颈一般都是按照刚度特性设计，只进行强度校核。对由 35# 或 45# 碳素钢制作的转子，其允许的最大剪切应力，一般不应超过 $40MN/m^2$，对于 34CrMo 合金钢做的转子，其允许最大剪切应力，一般不超过 $60\sim80MN/m^2$。

9. 什么是叶轮？它有什么作用？

答：装有动叶片的轮盘称为叶轮。叶轮的作用是用来装置叶片，并将汽流力作用在叶栅上产生的扭矩传递给主轴。

10. 套装式叶轮的结构有哪几部分组成？

答：图3－50所示为套装式叶轮的纵截面图。由图可见叶轮由轮缘、轮面和轮毂三部分组成。轮缘上开有叶根槽用以装置叶片，其形状取决于叶根结构型式；轮毂是为了减少内孔应力的加厚部分，其内表面通常开有键槽；轮面将轮缘和轮毂连成一体，高、中压级叶轮的轮面上还通常还开有5～7个平衡孔。

11. 叶轮上开设平衡孔的作用是什么？

答：叶轮上开设平衡孔的作用是为了减少叶轮两侧蒸汽压差，减少转子产生过大的轴向力。但在调节级和反动度较大、负载很重的低压部分最末一、二级，一般不开设平衡孔，以避免叶轮强度削弱，并可减少漏汽损失。

12. 为什么叶轮上开设的平衡孔是单数？

答：每个叶轮上开设单数平衡孔，可以避免在同一径向截面上开设两个平衡孔，这样既保证叶轮的强度，又可避免或减少叶轮发生节径振动的可能性，使叶轮截面强度不致削弱。汽轮机压力级叶轮的轮盘上一般都在叶轮中部沿圆周均布开有平衡孔，平衡孔的数目一般均取5个或7个，如图3－51所示。平衡孔边缘应加工成大圆角，以减少应力集中的影响。

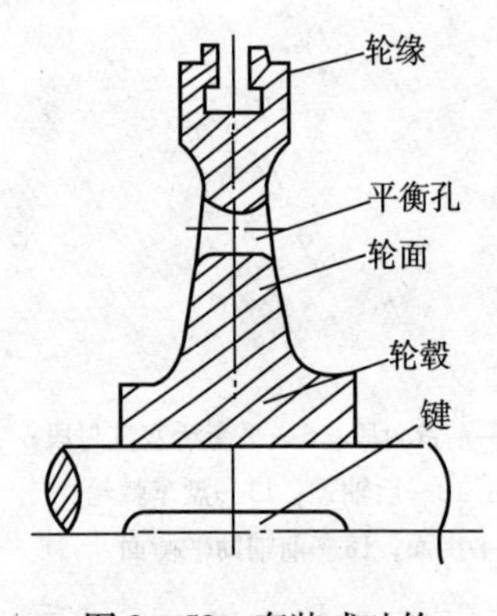

图3－50 套装式叶轮

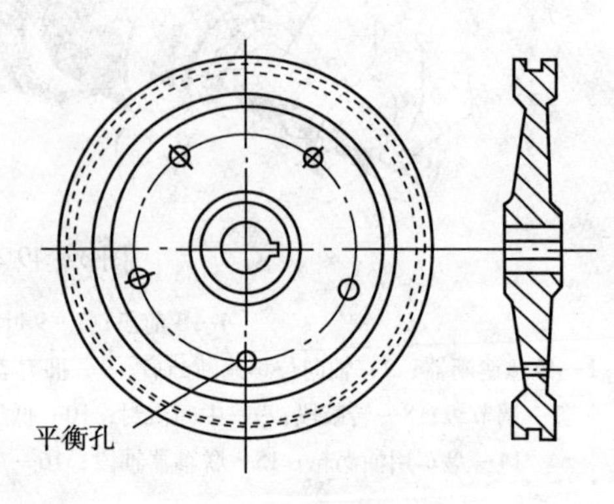

图3－51 平衡孔的位置

13. 按轮面的断面型线可将叶轮分成哪几种类型？

答：图3－52所示为各种结构形式叶轮的纵截面图。按轮面的断面型线可将叶轮分成等厚度叶轮、锥形叶轮、双曲线叶轮和等强度叶轮等。轮面的型线主要是根据叶轮的工作条件来选择的。

(1)等厚度叶轮

如图3－52(a)、(b)所示，这种叶轮截面为等厚度，其结构简单，加工方便，轴向尺寸小，但强度较差，一般用在小直径、短叶片叶轮，圆周速度为120～130m/s的场合。图3－52(b)所示整锻转子的高压级叶轮，所以没有轮毂。

如图3－52(c)所示为等厚度叶轮在内径处有加厚部分，其圆周速度可达170～200m/s。

(2)锥形叶轮

如图3－52(d)、(e)所示，这种叶轮截面为锥形，其加工方便，而且强度高，应力分布均匀，可用在圆周速度为300m/s的场合，套装式叶轮几乎全是采用这种结构形式。

(3)双曲线型叶轮

如图3－52(f)所示，这种叶轮轮面的截面沿径向呈近似双曲线形，其重量轻、刚性稍差，制造加工复杂，仅用在某些汽轮机的调节级上。

(4)等强度叶轮

如图3-52(g)所示，这种叶轮的截面变化使其应力分布均匀，由于没有中心孔(否则等强度条件不成立)，因而强度最佳，圆周速度可达400m/s以上，但加工精度要求较高，故一般均采用近似等强度的叶轮型线以便于制造。此种叶轮多用于盘式焊接式转子或高速单级汽轮机中。

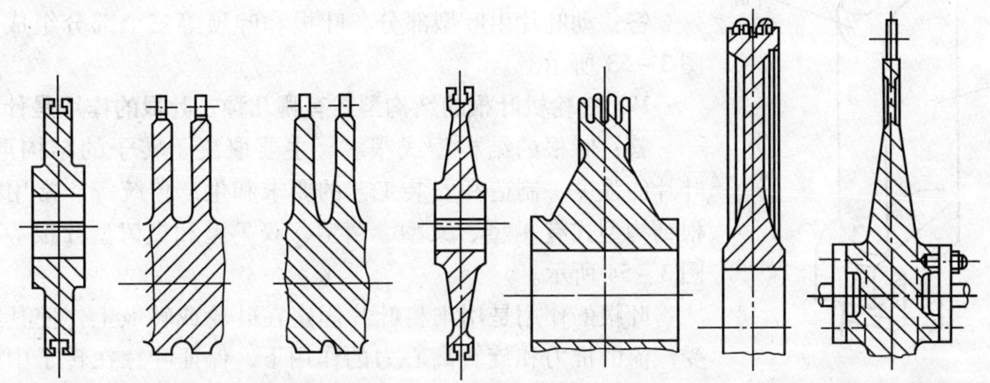

(a)等厚度叶轮(b)等厚度叶轮(c)等厚度叶轮(d)等厚度叶轮(e)等厚度叶轮(f)等厚度叶轮(g)等厚度叶轮

图3-52 叶轮的型式

14. 汽轮机在制造厂或现场进行动平衡时如何安置平衡块？

答：汽轮机在制造厂进行动平衡时，需要在两个主要平衡面上安置平衡块。一般都选择汽轮机两端两个叶轮的外侧平面作为两个主平衡面。为了安置平衡重块，在作为主要平衡面的轮面或鼓面上开有一圈燕尾形槽。平衡重块也作成燕尾形。从窗口处放入滑至指定的方位碾死固定。

也有的汽轮机在平衡活塞的前端面外缘部分开有燕尾周槽，这是转子在汽轮机制造厂做动平衡时来固定平衡重块用的，称为主平衡面。在前轴颈与前端汽封之间沿圆周方向铰有一些M8的螺纹孔，这是汽轮机在现场安装、检修时，做现场动平衡是用来安置平衡质量用的，称为附加平衡面。

15. 叶片分为哪几种类型？

答：叶片按用途可分为动叶片(又称工作叶片)和静叶片(又称喷嘴叶片)两种。

16. 什么是动叶片？它有什么作用？

答：安装在叶轮或转鼓上的叶片称为动叶片。动叶片的作用是将蒸汽的热能转换为动能，再将动能转换为机械能，使汽轮机转子旋转。

17. 对动叶片有哪些要求？

答：汽轮机动叶片工作条件复杂，除因高速转动和汽流作用而承受较高的静应力和动应力外，还因其分别处在高温过热蒸汽区、两相过渡区和湿蒸汽区段内工作而承受高温、高压、腐蚀和冲蚀的作用。因此叶片结构型线、材料、装配质量等直接影响汽轮机的能量转换的效率和汽轮机运行的安全性。实践证明，一台汽轮机上的叶片的加工量约占整台汽轮机加工量的1/3左右，运行中叶片事故甚至高达汽轮机事故率的40%左右，特别是工业汽轮机由于高速及变速运行，叶片损坏事故所占比例更大。

为使汽轮机安全、长周期、平稳运行，在设计、制造动叶片时，对动叶的要求如下：

(1)具有良好的空气动力特性，提高流动效率；

(2)在叶片工作温度范围内具有足够的强度；

(3)对于湿蒸汽区工作的叶片，要有良好的抗冲蚀能力；

(4)要有完善的转动特性；

(5)结构合理并具有良好的工艺性能，对叶片的加工和装配质量应有严格的要求。

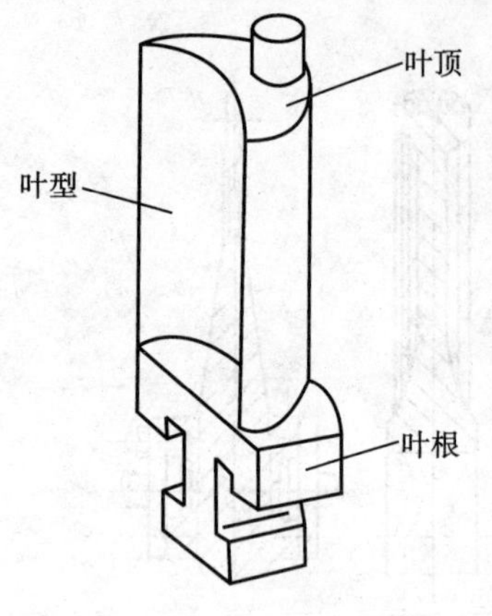

图3－53　动叶片的组成

18. 动叶片由哪几部分组成？

答：动叶片由叶型部分、叶根和叶顶等三个部分组成，如图3－53所示。

19. 汽轮机叶根的结构型式有哪几种？叶根的作用是什么？

答：叶根的结构型式很多，主要取决于转子的结构形式、叶片的强度、制造和安装工艺的要求和生产传统等。常用的叶根结构型式有T型、叉型、菌型、双T型和枞树型叶根等，如图3－54所示。

叶根的作用是用来将叶片固定在叶轮或转鼓上，使其在经受汽流的推力和旋转离心力的作用下，保证叶片在转子中的位置不变，不至于从轮缘沟槽里脱离出来。

20. T型叶根有哪些优缺点？用于什么位置？

答：T型叶根的优点是结构简单，加工和装配方便，工作可靠，强度能满足较短叶片工作的需要。其缺点是叶片的离心力对轮缘两侧截面产生弯矩，而叶根承载面积小，使叶轮轮缘弯曲应力较大，轮缘有张开的趋势。这种叶根由于承载能力小，适用于短叶片，如调节级和高压级叶片。

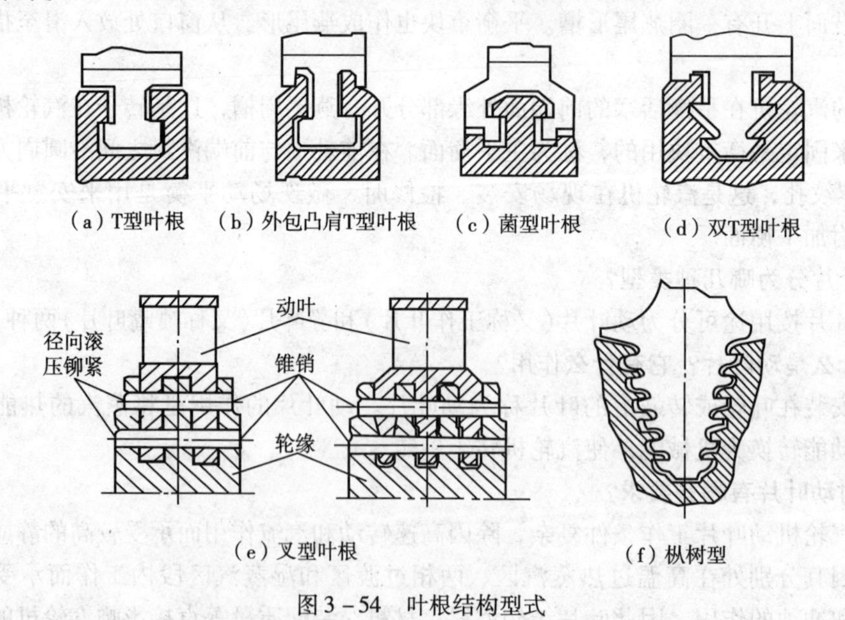

图3－54　叶根结构型式

21. 叉型叶根有哪些优缺点？用于什么位置？

答：图3－55所示为叉型叶根。主要有单叉、双叉、三叉、四叉和多叉等型式。叶根的叉尾从径向插入轮缘的叉槽中，并用铆钉固定。这种叶根使轮缘不承受偏心弯矩，叉尾数目可根据叶片离心力大小选择，因而强度高、适应性好。同时，叶根和轮缘制造加工方便，检修时可单独拆换个别叶片，所以被大功率汽轮机的最末几级广泛采用。但其装配时比较费工费时；另外，由于整锻转子和焊接转子的工作空间较小，给钻铆钉孔工作带来了困难，因此这两种转子一般不采用叉型叶根。

（a）、（b）—调节级动叶（两叉、三叉叶根）　　（c）、（b）—末级扭叶(三叉、四叉叶根）

图3－55　叉型叶根

22. 枞树型叶根结构有哪些优缺点？用于什么位置？

答：枞树型叶根与轮缘的轴向断口设计成尖劈状，以适应根部的载荷分布，使叶根和对应的轮缘承载截面都接近于等强度，因此这种叶根承载能力大，强度适应性好。枞树型叶根呈楔形，叶根沿轴向装入轮缘上的枞树型槽中，检修时拆装方便。因此，在同样的尺寸时，枞树型叶根的承载能力最高。叶根两侧齿数可根据叶片离心力的大小进行选择。

但由于这种叶根外形复杂，装配面多，加工工艺复杂，加工精度要求高。若加工或装配不良，容易引起局部齿型的过载，在齿根圆角处也容易产生应力集中，所以一般多用于大功率的汽轮机的调节级和叶片较长的级。

23. 什么是叶型部分？根据叶型截面可分为几种叶片？

答：叶型部分也称叶片工作部分或型线部分，它是叶片的基本部分，它构成汽流通道。叶型部分的横截面形状称为叶型，叶型是动叶片进行能量转换的部分。为了提高能量转换效率，叶型部分应符合气体动力学的要求，同时还要满足结构强度和加工工艺的要求。按叶型沿叶片高度的变化情况，将叶片可分为等截面叶片和变截面叶片两种。

24. 什么是等截面叶片？有哪些优缺点？

答：动叶片从叶根到叶顶，不但叶片的型线相同，而且其截面积也相等的叶片称为等截面叶片，如图3－56所示。这种叶片加工简单，但流道结构和应力分布不合理，使强度较差，它适用于径高比 $\theta = d/L > 10$ 的级，常用于短叶片，如调节级和高压段前几级。

25. 什么是变截面叶片？有哪些优缺点？

答：叶片的叶型沿叶高按一定的规律变化，即叶片绕各横截面的形心连线发生扭转，这种叶片称为变截面叶片，通常称为扭转叶片，如图3－57所示。对于较长的叶片级($\theta >$ 10)，为了改善气动特性，减少叶根所承受的离心应力，提高叶片的强度，宜采用变截面叶片。这种叶片的叶型厚度沿叶片高度愈来愈薄，因此它强度比较好，但变截面加工比较复杂。通常用于叶片相对较长的级中，如低压段末几级。

26. 什么是叶顶部分？它有什么作用？

答：叶顶部分是指动叶片的最顶端。叶顶多有围带或拉筋组成，汽轮机高压端的动叶片一般都设有围带，低压段多设有拉筋。叶顶的作用是改善叶片的振动特性，提高叶片的刚性，降低叶片中汽流产生的弯应力，调整叶片频率以提高其振动安全性。

27. 围带有什么作用？

答：围带的作用是减小汽流产生的弯曲应力，改变叶片的刚性，以提高其振动的安全性。围带还可使叶片构成封闭槽道，并可装置围带汽封，防止蒸汽从叶顶逸出，减少叶顶漏汽损失。

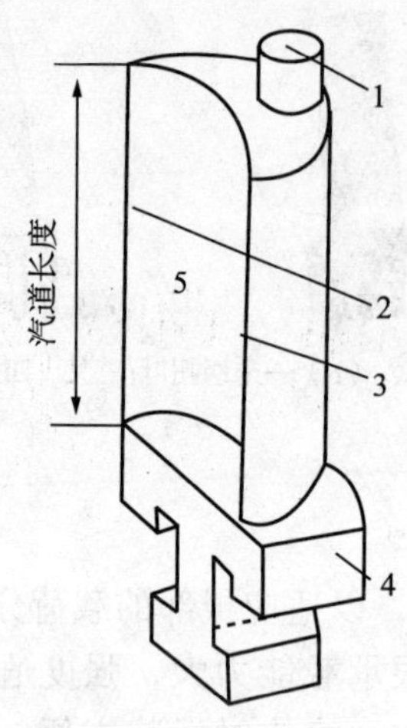

图 3－56　等截面叶片
1—铆钉头；2—出汽边；3—进汽边；
4—叶根；5—汽道

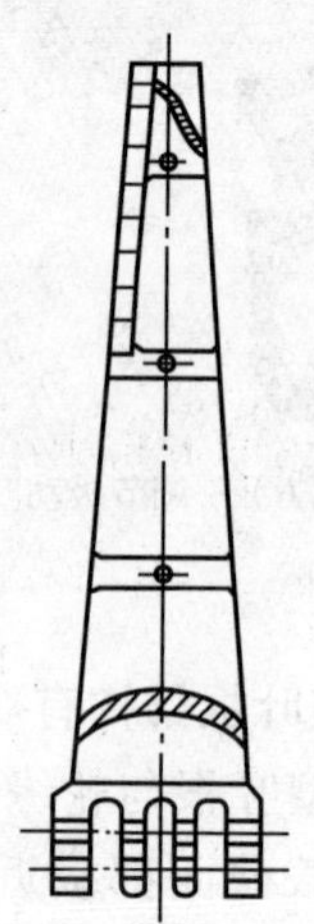
图 3－57　变截面叶片

28. 围带结构型式有几种？

答：围带的结构型式很多，图 3－58 所示围带有整体围带、外加围带（或称铆接围带）、拱形围带三种结构型式。

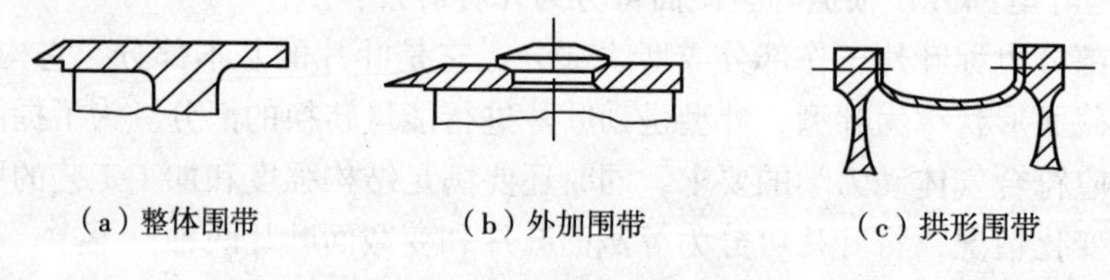

图 3－58　围带结构型式

29. 什么是整体围带？

答：整体围带和叶片的叶型部分、叶根部分是一个整体，是由同一块毛坯上铣制出来的。围带的厚度一般为几毫米，围带之间采用银焊或其他方法连接起来而形成一圈围带，如图 3－58（a）和图 3－59 所示。

30. 外加围带结构是怎样的？

答：在叶片顶部加工出铆钉头，用作围带的钢带（围带是一条 3～5mm 厚的扁平钢带）按铆钉头的节距冲好铆钉孔，用叶片顶端的铆钉将围带铆接在叶片上，在叶片顶部形成一层盖板，通常是由 4～20 只叶片用一条围带连接起来，形成一个叶片组，用铆接或焊接，或者铆接加焊接的方法将钢带固定在叶片上，如图 3－58（b）所示。各段围带之间留有膨胀间隙，高压段的膨胀间隙一般为 0.3～1.0mm。后面的几级的间隙为 1.0～1.5mm。铆接时应使围带与叶片端面紧密地结合，间隙不允许超过 0.1mm。

31. 铆钉头结构型式有哪几种？

答：叶片顶端的铆钉将围带铆接在叶片上是用叶片顶端延伸的铆钉头与围带铆接，铆钉头一般有圆形、方形、型线形、双圆形四种结构形式，如图 3－60 所示。

32. 什么是拉筋？拉筋分为哪几种？

答：穿连在叶片之间起调频和阻尼作用的金属丝或金属管称为拉筋。拉筋一般是一根 6～12mm的金属丝或金属管，穿过叶型部分的拉筋孔中，将几个叶片连接成一个叶片组。汽轮机的低压段由于叶片较长，做成扭转叶片并采用拉筋结构。通常每级叶片上穿有 1～2 条(圈)拉筋，最多不超过 3 条(圈)，拉筋一般装在叶片高度2/3 处。

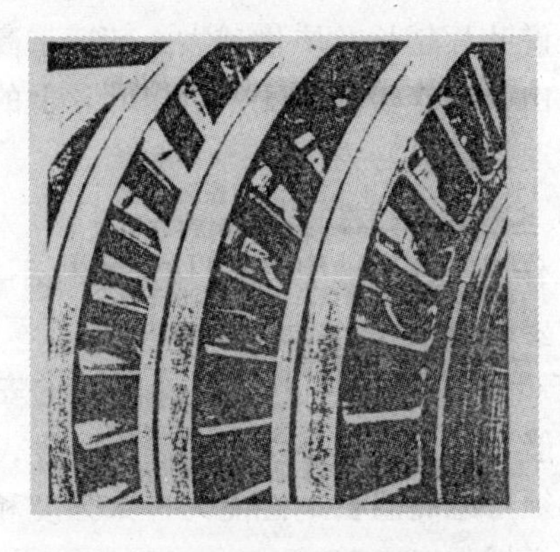

图 3－59 带整体围带的鼓形动叶片

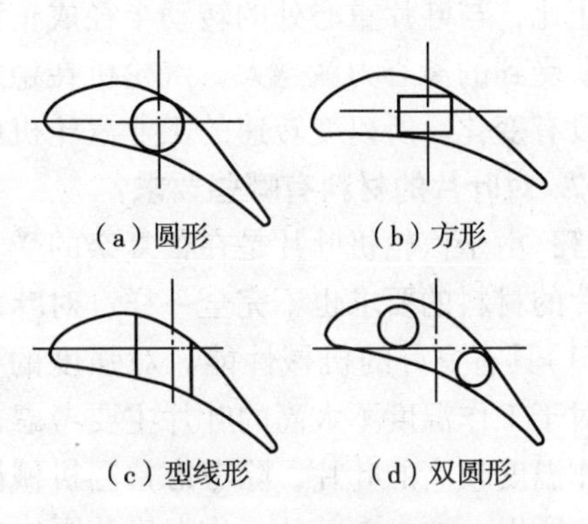

图 3－60 铆钉头结构形式

拉筋分为焊接拉筋和松装拉筋两种。如果叶片与拉筋之间焊牢，称为焊接拉筋。如果拉筋穿过叶片中的拉筋孔是松装而不焊牢，则称为松装拉筋。

33. 焊接拉筋和松装拉筋各有什么作用？

答：焊接拉筋的作用是减小叶片的弯应力，改变叶片的刚性，提高其振动安全性。松装拉筋的作用是增加叶片的离心力，以提高叶片的自振频率；增加叶片的阻尼，减小叶片的振幅；同时对叶片的扭振也起到了一定的抑制作用。

34. 拉筋与叶片的连接方式有哪几种？

答：在汽轮机的较长叶片级中，拉筋与叶片的连接方式有分组连接、网状连接、整圈连接和 Z 型连接等，如图 3－61 所示。

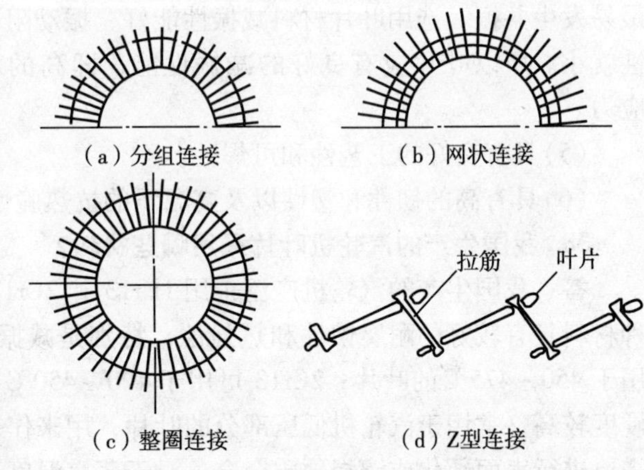

图 3－61 拉筋与叶片的连接型式

35. 动叶片在工作时受到哪几种作用力？

答：动叶片工作时受到的作用力主要有以下两种：一种是由于汽轮机高速旋转时，叶片本身质量和围带，拉筋质量所产生的离心力；另一种是汽流通过叶栅通道时产生叶片弯曲的作用力以及汽轮机启动、停机过程中，叶片上各部分温差而引起的热应力。

36. 动叶片工作时的离心力与哪些因素有关？

答：动叶片工作时离心力使叶片受到拉伸、产生拉应力，如果离心力作用线不通过计算截面的形心，则偏心拉伸还会引起截面上的弯曲应力。动叶片工作时的离心力 f 可由下式求得：

$$f = m\omega^2 r \tag{3-4}$$

式中 m——叶片自身、围带和拉筋等的质量和；

ω——叶片旋转的角速度（$\omega = 2\pi n/60$）；

r——叶片重心距转动轴心的垂直距离，称为转动半径，mm。

由上式可知，叶片上所受到的离心力与叶片本身围带和拉筋的质量成正比，与转速的平方成正比，与叶片重心处的转动半径成正比，也就是说叶片越长，质量越大，转速越高时叶片上所受到的离心力就越大。汽轮机在稳定工作时，由于工作转速不变，所以叶片上的离心力就没有变化。所以变转速的工业汽轮机应以最高转速计算离心力。

37. 对叶片的材料有哪些要求？

答：由于汽轮机叶片是在很复杂的受力状态下工作的，不同的级其工作条件也不相同，对叶片的材料的要求也不完全一样，对叶片的材料主要有以下要求：

（1）具有良好的机械性能。对强度的要求取决于叶片的工作应力和设计所取的安全系数。对于工作温度不太高的叶片主要考虑常温机械性能和叶片工作温度下的屈服强度，而对于工作温度较高的叶片，除考虑常温机械性能外，必须考虑高温长期性能为持久强度和蠕变强度。所以，要求在叶片工作温度范围内应有足够的机械强度。

（2）具有高的耐腐蚀性能。对于处在过热蒸汽中的工作的叶片，在正常的运行条件下，一般不会出现氧化和电化学腐蚀。而处在湿蒸汽区工作的叶片，由于蒸汽的湿度大，则受到电化学腐蚀。所以要求叶片应具有耐蚀性，以抵抗有害物质的的腐蚀。

（3）具有高的耐磨性能。汽轮机最后几级叶片，由于蒸汽中出现水滴，使叶片一方面受到电化学腐蚀，另一方面受到水滴的冲刷而磨损。所以对种类叶片除了要求耐腐蚀性能外，还要考虑抵抗水滴磨蚀性能。

（4）具有良好的减振性能。减振性能常以衰减系数来表示。汽轮机叶片中，调节级叶片最易发生共振。选用叶片材料减振性能好、振动阻尼大，振幅衰减快，叶片疲劳断裂的可能性就小。所以叶片应有良好的减振性能，即高的对数衰减率，可以减少振动产生的交变应力。

（5）具有良好的工艺性和可焊性。

（6）具有高的韧性和塑性以及高温下的抗热脆性（高温下稳定的冲击韧性）。

38. 我国生产的汽轮机叶片采用哪些材料？

答：我国生产的汽轮机广泛采用1Cr13和2Cr13马氏体不锈钢作为汽轮机叶片材料，这种材料具有较好的耐腐蚀性和热强性，特别是减振性很好，对数衰减率达0.025。1Cr13可用于450～475℃的叶片；2Cr13可用于400～450℃的叶片；2Cr13含碳量较高，室温强度及硬度较高，常用于汽轮机低压部分的叶片，用来作末级叶片，但其抗水滴冲蚀性能不足，还需要进行表面硬化或镶焊硬质合金。对于蒸汽温度超过450℃以上的汽轮级叶片，通常采用1Cr18Ni9Ti奥氏体不锈钢，其特点是抗氧化性能较好，高温强度比较高，在600℃时仍具有足够的强度。积木块系列汽轮机叶片材料：动叶为X20Cr13，用于工作温度≤450℃；22CrMoV121，用于工作温度≤580℃。

39. 动叶片产生共振的原因是什么？有哪些危害？

答：汽轮机运行时，不断地受到脉冲汽流的作用，使叶片产生振动。如果激振力的频率与叶片的自振频率相重合时，叶片则会产生共振，如图3-62所示。此时振动的振幅急剧增加，如果不采取措施，导致动叶片因疲劳而断裂，造成严重的事故。在汽轮机事故中，叶片事故约占40%左右，而叶片事故大多数是由于叶片共振而引起的。一旦叶片发生共振，可在较短时间内产生疲劳裂纹直至因截面积减小承受不了离心力和汽流力的载荷而被拉断。个别叶片断裂后，其碎片可能将相邻叶片打坏，这些碎片若被高速汽流带走，还可将后面级的叶片打坏，转子因此失去平衡，而发生剧烈振动，从而引起事故。由于汽轮机长期处于高转速及变转速条件下运行，会引起动叶片振动而致使叶片损坏。

40. 什么是激振频率？

答：强迫振动的频率称为激振频率。由于在制造汽轮机的转子时材料存在不均匀、加工精度误差等原因，致使转子重心不在其几何中心上，存在着偏心距，因此在转子旋转时就会产生一定的离心力，在离心力的作用下，转子会产生周期性振动，这种振动形式通常称为强迫振动，强迫振动的频率通常称为激振频率。

41. 什么是激振力？

答：作用在叶片上引起振动的周期性的力称为激振力。在机组运行时，对叶片产生的激振力，按其频率的高低可分为高频激振力和低频激振力。

42. 什么是高频激振力？高频激振力产生的原因是什么？

答：叶轮每旋转一周受到许多次交变汽流作用的作用力称为高频激振力。高频激振力的频率为叶轮每分钟转速与喷嘴数的乘积。

高频激振力产生的原因是：汽轮机在运行时，当汽流流过喷嘴叶栅时，由于喷嘴出汽边有一定的厚度，使喷嘴叶栅出口处的汽流沿圆周形成分布不均匀。当叶片旋转到喷嘴通道中间部位时，叶片受到汽流作用力较大，而当旋转叶片进入喷嘴出汽边后面时，所受汽流作用力突然减少，再转到下一个喷嘴通道中部时，汽流力又突然增大，这样叶片旋转时，就受到周期性变化的激振力作用。如此往复，叶片每经过一个喷嘴，所受的汽流力就变动一次，即受到一次激振，形成了对动叶片的高频激振力，如图3－63所示。

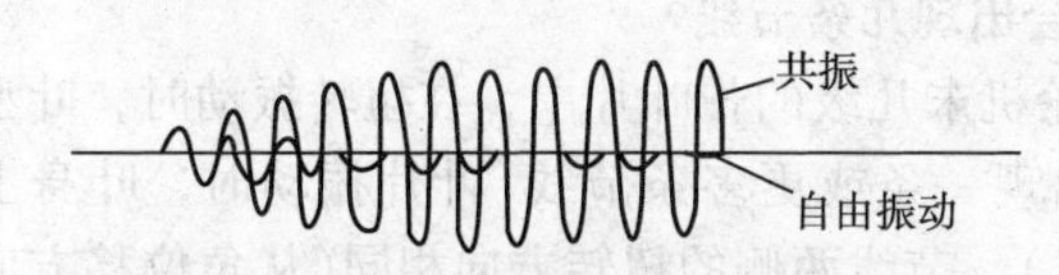

图3－62　转子的激振频率和动叶片的自振动频率相等时的振动

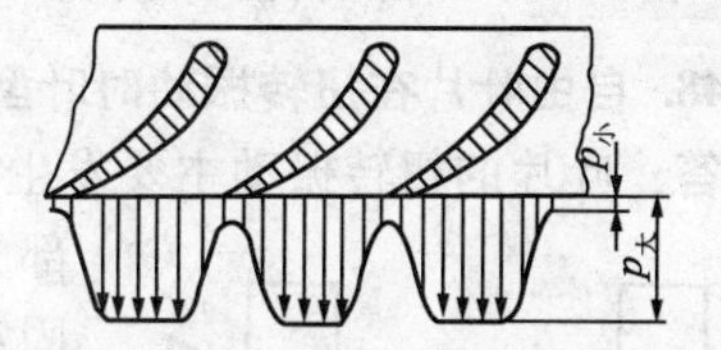

图3－63　喷嘴后产生汽流力的分布

43. 什么是低频激振力？

答：叶轮每转一周就受到一次或几次交变汽流作用的作用力，称为低频激振力。

44. 产生低频激振力原因有哪些？

答：(1)对于部分进汽的级，喷嘴分为几个弧段，各弧段之间互相隔开由各自的调节汽阀控制，在两弧段之间没有汽流通过，叶片不受汽流力的作用，这样对叶片产生周期性的振动。

(2)级前或级后有抽汽口或排汽口沿径向分布，使它的前一级的级后及其后一级前压力分布沿轴向不均匀，叶片经过时受周期性的干扰。

(3)上下两半隔板水平结合面处错位有较大的间隙，形成汽流的不均匀。

(4)由于某些喷嘴或静叶片制造、安装质量的偏差，引起不均匀汽流，从而产生激振力。

(5)隔板部分进汽口、排汽口设有加强筋或导流板，干扰汽流。

45. 叶片振动有哪几种型式？

答：在叶片振动的分析中，将装在叶轮上的叶片，看成是一端固定的弹性梁来处理。叶片或叶片组在激振力的作用下，其振动型式有弯曲振动和扭转振动两类。弯曲振动又分为切向振动和轴向振动两种。

46. 什么是自由叶片的弯曲振动和扭转振动？什么是自由叶片的切向振动？

答：弯曲振动是绕最小、最大主惯性轴的振动。

沿叶片高度方向，围绕着通过叶片横截面形心的轴线往复扭转的振动称为扭转振动。

绕叶片截面最小主惯性轴(亦即在最大主惯性轴平面内)的振动，由于其振动方向接近于叶轮圆周的切线方向，这一振动称为切向振动。

47. 自由叶片的叶片切向弯曲振动分为哪几类？

答：按振动时叶片顶部的状态，叶片切向弯曲振动可分为 A 型振动和 B 型振动两大类。

叶片振动时，叶根固定不动，叶顶自由摆动的振动型式称为 A 型振动，如图 3－64 所示。叶片振动时，叶根固定不动，叶顶固定或基本不动的振型称为 B 型振动，如图 3－65 所示。

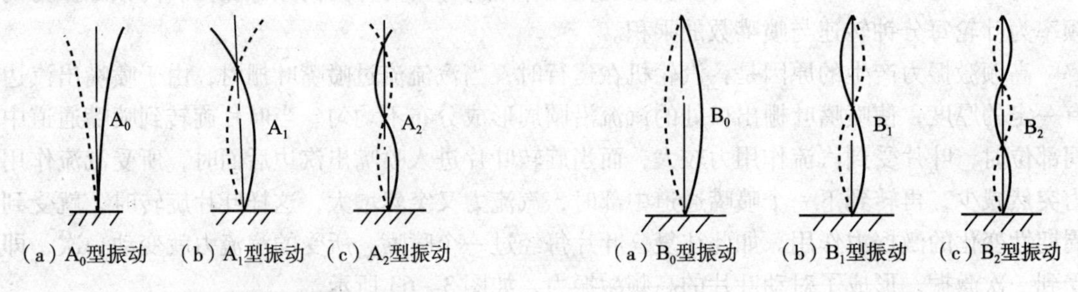

图 3－64 自由叶片的 A 型振动　　图 3－65 自由叶片的 B 型振动

48. 自由叶片在扭转振动时叶型部分可能会出现几条节线？

答：叶片的扭转振动主要发生在大型汽轮机末几级的长叶片中，在扭转振动时，叶型部分可能会出现一条或更多条节线(叶片振动时，叶身上固定不动的线)，节线两侧的扭转方向相同(从角位移方向看)，如图 3－66 所示。节线数愈多，扭转振动的自振频率愈高，按其频率高低也可分为一阶扭转振动，二阶、三阶。图 3－66(a)为一阶扭转振动，有一条节线，沿叶片高度各点作同相振动。图 3－66(b)为二阶扭转振动，有两条节线，节线上、下的质点作反向振动。自由叶片的扭转振动频率都较高，一般一阶扭转振动频率接近二价切向振动频率。

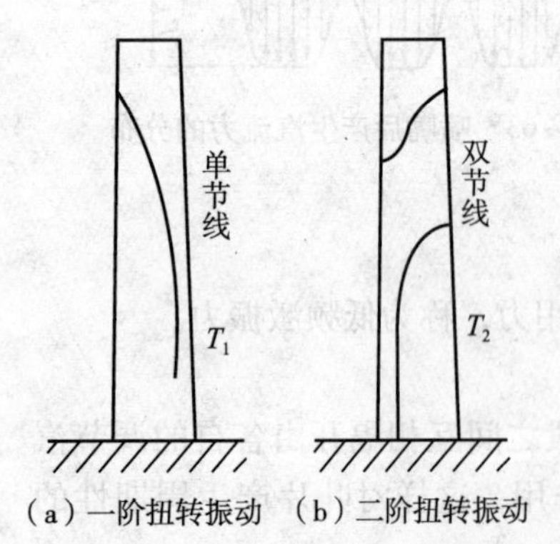

图 3－66 叶片扭转振动振型

49. 叶片组的振型可分为哪几类？

答：由围带和拉筋连成叶片组后，同样存在弯曲振动和扭转振动两种振动型式。

叶片组的弯曲振动同样有切向振动和轴向振动两种型式，并且同样按叶顶是否参与振动以分为 A 型和 B 型两种振型。

50. 什么是叶片组切向A型振动?

答: 叶片组也可能发生 A_0、A_1 等不同的频率的A型振动,如图3-67所示。没有节点的是第一阶即 A_0 型振动,如图3-67(a)所示。有一个节点的是第二阶即或 A_1 型振动,如图3-67(b)所示。叶片组作A型振动时,组内各叶片的频率及相位均相同,振型曲线与单个叶片相似。但由于围带和拉筋的存在使叶片的刚性增加,因而提高了叶片的自振频率,所以加了围带或拉筋以后对叶片自振频率有影响,使叶片组振动频率与同阶次单个叶片的振动频率不同。

51. 什么是叶片组切向B型振动?

答: 若叶片组振动时,叶根不动,顶部围带没有或几乎没有位移的振动,这种振动称为B型振动。叶片组B型振动根据叶身上产生节点数目的不同,也可分为 B_0、B_1、B_2 等各种振型。

叶片组做B型振动时,组内叶片的相位大多数是对称的。图3-68所示为叶片组的 B_0 型振动,B_0 型振动的特征时叶身上没有节点,每个叶片的振幅都是从叶根向上逐渐增大,在中间某一点处振动达到最大值,后又逐渐减小,叶片上没有节点。图3-68(a)中,对称于叶片组的中心线的叶片振动相位相反,即第一个和最末一个、第二个和倒数第二个等振动相位都相反。若组内叶片数为奇数,中间的叶片不振动,这种振型称为第一类对称的 B_0 型振动,用 B_{01} 表示。对称于叶片组中心线的叶片振动相位相同,这种振型称为第二类对称的型 B_0 振动,用 B_{02} 表示,如图3-68(b)所示。

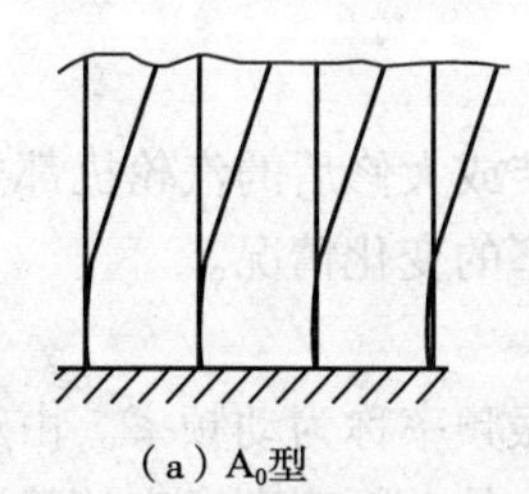

(a)A_0型

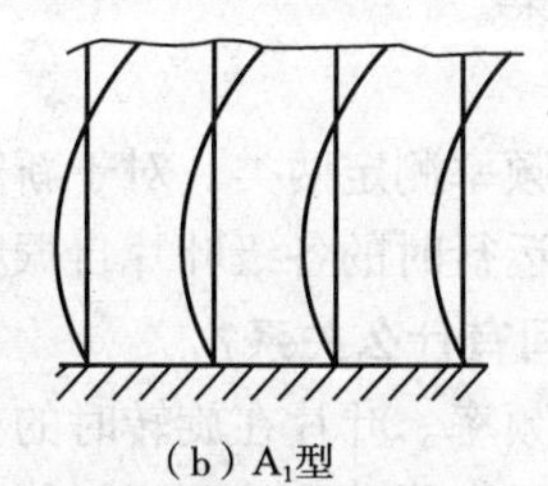

(b)A_1型

图3-67 叶片组的切向A型振动

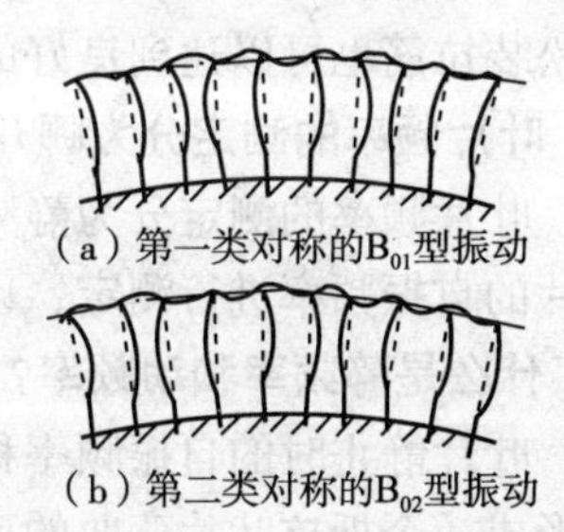

(a)第一类对称的B_{01}型振动

(b)第二类对称的B_{02}型振动

图3-68 叶片组的切向 B_0 型振动

52. 叶片组的轴向弯曲振动分为哪几类?

答: 叶片组的轴向弯曲振动有X型、U型振动两种类型,如图3-69所示。拉筋上有一个节点的为X型振型,拉筋上有两个节点的为U型振型,也可能出现拉筋上节点有更多的振型。最容易激起的是X型振型,由于此时叶片在做没有节点的轴向振动。

53. 叶片组哪种振型最危险?

答: 当激振力的频率逐渐升高时,叶片组将会一次出现 A_0、B_0、A_1、B_1 等振型。由于当振动频率越低时,振幅越大,叶片内的动应力愈大,因此通常将 A_0、B_0、A_1 振型看作是最危险的振型。

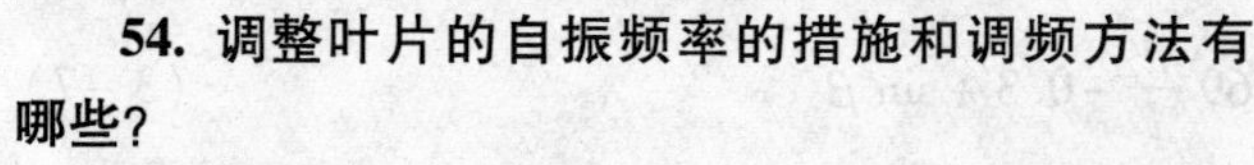

54. 调整叶片的自振频率的措施和调频方法有哪些?

答: 调整叶片的自振频率的措施主要是通过改变叶片的质量和它的刚性(包括联接刚性)来达到的,

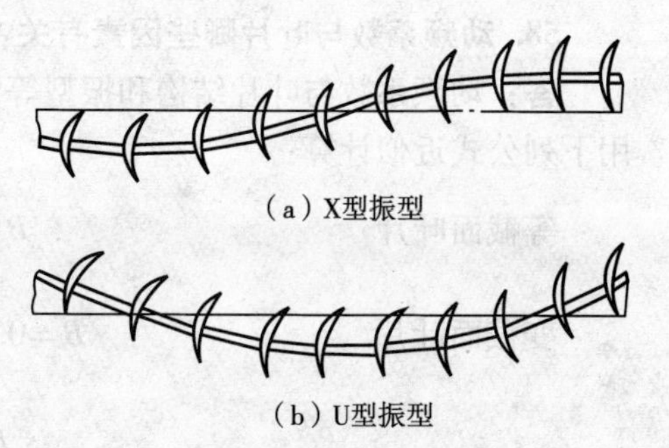

(a)X型振型

(b)U型振型

图3-69 叶片组的轴向振动

常用的调频方法有以下几种：

(1)采用补焊的拉筋方法，以增加围带和拉筋与叶片的连接处牢固度，增大围带和拉筋的反弯矩，增加叶片组的连接刚度；

(2)对具有整体围带的等截面叶片，可在叶片顶部中心钻减荷孔，以减少叶片质量；

(3)加大拉筋直径或改用空心拉筋，以提高叶片组的连接刚度；

(4)用围带和拉筋将叶片连接成组，增加牢固度；

(5)改变围带和拉筋的尺寸、形状及拉筋位置；

(6)改变叶片成组片数，既能改变叶片组的连接刚性。又能改变组内的质量。但对于原来组内片数较多时(冲动式叶片一般每组为7~8片；反动式叶片一般为12~13片)，增加组内片数对提高叶片组频率效果甚微；

(7)提高叶片制造工艺和装配质量，保证叶片在叶片槽内接触面应紧密贴合，否则接触面应进行研刮，并应牢固地装配锁紧叶片，以保证叶片紧固程度。

55. 减少动应力的措施和减小激振力的方法有哪些？

答：减少动应力的措施主要是调开危险振型的共振，增加安全倍率，减少激振力和增加阻尼都可以减少振动应力。减少激振力的方法主要是减小喷嘴(或静叶)出口汽流的不均匀程度。因此，减小喷嘴出口边缘的厚度，适当增加喷嘴与动叶之间的轴向间隙，提高导叶持环或隔板水平结合面的制造、装配质量，都有利于汽流的均匀化。为了增加振动的阻尼，要求叶片材料有较大的对数衰减率，在结构上将叶片连接成组也是增加阻尼的措施。采用各种型式的松装拉筋也可以达到良好的减振效果。

56. 叶片频率的测定分为哪几类？

答：叶片频率的测定分为静频率和动频率测定两类。对于新安装或大修后的汽轮机都要对其叶片的自振频率进行测定，以便了解运行时的各级叶片自振频率的变化情况。

57. 什么是静频率和动频率？它们之间有什么关系？

答：叶片静止时的自振频率称为静止频率。叶片在旋转时的自振频率称为动频率。由于离心力形成一个抵抗叶片弯曲的反弯矩，提高了叶片的刚度，使叶片的动频率高于它的静频率。叶片动频率f_d与静频率的关系为

$$f_d = \sqrt{f_s^2 + Bn_s^2} \quad (3-5)$$

式中 f_s——静频率，Hz；

n_s——叶片的工作转速，r/s；

B——动频系数。

58. 动频系数与叶片哪些因素有关？

答：动频系数与叶片结构和振型等因素有关，常用经验公式近似求得。对A_0型振动可用下列公式近似计算：

等截面叶片
$$B = 0.8\frac{d}{l} - 0.85 \quad (3-6)$$

变截面叶片
$$B = 0.69\frac{d}{l} - 0.3 + \sin^2\beta \quad (3-7)$$

$$\beta = \frac{2}{3}\beta_r + \frac{1}{3}\beta_t$$

式中 d——叶片的平均直径，mm；

l——叶片的高度，mm；

β_r——叶根叶型安装角的余角；

β_t——叶顶叶型安装角的余角。

59. 叶片静频率测定方法有哪些？

答： 叶片静频率的测定是指在汽轮机静止状态下测定的叶片的自振频率值，常用自振法和共振法进行测定。

60. 用自振法测定叶片静频率的原理是什么？

答： 图3－70所示为自振法测定叶片静频率的原理图。测试时将叶片的叶根夹持在工作台上，使叶型部分呈悬臂状态(或简支状态)。用小橡皮锤敲击叶片，使被测叶片发生自由振动，用拾振器将叶片振动的机械量转换为与叶片振动频率相等的电信号，送至示波器 y 轴，或将电信号放大后输入 y 轴，同时将音频信号发生器输出的信号送至示波器 x 轴，两个输入信号在示波器内合成。x 轴与 y 轴频率之比为整数倍时，在荧光屏上显示不同的图形。当 x 轴频率与 y 轴频率之比为整数倍时，在荧光屏上显示李莎茹图，由低频信号发生器的频率值及李莎茹图可得知频率比。实测时应调节低频信号发生器的频率，使荧光屏上出现稳定的椭圆或圆，这时音频信号发生器的频率就是被测叶片的自振频率。

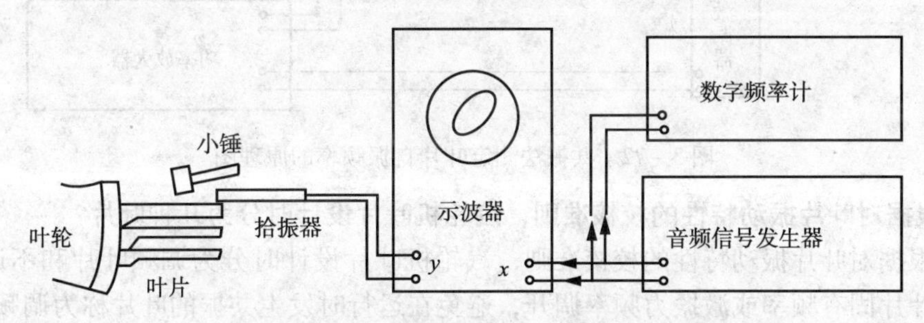

图3－70　自振法测定叶片自振频率的原理图

自振法只能测量 A_0 型振动的频率，常用来测量中长叶片的频率；对短叶片因频率高，振幅小且消失快，难以用自振法测定。

61. 什么是李莎茹图？它有什么用途？

答： 一个质点同时参于两个互相垂直方向的振动，则合成振动的轨迹，一般不在一条直线上，振动轨迹将呈现各种形状的封闭曲线，其形状决定于两个分振动的频率和相位差，这种封闭曲线称为李莎茹图，如图3－71所示。利用李莎如图可以判断转轴在轴承中运转状况；汽轮机动静部分有无摩擦情况；机组运行中垂直、水平方向上的振动大小情况；判断轴系的临界转速值。

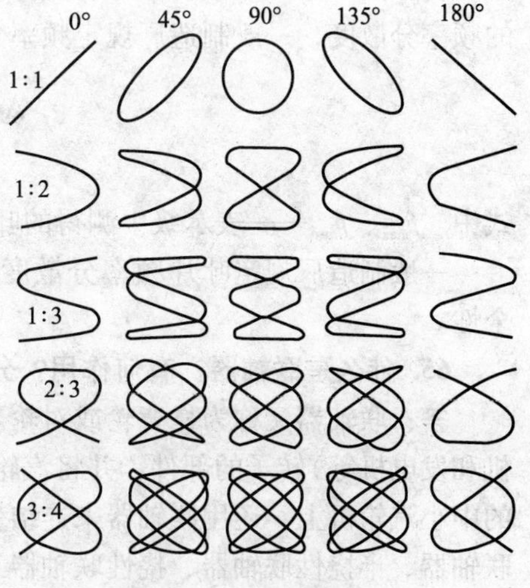

图3－71　李莎茹图

62. 共振法测定叶片静频率的原理是什么？

答： 共振法是利用共振原理测得叶片各阶振动的静频率值，其测量原理如图3－72所示。由音频信号发生器产生的频率信号送至示波器、数字频率计和功率放大器，音频信号经功率放大器送至激振器，在激振器内音频信号转换为拉杆的机械振动。因拉杆与被测叶片固定在一起，所以被测叶片随之发生强迫振动。当音频信号发生器输出的电信号频率与叶片某阶自振频率相等时，叶片发生共振，被测叶片振幅达最大值。拾振器将叶片振动的机械量信号转换为电信号，送至示波器 y 轴，根据李莎茹图及数字频率计的读数，便可确定叶片的自振频率值。连续调节低频信号发生器输出的频率信号，依次使被测叶片共振，就可确定叶片各阶的自振频率值。

共振法亦可用压电晶体片作为激振器，将其贴在被测叶片根部，音频信号发生器输出的电信号经功率放大，通过压电晶体片使被测叶片发生强迫振动。

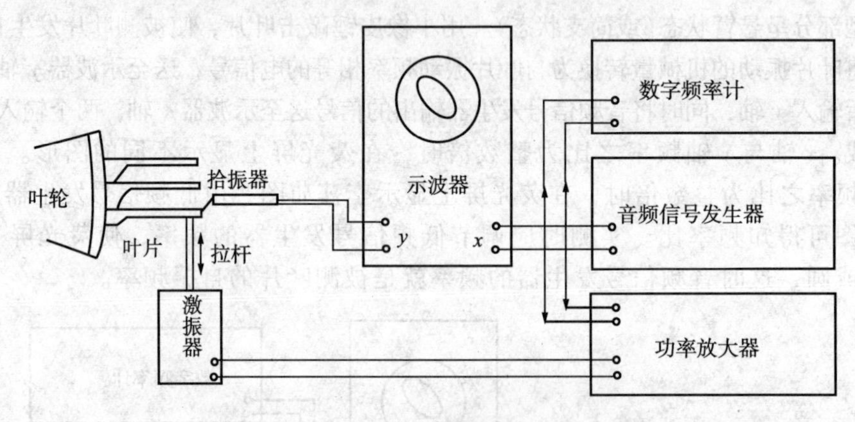

图 3－72　共振法测定叶片自振频率的原理图

63. 根据对叶片振动特性的校核准则，汽轮机叶片设计时分为几种叶片？

答：根据对叶片振动特性的校核准则，汽轮机叶片设计时分为调频叶片和不调频叶片。设计时将叶片固有频率或激振力频率调开，避免在运行时发生共振的叶片称为调频叶片，适用于定转速汽轮机。在保证安全运行的条件下，按叶片可能处于共振条件下工作而设计的叶片称为不调频叶片。

64. 对叶片频率分散度有哪些要求？对 A_0 型振动频率分散度有哪些要求？

答：同一个叶轮上各叶片的自振频率由于制造和安装的误差不可能完全相等，而有一定的频率分散度，一般制造厂规定频率分散度 Δf 为

$$\Delta f=\frac{f_{\max}-f_{\min}}{\frac{f_{\max}+f_{\min}}{2}}\times 100\% \tag{3-8}$$

式中　$f_{\max}$、$f_{\min}$——表示级中测得的叶片 A_0 型振动的最大与最小静频率。

一般制造厂规定叶片频率分散度 $\Delta f<8\%$ 的叶片才算装配合格，然后方可校核振动安全性。

65. 什么是联轴器？有何作用？分为哪几种类型？

答：联轴器又称为靠背轮或对轮。是用来连接汽轮机转子与工作机械（压缩机、泵、风机和发电机等）转子的部件，并将汽轮机转子转动扭矩传给工作机械转子。在有齿轮变速箱的中小汽轮机上，还用联轴器来连结变速齿轮箱的齿轮轴。联轴器型式很多，一般分为刚性联轴器、半挠性联轴器、挠性联轴器三种型式。

66. 什么是刚性联轴器？有何特点？

答：刚性联轴器在两半联轴器直接刚性连接，并用配合螺栓紧固在一起，如图 3－73 所

示。按联轴器与转子轴端的连接方式，刚性联轴器又分为装配式和整锻式两种型式。

刚性联轴器的结构简单，连接刚性强，轴向尺寸小，工作可靠，传递扭矩大，造价低，制造方便，工作时不需润滑，无噪音，不仅可传递扭矩，而且可传递轴向力和径向力。其缺点是联轴器两端间不允许有相对位移，因此轴对中精度要求高，同时它还传递振动。普遍应用于火力电厂大功率型汽轮发电机组或工厂企业自备电站汽轮发电机组减速器与发电机转子的联接。

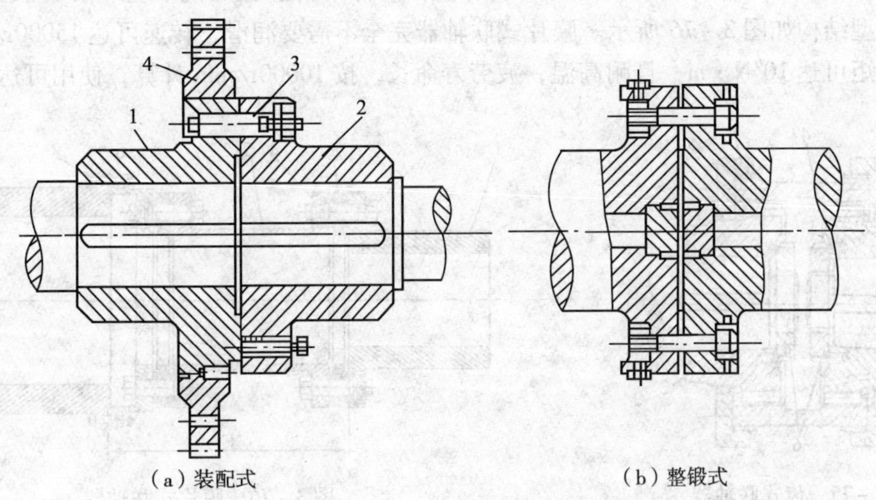

图3－73　刚性联轴器

1、2—联轴器；3—连接螺栓；4—盘车齿轮

67. 什么是半挠性联轴器？有何特点？

答：半挠性联轴器在两个联轴器之间，用半挠性波形套筒连接，并配以螺栓紧固。波形套筒在扭转方向是刚性的，而在弯曲方向和轴向则是挠性的，如图3－74所示。

半挠性联轴器既有良好的传递扭矩的刚性，又有弯曲方向和轴向的挠性，即使两个转子间有一定的偏差也能得到补偿，并吸收部分振动。缺点是制造复杂，加工工作量大，造价较大。广泛应用于大中型汽轮发电机组上。

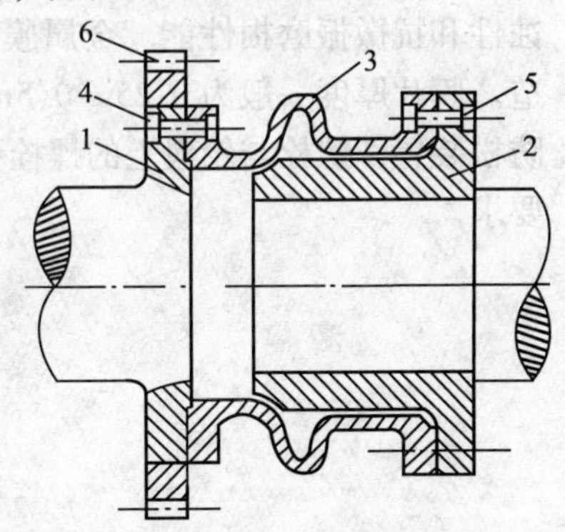

图3－74　半挠性联轴器

1、2—联轴器；3—波形套筒；4、5—连接螺栓；6—盘车齿轮

68. 什么是挠性联轴器？分为哪几种类型？有何特点？

答：允许两个联轴器之间有少许的位移的联轴器，称为挠性联轴器。挠性联轴器有齿式、蛇行弹簧式和膜片式三种型式，这种联轴器有较强的挠性，转子振动和热膨胀不互相传递，允许两转子有相对的轴向位移和较大的偏心，对振动的传递不敏感，传递功率较小，并且结构较为复杂，需要专门的润滑装置，因此一般适用于中小型功率的汽轮机组。

69. 齿式联轴器结构是怎样的？它有何优缺点？

答：齿式联轴器的两个外齿轮用热装加键的方法分别装在两个转子的轴端上，并用防松螺母紧固，以防止从转子上滑脱。两个齿轮的外面有一个带内齿的套筒，套筒两端的内齿分别与两个外齿轮啮合，从而将两个转子连接。套筒的两侧安置挡环以限制套筒的轴向位置，挡环用螺栓固定在套筒上，如图3－75所示。这种联轴器还设有专用的喷油管，利用喷油管上的喷油孔喷油来润滑齿式联轴器的齿面。齿式联轴器多用于小型汽轮机上。

齿式联轴器的优点是套筒两端的内齿分别与两个外齿轮啮合后，具有一定的轴向活动余量，可以消除或减弱振动的传递，轴对中要求值也相对较低。其缺点是必须设置专门的润滑装置，安装和检修工艺要求高，且不能传递轴向推力。

70. 什么是膜片式联轴器？有何特点？

答：在两半联轴器与中间接筒之间装有挠性元件来传递扭矩的装置，称为膜片式联轴器，其典型结构如图 3－76 所示。膜片式联轴器完全不需要润滑，转速可达 15000r/min，最大传递扭矩可达 10^6N·m，且耐高温，疲劳寿命长，按 10000r/min 计算，使用可达 20 年。

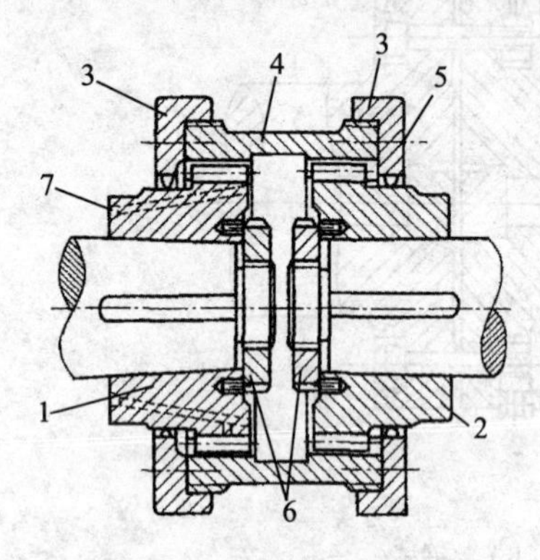

图 3－75　齿式联轴器

1—汽轮机端联轴器；2—工作机械端联轴器；3—挡环；4—具有内齿的套筒；5—连接螺栓；6—轴端防松螺母；7—注油孔

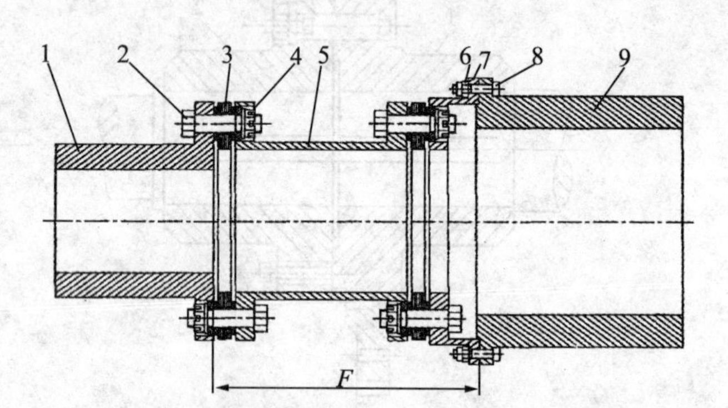

图 3－76　膜片式联轴器

1、9—轮毂；2、8—精制螺栓；3—叠片组件；4、6—自锁螺母；5—中间接筒；7—连接盘

71. 对膜片材料和精致螺栓有哪些要求？

答：要求膜片材料应具有高的抗拉强度和疲劳强度，低的弹性模量和密度，良好的抗腐蚀性和抗微振磨损性能。金属膜片用特殊高强度不锈钢、高镍合金钢或蒙乃尔合金薄板制造。膜片厚度一般为 0.25～0.5mm。精制螺栓用高强度合金钢制造，螺母采用自锁螺母和防松装置，螺栓与轮毂上的螺栓孔应按标记装配，螺栓的紧固力矩应符合制造厂技术文件的要求。

第四章　工业汽轮机的凝汽设备

1. 凝汽设备系统由哪些设备组成?

答:凝汽设备系统通常由表面式凝汽器、循环水泵、凝结水泵、抽气器、循环水冷却设备以及这些部件之间连接的管道和阀门、管件等组成,如图4-1所示。排汽离开汽轮机后进入凝汽器3,凝汽器内流入由循环水泵4提供的冷却水,吸收蒸汽凝结放出的热量,将汽轮机乏汽(排汽)凝结成水,在原来被排汽充满的空间便形成了高度真空。为保持所形成的真空,抽气器6则不断地将漏入凝汽器内的空气抽出,以防不凝结气体在凝汽器内积聚,使凝汽器内压力升高。集中于凝汽器底部的凝结水,则通过凝结水泵5从凝汽器底部抽出,送往除氧器作为锅炉的给水。

2. 凝汽设备有哪些作用?

答:(1)在汽轮机的排汽口建立并维持最佳真空,以增大蒸汽在汽轮机中的理想焓降,提高汽轮机的循环热效率;

(2)将在汽轮机内做完功的排汽凝结成凝结水,再由凝结水泵送至除氧器,作为供给锅炉的给水,以回收工质;

(3)在正常运行中,凝汽水在凝汽器里处于饱和状态,因而凝汽器对凝结水有一定的真空除氧作用,从而提高凝结水的质量,防止设备腐蚀。

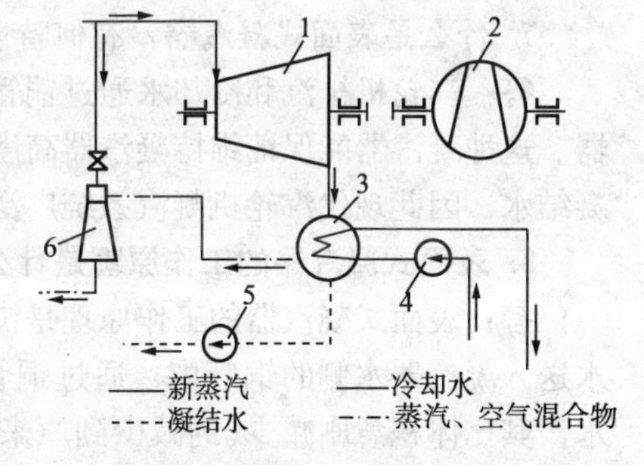

图4-1　凝汽系统组成示意图

1—凝汽式汽轮机;2—离心式压缩机;
3—凝汽器;4—循环水泵;
5—凝结水泵;6—抽气器

3. 凝汽设备最简单的工作原理是什么?

答:汽轮机的进汽参数保持不变的情况下,降低排汽压力都可以使汽轮机的理想焓降增大,热效率提高。在机组正常运行中,凝汽器内真空是由于汽轮机排汽在凝汽器内骤然凝结成凝结水时,其比体积急剧缩小而形成的。如在0.1MPa压力下,饱和蒸汽的比体积比饱和水的比体积大1725倍,而在0.0049MPa压力下,饱和蒸汽的比体积比饱和水的比体积大了2800多倍,从而在原来被蒸汽充满的凝汽器封闭空间形成高度真空。同时,再用抽气器不断地将漏入凝汽器内的空气抽出,以免漏入凝汽器的不凝结气体逐渐积累,使凝汽器内压力升高。这就是凝汽器设备的简单工作原理。

4. 对凝汽设备的有哪些要求?

答:为了使凝汽设备更好地工作,使凝汽系统的能耗最小,因此,凝汽设备应满足以下要求:

(1)应具有较高的传热系数和合理的管束布置。以保证具有良好的传热效果,使汽轮机在给定的工作条件下具有尽可能低的运行背压;

(2)汽阻及凝结水的过冷度要小;

(3)冷却水在凝汽器中的水阻要小,以降低循环水泵的耗功量;

(4)凝结水的含氧量要小,凝结水含氧量过大将会引起管道腐蚀并恶化传热,一般高压机组要求凝结水含氧量小于0.03mg/L;

(5)凝汽器本体及真空系统应具有高度的严密性，以防止空气漏入，影响传热效果及凝汽器真空；

(6)便于清洗冷却水管，凝汽器冷却面积增加，冷却水管长度和根数必然急剧上升，采用适当的化学清洗法或机械清洗法进行清洗，使冷却水管内清洁；

(7)便于运输和安装及检修。

5. 什么是凝汽器？它是如何分类的？

答：使凝汽式汽轮机的排汽冷却为凝结水并形成高度真空的设备称为凝汽器。按排汽的凝结方式的不同，可分为混合式凝汽器和表面式凝汽器两大类。

6. 什么是混合式凝汽器？有何特点？

答：汽轮机排汽直接与冷却水接触相混合的凝汽器，称为混合式凝汽器。混合式凝汽器是将冷却水喷入凝汽器，直接与汽轮机的排汽相接触混合，使排汽凝结成水，然后与冷却水一起排走。这种凝汽器优点是结构简单、制造成本低，而且形成和保持真空的能力较好，但是它的凝结水和不洁净的冷却水相混合，使凝结水的水质变坏，凝结水无法回收，不能作为锅炉的给水，因此现代汽轮机凝汽系统中多不采用混合式凝汽器。

7. 什么是表面式凝汽器？有何特点？

答：汽轮机排汽和冷却水通过铜管表面分隔开来，互不接触的凝汽器，称为表面式凝汽器。这种凝汽器能保证维持凝汽器高度的真空和获得洁净的、几乎不含氧的且过冷度很小的凝结水，因此现代汽轮机凝汽系统广泛采用表面式凝汽器。

8. 表面式凝汽器的工作原理是什么？

答：表面式凝汽器的工作原理是汽轮机排汽进入凝汽器汽侧，循环水泵不间断地将冷却水送入凝汽器水侧的铜管内，通过铜管将排汽的热量带走，使被冷却水冷却的排汽凝结成水，其比体积急剧减少(约减少到原来的3万分之一)，因而使凝汽器内形成高度真空。不凝结气体流入空气冷却区后，从空气抽气口抽出。

9. 简述表面式凝汽器的结构及工作流程。

答：图4－2所示为表面式凝汽器的结构简图。凝汽器由外壳、端盖、管板、冷却水管、热水井、隔板和挡板组成。凝汽器的外壳1通常是用10～15mm的钢板焊接而成的，通常呈圆柱形或椭圆形，大功率汽轮机的凝汽器为矩形。由凝汽器的外壳、管板和冷却水铜管将凝汽器分为两个空间：凝汽器外壳、管板和冷却水管外壁的部分为蒸汽空间；前后水室和冷却水管内壁为冷却水空间。蒸汽与冷却水管的外壁接触，冷却水从冷却水管内流动，蒸汽与冷却水通过冷却水管的换热，使蒸汽凝结成水，形成高度真空。

凝汽器的工作流程如图4－2所示。外壳两端连接着端盖2、3和管板4，端盖与管板之间形成水室。数目较多的冷却水铜管5安装在两端的管板上，形成主凝结区。循环水由冷却水进水管11进入凝汽器水室15，在这里由水室隔板13分隔，下部的管束称为第一道流程管束。冷却水顺着第一道流程的管束流过后，进入回流水室16，并在这里改变方向，流入第二流程的管束，最后经水室17由冷却水排水口12排出凝汽器。

汽轮机的排汽由蒸汽入口(又称为喉部)6进入凝汽器的蒸汽侧空间，由上向下流动，蒸汽流过铜管外壁时热量被铜管内的冷却水所冷却、降温，凝结成水，最后汇集到凝汽器下部的热井7中，然后由凝结水泵抽走。抽汽口8与抽气器相连，将未凝结蒸汽和空气从空气口抽出。在凝汽器抽汽口附近有一空气冷却区9，将混有少量蒸汽的空气再抽出之前再经过一次冷却，以减轻抽气器的负担，提高抽气器的能力。

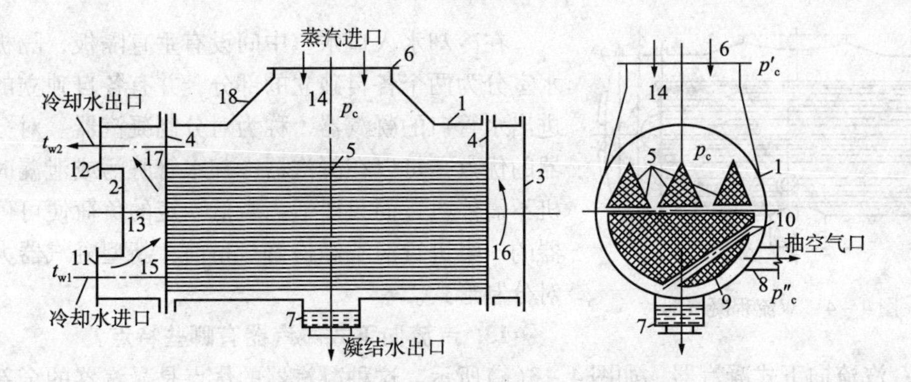

图4－2　表面式凝汽器结构示意图

1—外壳；2—水室端盖；3—回流水室端盖；4—管板；5—冷却水管；6—蒸汽入口；7—热井；8—空气抽出口；9—空气冷却区；10—空气冷却区挡板；11—冷却水进水管；12—冷却水出口管；13—水室隔板；14—凝汽器的汽侧空间；15、16、17—水室；18—喉部

10. 表面式凝汽器是如何分类的？

答：(1)按冷却水的流程可分为单流程、双流程、三流程和多流程。

(2)按冷却水室的垂直隔板可分为单一制和对分制凝汽器两种。

(3)按凝汽器抽气口位置可分为汽流向下式、汽流向上式、汽流向心式、汽流向侧式及多区域汽流向心式5种，如图4－3所示。目前应用较广的是汽流向心式和汽流向侧式凝汽器。

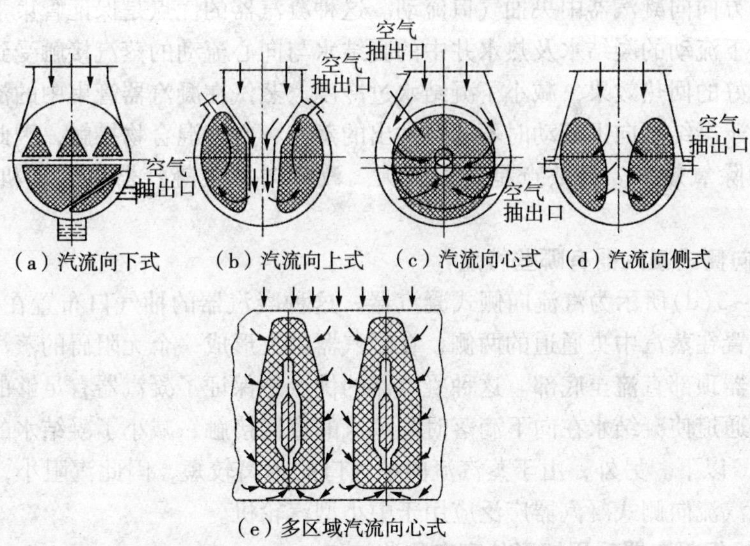

图4－3　凝汽器抽气口布置示意图

11. 什么是单流程、双流程式凝汽器？

答：单流程式凝汽器是指冷却水在凝汽器冷却水管内只流过一个单程就排出凝汽器，即冷却水由凝汽器的一端流入，从另一端流出。

双流程式凝汽器就是冷却水在凝汽器冷却水管内经过一个往返的流程再排出凝汽器，如图4－4所示。中、小型机组一般采用双流程式凝汽器。

12. 什么是单一制凝汽器和对分制凝汽器？

答：在冷却水入口端水室中无垂直隔板的凝汽器，称为单一制凝汽器。

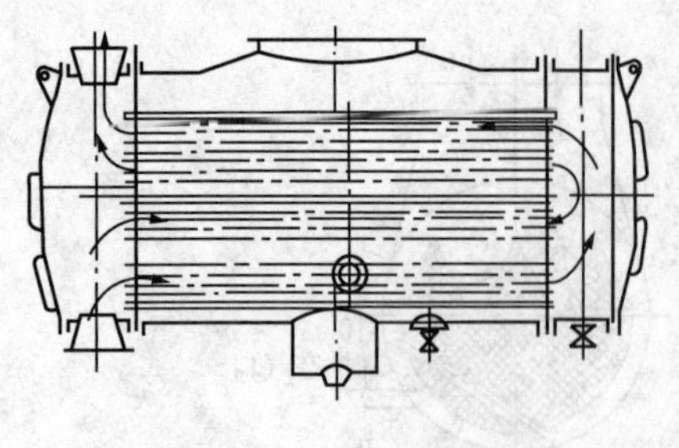

图4-4 双流程凝汽器

在冷却水入口水室中间设有垂直隔板，隔板将入口水室分为两个各自独立的部分，并有各自独立的端盖和进出水管口的凝汽器，称为对分制凝汽器。对分制凝汽器的优点是可以在凝汽器冷却水管脏污或泄漏时，汽轮机不需停机，而只要适当减低一定的负荷便可停止凝汽器的一半进行清洗和检修。目前，新型凝汽器大都采用对分制形式。

13. 汽流向下式凝汽器有哪些特点？

答：汽流向下式凝汽器，如图4-3(a)所示。这种凝汽器的优点是凝汽器的全部容积都布满冷却水管。汽轮机排汽的流动方向是由上至下，抽汽口和空气冷却区的管束都布置在凝汽器的下部。其缺点是蒸汽向抽气口流动的路径长、阻力大，增大了凝汽器的汽阻。同时，在上排管凝结的蒸汽，在向下滴落的过程中会遇到下排冷却水管的再冷却。另外，由于抽气口在凝汽器的下部，凝结水与蒸汽不能产生对流传热，致使凝结水过冷度增大，降低了机组的热经济性，这种形式的凝汽器很少采用。

14. 汽流向心式凝汽器有哪些特点？

答：图4-3(c)所示为圆筒形结构的汽流向心式凝汽器。冷却水管管束的中心略偏于外壳中心下侧，在管束下侧，管束外侧与凝汽器外壳之间形成了两个镰刀形的蒸汽管道，上面宽下面渐窄。汽轮机排汽进入凝汽器后，蒸汽沿着外壳与管束形成的通道包围了管束的四周，并沿半径方向向凝汽器中央抽气口流动。这种凝汽器的优点是保证管束下部有足够的蒸汽通道，使向下流动的凝结水及热水井中的凝结水与向心流动的蒸汽接触受到加热，从而使凝结水得到很好的回热效果，减小了凝结水过冷度。蒸汽在凝汽器管束中的流程较短，汽阻小。另外，由于凝结水向下流动时不与被抽出的蒸汽、空气混合物接触，因此凝结水在凝汽器中有良好的除氧效果。其缺点是体积较大。汽流向心式凝汽器在大型机组中得到广泛采用。

15. 汽流向侧式凝汽器有哪些特点？

答：图4-3(d)所示为汽流向侧式凝汽器。这种凝汽器的抽气口布置在凝汽器的两侧，冷却水管束布置在蒸汽中央通道的两侧，在凝汽器中央形成一个无阻碍的蒸汽通道，保证蒸汽可以自凝汽器顶部直流至底部。这种凝汽器的优点是保证了凝汽器有足够的蒸汽通道，上下直通的蒸汽通道使凝结水在向下滴落时与蒸汽的直接接触，减小了凝结水的过冷度，一般可降低至0.5℃以下。另外，由于蒸汽流向抽气口的距离较短，因此汽阻小，减小了汽轮机的排汽损失。汽流向侧式凝汽器广泛应用于中小型汽轮机。

16. 大型机组凝汽器采用矩形外壳有哪些特点？

答：大型机组凝汽器采用矩形外壳，可以充分利用凝汽器下部空间，在同样的冷却面积下，可缩小凝汽器的高度和宽度，制造和安装工艺较简单。但由于矩形凝汽器尺寸较大，外壳受压性能差，容易产生变形，所以在外壳的内部适当的位置，加焊一些增加强度的筋板、角钢和槽钢进行加固，以提高外壳的强度。

17. 为什么在凝汽器中设置中间隔板？有何作用？

答：为了提高铜管的刚度，减少铜管在运行中的挠度和振动，在凝汽器两端管板之间，隔一定距离装设若干个中间隔板(支撑板)用以支持铜管，中间隔板上管孔布置完全与管板上的管孔一致，隔板上的孔径比管板上的孔径稍大1mm，两中间隔板间距离应小于

$(50\sim60)d_2$，以免振动时相邻两管摩擦而损坏。中间隔板上孔的中心线为上拱形，最高点一般比两端管板上孔的中心抬高5～10mm，采取这个措施的作用是保证管子能与中间隔板紧密接触，以改善冷却水管的振动特性，并使凝结水膜沿着管子流动到管板，以减少下一排管子上积聚的水膜，可以使凝结水膜变薄和发生紊流，由此增加凝汽器导热系数的平均值，也便于冬季停机时的排水防冻。

18. 凝汽器的热井的作用是什么？

答： 热井的作用是聚集一定数量的凝结水，保证在甩负荷时不使凝结水泵立即断水，使凝结水泵正常运行。其有效容积应为1～3min内所聚集的凝结水量。

19. 对凝汽器的冷却水管有哪些要求？一般采用何种材质？

答： 在凝汽器中，蒸汽与冷却水的热量交换是由冷却水管的管壁来传递的，如果管壁受到腐蚀而破裂，冷却水就会漏入蒸汽空间，使凝结水的水质污染。为了使凝汽器在运行中保持良好的凝结水质，因此要求冷却水管的材料必须有良好的抗腐蚀性、机械性能及良好的导热性能，冷却水管与管板的连接处也不允许有漏水现象。冷却水管的材质，随冷却水的水质不同而有差异。若冷却水采用淡水的凝汽器时，其冷却水管通常采用牌号为H68的黄铜(铜锌合金)，其成分是铜占68%，锌占32%左右。但黄铜的抗腐蚀能较差，国内一般采用含铝1.5%的铝黄铜HA170－1.5或含锡黄铜HSn70－1。若冷却水采用海水的凝汽器时，其冷却水管的抗腐蚀要求比较高，一般采用铝黄铜HA177－2或白铜B30的材质。近年来在国外，应用不锈钢管作冷却水管的趋势有所发展。

20. 表面凝汽器冷却水管在管板上的固定方法有哪几种？

答： 表面凝汽器冷却水管在管板上的固定方法有垫装法、密封圈法和胀管法三种，如图4－5所示。

21. 什么是垫装法？

答： 图4－5(a)所示为垫装法。将冷却水管自由地装入管板中，然后用填料(如浸过油的棉纱绳、白油线或包锡箔的棉纱垫圈)密封，再在管板和填料之间还要加一圈铅垫，然后在填料外端用带螺纹的套管压紧，保证密封效果。垫装法的优点是冷却水管与管板之间留有一定的间隙，在温度变化时能自由伸缩，其缺点是严密性较差，制造复杂，填料易腐蚀而漏水，检修工作量大，故较少采用。

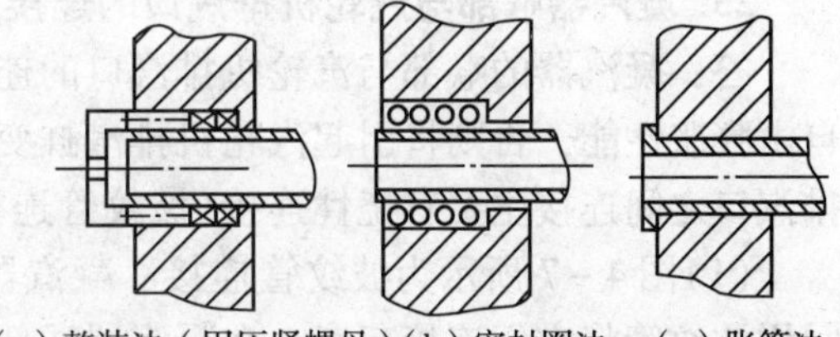

(a)整装法(用压紧螺母) (b)密封圈法 (c)胀管法

图4－5 管子在管板上的连接方法

22. 什么是胀管法？

答： 图4－5(c)所示为胀管法。管子与管板的连接是利用胀管器将管子胀接在管板上。该方法是利用胀管器将管子直径扩大，使管子产生变形，从而使管子与管板孔紧密地接触，并在接触表面形成弹性应力，保证连接的强度和严密性。是现代凝汽器普遍采用的管子与管板一种连接方式。

23. 冷却水管在管板上的排列形式有哪几种？

答： 冷却水管的排列合理与否，直接影响凝汽器的传热效果、汽阻和凝结水过冷度。冷却水管在管板上的排列形式主要有三角形、正方形和辐向排列三种，如图4－6所示。

按三角形排列的管子都位于等边三角形的各顶点上，其优点是排列紧凑，换热效果好，所以应用较广。但由于这种管子排列布置较密，所以汽阻较大。

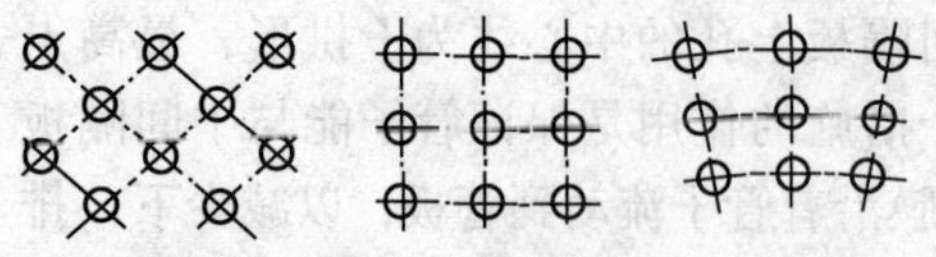

图4-6　冷却水管在管板上的排列形式

按辐向排列的管子，冷却水管位于辐射线和同心圆的交点上。由于蒸汽从外圆向中心流动时，随着蒸汽凝结量的增加，汽流通道逐渐缩小，流速和热负荷都比较均匀，阻力变化不大，而且由于管子沿着凝汽器高度方向有所错动，下部管子受到滴落的情况得到改善，传热效果较好。

24. 凝汽器的冷却水管排列的原则是什么？

答：为保证凝汽器最高的传热系数和最小的汽阻及过冷度，在布置冷却水管时应满足以下原则：

(1)为了降低气流速度，减少汽阻，冷却水开始几排管束最好采用辐向排列，以便有足够的通道面积，使蒸汽进入管束时的平均流速低于50m/s，一般为40~50m/s，防止产生过大的汽阻。

(2)汽轮机排汽至凝汽器抽汽口的途径力求短而直、沿程的压力降应小，凝汽器内可维持较高的真空。

(3)为避免内层管束热负荷过低，应设置侧向通道，使蒸汽能直接进入内层管束，而且沿汽流方向的管子排数应尽可能小，以减小主凝汽结区的汽阻。

(4)为控制凝结水在滴落过程中，减小凝汽器中凝结水的过冷度，应在管束之间安装凝结水收集挡板，并安装位置适当，否则会引起汽阻增加。

(5)设置空气冷却区，可有效地冷却进入凝汽器的空气，并使少量未凝结的蒸汽继续凝结，减少抽气器的负荷，为提高传热效果，蒸汽空气混合物在空气冷却区内应有较高的流速(不应超过50m/s)。

25. 凝汽器喉部与汽轮机排汽口的连接方式有哪几种？各有何特点？

答：凝汽器的喉部与汽轮机排汽口的连接必须保证严密性，同时在汽轮机受热后应具有自由膨胀性能，否则将引起汽轮机排汽缸变形或位移，致使机组振动。凝汽器喉部与汽轮机排汽口之间连接主要有挠性连接(波纹管连接)和刚性连接两种方式。

(1)图4-7所示为波纹管连接。凝汽器和汽轮机排汽缸分别安装在各自的基础上，中间用波纹管将它们连接起来。在凝汽器喉部与汽轮机排汽管道之间加装有一个波纹补偿器，以利于汽轮机排汽口的热膨胀。波纹管(又称波纹补偿器)不仅能吸收轴向方向上的位移，而且还能够吸收横向位移和角偏移。当工况变化时，靠补偿器来补偿凝汽器与汽轮机之间发生一定的自由位移，不至于引起额外作用力。波纹管补偿器具有安装方便、结构紧凑、补偿量大、耐腐蚀，热应力小，吸收变形和振动的能力强等优点。

(2)图4-8所示为法兰连接。凝汽器的喉部与汽轮机排汽口采用法兰直接连接时，两法兰之间加入密封垫片，用螺栓将两法兰紧固在一起。凝汽器的本体用弹簧支持在基础上，当汽轮机受热膨胀时，由弹簧发生弹性变形补偿。这种连接方式的优点是可以补偿凝汽器与汽轮机排汽缸的热膨胀，还有很好的密封性，而且汽轮机的排汽管又不承受重力。所以，这种连接方式为电厂汽轮机所广泛采用。

26. 如何计算凝汽器冷却水温升？

答：冷却水温升可根据凝汽器的热平衡方程求得：

$$\Delta T = \frac{h_c - h'_c}{c_p \frac{D_w}{D_c}} = \frac{h_c - h'_c}{c_p m} \tag{4-1}$$

式中　h_c、h'_c——凝汽器中的蒸汽和凝结水的焓，kJ/kg；

D_c、D_w——进入凝汽器的蒸汽量和冷却水量，kg/h；

c_p——水的定压比热容，对循环冷却水可取 $c_p = 4.1868\text{kJ/(kg·K)}$。

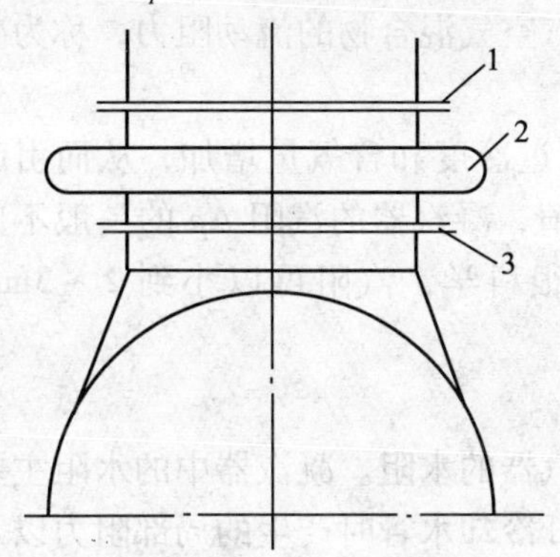

图4-7　波纹管连接形式

1—汽轮机排汽口法兰；2—波纹补偿器；3—凝汽器喉部法兰

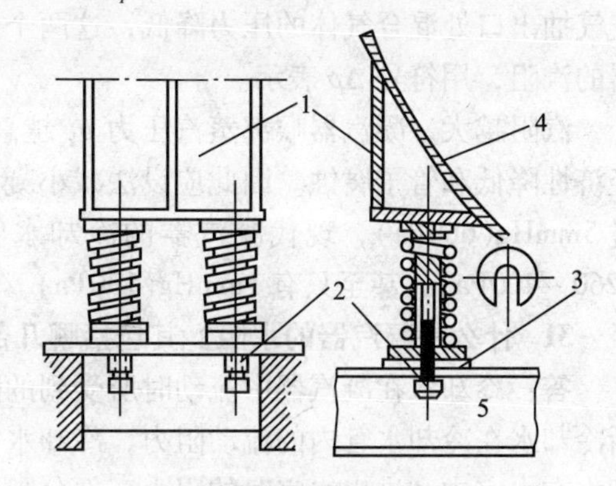

图4-8　凝汽器的弹簧支架

1—凝汽器外壳支座；2—调整螺栓；3—垫圈；4—凝汽器外壳；5—底座

27. 什么是凝汽器的冷却倍率？

答：流经凝汽器冷却水量与被凝结的蒸汽流量之比，即比值 D_w/D_c 称为凝汽器的冷却倍率，用 m 表示。现代凝汽器的冷却倍率 m 值约在 50～100 范围内。在多流程的凝汽器中，当采用回流供水系统时，冷却倍率 m 值多半在 50～70 之间，直流供水时，冷却倍率 m 可达 90。而在单流程凝汽器中，冷却倍率 m 值增大到 100～200。

28. 什么是传热端差？它的大小与哪些因素有关？

答：在凝汽器压力下的饱和温度同凝汽器凝冷却水的出口温度的差值称为传热端差，用符号 δ_t 表示。也就是汽轮机的排汽温度 T_n 比循环冷却水的出口温度 T_2 高出的温差 δ_T，即

$$\delta_T = T_n - T_2 \tag{4-2}$$

传热端差的大小与凝汽器的冷却水进口温度、凝汽器单位面积蒸汽负荷、凝汽器铜管表面洁净度、凝汽器内漏入空气量以及冷却水在管内的流速有关。

29. 空气是通过哪些渠道进入凝汽器的？对凝汽器工作带来哪些危害？

答：凝汽器内的空气主要是通过汽轮机的真空系统的不严密处漏入凝汽器的；还有是溶解在锅炉补水中的不凝结气体随新蒸汽进入汽轮机，并随蒸汽做功后的排汽进入凝汽器，由于近代汽轮机设备中，锅炉给水都经过妥善的除氧，因此这部分空气数量极少，约占从凝汽器排出空气量的百分之几。空气和不凝结气体进入真空系统后，将给凝汽器工作带来以下危害：

(1)凝汽器内漏入空气增加后，由于空气分压力的存在，使凝汽器内的绝对压力升高，排汽温度上升，降低了汽轮机的经济性。严重时，由于排汽温度过高，还会引起汽轮机低压汽缸的变形和振动，致使汽轮机被迫减负荷或停机。

(2)凝汽器凝结水中的溶解氧含量增加，导致冷却水管、凝汽器到除氧装置之间管道、阀门的腐蚀严重，降低了设备的使用寿命。

(3)空气漏入真空系统后，增大了凝结水的过冷度。

(4)蒸汽中的不凝结气体的存在会在冷却水管表面上形成一层空气膜而降低传热效果，

影响蒸汽的凝结放热。

30. 什么是凝汽器的汽阻？汽阻过大有什么危害？

答：当蒸汽空气混合物自凝汽器喉部向抽气口流动时，使凝汽器喉部的蒸汽压力升高，空气抽出口处混合气体的压力降低，这两个压差即为蒸汽空气混合物的流动阻力，称为凝汽器的汽阻，用符号 Δp 表示。

汽阻越大，凝汽器喉部蒸汽压力 p_k 越高，使凝结水过冷度和含氧量增加，从而引起热经济性降低和管子腐蚀。因此应设法减小凝汽器的汽阻值，凝汽器的汽阻 Δp 的一般不应超过5mmHg(660Pa)，现代凝汽器的冷却水管束排列的很科学，汽阻可以小到2~3mmHg(260~400Pa)，甚至只有1mmHg(130Pa)。

31. 什么是凝汽器的水阻？其包括哪几部分阻力？

答：冷却水在凝汽器中流动时所受到的阻力称为凝汽器的水阻。凝汽器中的水阻主要包括冷却水在冷却水管内的流动阻力，冷却水在进入和离开冷却水管时产生的局部阻力以及冷却水在水室中和进出水室时的阻力三部分阻力。

水阻的大小对循环水泵的选择、管道的布置均有影响，水阻越大，循环水泵的耗功越大，大多数双流程凝汽器的水阻在50kPa以下，单流程凝汽器水阻一般不超过40kPa。

32. 什么是凝结水的过冷度？凝结水过冷却对机组有什么影响？

答：相应于凝汽器真空度的蒸汽饱和温度与热井中凝结水温度之差，称为凝结水过冷却，低于的度数称为过冷度。一般凝结水每过冷却1℃，汽轮机的热耗可因此增加0.5%。理论上凝结水温度应和排汽压力下的饱和温度相等，但实际上由于各种因素的影响使凝结水温度低于排汽压力下的饱和温度。

由于凝结水过冷却，表明蒸汽冷凝过程中，传给冷却水的热量增大，冷却水带走了额外热量，降低了汽轮机组的热经济性；此外，凝结水的过冷却还会引起凝结水中的含氧量增加，从而加速热力设备及管道的腐蚀，降低了设备运行的安全性和可靠性。凝结水过冷度一般要求不超过0.5~1℃。

33. 凝结水产生过冷却的原因有哪些？

答：(1)运行中凝汽器凝结水位过高，淹没了凝汽器下部的冷却水管，致使管子内的冷却水吸走了凝结水部分热量，使凝结水再次被冷却，过冷却度增大。

(2)当凝汽器漏入空气增多或抽气器的工作失常，凝汽器内积存空气。从而引起凝汽器内空气分压力提高，蒸汽分压力下降，真空降低。从而凝结水是在对应蒸汽分压力的饱和温度下冷凝，因此凝结水温度必然低于凝汽器压力下的饱和温度，而产生过冷。

(3)由于设计的冷却水管束排列不当，如管束上排冷却水管产生的凝结水往下滴时再与下排管束接触，凝结水再次被冷却，使过冷却度增大。

(4)凝汽器的汽阻过大，使凝汽器内管束的中、下部形成的凝结水温度较低，而产生过冷。

(5)蒸汽在上部冷却水管凝结成水后通过上部密排管束时，将在冷却水管的外表面形成一层水膜而影响传热效果，如图4-9所示。水膜外表面温度接近或等于该处蒸汽的饱和温度。而水膜内侧温度则接近或等于冷却水温度，当水膜变厚聚集成水滴下落时，此水滴温度就低于凝汽器内压力下的饱和温度。

34. 什么是凝汽器的极限真空？极限真空由哪些因素所决定？

答：汽轮机做功达到最大值时的排汽压力所对应的真空，称为极限真空。真空超过极限真空，将会使经济性下降。极限真空由汽轮机末级叶片出口截面的膨胀极限所决定，当通过末级叶片的蒸汽已达到膨胀极限时，若超过此限度继续降低汽轮机排汽压力，蒸汽膨胀只能在末级动叶通道外进行，当初参数和蒸汽流量不变时，汽轮机的功率不再增加。虽然在极限真空下，蒸汽做功能力得到充分利用，但此时循环水量和水泵电耗维持在较高水平上，而且由于凝结水温降低，使汽轮机功率相应减少，使汽轮机效益降低。

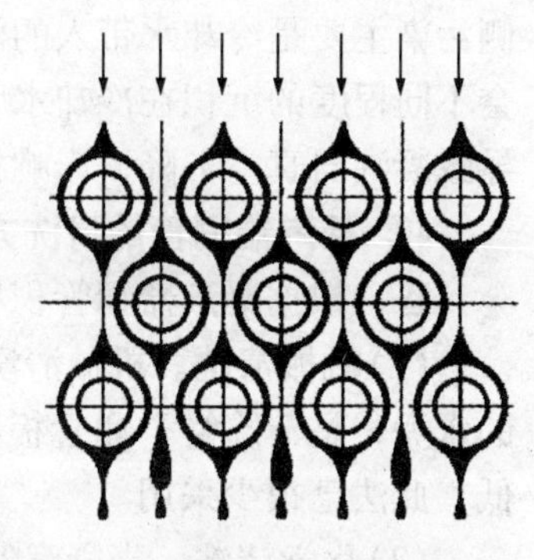

图4－9　凝结水滴在错位排列冷却水管表面的下落情况

每台汽轮机的极限真空值一般由制造厂提供，也可通过热力试验取得数据，国产汽轮机的极限真空所对应的排汽压力为0.003MPa左右。

35. 什么是凝汽器的最佳真空？

答：由于凝汽器真空提高，使汽轮机功率增加与循环水泵多耗功率之差达到最大时的真空值称为凝汽器的最佳真空，又称为最有利真空。

36. 影响凝汽器最佳真空的主要因素有哪些？

答：进入凝汽器的蒸汽流量、汽轮机排汽压力、冷却水进口温度、循环水量（或循环水泵的运行台数）、汽轮机的出口压力变化和循环水泵的消耗功率变化等。汽轮机运行中是根据凝汽量和冷却水出口温度来选用最佳真空下的冷却水量，即合理调度使用循环水泵的容量和台数。

37. 为什么要定期对凝汽器进行清洗？

答：由于水质及环境等因素使凝汽器冷却水管内表面脏污、结垢和堵塞，导致热阻力增加，又由于水阻力增加而使流经凝汽器的冷却水量有所减少，恶化凝汽器的工况，使凝汽器真空下降，威胁机组的安全运行。因此，应根据凝汽器的脏污情况，不定期对凝汽器进行清洗，使其保持较高的清洁度。

38. 为什么要对凝结水水质进行监视？凝结水质不良有哪些危害？

答：为了防止凝器设备结垢和腐蚀，应经常对凝结水水质进行监视。控制汽轮机凝结水水质，是对凝器设备运行情况和蒸汽品质的有效监视。凝结水水质不良不仅使锅炉受热面结垢、传热恶化、汽轮机叶片也将结垢，效率降低，而且可能引起锅炉爆管、汽轮机轴向推力过大等事故，将直接威胁锅炉和汽轮机的安全运行。所以，机组在运行中必须对凝结水进行化学分析，判别其品质是否合格。凝结水水质的标准见表4－1。

表4－1　汽轮机凝结水水质指标

锅炉压力/MPa	硬度/(μmol/L)	溶氧/(μg/L)	电导率(氢离子交换后)(25℃)/(μS/cm)
3.82～5.78	≤1.5	≤50	
5.88～12.64	≤1.0	≤50	—
12.74～15.58	≤1.0	≤40	≤0.3
15.68～18.62	—	≤30	

39. 凝汽器的脏污有哪几种？

答：凝汽器的脏污一般是指冷却水管受到污染，包括汽侧污染和水侧污染。汽侧污染主要是亚硫酸盐和碳酸盐附着在冷却水管外表面所致，一般可用80～90℃的热水冲洗掉；水侧污染主要是冷却水带入的泥沙、树叶、木片、杂草等物质和加热过程中分解出的盐分等均会不同程度的沉积在冷却水管的内壁上。凝汽器冷却水管内壁积垢，会使传热系数降低，将导致凝汽器真空下降，影响机组安全运行。

40. 凝汽器铜管的清洗方法有哪几种?

答: 根据凝汽器铜管积垢的不同，可采用以下几种清洗方法：

(1)机械清洗。机械清洗即用软钢丝刷、毛刷和水龙头的喷枪(嘴)，用人工清除凝汽器的水垢，是清除管子和管板机械污垢最简单的方法。其缺点是时间长，劳动强度大，效率低，此法已很少采用。

(2)化学清洗。当凝汽器铜管结有碳酸盐的结垢，采用化学清洗法清洗凝汽器，可以导致完全溶解碳酸盐结垢，而且凝汽器管子的金属损伤小。在具有去垢效力的带水凝结液组成中，添加剂不仅促进吸收泡沫，还使铜管腐蚀速度缓慢。

(3)胶球清洗法。凝汽器胶球清洗装置，可以在机组不减负荷的情况下清洗冷却水管内壁，降低凝汽器的端差和汽轮机的背压，提高汽轮机的热效率。胶球清洗法就是利用专用的装置将一定数量的海绵胶球输入凝汽器入口管，以凝汽器的冷却水作为动力，使海绵在管道系统里不断地循环，胶球磋擦凝汽器管道的内壁，将紧贴在管道内壁表面的沉积物冲刷掉。

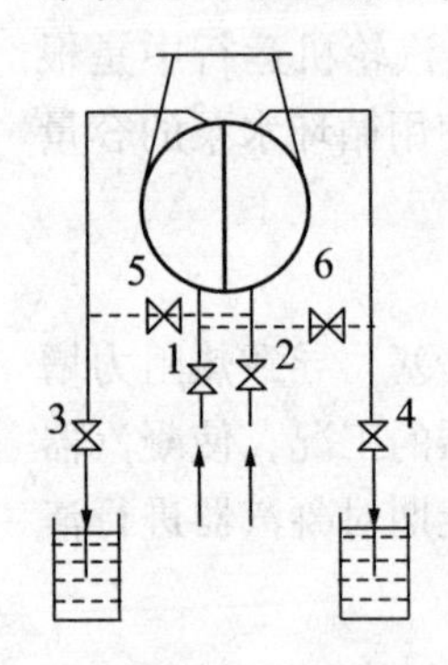

图 4 - 10　水流逆向冲洗凝汽器示意图

(4)逆向冲洗法。凝汽器中有软垢时，可采用冷却水定期在铜管中水流逆向冲洗法来清除，如图 4 - 10 所示。冲洗前，应安装临时管，连接压力管和排水管以及相应的阀门。当冲洗左侧半个凝汽器时，应开启阀门2、4、6，关闭阀门1、3。当冲洗右侧半个凝汽器时，应关闭阀门2、4，开启阀门1、3、5 和6。

用水流逆向法冲洗凝汽器时，应在降低负荷时进行。冲洗时间及包括必要的阀门切换，不应超过 20 ~ 30min。这种方法的缺点是要增加管道和阀门的投资，系统较复杂。

41. 胶球清洗装置用球有哪几种? 其清洗原理是什么?

答: 胶球连续清洗装置所用的胶球分为硬胶球和软胶球两种，清洗原理亦有区别。硬胶球的直径比铜管内径小 1 ~ 2mm，胶球随冷却水进入铜管后不规则的跳动，并与铜管内壁碰撞，加之水流的冲刷作用，将附着在管内壁上的沉积物清除掉，达到清洗的目的。软胶球的直径比铜管内径大 1 ~ 2mm，质地柔软的海绵球随冷却水进入铜管后，即被压缩变形与铜管内壁全周接触，从而将管内壁的污垢清除掉。

42. 什么是抽气器? 它有何作用?

答: 为保持凝汽器内的真空而将其内部空气抽出的装置称为抽气器。抽气器的作用是将漏入凝汽器中的空气和不凝结的气体连续不断地抽出，以保持凝汽器的高度真空。

43. 抽气器有哪几种型式? 它有哪些特点?

答: 喷射式(射流式)抽气器按其工作工质可分为射汽式抽气器和射水式抽气器两种。它们均是利用具有一定压力的流体，在喷嘴中膨胀加速，以很高的速度将吸入室内的低压气流抽走。喷射式抽气器没有运动部件，结构紧凑，运行稳定可靠，维修方便、制造成本低，占地面积小，并能在较短的时间(5 ~ 6min)内建立所需要的真空，且可回收凝结水。工业汽轮机大多采用射汽式抽气器。

44. 什么是射汽式抽气器? 它有何优缺点?

答: 以过热蒸汽为工质的抽气器，称为射汽抽气器。使用射汽式抽气器的机组一般都设有启动抽气器和主抽气器。其优点是结构简单，能回收工作蒸汽的热量和凝结水，降低汽气混合物的温度从而减轻下一级抽气器的负担，提高抽气器的效率，因而在很多机组上被广泛采用。缺点是制造较复杂，造价高，喷嘴易堵塞。

45. 射汽抽气器的工作原理是什么？

答：图4－11所示为射汽式抽气器工作原理示意图。它由喷嘴A、混合室B和扩压管C三部分组成。0.8～1.2MPa的工作蒸汽进入缩放喷嘴A，膨胀加速至1000m/s以上，形成一高速汽流射入混合室B，使混合室B内形成高度真空。混合室的入口与凝汽器抽气口相连，凝汽器中蒸汽－空气混合物则被吸入混合室混合，并被高速汽流带动共同进入扩压管C，在扩压管中混合汽流的动能逐渐转变为压力能，速度降低，压力升高，最后在压缩至略高于大气压力的情况下排入大气。

46. 抽气器的工作过程可分为哪几个阶段？

答：抽气器的整个工作过程可分为三个阶段，如图4－11所示。图中1－1断面以前为工质在喷嘴内的膨胀加速阶段，在1－1与2－2断面之间是工质与混合室内的气、汽混合物相混阶段；在2－2与4－4断面之间是超音速流动的压缩阶段；断面3－3为超音速流动转变为亚音速流动的过渡断面；3－3与4－4断面为亚音速流动的扩压段。当工质流至4－4断面以外，其压力升至略高于大气压力而排入大气。

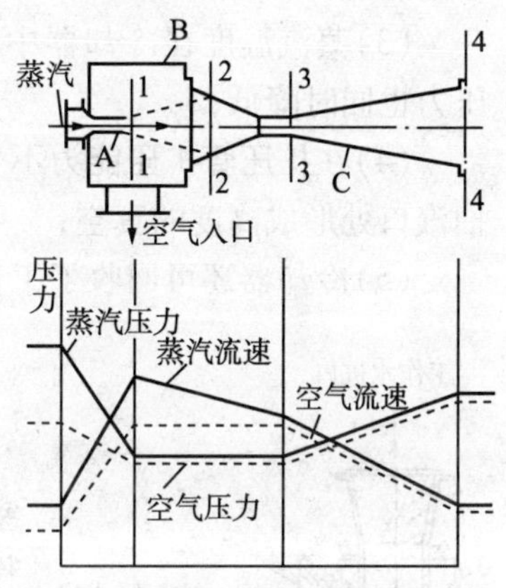

图4－11　射汽式抽气器工作原理示意图

1—蒸汽室；2—混合室；3—喷嘴；4—扩压管

47. 什么是启动抽气器？有何作用？

答：汽轮机启动时使用的抽气器，称为启动抽气器。启动抽气器作用是在汽轮机启动前迅速抽出汽轮机和凝汽器内的大量空气，加快凝汽器建立真空的速度，缩短机组启动时间。另外，在运行中当汽轮机真空系统严重漏气，凝汽器内真空下降至80kPa(600mmHg)以下时，也可临时投入启动抽气器，维持机组的运行，待漏气消除后再将其停止。

48. 启动抽气器有什么优缺点？

答：启动抽气器的优点是启动快、抽气量大、结构简单(无冷却器)、易操作，建立真空迅速。其缺点是建立真空较低、混合物中的工作蒸汽的热量和凝结水不能回收，热损失大，所以启动抽气器经常运行是不经济的。

49. 什么是主抽气器？它有什么作用？

答：抽出凝汽器蒸汽空间的不凝结气体，维持凝汽器的真空设备称为主抽气器。主抽气器的作用是在汽轮机正常运行期间即可将凝汽器中的空气抽出，维持凝汽器较高的真空，又可以回收工作蒸汽的热量和凝结水，因而有较高的经济性。

50. 两级主抽气器的工作原理是什么？

答：图4－12为两级主抽气器的工作原理图。主抽气器一般是由两个射汽抽气器和两个冷却器组成的。凝汽器的蒸汽、空气混合物由第Ⅰ级抽气器中抽出并压缩至凝汽器低于大气压某一中间压力，由扩散管排至第Ⅰ级冷却器2，将其中大部分蒸汽凝结成水，其余的汽、气混合物再被第Ⅱ级抽气器抽出。汽、气混合物在第Ⅱ级抽气器中被压缩到稍高于大气压，再经过第Ⅱ级冷却器4将大部分蒸汽凝结成水，最后将剩余的空气和少量未凝结的蒸汽由排汽管排入大气。

51. 多级主抽气器设置中间冷却器有哪些特点?

答: 汽、气混合物在扩压管中的流动是绝热的压缩过程，将使汽、气混合物的温度上升，消耗的压缩功增加。多级主抽气器设置中间冷却器特点是:

(1)可将汽、气混合物冷却降温，所消耗的压缩功减少，因此节省了抽气器的工质的能量;

(2)自扩压管排出的蒸汽，绝大部分在冷却器中凝结成水，从而减轻了下一级抽气器的负担;

(3)蒸汽温度在冷却器中降低，相应的饱和压力也同时降低;

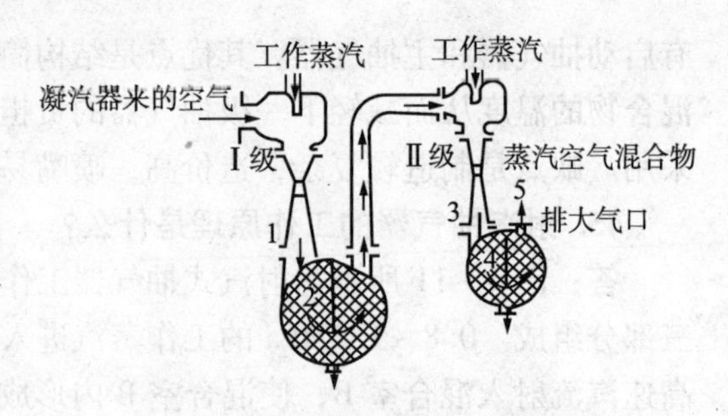

图 4-12　两级抽气器工作原理图

1—一级抽气器; 2—一级冷却器(中间冷却器); 3—二级抽气器; 4—二级冷却器(外冷却器); 5—排空气口

(4)在扩压管扩压能力不变的情况下，将会使扩压管前的压力进一步降低，使凝汽器的抽汽口处形成高度的真空;

(5)冷却器还可回收了工作蒸汽的热量和凝结水，因而有较高的经济性。

52. 什么是射水抽气器?它有哪些部件组成?

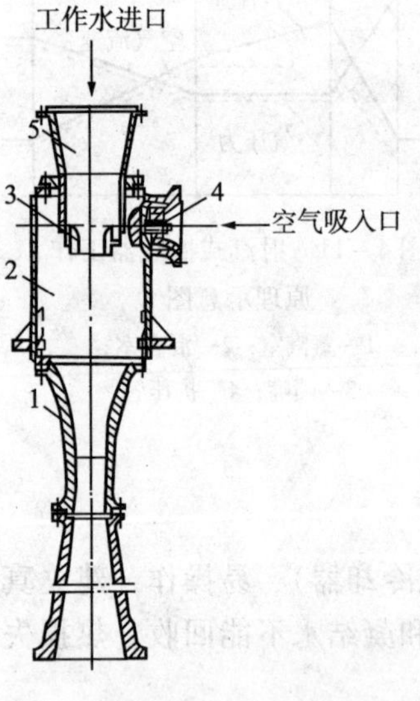

答: 以水为工作介质的抽气器，称为射水抽气器。

图 4-13 所示为射水抽气器结构图。主要由扩压管 1、混合室 2、喷嘴 3 和逆止阀 4 等组成。在喷嘴前安有水室，以防止工作水在进入喷嘴前形成旋涡，并提高喷嘴的工作性能。在混合室与凝汽器连通的进口处装有逆止阀，发生故障时，逆止阀 4 自动关闭，以防止水和气进入凝汽器。

图 4-13　射水式抽气器结构

1—扩压管; 2—混合室; 3—喷嘴; 4—逆止阀; 5—水室

53. 射水抽气器的工作原理是什么?

答: 射水抽气器的工作原理是将射水泵供给的 0.2 ~ 0.4MPa 压力的工作水，经水室进入喷嘴，喷嘴将工作水的压力能转变为速度能，以高速度喷出，在混合室中形成高度真空，将凝汽器内的汽、气混合物吸入混合室，在混合室内，汽、气混合物与水混合后一起进入扩压管。工作水在扩压管中流速逐渐降低，由速度能转变为压力能，最后在扩压管出口处在略高于大气压力排出扩压管进入冷却水池。

54. 射水抽气器在系统中的连接方式有哪几种?

答: 射水抽气器在系统中的连接方式有开式供水和闭式供水。

(1)开式供水方式。工作水是用专用射水泵从凝汽器循环水入口管引出，经抽气器后排出的汽、水混合物引至凝汽器循环水出口管中，如图 4-14 所示。

(2)闭式供水方式。设有专门的工作水箱(射水箱)，射水泵从进水箱吸入工作水，至抽气器工作后排到回水箱，回水箱与进水箱有连通管连接，因而水又回到进水箱。为防止水温升高过多，运行中连续加入冷水，并通过溢水口，排掉一部分温度较高的水，如图 4-15 所示。

55. 射水抽气器的抽吸能力与工作温度之间有什么关系?

答: 工作水的温度愈低，射水抽气器能建立的真空愈高，即抽吸能力大；反之工作水温度愈高，射水抽气器的抽吸能力就小。水的饱和温度与压力是一一对应的，根据水的温度可以查到抽气器能达到的最低抽吸压力。

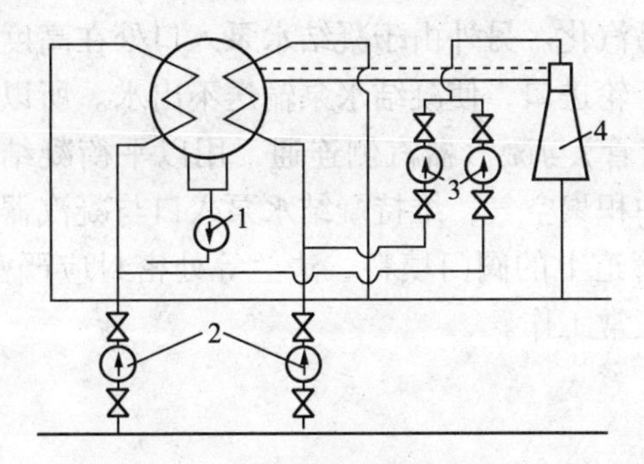

图4－14　射水抽气器开式供水方式

1—凝结水泵；2—循环水泵；3—射水泵；4—射水抽气器

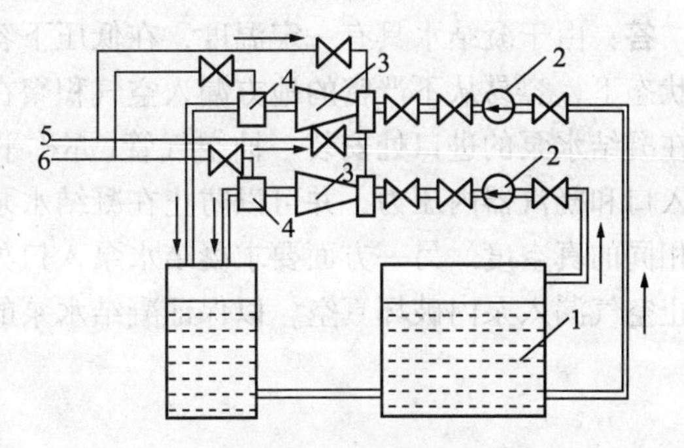

图4－15　射水抽气器闭式供水方式

1—工作水箱；2—射水泵；3—射水抽气器；4—轴封抽气器；5—凝汽器来的空气；6—轴封加热器来的空气

考虑到抽气管沿程的阻力，一般正常工作的抽气器，喷嘴后的压力必须低于汽轮机背压0.001MPa左右（如凝汽式汽轮机背压为0.005MPa，抽气器空气吸入室的压力应低于0.0035MPa）。

汽轮机排汽背压随凝汽器冷却水进水温度变化而变化，抽气器必须达到的压力也跟随着变化，所以实际上射水抽气器工作水温度没有一个确定的数值。根据推算，射水抽气器工作水的温度低于当时汽轮机排汽饱和温度5～6℃，就不会因射水抽气器抽吸能力下降而影响凝汽器真空。

56. 射水式抽气器与射汽式抽气器相比较有哪些优缺点？

答：(1)可以节省蒸汽量，降低了机组的汽耗，省去了冷却器，降低了投资，提高了工厂的经济性。

(2)对于低压力的射水抽气器，可以节省启动抽气器，使系统简化。

(3)低压力的射水抽气器结构紧凑、喷嘴直径大，易于加工制造，运行中不易堵塞，运行可靠，功率大，质量小，检维修方便，价格低廉。

(4)在同一台机组上采用射水抽气器，可获得比射汽抽气器更高一些的真空度。

其不足之处是要消耗一部分水，且射水泵的电动机耗电较大，因工作特性易受水温的影响，并占地面积大。

57. 凝结水泵安装在什么位置？

答：由于凝汽器内的真空度很高，因此凝结水泵吸出凝结水时应具有很高的吸入高度。凝结水泵所输送的是相应于凝汽器压力下的饱和水，因此在凝结水泵入口易发生汽化，故水泵性能中规定了入口侧的灌注高度，借助水柱产生的压力，使凝结水离开饱和状态，避免汽化。由于离心式水泵的吸入高度最大只能达到7～8m，因而在很高的真空下吸出水来是不可能的，因而凝结水泵安装在凝汽器最低水位以下，使水泵入口与最低水位维持0.5～1.0m的高度差，如图4－16所示。

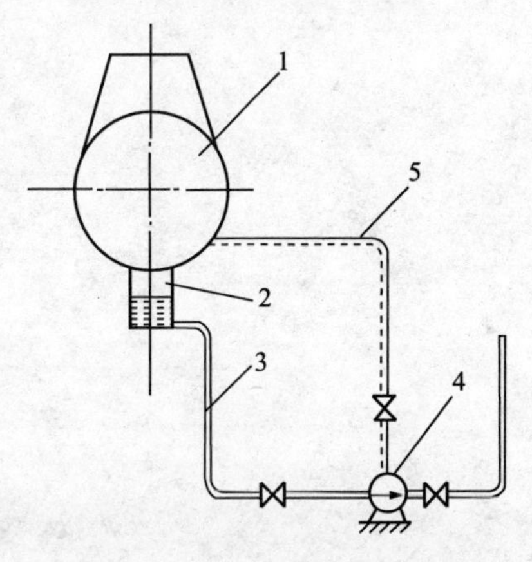

图4－16　凝结水泵装置示意图

1—凝汽器；2—热井；3—凝结水管；4—凝结水泵；5—抽空气管

58. 如何才能保证凝结水泵正常工作?

答:由于凝结水具有一定温度，在低压下容易汽化。另外由于凝结水泵入口处在高度真空状态下，容易从不严密的地方漏入空气积聚在叶轮进口，使凝结水泵输送不出水。所以要求在凝结水泵的进口处安装一抽空气管(亦称平衡管)与凝汽器汽侧连通，用以平衡凝结水泵入口和凝汽器内压力，并可以防止在凝结水泵中积聚空气，维持凝结水泵入口与凝汽器处于相同的真空度。另一方面要求凝结水泵入口处管道上的阀门填料、法兰等处密封应严密，防止空气漏入泵内破坏真空，以保证凝结水泵的正常工作。

第五章 汽轮机的调节系统和供油系统

第一节 汽轮机调节系统的组成

1. 什么是调节系统？汽轮机调节系统的任务是什么？

答：为控制关键参数(如转速、温度、压力、输出功率、推力、间隙等)所提供的控制元件和设备的组合，称为调节系统。汽轮机调节系统的任务是：在外界负荷与机组功率相适应时，保持汽轮机稳定运行；当外界负荷发生变化或机组转速变化时，调节系统能相应的改变汽轮机的功率，使之与外界负荷相适应，建立新的平衡，并保持汽轮机的工作转速在规定范围内变化。由于汽轮机调节系统是以机组转速为调节对象的，故习惯上将汽轮机的调节系统称为调速系统。

2. 汽轮机调节系统应满足哪些运行要求？

答：(1)在蒸汽参数在额定情况下，当主汽阀全开时，调节系统应能维持汽轮机在空负荷下稳定运行，转速不应有明显摆动；当负荷变化时，调节系统应能保证机组平稳地从一个工况过渡到另一工况，不发生较大的和长期的负荷摆动(摆动值不大于额定负荷的2%)。

(2)当机组由满负荷突然降至空负荷时，调节系统应能维持汽轮机转速在危急保安器的动作转速以下。

(3)当危急保安装置动作后，应保证主汽阀、调节汽阀迅速关闭，主汽阀的关闭时间应不大于1s。

(4)调节系统的速度变动率应在4%～6%范围内，迟缓率应在0.5%以内。

(5)在设计范围内，机组能在高频率、低参数下带满负荷，供热机组应达到供汽出力，且汽压波动应在允许范围之内。这就要求调节系统中各部套的工作范围(如行程、油压等)有一个合理的裕度。

(6)变速汽轮机的调节，除接受机组转速信号外，还应接受被驱动机械所发出的信号，即应有双脉冲调节装置。

(7)调节系统还应满足工艺系统的要求，保证机组定转速运行和变转速运行。

3. 什么是汽轮机直接、间接调节系统？各由哪些部件组成？

答：汽轮机的调节系统按其调节汽阀动作时所需能量的供应来源可分为直接调节和间接调节两大类。

在汽轮机调节系统利用调速器的位移直接带动调节汽阀的调节，称为直接调节系统。它主要由调节汽阀、低速重锤离心调速器和杠杆等组成。

在汽轮机调节系统中调速器滑环的位移借助于中间放大机构(错油门、油动机)将能量加以放大，带动调节汽阀的调节，称为间接调节系统。它由调节汽阀、离心调速器、杠杆、油动机、错油门滑阀所组成。

4. 汽轮机直接调节系统的工作原理是什么？

答：图5-1所示为汽轮机转速直接调节系统示意图。当汽轮机的外界负荷减小，导致汽轮机转速升高时，离心调速器2的转速也随之升高，离心调速器的飞锤因离心力增大而向外张开，在弹簧力的作用下使滑环A点向上移动，通过杠杆3的传动，关小调节汽阀1的开度，减小汽轮机的进汽量，于是汽轮机的功率相应减小，建立新的平衡。当外界负荷增加时，导致汽轮机转速降低，离心调速器的飞锤因离心力减小而向内收缩，开大调节汽阀的开度，增大汽轮机的进汽量，汽轮机的功率增大，建立新的平衡。由此可见，由于汽轮机调节系统设置了调速器，不仅使汽轮机转速维持在一定的范围内，而且还能自动保证汽轮机功率的平衡。

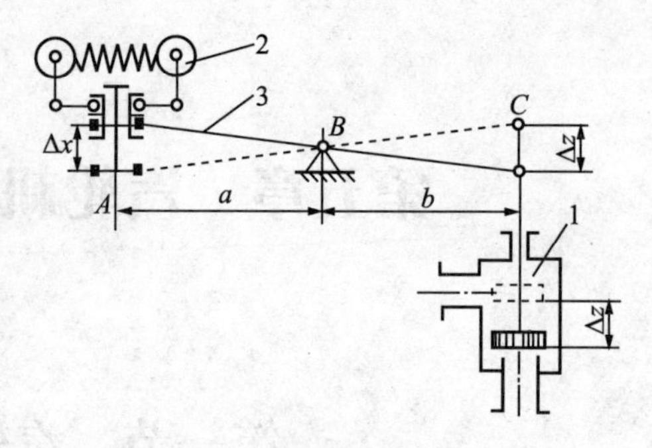

图5－1　直接调节系统示意图

1—调节汽阀；2—离心式调速器；3—杠杆

图5－2所示为直接调节系统原理方框图。由于离心调速器给出的信号能量有限，一般难以直接带动调节汽阀，所以应将调速器滑阀的位移在功率上加以放大，从而构成了间接调节系统。

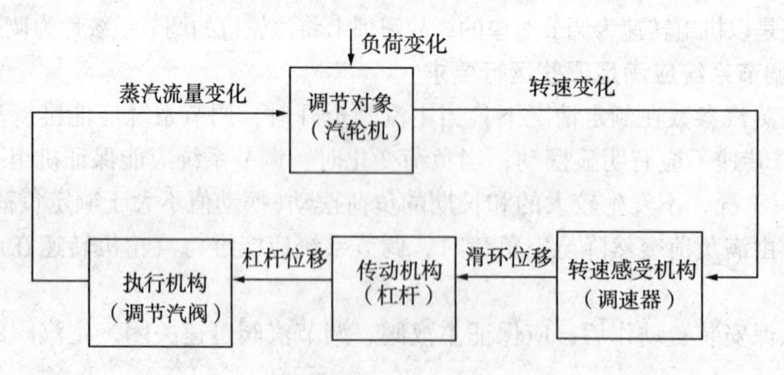

图5－2　直接调节系统原理方框图

5. 汽轮机间接调节系统的工作原理是什么？

答：图5－3所示为一种最简单的一级放大间接调节系统。当外界负荷减小，导致转速升高时，调速器2飞锤的离心力增大，飞锤向外张开，在弹簧力的作用下，相应地使调速器滑环向上移动。由于调速器滑环与错油门滑阀、油动机活塞在同一杠杆3上，所以当滑环（A点）向上移动时，杠杆AC以C为瞬时支点带动B点同时上移，也带动错油门滑阀随之上移，这时错油门上的油口与压力油管连通，而下部的油口则与排油口相通。压力油经过油口进入油动机4的上腔室，下腔室的压力油排出，油动机活塞在上下两侧油压差的作用下，油动机活塞与调节汽阀一起向下移动，关小调节汽阀1，减少进汽量，使机组功率与外界负荷相适应。油动机活塞下移的同时，杠杆AC又以A为暂时支点，带动B点下移，使错油门滑阀下移到原来的中间位置，重新切断了通往油动机的油路，油动机活塞和调节汽阀就停止了下移，调节系统处于

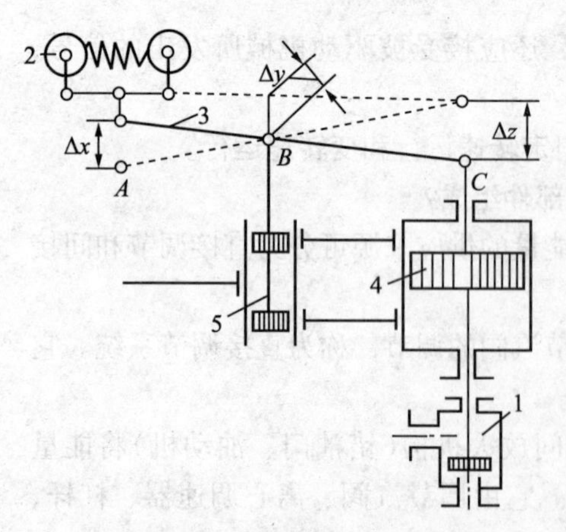

图5－3　间接调节系统示意图

1—调节汽阀；2—离心式调速器；3—杠杆；4—油动机；5—错油门

新的平衡状态，这时机组就在新的工况下稳定运行。

当外界负荷增加时，调节系统的动作过程与上述相反。

图5－4所示为间接调节系统原理方框图。

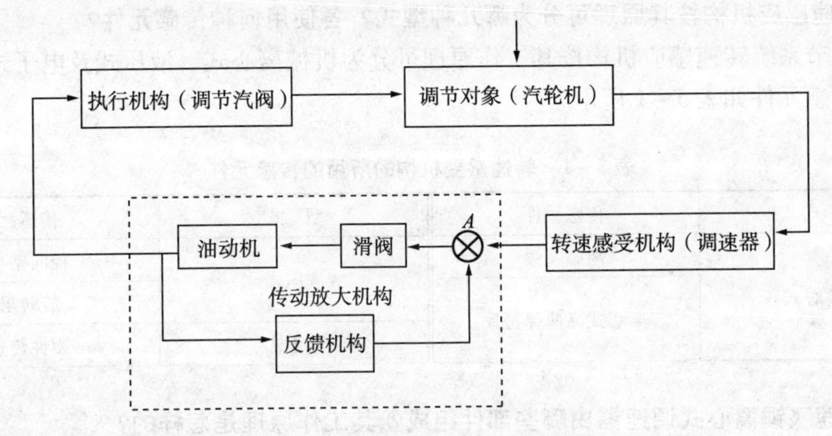

图5－4　间接调节系统原理方框图

6. 汽轮机调节系统由哪几部分组成?

答: 汽轮机各种类型调节系统，一般都由转速感应机构、传动放大机构、执行机构和反馈机构四部分组成，如图5－5所示。

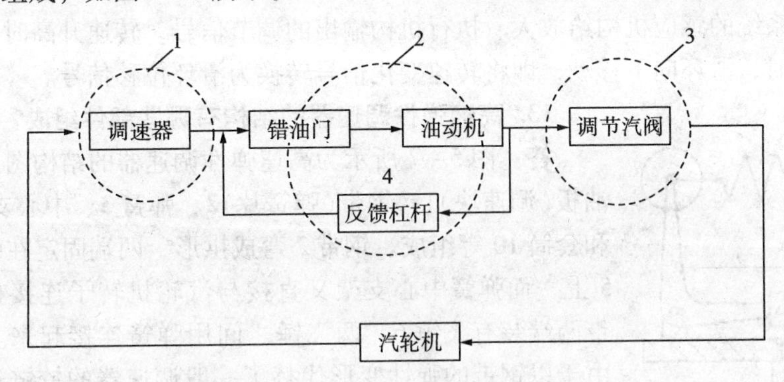

图5－5　汽轮机调节系统的组成

1—感应机构；2—传动放大机构；3—执行机构；4—反馈机构

7. 转速感应机构的作用是什么?

答: 转速感应机构的作用是直接感受转速的变化，并将转速的变化转变为其他物理量(如位移、油压或电信号)的变化，送至传动放大机构。转速感应机构通常又称为调速器。

8. 传动放大机构的作用是什么?

答: 传动放大机构的作用是接收感受机构传来的信号(滑环位移)，并经错油门和油动机加以放大，然后以油动机活塞的位移传递给执行机构。

9. 执行机构的作用是什么?

答: 执行机构的作用是接收传动放大机构传来的信号，并由错油门、油动机控制调节汽阀开度，来调节汽轮机的进汽量，从而改变机组的转速或功率。执行机构又称配汽机构。

10. 反馈机构的作用是什么?

答: 为保持调节的稳定，汽轮机调节系统必须设有反馈装置，使某一机构的输出信号进行反向调节（如错油门接收调节信号后，滑阀的位移使油动机活塞动作，而油动机活塞的动作反过来向错油门滑阀发出一个反向信号，使滑阀回到中间位置，油动机活塞停止运动），这样才能使调节过程稳定。

11. 转速感应机构按其原理可分为哪几种型式？各使用何种传感元件？

答：调节系统转速感应机构按其工作原理可分为机械离心式、液压式及电子式三类，它们所用的传感元件如表5－1所示。

表5－1　转速感受机构的所用的传感元件

型　式	传感元件	型　式	传感元件
机械离心式	离心飞锤	液压式	径向钻孔泵
	离心式高速弹簧片		旋转阻尼
		电子式	磁性传感器

12. 低速飞锤离心式调速器由哪些部件组成？其工作原理是怎样的？

答：图5－6所示为低速飞锤离心式调速器结构。它主要由飞锤1、弹簧2和滑环3等组成。调速器由汽轮机主轴经减速机构带动，飞锤1在旋转时所产生的离心力与弹簧2的拉力相平衡，滑环3处于某一平衡位置。当转速发生变化时，飞锤1的离心力相应也发生变化，所引起的弹簧伸长度也发生变化，通过杠杆的传动，使滑环3处于不同的位置。滑环的位移变化就是调节系统的感应机构给放大、执行机构输出的调节信号，转速升高时，滑环向上移动；转速下降时，滑环向下移动，即将转速变化信号转换为滑环位移信号。

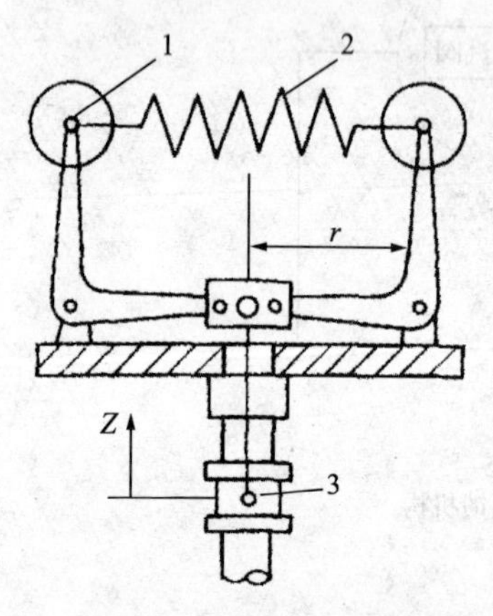

图5－6　机械离心式调速器

1—飞锤；2—弹簧；3—滑环

13. 高速弹性调速器的结构有哪些部件组成？

答：图5－7所示为高速弹性调速器的结构图。它主要由挡油板（调速块）1、钢带（弹簧片）2、弹簧3、中心支架5、飞锤6和套筒10等组成。钢带2弯成拱形，两端固定在弹簧中心支架5上，而弹簧中心支架又直接与汽轮机转子连接在一起，在钢带两端装有飞锤6，两飞锤之间用弹簧连接起来。这种调速器由于以钢带的弹性变形代替了一般调速器的铰链运动。完全消除了摩擦力和间隙的来源，因此具有很高的灵敏度。

这种调速器安装于汽轮机转子前端，由转子直接带动，无需减速机构。飞锤的离心力被弹簧的拉力所平衡，转速的变化引起飞锤离心力改变时，将弹簧拉长或收缩，同时引起钢带变形。钢带的变形时挡油板产生相应的位移，挡油板的位移则控制下一级随动滑阀喷嘴的排油面积，它是弹性调速器的输出量，因此挡油板的作用和低速飞锤离心式调速器的滑阀位移相当。

14. 高速弹性调速器的工作原理是什么？

答：图5－8所示为高速弹性调速器的工作原理图。调速器的轴1端部固定着钢带（弹簧板）2，钢带2绕着它的一个直径旋转。在与钢带的旋转轴垂直的另一直径的两端固定着飞锤3。当转速升高或降低时，飞锤受离心力的作用向外伸张或向内收缩，从而使安装在钢带上的挡油板4产生轴向位移。挡油板的移动会改变溢油口的间隙值的大小。当溢油口间隙为a值时，随动滑阀处于平衡状态，在转速升高时，挡油板向右移动，于是溢油口间隙大于a

值，从而使 b 室油压下降，因而随动滑阀向右移动直至间隙等于 a 值，又重新处于平衡状态。反之，当转速下降时，动作过程与上述相反，随动滑阀向左移动。调速器将汽轮机转速的变化为挡油板位移的信号，再经随动滑阀将位移信号转变为一次脉冲油压信号。

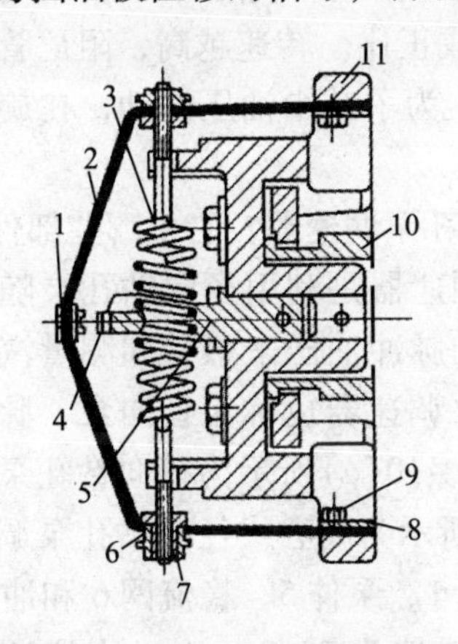

图 5－7　高速弹性调速器

1—挡油板；2—钢带（弹簧片）；3—弹簧；4—限位器；5—弹簧中心支架；6—飞锤；7—调节螺母；8—压板(垫片)；9—螺钉；10—离心式主油泵轴；11—调速器支架

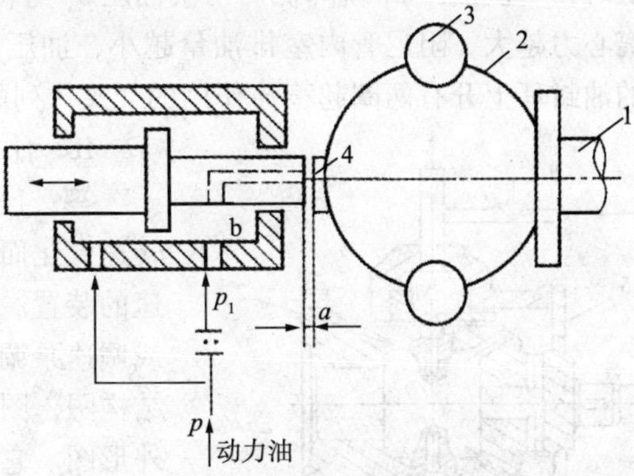

图 5－8　高速弹性调速器工作原理示意图

1—轴；2—钢带；3—飞锤；4—挡油板

15. 高速弹簧片式离心调速器与低速飞锤离心调速器相比有哪些优缺点？

答：(1)低速飞锤离心调速器中的铰链、滑环、支点和导轴间存在摩擦、间隙等，使调节滞后。高速弹簧片式离心调速器采用了离心力的作用下钢带(弹簧片)弹性变形的原理，将钢带的弹性变形代替了低速飞锤离心调速器的铰链，完全消除了摩擦力和间隙的来源，直接将转速信号变为位移，因此它的灵敏度高、工作可靠，迟缓率在 0.2% 以下。

(2)低速飞锤离心调速器工作转速低，调速器笨重，而且所需的减速机构易磨损。而高速弹簧片式离心调速器直接由汽轮机转子带动，不需要减速机构，因此结构简单，工作可靠。

(3)高速弹簧片式离心调速器的工作转速从零开始，汽轮机启动时可以用调速器控制转速，给运行提供了方便。

16. 什么是液压离心式调速器？它有哪几种形式？

答：以油压作为感应元件的调速器，称为液压离心式调速器。液压离心式调速器作为调节系统的感应机构，它输入的信号是转速，输出的信号是油压。常采用的液压离心式调速器主要有两种形式。一种是径向钻孔泵调速器，另一种是旋转阻尼调速器。小型汽轮机中应用较广泛的是径向钻孔泵调速器，而大型汽轮机多采用旋转阻尼调速器。

17. 什么是旋转阻尼调速器？其工作原理是什么？

答：用旋转阻尼器作为调速感应元件的调速器，称为旋转阻尼调速器。旋转阻尼调速器就是以转速变化引起一次油压的变化作为脉冲信号的，该信号经过放大，进行汽轮机的调节。

图 5－9 所示为旋转阻尼调速器的结构图。它主要由阻尼体 1、油封环 3、针形节流阀 4、挡油板 5 及阻尼管 2 等组成。旋转阻尼调速器作为转速感应机构由汽轮机转子直接带动，在旋转阻尼体上径向均匀地布置了八根阻尼管 2。

旋转阻尼的工作原理与径向泵基本相似，实际上它是一个逆流的离心泵。主油泵出口压力油经针阀节流 4 后，进入旋转阻尼的一次油室 A 内。这时的压力油克服阻尼器旋转时所产生的离心力的阻力，然后经阻尼管2流入阻尼器的中心，部分油经阻尼管及排油口6流入前轴承箱内。当汽轮机转了转速变化时，阻尼管中的油柱产生的离心力就发生变化，因此一次油压 p_1 随汽轮机转速变化而变化。汽轮机转速升高时，一次油压 p_1 就升高；汽轮机转速降低时，一次油压 p_1 就降低。一次油压 p_1 与转速的平方成正比。转速越高，阻尼管内油柱的离心力越大，阻尼管内室排油量越小，油压 p_1 就越高。为了减少油压波动，在旋转阻尼器的油封环上开有两圈起稳流作用的交叉排列的油孔7。

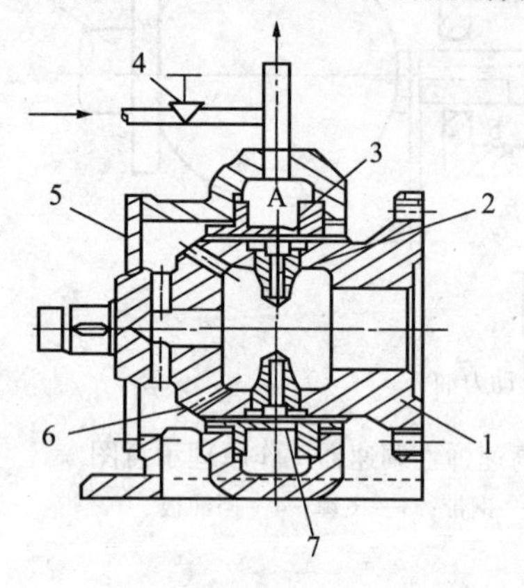

图5-9　旋转阻尼式调速器

1—阻尼体；2—阻尼管；3—油封环；4—针形节流阀；5—挡油板；6—排油口；7—交叉排列的油孔

18. 什么是径向钻孔泵调速器？它由哪些部件组成？

答：径向钻孔泵调速器是利用径向钻孔泵随汽轮机转速变化而产生不同的脉冲油压来感受和测量汽轮机转速的装置。径向钻孔泵调速器也称为径向泵、脉冲油泵或调速泵调速器。图5-10(a)所示为径向钻孔泵调速器结构图，图5-10(b)所示为离心式径向钻孔泵调速器的外形图。它主要由泵轮1、泵体5、稳流网6和油封环4、7、8等组成。其工作转速为3000r/min，由注油器向主油泵入口供油，油流经油泵增压后通过稳流网送往油系统。泵轮是一个钻有若干个径向孔的轮盘，装在主油泵的短轴上，通过联轴器由汽轮机转子直接带动。在泵轮与泵体之间设置了三个浮动式油封环4、7、8，以保证油压腔室的密封。泵壳安装在主油泵泵壳上伸出的托架上。泵轮出口与泵壳之间装有一个环形稳流网，稳流网上钻有许多小孔，利用小孔的节流作用，以消除信号油压的波动，使泵出口油压波动值控制在0.002～0.003MPa之间，以满足调节系统的工作要求。在泵轮的前侧通过导流杆2、弹性联轴器9、导杆10带动测速装置。

这种泵有较平坦的泵浦特性，故当转速一定仅流量改变时，出口压力基本不变，因此可认为这种泵的出口压力只是转速的函数。但这种泵作为主油泵供油时，效率低，通常在中小型汽轮机组中才用径向钻孔泵作为供应调节油、润滑油之用，并兼作调节用脉冲信号油泵。在大型汽轮机组中，只以径向钻孔泵作为脉冲信号元件，另配有一台离心泵供压力油。径向钻孔泵的入口和主油泵入口在一起，由注油器供油，设计油压为0.8～1.0MPa。

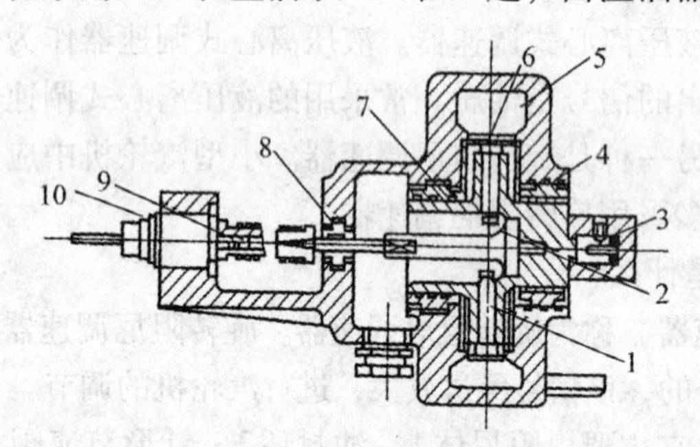

（a）离心式径向钻孔泵调速器结构图

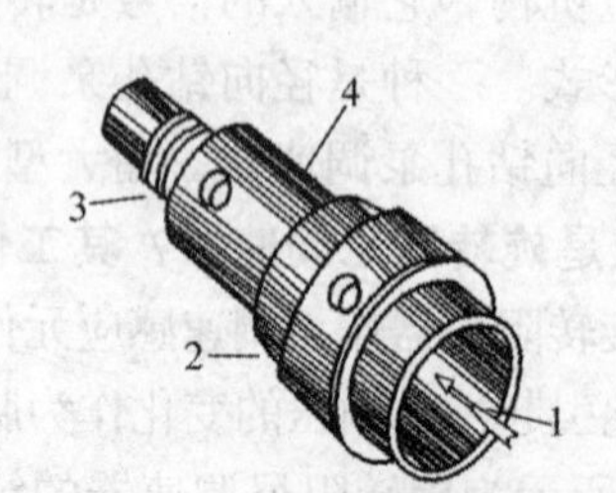

（b）离心式径向钻孔泵调速器外形图

1—泵轮；2—导流杆；3—主油泵轴；4、7、8—油封环；5—泵体；6—稳流网；9—挠性联轴器；10—导杆

1—进油口；2—出油口；3—危急保安器孔；4—泵体

图5-10　径向泵调速器图

19. 径向钻孔泵为什么能作为转速的敏感元件?

答: 径向钻孔泵的工作原理和性能与离心泵相同，即泵的出口油压与转速的平方成正比，同时径向钻孔泵的出口油压仅与转速有关，而与流量无关，其特性曲线在工作油量范围内比较平坦，近似一条直线，因此它可以作为转速的敏感元件。

20. 引起液压调速器的主油泵油压信号波动的原因有哪些?

答: (1)油中含有空气。这是油压波动的一个主要原因。空气的压缩和膨胀将引起油压的波动，为减少油中的空气可采取以下措施：一是设法阻止空气进入油中，如采用注油器向主油泵入口供油，使主油泵进油管保持正压，以阻止空气进入油中，注油器吸入口应远低于油箱的油面，同时远离回油管，以避免吸油时产生漩涡吸入空气；二是在调节系统各部套的最高位置及某些调节油管道最高处上开排气孔，及时排除油系统中的空气。

(2)油流不稳定引起的油压波动。为了消除油流的不稳定，除要设计合理的油流通道外，泵轮、管道的通流部分尺寸及加工粗糙度还应符合设计要求。

(3)径向钻孔油泵进油口油压的波动引起出口油压的波动。采取的措施是在径向钻孔泵的调节系统，将泵的入口与出口同时引向压力变换器滑阀上下油腔，这样一旦由于某种原因引起油泵油压波动时，滑阀上下的油压便一起波动，由于波动值相等便互相抵消。

(4)旋转阻尼调速器的结构引起的一次油压波动。这种调速器在阻尼体上均布了 8 根阻尼管，汽轮机转子每旋转 1 圈，一次油压腔室就受到 8 次脉冲的冲击，产生一次油压波动。另外，油封环间隙过大漏油也同样会引起一次油压的波动，造成调节系统晃动。在旋转阻尼器的油封环上开有两圈起稳流作用的交叉排列的油孔。为防止旋转阻尼器漏油，调整油封环的间隙应符合制造厂技术文件要求。

21. 什么是调压器? 它分为哪几种型式? 其有何作用?

答: 感受蒸汽压力的变化并用来调整蒸汽压力的装置，称为调压器。由于压力变送的方式不同，因而也有不同的结构，常用的调压器有活塞式、波纹管式和薄膜钢带式三种。调压器是供热汽轮机特有的装置，它的作用是感受抽汽压力信号的变化，并将其转换为油压信号，从而自动地控制调节汽阀和抽汽调节汽阀的开度，以保持抽汽压力在规定范围内。

22. 薄膜钢带式调压器由哪些部件组成? 其工作原理是什么?

答: 图 5 – 11 所示为薄膜钢带式调压器。它由平薄膜、钢带、喷嘴、传动装置和切换开关等组成。其工作原理是：平薄膜和钢带采用刚性连接，油喷嘴顶在钢带上，给它以初弯曲，而喷嘴与钢带之间的间隙控制着喷油量和错油门滑阀上的油压。抽汽室的压力接通到薄膜室里，当抽汽压力变化时，薄膜的变化量也在改变，钢带因受到薄膜的作用弯曲程度也在改变，因而改变了钢带与喷嘴的间隙，使喷嘴的喷油量发生变化，改变了错油门滑阀上的油压，错油门产生位移，通过放大机构使油动机活塞和调节汽阀的动作，达到调整抽汽压力的目的。

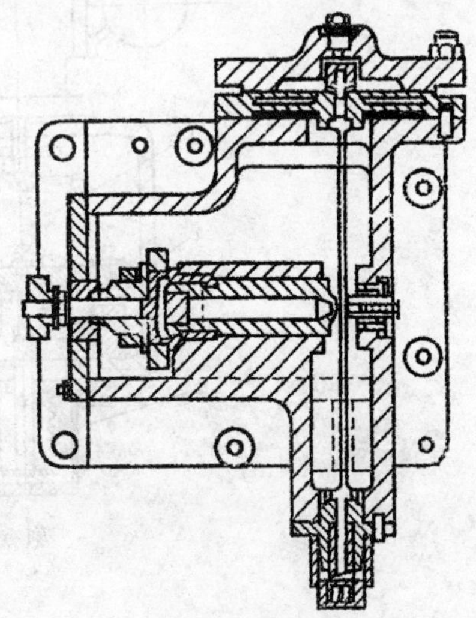

图 5 – 11　薄膜钢带式调压器

23. 波纹管式调压器有哪些部件组成? 其工作原理是什么?

答: 图 5 – 12 所示为波纹管式调压器，用于背压式汽轮机调节系统中。它由波纹管 1、调压

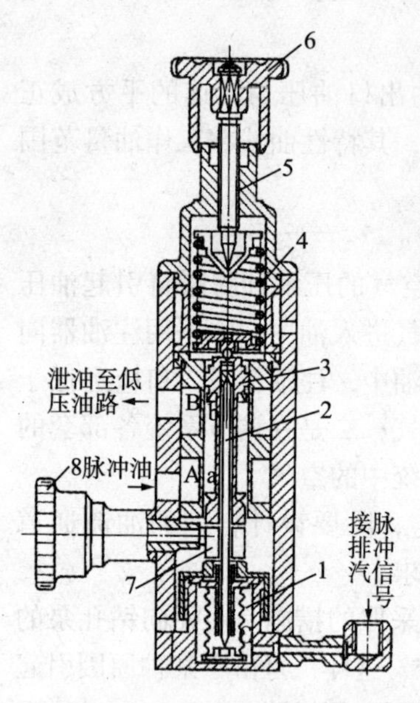

图5-12 波纹管式调压器结构
1—波纹管；2、5—芯杆；3—滑阀；4—弹簧；6、8—手轮；7—偏心凸轮

器滑阀3、弹簧4、偏心凸轮7等组成。排汽压力的脉冲信号自下部进入脉冲室C，对波纹管1起着压缩作用，当排汽压力改变时，波纹管的轴向尺寸也相应改变；然后通过顶杆2克服弹簧4的反作用力，带动滑阀3上下移动。脉冲油自A室经油口a节流后，由油口b排至低压油路。滑阀3的上下移动，将使油口a的通流面积发生变化，从而改变排油量，影响脉冲油压。通过上部手轮6，可以改变弹簧4的预紧力，从而使调压系统静态特性曲线平移。转动侧面的手轮8，可使偏心凸轮7随之转动，当偏心凸轮的最大偏心点转至上部位置时，滑阀3将被顶至最高位置，关住油口a，这时排汽脉冲信号对滑阀位移不起作用，即调压器退出工作；而当最大偏心点偏离最高位置，并使滑阀与偏心凸轮脱离接触时，调压器即可开始工作，如图5-12中所示偏心凸轮最大偏心点处于最低位置，调压器完全投入工作。

24. 波纹管杠杆蝶阀式调压器由哪些部件组成？其工作原理是什么？

答：图5-13所示为波纹管杠杆蝶阀式调压器。它主要由以下两部分组成：第一部分为压力脉冲的感受单元，它由压力变换器、压力平衡弹簧、杠杆、波纹管等组成；第二部分为油压脉冲发生部分，它由错油门、滑阀、活塞、蝶阀以及上部的压弹簧等组成。波纹管杠杆蝶阀式调压器主要用于背压式汽轮机或抽汽式汽轮机的调压器，也可用作全液压调节系统中的压力变换器。

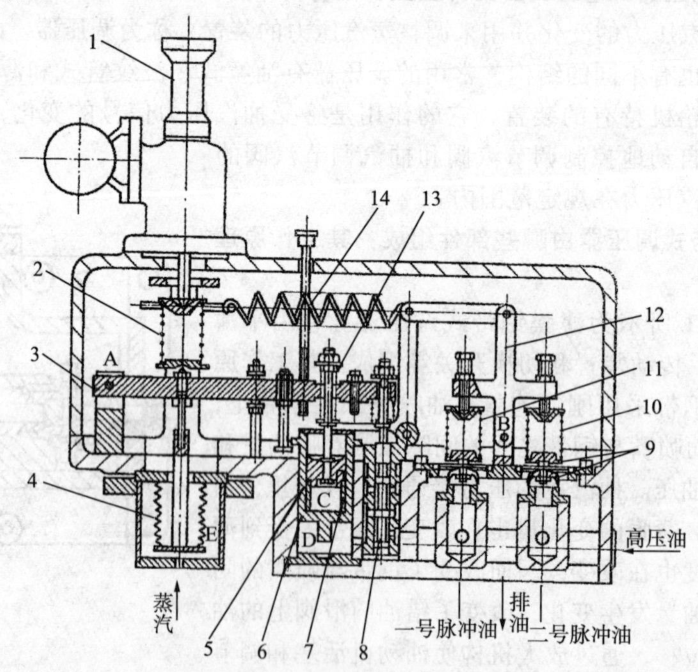

图5-13 波纹管杠杆蝶阀式调压器
1—压力变换器；2—压力平衡弹簧；3—杠杆；4—波纹管；5—小活塞；6—油动机；7—大活塞；8—错油门滑阀；9—蝶阀；10、11—压弹簧；12—十字头；13—辅助弹簧；14—调整杆

抽汽压力作用在波纹管4的下部，蒸汽的作用力矩、压力弹簧2的预紧力及静反馈弹簧的预紧力对支点A的力矩使杠杆3处于平衡状态。此时错油门滑阀处于中间位置，因此活塞也处于静止状态。当抽汽量增大而引起E室中压力降低时，杠杆3绕支点A顺时针方向摆动，带动错油门滑阀8向下移动，此时打开了高压油去小油动机活塞下部D室的油路。油室D内压力升高，在压力油的推动下，小活塞5下部与压力油接通，小活塞5克服拉弹簧拉力而向上移动，带动十字头12绕B点顺时针摆动。十字头的摆动，改变了蝶阀9上的压弹簧10和11的预紧力，使压弹簧10的预紧力增加，蝶阀的泄油间隙减小，使二号脉冲油压升高，压弹簧11的预紧力减小，其蝶阀泄油间隙增大，一号脉冲油压降低。从而使中压油动机关小抽汽调节汽阀或旋转隔板，高压油动机带动调节汽阀开度开大，使抽汽量增加达到新的平衡。

在油动机6因抽汽压力降低而上移的瞬间，小活塞5及与活塞杆也同时上移，杠杆带动错油门滑阀8回到中间位置，调节过程结束。

改变压力平衡弹簧2的预紧力可以使调压器的静态特性作平行移动，改变抽汽室的压力。

25. 背压式汽轮发电机组为什么要设置调压器?

答：背压式汽轮发电机组汽轮机的排汽供给外界热用户时，热用户对排汽压力有一定的要求，所以在调节系统中，设有调压器，以调整排汽压力在允许的范围内变化。调压器投入时，汽轮机的电负荷由热用户的蒸汽用量而定，汽轮机的转速不变，所以调速器的滑环位置不变。当外界用汽量增加时，汽压降低，调压器滑环产生移动，使调节汽阀开大，进汽量增加。当机组突然甩负荷时，汽轮机转速很快升高，此时调速器动作将调节汽阀关小。但这时排汽压力降低，调压器滑阀动作，开大调节汽阀，因而抵消调速器的一部分作用。只有当调压器到限位点不能再移动时，调速器才能单独控制调节系统，将调节汽阀关闭。

26. 为什么要在调速器与调节汽阀之间设置一套传动放大机构?

答：在汽轮机调节系统中，目前大多数采用液压元件带动执行机构来控制调节汽阀的开度。调速器或调压器发出的位移和油压变化信号值是很小的，输出的能量又很小，而调节汽阀的自重及其受到的蒸汽作用力却比较大，因而用此信号直接操纵调节汽阀是不可能的，所以必须采用带有液压放大机构的间接调节，将调速器输出的信号加以能量放大，才能控制调节汽阀。因此应在调速器与调节汽阀之间设置一套传动放大机构，来进行信号的放大、传递和转换。

27. 径向钻孔泵的调节系统一般有几级放大?

答：在全液压式调节系统中，不论是汽轮机转速变化的脉冲信号，还是供汽压力变化的脉冲信号，都比较微弱，不可能用它直接驱动调节汽阀或旋转隔板，因此必须将脉冲信号加以放大。径向钻孔泵的调节系统一般有两级放大，压力变换器为第一级脉冲放大装置，断流式错油门与油动机组成第二级放大装置。

28. 传动放大机构分为哪几种?

答：在汽轮机调节系统中，目前大多数采用液压元件去带动执行机构调节汽阀完成调节任务。常用的液压式传动放大机构分为两大类：一类是错油门－油动机传动放大机构，主要包括错油门滑阀、油动机活塞和反馈机构等；另一类是喷嘴挡板传动放大机构，如随动滑阀、蝶阀放大器等。前者既是放大机构又是执行机构（将油动机看作执行机构的一部分），后者仅用于作中间放大元件。工业汽轮机调节系统广泛采用错油门－油动机液压放大机构。按照工作原理，传动放大机构可分为继流式（贯流式）和断流式两大类，继流式放大机构通常用于信号放大（前置放大），而断流式放大机构用作功率放大（末级放大）。

29. 在液压调节系统中继流式传动放大机构常见的有哪几种型式？

答： 继流式放大机构由于主油泵在转速变化时发出的油压变化信号值是很小的，而调节汽阀受到蒸汽的作用力却很大，因此需要将油泵出口的油压放大后，再去控制调节汽阀。在液压调节系统中，继流式传动放大机构常见的有压力变换器、随动滑阀和波纹管放大器三种型式的中间放大元件。其作用都是将转速变化信号放大。

30. 继流式压力变换器结构是怎样的？它是如何起到传动放大作用的？

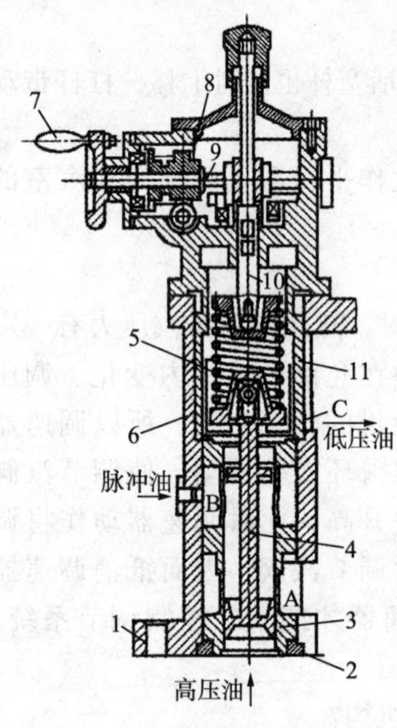

图 5－14　压力变换器结构图
1—壳体；2—底托；3—套筒；4—滑阀；5—弹簧；6—球形支点；7—手轮；8—涡轮；9—蜗杆；10—芯杆；11—衬套

答： 图 5－14 所示为全液压式调节系统中的继流式压力变换器结构图，为一级脉冲放大装置。主要由套筒 3、滑阀 4、弹簧 5、手轮 7、涡轮 8、蜗杆 9、芯杆 10 等组成。在压力变换器套筒上开有两个矩形泄油窗口 A 和 B。主油泵出口高压油一路通往压力变换器的下端，另一路经节流孔后变成一次脉冲油压从窗口 B 进入压力变换器，再经窗口 A 流向主油泵入口。在压力变换器的上端的衬套 11 上还开有油窗口 C，此油窗口也与主油泵入口的低压油路相通，使滑阀上端保持 0.1MPa 的低压油路油压，从而使压力变换器滑阀上、下端受力不等，产生一个向上作用的压力差 Δp，此压力差由弹簧 5 来平衡。这样，当弹簧调整好后，压力变换器的滑阀位置实际上就只由油泵出口油压即汽轮机的转速决定了。汽轮机转速不变，主油泵出口油压亦不变，则滑阀上、下作用力相平衡，滑阀处于中间位置静止不动。当汽轮机转速升高时，主油泵出口油压随之增大，从而改变了滑阀上、下力的平衡关系，使滑阀向上移动，同时泄油窗口 A 随之关小，脉冲油压因回油减少而增加。反之，若汽轮机转速下降，脉冲油压将减少，动作过程与上述相反。

这样，压力变换器接受了微弱的主油泵的油压变化信号，而发出一个较强的脉冲油压变化信号，起到了传动放大的作用。

31. 压力变换器滑阀上端保持 0.1MPa 的低压油路油压的作用是什么？

答： 当低压油路的油压（即主油泵入口油压）波动而引起主油泵出口油压波动时，压力变换器的下端（即主油泵出口高压油）和滑阀上端（主油泵入口的低压油）将同时感受这一油压波动，上下端的油压变化也相同，从而使滑阀两端油压差 Δp 不受其影响而只与转速有关。所以，滑阀上端与主油泵入口相通，就能消除由于主油泵入口油压的波动而引起主油泵出口油压波动使调节系统不稳定的影响

32. 随动滑阀放大器由哪些部件组成？其作用是什么？

答： 随动滑阀的信号放大器是与高速弹性调速器配套的调节系统的第一级放大器，它将调速块的位移信号放大为分配滑阀的油口开度信号。它主要由随动滑阀、控制滑阀、分配滑

阀和杠杆等组成。它的作用是将调速块的位移非接触地转变为分配滑阀的油口开度。同步器作用在控制滑阀上，使杠杆以随动滑阀为支点转动，通过改变分配滑阀的开度起到平移传递特性曲线的作用。

33. 随动滑阀中的随动活塞的工作原理是什么？

答：随动滑阀的关键部件是差动活塞，其工作原理如图 5－15 所示。压力油 p_0 经节流孔 a_1 进入差动活塞的左侧腔室，然后经差动活塞上的节流孔 a_2 进入差动活塞的右侧腔室，最后从喷油嘴与调速块（挡油板）之间的间隙 s 中排出。差动活塞两侧腔室的油压 p_1、p_2 决定于节流孔 a_1、a_2 和喷嘴与调速块的间隙 s。差动活塞在平衡状态下，作用在其两侧的净油压作用力 F_h 应相等，即 $A_1p_1 = A_2p_2$。

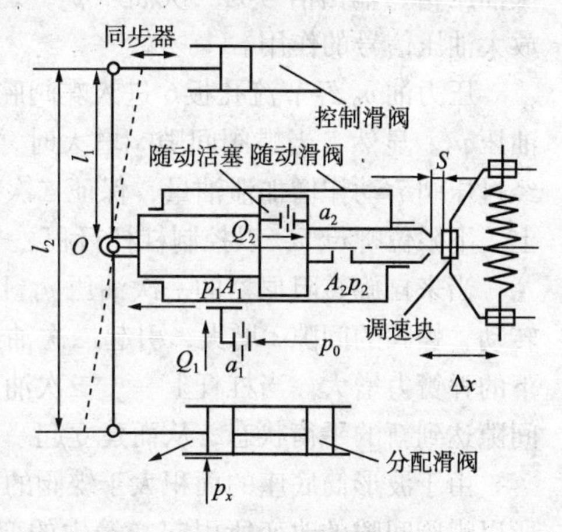

图 5－15　随动滑阀放大器

要提高随动滑阀的动作灵敏性，必须要求两侧的净油压作用力 F_h 在平衡位置附近相对于间隙 s 的变化率尽可能大，从而使间隙 s 微量改变就能产生很大的差动力，使之克服随动滑阀及分配滑阀上的动、静摩擦力，快速地响应调速块位移的改变。研究表明，当 $A_1 = \frac{1}{2}A_2$ 时，在差动活塞上作用的净油压作用力 $F_h(A_1p - A_2p_2)$ 相对于间隙 s 的变化率为最大值。所以稳态时，$p_2 = \frac{1}{2}p_1$。

34. 波纹筒－蝶阀放大器是如何分为正向和反向波纹筒放大器的？

答：波纹筒－蝶阀放大器是与旋转阻尼转速感受器配套的调节系统的第一级放大器。旋转阻尼调速器调节系统中的波纹筒放大器按一次油压增大后，二次油压是增大还是减小，可分为正向波纹筒放大器和反向波纹筒放大器两种，如图 5－16 所示。所谓正向放大是二次油压 p_2 随一次油压 p_1 的升高而升高，反向放大则相反。

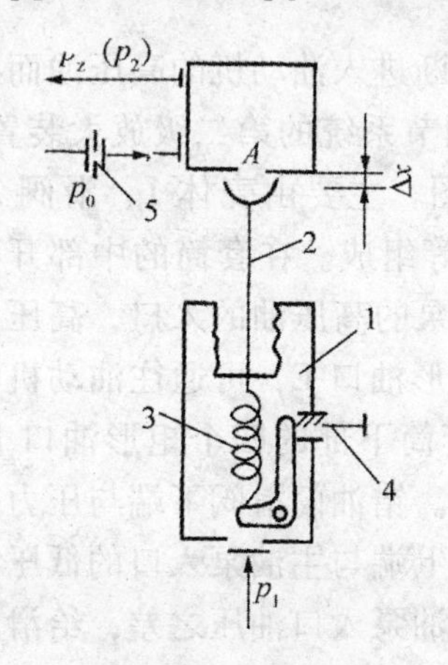

（a）正向波纹筒-蝶阀放大器

1—波纹筒；2—蝶阀；3—弹簧；4—同步器；
5—节流孔板

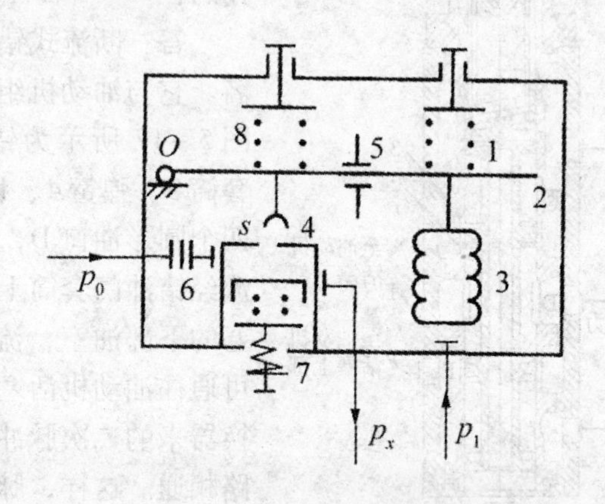

（b）反向波-蝶阀纹筒放大器

1—辅助同步器弹簧；2—杠杆；3—波纹筒；4—蝶阀；
5—限位螺帽；6—节流孔板；7—过压阀；8—主同步弹簧

图 5－16　波纹筒－蝶阀放大器

35. 反向波纹筒－蝶阀放大器由哪些部件组成？它的工作原理是什么？

答：图5－16(b)所示为反向波纹筒－蝶阀放大器原理结构。它主要由杠杆(平衡板)2、波纹筒3、蝶阀4、主、辅同步器弹簧8和1等组成。波纹筒－蝶阀放大器的输入信号为一次油压 p_1，输出信号为二次油压 p_2，通过杠杆力平衡的变化，达到改变蝶阀间隙，变换和放大油压信号的作用。

压力油 p_0 经节流孔板6进入蝶阀腔室A，然后经蝶阀间隙 s 排出，在腔室A中形成二次油压 p_2。显然，当蝶阀间隙 s 增大时，泄油量增加，二次油压 p_2 下降。若二次油压过高，经过压阀7动作增加泄油量，保证二次控制油压不致过高。为防止杠杆2动作幅度过大设有上、下限位螺母5，以控制杠杆行程。

当来自旋转阻尼器的一次油压 p_1 上升时，波纹筒底座上的油压作用力增大，杠杆向上转动，蝶阀的间隙 s 增大，引起二次油压 p_2 下降。蝶阀的间隙增大时，同步器及波纹筒向下的弹簧力增大。当杠杆上一、二次油压的作用力与弹簧力的改变量的总和为零时，蝶阀的间隙达到新的平衡状态，从而建立起一、二次油压的对应关系。

由于波形筒底座的面积大于蝶阀的面积，并且一次油压在杠杆上的作用点距支点较远，所以蝶阀间隙的改变所引起弹簧力的变化不是很大，故二次油压的改变量较一次油压来的大，即蝶阀放大器起到油压放大的作用。

同步器的弹簧力作用在杠杆上，起到改变蝶阀间隙、平移传递特性曲线的作用。

36. 断流式放大机构由哪些部件组成的？其特点是什么？

答：断流式放大机构由断流式错油门和油动机组成。其特点是汽轮机工况处于稳定状态时，错油门处于中间位置，高压油没有进入油动机，当错油门动作后，高压油进入油动机，推动活塞向一侧移动。为了使油动机停留于新的平衡位置，这种放大装置均带有反馈装置，以保证错油门在动作后，立即恢复到中间位置，从而实现新的稳定工况。

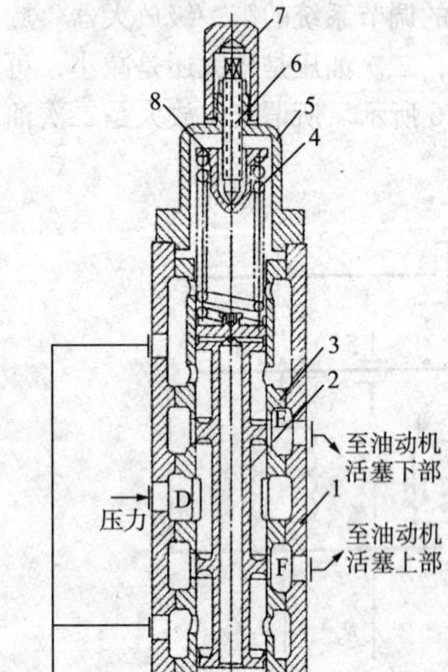

37. 断流式错油门由哪些部件组成的？它是怎样动作的？

答：断流式错油门是因切断进入油动机的高压油而得名。它与油动机组成全液压调节系统的第二级放大装置。图5－17所示为错油门结构图。主要由壳体1、滑阀2、套筒3、弹簧4、调整螺杆6等组成。在套筒的中部开有四个圆形油口D，是来自主油泵的高压油的入口，高压油流经错油门套筒上部的四个矩形油口E，可通往油动机活塞的下部油室，流经错油门套筒下部的四个矩形油口F，可通往油动机活塞的上部油室。错油门滑阀下端与压力变换器来的二次脉冲油路相通，上端与主油泵入口的低压油路相通。这样，脉冲油压与主油泵入口油压之差，给滑阀一个向上的作用力，此力由弹簧4来平衡。

图5－17 错油门结构

1—壳体；2—滑阀；3—套筒；4—弹簧；5—弹簧罩；6—调整螺杆；7—调整螺杆罩；8—弹簧座

当机组负荷稳定即脉冲油压不变时，滑阀下部的脉冲油作用力和上部的弹簧力相平衡，此时滑阀处于中间位置，滑阀的凸肩盖住油口E和F，切断油口通往油动机上、下腔室的通路。当脉冲油压因负荷减少而增加时，错油门滑阀由于上、下受力不平衡而向上移动，高压油从 D 口进入 E 口，通往油动机活塞下部的油室，使油动机活塞上移，调节汽阀关闭。在打开油口 E 的同时油口 F 也被打开，使油动机上部的油通过油口 C 排至主油泵入口。反之，若机组负荷增加而脉冲油压减少时，其动作过程与上述过程相反。显然，错油门接受了脉冲油压的变化而使一个更强的高压油来驱使油动机动作，起到了进一步放大的作用。

38. 什么是断流式错油门的盖度？

答：在汽轮机稳定工况下，错油门滑阀处于中间位置，此时滑阀上的凸肩盖住油口，切断油口通往油动机活塞上下腔室的通路。为此，滑阀上的凸肩应比油口稍高，这个高出的数值称为盖度，见图 5-18 中的 Δ。为使油动机进油前，另一侧能稍许提前排油，其进油盖度(Δ_1、Δ_3)应大于排油盖度(Δ_2、Δ_4)。

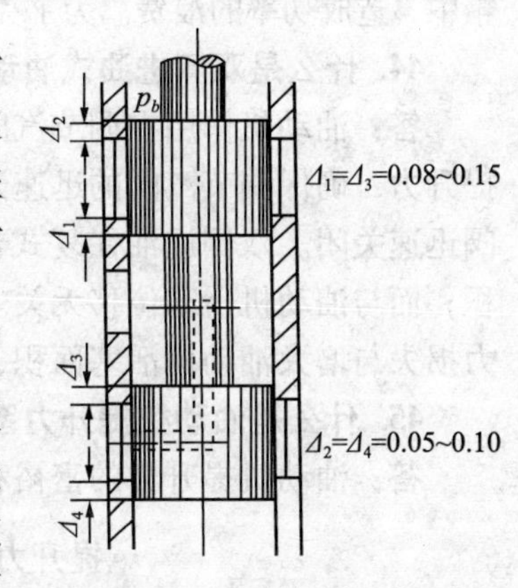

图 5-18　断流式滑阀的盖度

39. 盖度的存在对汽轮机调速系统有什么影响？

答：由于盖度的存在，所以只有当滑阀移动距离大于盖度后，才能使油动机进油，油动机活塞才能动作，因此降低了调节系统的灵敏度。但是，由于盖度存在，可以有效地克服或减少了由于各种原因引起的滑阀上下微小摆动及由此而产生油动机活塞和负荷的晃动。

如果盖度过大，调节过程中会动作迟缓，使调速系统迟缓率增加。如果没有盖度或盖度太小，就会漏油，容易造成调速系统摆动。

40. 油动机有哪些作用和特点？

答：油动机又称为伺服马达，是汽轮机调节系统中驱动调节汽阀的液压执行机构。油动机是调节系统的最后一级放大元件，通过油动机活塞的位移来控制调节汽阀的开度。压力油作用在油动机活塞上，可以获得很大的提升力来提升调节汽阀。油动机具有惯性小、驱动能力大、动作快、能耗低的突出特点。

41. 汽轮机调节系统中的油动机如何分类？

答：汽轮机调节系统中的油动机按其工作原理可分为断流式和继流式两种；按油动机进油方式可分为双侧进油和单侧进油油动机；按活塞移动方式可分为往复式和旋转式两种。

42. 油动机的工作原理是什么？

答：油动机是一个典型的反馈控制位置随动系统，主要由错油门、油动机及反馈机构等组成，其原理框图如图 5-19 所示。其中，错油门起着控制进、出油动机上下腔室的流量或活塞运动速度的作用；静反馈起到消除静态偏差的作用，使油动机活塞的行程与输入信号同步；动反馈起着消除动态超调、抑制过渡过程振荡的作用。

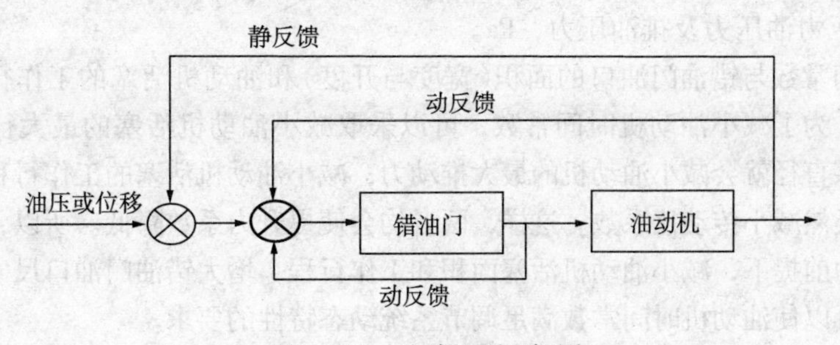

图 5-19　油动机原理框图

43. 断流式双侧进油往复式油动机有哪些优缺点?

答: 断流式双侧进油往复式油动机的优点是提升力大,工作稳定,基本上不受外界作用力影响,动作迅速,应用很广。其缺点是当向油动机供油的油管破裂时,油动机就不起作用。另外,为了使油动机获得较大的速度,就要在很短的时间内补充大量的油,因此主油泵的容量就要很大;但在正常工作时,油动机并不需要大流量的油,这样很多油就要经过溢流阀流回到油箱中,造成功率的浪费。为了克服此缺点,可以将油动机的排油管连接到油泵入口管道中。

44. 什么是双侧进油式油动机的提升力?它与哪些因素有关?

答: 油动机作用在调节汽阀开启方向的力,称为油动机的提升力。油动机应具有足够的提升力,确保调节汽阀的迅速开启。同时,油动机在关闭方向也应有足够的力,能将调节汽阀迅速关闭。双侧进油往复式油动机的提升力主要取决于活塞上下侧的油压差和活塞的面积,而与油动机活塞位移无关。因此,在排油压力一定时,提高主油泵的油压、减少流动压力损失与增大油动机活塞面积,都可以增大油动机的提升力。

45. 什么是油动机提升力系数?

答: 油动机提升力的富裕程度称为油动机提升力系数,即

$$\text{提升力系数}=\frac{\text{油动机提升力}\times\text{传动比}}{\text{开启调节汽阀所需的最大力矩}}$$

由于油动机活塞及传动机构在运动过程中,不可避免地存在摩擦力以及调节汽阀和阀杆在热态时存在一定的卡涩力,为保证调节汽阀在各种恶劣工况下顺利平稳开启或关闭,油动机的提升力必须留有足够的富裕量,油动机的提升力系数通常要求大于3~4。

46. 什么是双侧进油式油动机时间常数?它与哪些因素有关?

答: 油动机时间常数 T_s 是指当错油门滑阀油口开度最大时,油动机活塞在最大进油量条件下走完整个工作行程所需的时间,即

$$T_s=\frac{A_m m_{\max}}{Q_{\max}}=\frac{A_m m_{\max}}{\mu n s_{\max} b_s\sqrt{\frac{1}{\rho}(p_0-p_d)}} \tag{5-1}$$

式中 A_m——油动机活塞面积,m^2;

μ——油口流量系数;

n——滑阀油口个数;

b_s——滑阀油口宽度,m;

$s_{\max}$——滑阀油口的最大位移,m;

$Q_{\max}$——最大进油量;

$m_{\max}$——整个工作行程,m;

p_0、p_d——压力油压力及排油压力,Pa。

油动机时间常数与错油门油口的面积(宽度与开度)和油动机活塞的工作行程及面积、油压等参数有关。为了减小油动机时间常数,可以采取减小油动机活塞的最大行程和活塞的直径。如减小活塞直径就会减小油动机的最大推动力;减小油动机活塞的工作行程,在调节汽阀开度一定时,必然减小传动比系数。这样,两者均会使提升力系数降低。所以,在保证油动机提升力足够大的前提下,减小油动机活塞面积和工作行程,增大错油门油口尺寸,提高主油泵出口油压,就可以使油动机时间常数满足调节系统动态特性的要求。

油动机的时间常数一般为0.1~0.5s,大功率汽轮机油动机的时间常数通常在0.1~

0.25s。显然，油动机时间常数愈大，油动机就关闭时间愈长，汽轮机的调频性能越差，甩负荷时越容易引起超速。所以，油动机时间的常数直接影响汽轮机调节系统的调节特性。为降低汽轮机甩负荷工况下的最高飞升转速，必需要求油动机的时间常数尽可能小些。因此，油动机时间常数是油动机动作的快速指标。

47. 单侧进油往复式油动机有哪些特点？它在调节过程中是怎样动作的？

答：单侧进油往复式油动机的特点是只在活塞的同一侧实现进油、排油；油动机活塞的另一侧作用着弹簧力。调节汽阀的开启是靠压力油推动活塞来实现的，而关闭调节汽阀则是由弹簧力来完成的。在调节过程中，当机组转速下降，需要开大调节汽阀时，滑阀向上移动，油动机进油窗口打开，压力油进入油动机活塞下部，克服上部弹簧力的作用，使活塞向上移动。当外界负荷减少转速升高，需要关小调节汽阀时，油动机活塞有油的上部与排油接通，使活塞在上部弹簧力的作用下向下移动。在稳定工况下，错油门滑阀处于中间位置，滑阀上的凸肩堵住了通往油动机活塞下部的通路。

48. 断流式双侧进油往复式油动机由哪些部件组成？它是怎样动作的？

答：图 5－20 所示为全液压调节系统中采用的断流式双侧进油往复式油动机。它主要由反馈套筒 1、活塞衬套 2、活塞 3、球面支承 4、紧定套筒 9 和活塞环 10 等组成。油动机活塞上、下端油室各有油口 G 与 H，分别与错油门的上、下方油口相通。在稳定状态下，错油门滑阀处于中间位置，其凸肩正好将通往油动机的进油口挡住，油动机两侧既不进油也不排油。是靠错油门滑阀控制油动机的进、排油和推动活塞的运动速度。当错油门滑阀在脉冲油压作用下发生位移时，打开通往油动机活塞上部或下部的油口，使高压油进入活塞的上部油腔室或下部油腔室，油动机活塞在上下油差的作用下向上或向下运动，通过球头拉杆带动调节汽阀动作，从而启闭调节汽阀。

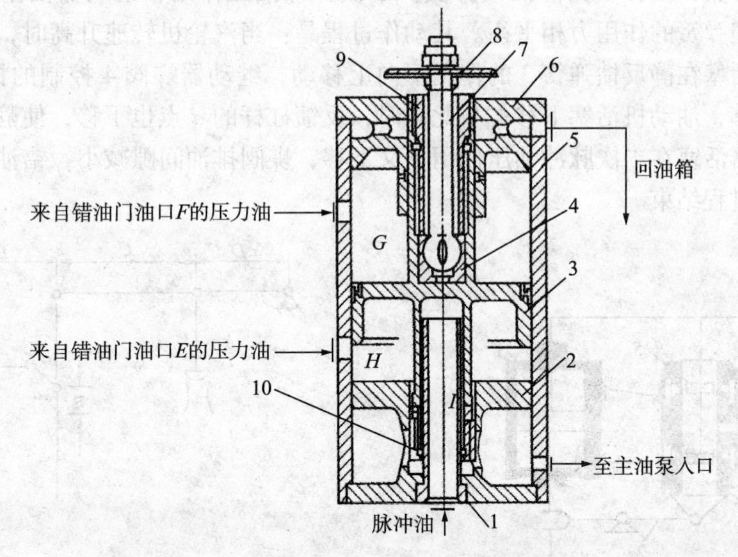

图 5－20　断流式双侧进油往复式油动机

1—反馈套筒；2—活塞套筒；3—活塞；4—球面支承；5—壳体；
6—油动机盖；7—球头拉杆；8—防尘板；9—紧定套筒；10—活塞环

49. 什么是汽轮机调节系统反馈机构？什么是负反馈？

答：调节系统中完成一次调节过程后，建立新的平衡状态（如错油门滑阀回到中间位置)的装置，称为反馈机构。在汽轮机的调节系统中，滑阀的位移使油动机活塞动作，而油动机活塞的动作又反过来影响滑阀的位移，这种作用称为反馈作用。为了保证调节系统的稳定性，在调节系统的放大机构中都设有反馈装置。常用的反馈装置有机械反馈(杠杆反馈和弹簧反馈)和液压反馈(油口反馈)两种形式。不同的反馈将使传动放大机构具有不同的特性，不同的调节系统采用了不同的反馈装置。

在调节系统动作过程中，由于调速器、油动机活塞的作用使错油门滑阀反向移动，所以又称为负反馈。设置负反馈能增加调节系统稳定性。

50. 什么是杠杆反馈、弹簧反馈、油口反馈？各用于什么调速器调节系统？

答：机械反馈一般是通过杠杆、弹簧来实现的。以杠杆来实现反馈作用的称为杠杆反馈，以弹簧来实现反馈作用的称为弹簧反馈。旋转阻尼液压调速系统采用的是机械反馈。

在调节过程中以油口作为反馈元件的反馈机构，称为油口反馈。高速弹性调速器调速系统及径向泵液压调速系统中的控制油路均采用了油口反馈。

51. 杠杆反馈的动作过程是怎样的？

答：图5－21为一种杠杆反馈。杠杆反馈的动作过程是：当汽轮机转速升高时，首先杠杆以油动机活塞8为支点，调速器滑环位移使错油门滑阀5向上移动，然后，杠杆以调速器滑环为支点，油动机活塞8向下运动，使错油门滑环5向下移动。当调节完毕时，调速器滑环5和油动机活塞8都在一个新的位置，而错油门滑阀又回到中间位置，去油动机的油口又重新被关闭，油动机活塞停止运动，这时调节系统处在一个新的稳定状态，调节过程结束。杠杆反馈一般用在中、小型汽轮机上。

52. 弹簧反馈的动作过程是怎样的？

答：图5－22为弹簧反馈机构示意图。图中动反馈弹簧2仅在调节过程中起阻尼作用，故称为动反馈弹簧；拉弹簧为静反馈弹簧。二次脉冲油压作用在继动器活塞1的上部，与动、静两个反馈弹簧的作用力相平衡。其动作过程是：当汽轮机转速升高时，二次脉冲油压降低，继动器活塞在静反馈弹簧3的作用下向上移动，继动器蝶阀4控制的排油间隙增大，错油门滑阀上移，油动机活塞下移；与此同时，反馈杠杆的a点也下移，使静反馈弹簧3拉力减小，继动器活塞在二次脉冲油压作用下又下移，蝶阀排油间隙减小，错油门滑阀回到中间位置，调节过程结束。

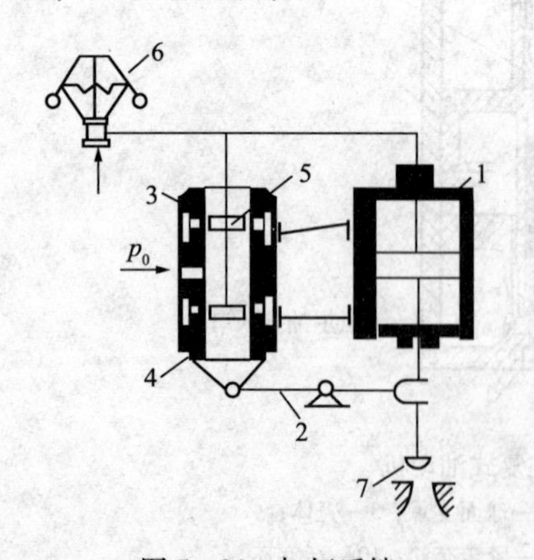

图5－21　杠杆反馈

1—油动机；2—反馈杠杆；3—错油门；4—反馈套筒；5—错油门滑阀；6—离心式调速器；7—调节汽阀；8—活塞

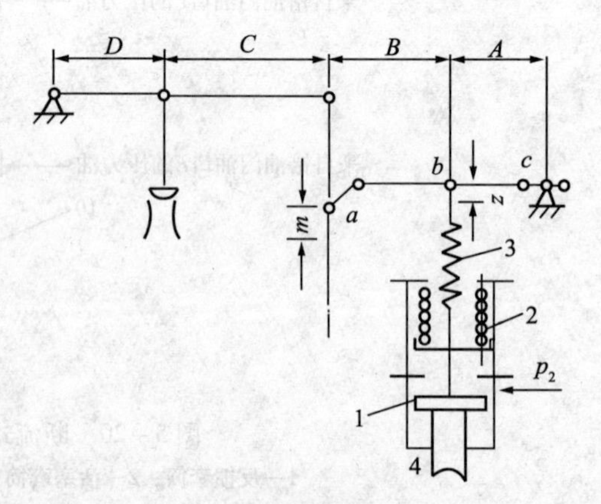

图5－22　弹簧反馈机构示意图

1—继动器活塞；2—动反馈弹簧；3—静反馈弹簧；4—继动器蝶阀

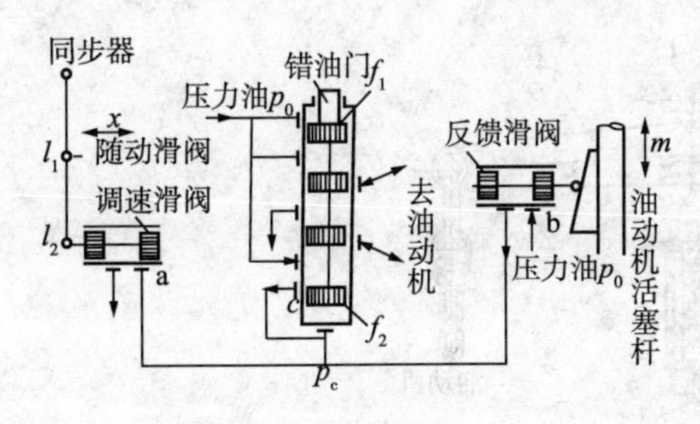

图 5－23 油口反馈机构示意图

53. 油口反馈的动作过程是怎样的?

答: 图 5－23 所示为油口反馈机构。其动作过程是：当汽轮机转速升高时，调速器滑阀右移，增大泄油口 a 使控制油压降低，错油门滑阀下移，压力油进入油动机活塞上部油室，在压力油的作用下，使油动机活塞下移。与此同时，油动机活塞杆上的反馈斜铁也下移。反馈错油门滑阀右移，开大反馈油口 b，控制油压 p_c 回升，直至错油门滑阀回到中间位置，调节过程结束。

54. 驱动调节汽阀的传动机构的作用是什么？它有哪几种结构形式?

答: 驱动调节汽阀的传动机构的作用是将油动机活塞的位移传递给调节汽阀，使其产生相应的开度。对于喷嘴调节的汽轮机，传动机构还用来确定调节汽阀的开启顺序。常用的传动机构的结构形式主要有提板式、杠杆式、凸轮式三种。

55. 凸轮式传动机构是怎样控制调节汽阀的?

答: 图 5－24 所示为凸轮式传动机构。油动机通过杠杆 1、齿条 2 带动齿轮 3 使凸轮轴 4 转动，在凸轮轴上装有四个凸轮，每个凸轮控制一个调节汽阀。调节汽阀的开启是靠油动机活塞产生的提升力，而关闭调节汽阀是靠每个调节汽阀上部的弹簧 5 的向下作用力来完成的。四个凸轮采用不同的型线可使四个调节汽阀依次启、闭。改变凸轮的型线即可改变调节汽阀的流量特性。

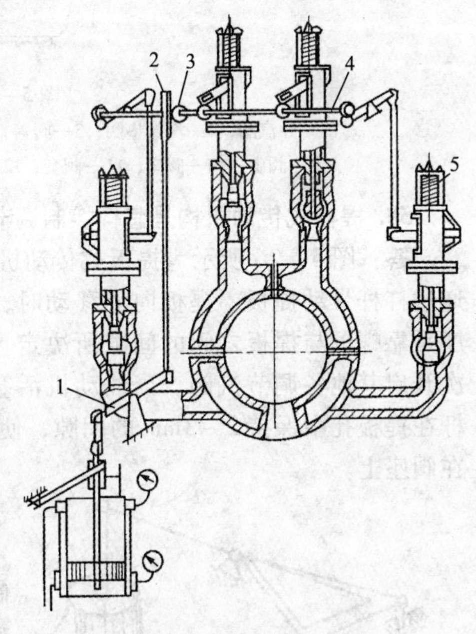

图 5－24 凸轮式传动机构

1—杠杆；2—齿条；3—齿轮；4—凸轮轴；5—弹簧

56. 杠杆式传动机构是如何启、闭调节汽阀的?

答: 图 5－25 所示为杠杆式式传动机构。一个或几个调节汽阀吊装在传动杠杆上，杠杆的一端为活动支点，另一端由油动机活塞杆带动上、下摆动，杠杆通过圆柱销轴 12 与各调节汽阀阀杆的椭圆槽（腰子槽）13 相铰接，随着杠杆 14 一起转动的圆柱销轴 12 可在椭圆槽 13 内作相对运动。当油动机驱动着杠杆绕支点作逆时针转动时，通过圆柱销轴 12 带动调节汽阀，调节汽阀的开启顺序取决于调节汽阀关闭状态下圆柱销到椭圆槽顶部的距离与圆柱销轴到杠杆支点的距离的比值，比值小的调节汽阀首先开启。通过调节螺母 15 可以调整圆柱销轴 12 到椭圆槽 13 顶部的距离，从而可以调整调节汽阀的开启顺序。调节汽阀依靠自身重量及双圈弹簧的向下的作用力关闭。

57. 提板式调节汽阀开启顺序由什么所决定?

答: 提板式调节汽阀的开启顺序由横梁与每个调节汽阀杆上的螺母之间的间隙所决定的，调节汽阀的关闭是依靠调节汽阀本身的自重和蒸汽作用力。阀杆与横梁孔中的配合间隙为 2～3mm，使阀杆可以在横梁孔中自由活动，并在调节汽阀关闭时不至于让横梁将调节汽阀芯压在阀座上。

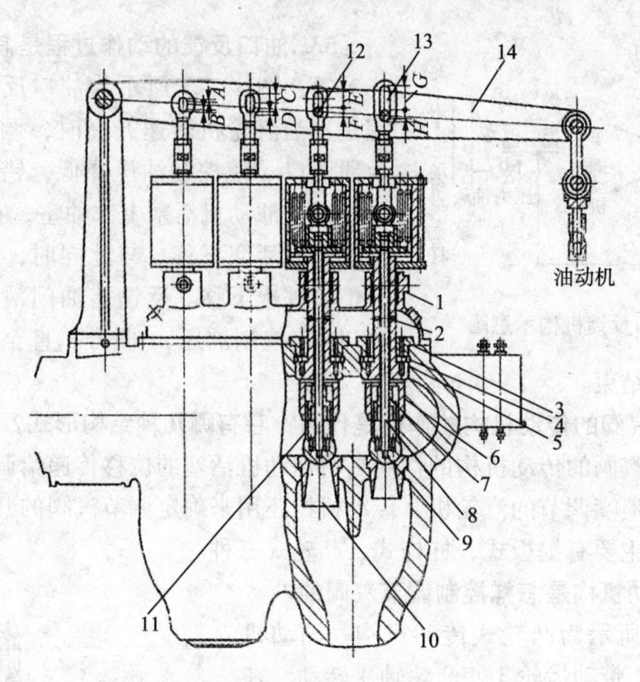

图 5 - 25　杠杆式传动机构

1—导汽圈；2—汽封垫圈；3—阀盖；4—止动圈；5—密封环；6—阀杆套；7—汽封套；8—阀杆；9—阀碟；10—阀座；11—阀套；12—圆柱销轴；13—椭圆槽；14—杠杆；15—调整螺母

58. 提板式传动机构是怎样控制调节汽阀的?

答：图 5 - 26 所示为提板式传动机构。它由阀杆、提板、杠杆等组成。油动机的活塞通过杠杆带动提板，提板向上移动时，通过螺母带动调节汽阀上移。调节汽阀的开启顺序是靠螺母与提板之间的间隙所决定，间隙最小的调节汽阀首先开启，然后按照顺序依次开启其他各调节汽阀。当油动机活塞运动至最低限位，调节汽阀完全关闭时，要求阀杆在提板孔中保持 2 ~ 3mm 的间隙，使阀杆在提板孔中能自由活动，以使阀碟能严密地落在阀座上。

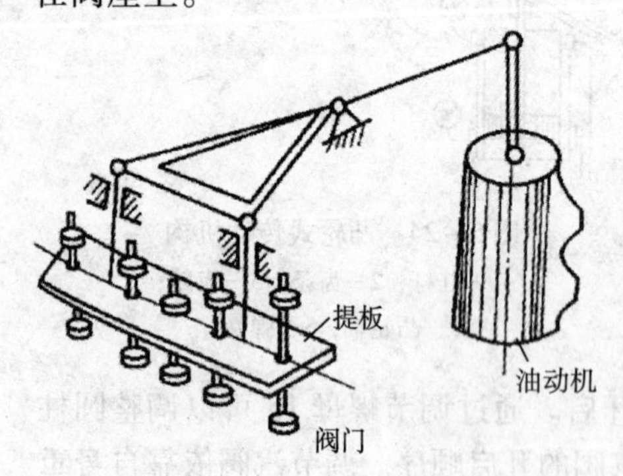

图 5 - 26　提板式传动机构

59. 什么是调节汽阀？它有哪几种结构形式?

答：控制汽轮机进汽量的阀门组件称为调节汽阀。调节汽阀按阀芯的数量可分为单阀芯和双阀芯两种形式。单阀芯式调节汽阀结构简单，但所需要的提升力大，一般只在中、小型汽轮机上使用。为了减少提升力，现代大型汽轮机调节汽阀均采用双阀芯式，所谓双阀芯是指调节汽阀具有一个主阀芯和一个预启阀芯。

60. 单阀座调节汽阀分为哪几种型式？它的结构由哪些部件组成?

答：单阀座是汽轮机中常见的一种调节汽阀，主要由阀芯和阀座组成。阀芯有球形阀和锥形阀之分，如图 5 - 27 所示。阀座采用较好的流线型结构，以减少流动损失。在阀座喉部之后的流道制成渐扩形，阀座带有约 3°的扩张角，起到降速扩压作用。当汽流以亚音速流过时，汽流速度可部分地恢复为压力能，从而减小阀门到喷嘴室的流动损失，提高汽轮机的效率。由于单阀座的结构简单，因此广泛应用于中小型汽轮机。

61. 带蒸汽弹簧预启阀的调节汽阀动作过程是怎样的？

答：为了减少开启调节汽阀的提升力，工业汽轮机的调节汽阀均大多采用带蒸汽弹簧预启阀的结构，如图 5－28 所示。

当带蒸汽弹簧预启阀处于全关位置时，压力为 p_1 的新蒸汽自孔 B 漏入卸载室(A 室)，由于预启阀将主阀的下孔堵住，这时 A 室压力 p'_2 上升到接近 p_1，即 $p'_2=p_1$，当主阀碟紧贴在阀座上，保证主阀有较好的严密性。当预启阀开启时，当阀杆向上移动时，首先带动预启阀，预启阀打开后，由于孔 B 的节流作用而产生阻尼效应，使 A 室内压力 p'_2 很快降至 p_2。在预启阀继续提升时，带动主阀向上移动，从而减少了主阀前后的压差，使主阀提升力减小。因此，预启阀的通流面积只要保证其通过的流量大于 B 孔漏入 A 室内蒸汽量，即能起到减小提升力的作用。

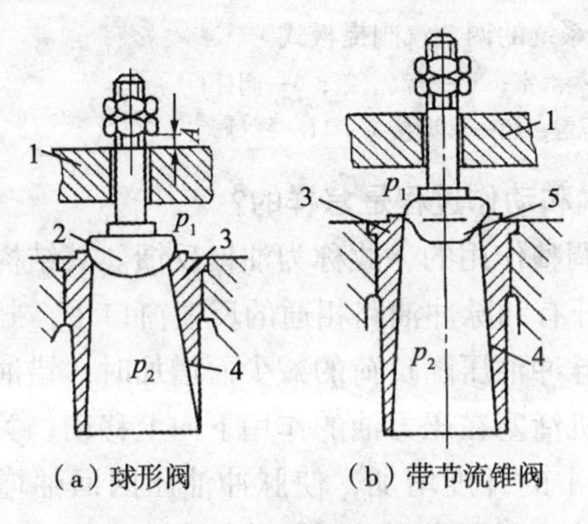

（a）球形阀　（b）带节流锥阀

图 5－27　单阀芯式调节汽阀

1—提板；2—阀芯；3—阀座；4—扩压管；5—锥形阀芯

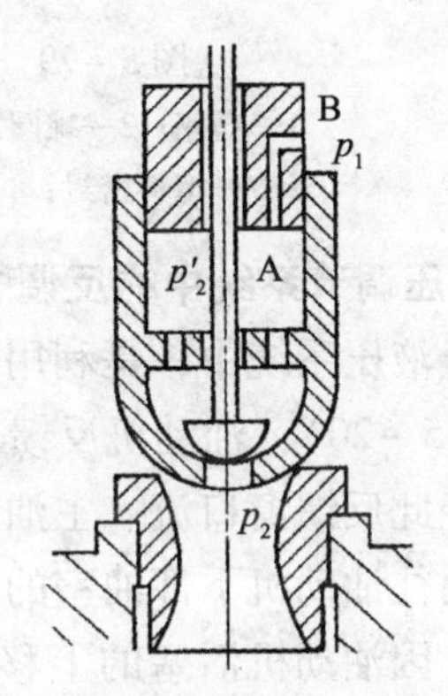

图 5－28　带蒸汽弹簧预启阀的双阀芯式调节汽阀

62. 什么是调节汽阀的重叠度？

答：在多调节汽阀联合运行时，当前一个阀尚未完全开启，后一个阀便提前开启，这个提前的开启量，称为调节汽阀的重叠度。通常认为，当调节汽阀前后的压比 $p_2/p_1=0.95\sim0.98$ 时就算开足。重叠度选取一般以前一阀开至阀前后的压比 $p_2/p_1=0.85\sim0.90$ 时，后一阀便开始开启为合适。

63. 全液压调节系统中的群阀提板式调节汽阀是如何动作的？

答：图 5－29 所示为全液压调节系统的群阀提板调节汽阀结构图。第一级喷嘴共分为五组，每组喷嘴进汽各由一个调节汽阀控制，因此共有五个调节汽阀，前四个调节汽阀开足即可发出额定功率，第五个调节汽阀作为低参数、循环水温升高和背压升高时，保证机组仍能发出额定功率用的。由图 5－29 可以看出，整个群阀提板结构由阀杆、横梁、阀碟、阀座、密封片及漏汽口等组成。阀杆 6 通过叉型接头 10 与油动机杠杆相连，杠杆的支点由固定在蒸汽室 4 上的支架来支撑，形成一定的杠杆比。五个调节汽阀均安装在横梁上，当油动机活塞向下移动时，通过杠杆带动阀杆向上移动，横梁随之上移，调节汽阀即按预先调整好的螺母 11 的位置先后依次开启，（其顺序如图中Ⅰ、Ⅱ…、Ⅴ所示）。密封片 7 可起到减少蒸汽室内的新蒸汽沿阀杆向外泄漏的作用，漏汽口 8 通过管子与汽封系统相连，可将少量的阀杆漏汽引至汽封系统。

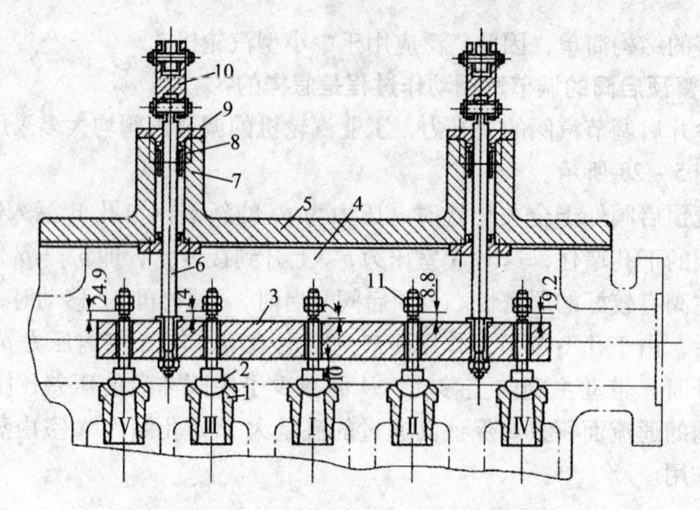

图5－29　全液压式调节系统的调节汽阀提板式

1—阀座；2—蝶阀；3—横梁；4—蒸汽室；5—蒸汽室盖；6—阀杆；
7—填料密封；8—漏汽口；9—压盖；10—叉型接头；11—螺母

64. 全液压调节系统中的反调整装置的机构和动作过程是怎样的?

答：在全液压系统中，是利用油口起到反调整作用的，故称为油口反馈。其结构及动作过程为(见图5－20)：油动机反馈套筒1上，开有和脉冲油路相通的反馈窗口Ⅰ，脉冲油从油动机下端经此反馈窗口流入主油泵入口。当脉冲油压随负荷的减少而增加时，错油门滑阀上移，开启通往油动机下部油室的窗口，油动机活塞在压力油的作用下向上移动，关小调节汽阀；这时，因油动机活塞的上移，反馈窗口Ⅰ的开度增加，使脉冲油压因回油增加而下降，直至恢复到原来的数值，错油门滑阀因脉冲油压下降而向下移动，直至回到原来的平衡位置，完成反馈任务。

65. 全液压调节系统的错油门与油动机有何作用?

答：全液压调节系统的油动机通过错油门将由调速器输出的二次油压信号转换为油动机活塞的行程，并通过杠杆系统操纵调节汽阀的启闭，使进入汽轮机流量与设计的流量或所需要的负荷相匹配。

66. 全液压调节系统的错油门与油动机由哪些零部件组成?

答：图5－30所示为全液压调节系统的错油门与油动机。它主要由错油门、油动机、连接体、反馈系统等组成。活塞杆上装有反馈导板2及关节轴承1，用于连接调节汽阀操纵系统和执行机构。错油门滑阀8和套筒7被装配在其壳体中。错油门滑阀顶端装有叶轮16，其径向和切向钻有均布的通道。止推滚珠轴承15被热装配在叶轮16顶端的轴上，弹簧14压靠在推力轴承上。弹簧14的作用力由调节螺钉11和杠杆10的位置来确定。

67. 全液压调节系统的错油门的工作原理是什么?

答：图5－31所示为全液压调节系统错油门的工作原理图。二次油压的变化将导致错油门滑阀相应的位移(上、下移动)，当二次油压升高时，错油门滑阀随着二次油压增加而向上移动，从而使压力油从接口26进入油动机活塞的上油室，而油动机活塞的下油室则与回油口接通，油动机活塞在油压差的作用下向下运动，并通过调节杠杆使调节汽阀的开度增大。与此同时，使反馈导板向下移动，由于反馈导板有一定的斜度，推动弯曲杠杆12将活塞的运动传递给杠杆10，杠杆便产生与滑阀逆时针转动，使杠杆的右端向下，作用在压缩弹簧上，增加反馈弹簧的压力，使错油门滑阀向下移动，又回到中间位置。

当二次油压下降时，调节过程动作与上述相反。

通过油动机活塞杆上的调节螺钉调整反馈导板的斜度，可改变二次油压与活塞行程之间的比例关系。

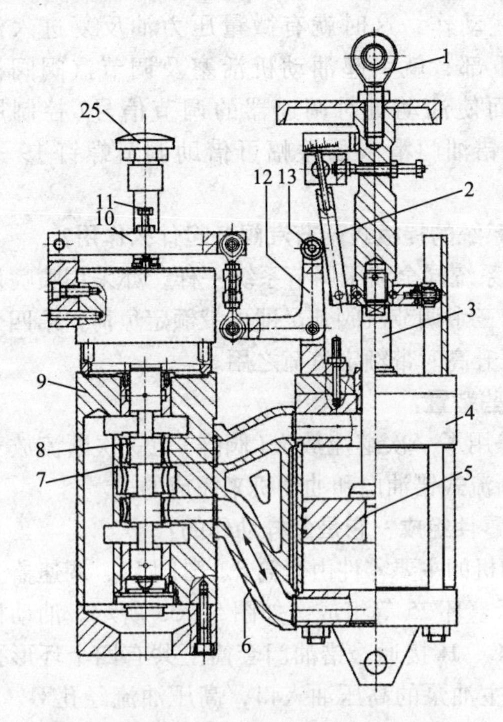

图5－30　错油门与油动机

1—关节轴承；2—反馈导板；3—活塞杆；
4—油动机缸；5—活塞；6—连接体；
7—滑阀套筒；8—滑阀；9—错油门壳体；
10—杠杆；11—调整螺钉；12—弯角杠杆；
13—滚针轴承；25—排气过滤器

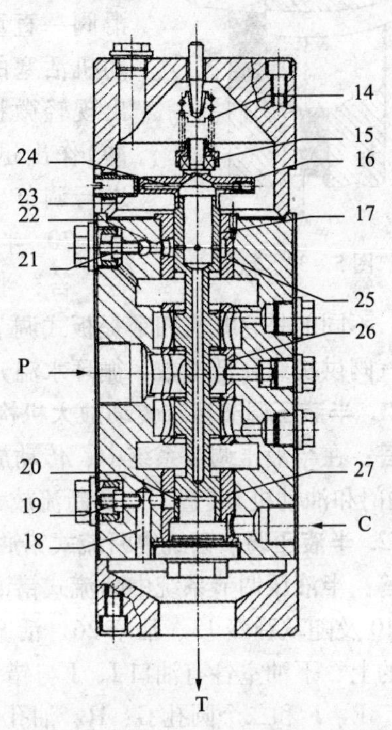

图5－31　错油门

14—反馈弹簧；15—推力球轴承；16—轮盘；
17—错油门滑阀；18—排泄孔；19—振荡用调节螺钉；
20—放油孔；21—调节螺钉；22—径向钻孔；
23—测速套筒；24—轮盘径向油孔；25—上套筒；
26—中间套筒；C—二次油；T—排油（回油）；
P—压力油（动力油）

68. 全液压调节系统的错油门滑阀为何采用旋转式滑阀？

答：全液压调节系统为了使错油门滑阀工作灵敏，不致于产生卡涩现象，而采用了旋转式滑阀。压力油通过滑阀外壳压力油接口P进入错油门滑阀的上部，它经过四个径向孔22流入空心错油门滑阀中心，而后从转动轮盘16中的径向和切向孔24向外喷出，由于压力油从转动轮盘的切线方向连续喷出，切向离开旋转轮盘的恒定油流使错油门滑阀产生连续旋转运动，如图5－32所示。通过调节螺钉21调节喷油量的大小，可改变错油门滑阀的转动频率，这一频率可用专门测量仪器在铝制螺栓套23中测出，滑阀推荐的工作转速为300～800r/min（小滑阀用高转速）。

69. 全液压调节系统的错油门滑阀产生的恒定轴向振动有什么作用？

答：为提高油动机的灵敏度，在错油门滑阀旋转的同时，作用在其下侧的二次油压使错油门滑阀产生一恒定轴向振动，这一过程是通过错油门滑阀下部的一个小孔20来

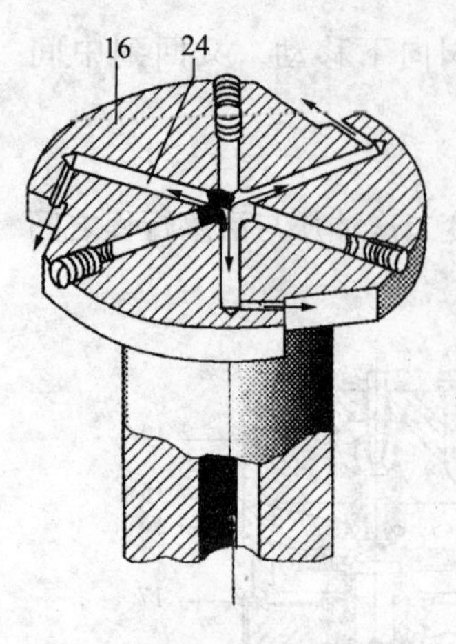

图 5－32　轮盘

实现的，当滑阀每转动一圈，此小孔瞬时间便与回油孔 18 接通一次，如图 5－31 所示。这时就有一部分二次油排出，于是引起二次油压下降并导致滑阀产生微小向下位移，当滑阀继续旋转，小孔 20 与回油孔 18 错开后，小孔 20 被封闭时，二次油压上升，则滑阀又向上位移，因此随着滑阀的旋转，滑阀一直重复着上述动作，这时就有微量压力油反复进入油动机活塞的上部或下部，就引起油动机活塞及调节汽阀阀杆出现轻微振动，从而使油动机对调速器的调节信号（控制脉冲）作出迅速反应，错油门滑阀的振幅可借助调节螺钉 19 来进行调节。

70. 半液压调节系统的提板式调节汽阀各起什么作用?

答: 半液压调节系统同全液压调节系统一样，亦采用喷嘴调节法。不同的是它共有四个提板式调节汽阀，前三个调节汽阀开足即可带额定负荷，第四个调节汽阀供机组在低参数、循环水温升高和背压升高时带额定负荷之用。

71. 半液压调节系统传动放大机构采用了哪些装置?

答: 在半液压调节系统中，传动放大机构采用了一次继流放大（阀蝶）与一次断流放大（错油门和油动机）装置。一次断流放大是通过断流式错油门和油动机来完成的。

72. 半液压调节系统中断流式错油门由哪些零件组成? 它是怎样动作的?

答: 半液压调节系统中断流式错油门、油动机的主要零件由套筒 8、滑阀 12、调速器主弹簧 10 及随从弹簧 13、活塞 26、活塞杆 22、活塞环 25 等组成，如图 5－33 所示。油动机活塞的上、下油室各有油口 I、J 与错油门油口 G、H 接通。错油门套筒上共有四个环形孔 C、D、E、F 和二个圆孔 G、H。油孔 D 是来自主油泵的高压油入口，高压油流经孔 G、H 可分别通往油动机活塞的上部油室与下部油室，油动机活塞的上油室与下油室的油可分别经油孔 C、E 排之回油箱，油孔 F 与二次油压室相通，供测量二次油压装设压力表用。错油门滑阀受二次油压与调速器弹簧即主弹簧的向上作用力，此力由随从弹簧的向下作用力来平衡。

当机组转速不变时，溢油间隙未发生变化，二次油压也未变化，错油门滑阀上、下作用力相平衡，滑阀处于中间位置，将通往油动机的油口 G、H 完全关闭。当汽轮机转速增大时，二次油压因溢油间隙减小而增大，错油门滑阀因受力不平衡而向上移动，通往油动机活塞下部油室的油口 H 开启，高压油经 J 油口进入油动机活塞下油室使活塞向上运动，与此同时，油口 G 和泄油孔 C 接通，油动机上部油室的油排回油箱。

反之，若机组转速降低，其动作过程则与上述相反。

73. 半液压调节系统中的反调整装置的反调整过程是怎样的?

答: 在半液压调节系统中，采用弹簧反馈（见图 5－33）即通过反馈杠杆 28 改变从弹簧 13 的紧力作为反调整装置来对错油门滑阀进行反调整，从而保证调节终了错油门滑阀处于中间位置，使调节过程很快的稳定下来。

其反调整过程为：当错油门因副油压升高而上移，高压油进入油动机活塞下部油室使活塞上移的同时，与活塞杆 22 铰接的反馈杠杆 28 也向上移动，使连杆 16 向下移动，压紧了随从弹簧使其紧力增加，从而使错油门滑阀下移，直至回到中间位置，完成反调整任务。

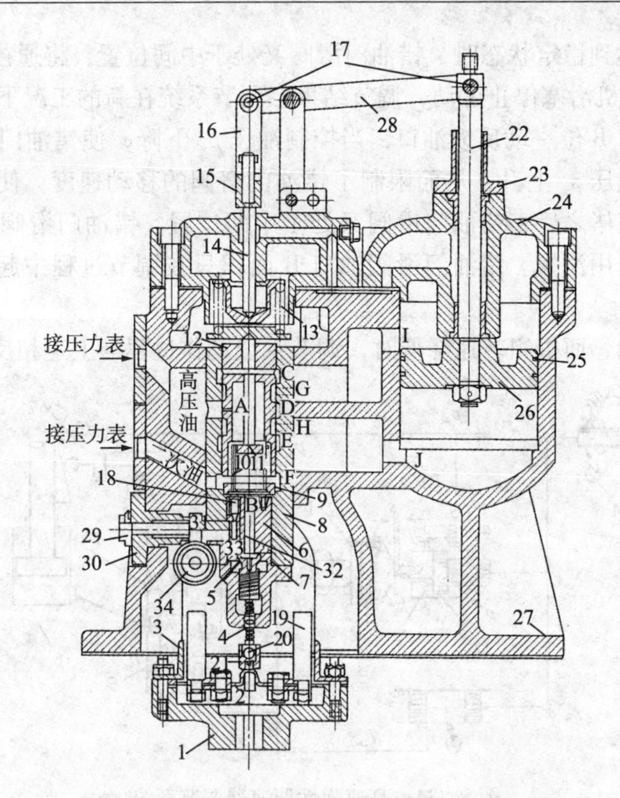

图 5－33　半液压调节系统错油门与油动机

1—托盘；2—扁弹簧；3—挡铁；4—蝶阀芯杆；5—蝶阀；6—蝶阀座；7—蝶阀壳；8—套筒；9—弹簧座；10—主弹簧；11—弹簧座；12—滑阀；13—随从弹簧；14—调整顶杆；15—十字接头；16—连杆；17—销轴；18—紧固螺钉；19—飞锤；20—钢珠；21—蝶阀珠盒；22—活塞杆；23—定距套筒；24—油动机盖；25—活塞环；26—活塞；27—调速器壳体；28—反馈杠杆；29—同步器行程(角度)指示盘；30—蜗母凸轮套筒；31—蜗轮；32—偏心轴；33—滚珠轴承；34—传动蜗杆

74. 高速弹性调速器的液压调节系统动作过程是怎样的?

答: 图 5－34 所示为高速弹性调速器的液压调节系统原理图。该系统采用高灵敏度的高速弹性调速器作为转速感应机构，它将转速变化信号转化为调速器挡油板的位移信号。其动作过程为：当外界负荷减少，汽轮机转速升高时，高速弹性调速器 1 由于转速升高，飞锤的离心力增大，在离心力作用下弹簧向外飞出伸张，使挡油板向右移动，随动滑阀 2 的喷嘴排油间隙 s 增大。压力油经节流孔板 a_1 和 a_2 进入随动滑阀左、右侧的油室，右侧油室中的油经间隙 s 排向回油。喷嘴排油间隙增大使得排油面积增加，排油量增大，从而使随动滑阀右侧油室的油压减小，在压力差的作用下随动滑阀向右移动，通过杠杆作用使调速滑阀(分配滑阀)3 的排油口 A 的面积增大。压力油经过油动机活塞 5 上的油口 B 和反馈滑阀 7 上的油口 C 进入控制油路，并经油口 A 排出。由于排油口 A 的面积增大控制油压 p_x 降低。控制油压 p_x 下降，使油动机活塞 5 上、下油压平衡破坏，在压差的作用下油动机活塞 5 向下移动。从而使油动机 6 活塞上油室经油口 a 与压力油相通，而油动机 5 活塞下油室经油口 b 与排油相通，使油动机活塞向下移动，通过传动机构关小调节汽阀，减小汽轮机的功率。在油动机活塞向下移动的同时，由于阀杆上的斜楔作用，使反馈滑阀 7 向右移动，使反馈滑阀上的进油口 C 的面积增大，即增加了控制油的进油量，使控制油压 p_x 上升，于是错油门滑阀 5 又向上移动，当最后达到稳定状态时，错油门滑阀又处于中间位置，将通往油动机的油口 a 和 b 完全盖住，使油动机活塞停止运动，调节结束，调节系统在新的工况下又处于平衡状态。

错油门滑阀油口 B 位一动反馈油口，当控制油压 p_x 下降，使错油门滑阀下移时 B 油口面积增大，使控制油压 p_x 上升，从而限制了错油门滑阀的移动速度，使整个调节过程比较平稳。当调节过程完毕之后，错油门滑阀又处于中间位置，错油门滑阀油口 B 面积又回到原来的大小，反馈作用消失。错油门滑阀油口 B 面积只在调节过程中起反馈作用，故称为动反馈。

当外界负荷增加，而机组转速降低时，调节系统动作过程与上述相反。

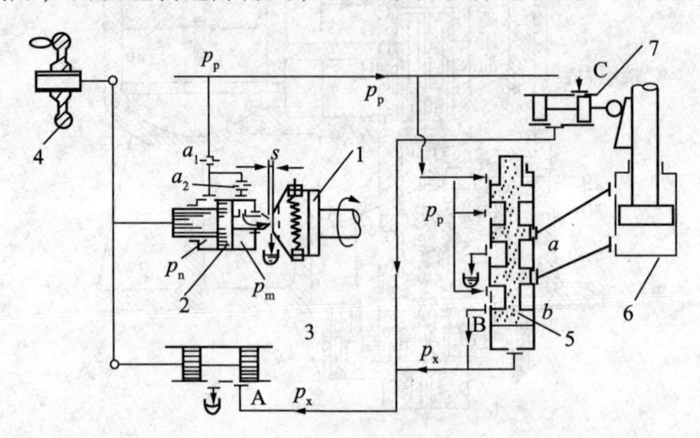

图 5-34　高速弹性调速器调节系统

1—高速弹性调速器；2—随动滑阀(差动滑阀)；3—调速滑阀(分配滑阀)；4—同步器；5—错油门滑阀；6—油动机；7—反馈滑阀

第二节　汽轮机调节系统的特性

1. 什么是调节系统的静态特性和特性曲线？

答：在稳定工况下，转速 n 和负荷 N 的关系称为调节系统的静态特性。在稳定工况下，汽轮机负荷变化时，汽轮机的转速也会相应发生变化，汽轮机的每一负荷都有一转速与其相对应，这种转速与负荷的静态对应关系曲线，称为调节系统的静态特性曲线，如图 5-35 所示。

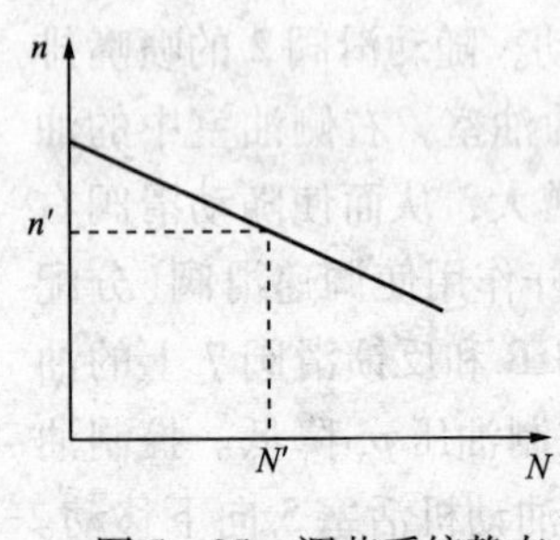

图 5-35　调节系统静态特性曲线

2. 什么是有差调节、无差调节？

答：根据汽轮机调节系统的静态特性，一定负荷对应于一定的转速，不同负荷其稳定转速不同的调节称为有差调节。

在任何负荷下转速不变的调节称为无差调节。这种调节系统在任何负荷下，转速为一定值。它不能用于带电负荷并列运行的汽轮机，因为在任何稳定工况下，虽然转速是稳定的，但只要电网频率稍有变化，汽轮机所带负荷就会晃动，严重时可能造成甩负荷，危机机组安全。目前工业汽轮机采用的 505 电子调速器是无差调节。

3. 为什么汽轮机在各种负荷下运行时，不同的转速对应着不同的负荷？

答：对于全液压调节系统，在稳定工况下，错油门滑阀应处于中间位置，这时脉冲油压必须是规定值，并保持恒定不变，而脉冲油压由反馈窗口和压力变换器的溢流窗口的开度决定。要保持脉冲油压不变，只有在反馈窗口开度变化时，相应的改变压力变换器溢流窗口的开度。因此，当汽轮机负荷一定时，调节汽阀的开度、油动机活塞、压力变换器滑阀等也有相对应的位置，当汽轮机负荷变化时，其位置也发生相应变化。所以，汽轮机在各种负荷下稳定运行时，不同的转速对应着不同的负荷。

4. 调节系统静态特性曲线是怎样得到的？

答：当汽轮发电机组并网运行时，其转速由电网的频率所决定，不能由一台机组随意改变；对于孤立(单机)运行的机组，其负荷取决于用户，仍不能随意改变转速。对于驱动压缩机的汽轮机，其负荷取决于工艺工况，也不能随意变动。汽轮机液压调节系统由转速感应机构、中间放大机构、执行机构和调节对象四大环节组成，因而调节系统的静态特性取决于组成系统的各基本元件的静态特性。调节系统的静态特性不能由试验直接求得，而是通过部分试验或计算间接求得。

通过试验或计算得到各组成环节的静态特性曲线后，便可用合成作图法即可获得整个调节系统的静态特性曲线。具体方法：如图 5-36 所示，沿着调节信号的传递方向，根据其静态参数对应关系，在四象限图的第二、三象限中分别绘制出转速调节机构、传动放大机构的静态特性曲线，在第四象限绘制出执行机构与调节对象的静态特性曲线，然后根据这三条曲线按投影作图原理，就可在第一象限内绘制出汽轮机功率与转速的关系曲线，即汽轮机液压调节系统的静态特性曲线。

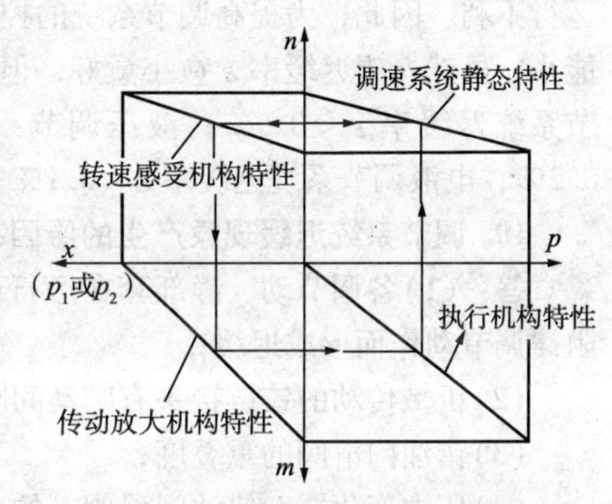

图 5-36　调节系统静态特性曲线的绘制

调节系统四象限图的坐标参数方向一般规定为：转速、功率、油压以增加方向为正；油动机活塞行程以使功率增加方向为正；系统中其他有关部套的位移方向以转速增加的位移方向为正。

5. 什么是调节系统的速度变动率？

答：汽轮机稳定运行时的转速随负荷变化而变化的。汽轮机在空负荷时的稳定转速与汽轮机在满负荷时的稳定转速的差值和汽轮机的额定转速比值的百分数，称为调节系统的速度变动率，通常用 δ 表示，即

$$\delta=\frac{n_1-n_2}{n_0}\times 100\% \tag{5-2}$$

式中　n_1——汽轮机在空负荷时的稳定转速，r/min；

n_2——汽轮机在满负荷时的稳定转速，r/min；

n_0——汽轮机的额定转速，r/min。

6. 速度变动率的大小表明了什么？

答：速度变动率 δ 的大小表示了汽轮机由于负荷变化而引起转速变化的大小。速度变动率过大，汽轮机由于负荷变化所引起的转速变化也就越大，反映在静态特性曲线上的曲线愈陡；反之，速度变动率越小，汽轮机由于负荷变化所引起的转速也就越小，其静态特性曲线趋于平缓。

速度变动率越大，表明调节系统稳定性越好。速度变动率不宜过大或过小，一般规定 δ

值为4%～6%，全液压调节系统的速度变动率约为5%左右。

7. 什么是动态超速？

答：机组发生甩负荷时，由于转子惯性和调节系统迟缓动作进汽量还来不及变化，机组转速迅速上升很多的现象，称为动态超速。

8. 什么是调节系统的迟缓率？

答：在同一功率下因迟缓而可能出现的最大转速变动量 Δn 与额定转速 n_0 比值的百分数，称为调节系统的迟缓率，用字母 ε 表示，即

$$\varepsilon = \frac{\Delta n}{n_0} \times 100\% \tag{5-3}$$

9. 迟缓率的大小决定调节系统的什么？

答：迟缓率的变化是随速度变动率而变化的，速度变动率 δ 愈小，迟缓率 ε 愈大，功率晃动的幅度就愈大。迟缓率的大小决定了调节系统的灵敏度，迟缓率过大或过小都对汽轮机运行不利。因此，为提高调节系统的控制精度和运行稳定性，要求调节系统的迟缓率应尽可能小。虽然希望迟缓率 ε 愈小愈好，但过高的要求会带来制造上的困难，一般要求：机械调节系统迟缓率 $\varepsilon < 0.5\%$；液压调节系统迟缓率 $\varepsilon < 0.3\%$；半液压调节系统迟缓率 $\varepsilon < 0.2\%$；电液调节系统迟缓率 $\varepsilon < 0.1\%$。

10. 调节系统迟缓现象产生的原因有哪些？

答：(1)各调节动、静部套在运行中存在摩擦力，如错油门滑阀与套筒之间的摩擦力，阻碍调节动作而形成迟缓；

(2)机械传动的铰链接头有旷动间隙；

(3)错油门滑阀的重叠度；

(4)压力变化器、错油门滑阀等的偏心而引起卡涩；

(5)油质恶化引起的卡涩等。

11. 什么是调节系统的同步器？

答：在一定范围内平移调节系统静态特性曲线以整定机组转速或改变负荷的装置，称为同步器，又称转速变换器。同步器是调节系统中调节电负荷与转速的调节装置。由调节系统的静态特性可知，汽轮机的每一负荷都对应着一个确定的转速。对于单机运行的机组，其转速随负荷的变化而变化，即发电机发出电能的频率随负荷的变化而变化，使得供电质量得不到保证。对于并列运行的机组，由于受到电网的牵制，它的转速几乎是不变的，所以对于并列运行的机组只能接带一个与该转速相对应的固定的负荷，而不能根据需要进行调整。

12. 调节系统中的同步器分为哪几种？

答：根据同步器的结构可分为主同步器和辅助(附加弹簧)同步器两类。主同步器主要在汽轮机组正常运行时用作调整负荷、转速，一般由主控室远方电动调节，必要时可由汽轮机操作(运行)人员就地手动操作。辅助同步器主要用来整定同步器的位置或作超速试验。

13. 同步器有哪些作用？

答：同步器的作用是在单机运行时改变汽轮机的转速，而在汽轮机并列运行时改变机组的负荷。

14. 什么是一次调频？

答：汽轮发电机组并网运行时，受用户(外界)负荷波动的影响，电网频率相应发生变化，这时各机组的调节系统随频率变化而自动进行频率的调整，使之与外界负荷相平衡，称

为一次调频。

15. 什么是二次调频？

答： 汽轮发电机组并网运行时，通过同步器动作可平移机组静态特性曲线，可改变汽轮机功率，并可在各机组间进行负荷重新分配，调整电网频率，以维持电网周波稳定，称为二次调频。

16. 一次调频与二次调频各有什么作用？

答： 一次调频能够使机组出力满足外界电负荷要求，但不能保持电网频率不变，只有通过二次调频后才能保持电网频率不变。

17. 什么是改变弹簧初紧力的同步器？

答： 旋转阻尼调节系统在稳定工况下，操作同步器弹簧，改变弹簧的初紧力，可以使同一转速 n 和一次油压 p_1 的条件下改变蝶阀的排油间隙，从而改变二次油压 p_2 值，也改变了调节汽阀的开度。如第Ⅱ象限的输出坐标用 p_2，即平移第Ⅱ象限静态特性曲线，从而使第Ⅰ象限调节系统静态特性曲线作相应的平移。

径向钻孔泵调节系统中，在压力变换器活塞顶部弹簧上，设置改变器初紧力的同步器，如图 5－37 所示。在稳定工况下，改变同步器改变压力变换器顶部弹簧初紧力时，便可在同一转速 n 和径向出口压力 p_1 条件下将改变控制油泄油口面积，从而使控制油压改变，油动机动作，改变调节汽阀的开度。这样使同一个 p_1 将与油动机活塞所处的位置 m 相对应，达到了平移传动放大机构静态特性曲线，从而使第Ⅰ象限调节系统静态曲线平移的目的。

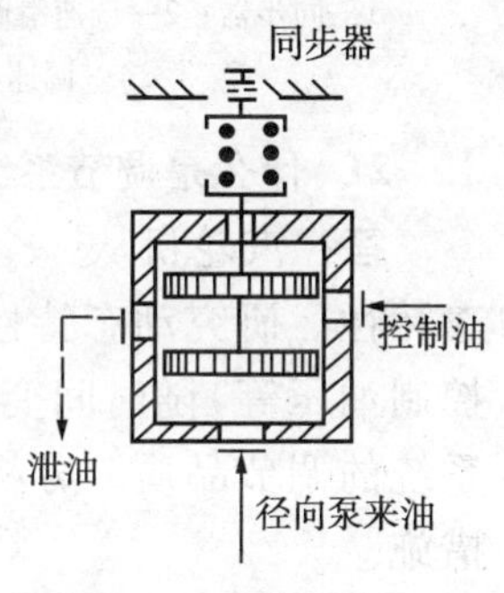

图 5－37　改变弹簧初紧力的同步器

18. 什么是改变支点位置的同步器？

答： 高速弹性调节系统中，设置了改变杠杆支点位置的同步器，是通过支点 O_1 位置来平移特性曲线的，如图 5－38 所示。当汽轮机转速一定时，随动滑阀位置不动，O 点无位移。此时若转动同步器手轮 1，使支点 O_1 移至 O'_1，则杠杆 O_1OO_2 以 O 点为支点，通过杠杆改变调速器滑环 2 的位置向左移动，从 O_2 移至 O'_2，将关小控制油泄油口 A 的面积，从而使控制油压 p_x 随之增加，油动机动作。这样就能使同一个挡板位置 x 将和油动机所处的位置 m 相对应，平移了传动放大机构静态特性曲线，从而使调节系统的静态特性曲线平移。

19. 什么是同步器的工作范围？

答： 既然同步器上下平移调节系统静态特性曲线，那么同步器上、下极限位置对应的调节系统特性曲线就必有一个上、下限曲线。上、下限曲线之间的范围就是同步器的工作范围，如图 5－39 所示。

通常规定空负荷时同步器可以改变转速的范围为额定转速的－5%～+7%。全液压调节系统中，同步器的工作范围为－4%～+6%。其工作范围由行程限制销的结构来保证。半液压调节系统中，同步器的工作范围为－5%～+7%。在半液压调节的同步器中，采用了定位螺母及行程止动板来保证它的行程。

20. 同步器上、下限调整不当对机组有哪些影响？

答： 大型机组采用滑参数启动时，如果同步器上限调整过小，并网后因电网频率升高而蒸汽参数低时，使机组不能带上满负荷，另外，由于运行中蒸汽参数恶化，也不能用同步器增至满负荷，影响机组效率。同步器下限调整过小，则当电网频率降低而蒸汽参数较高时，同步器不能将机组负荷减至零，影响机组的解列。同时指出，同步器上限不能过大，上限过大，在汽轮机突然失去负荷时，将造成汽轮机的严重超速。

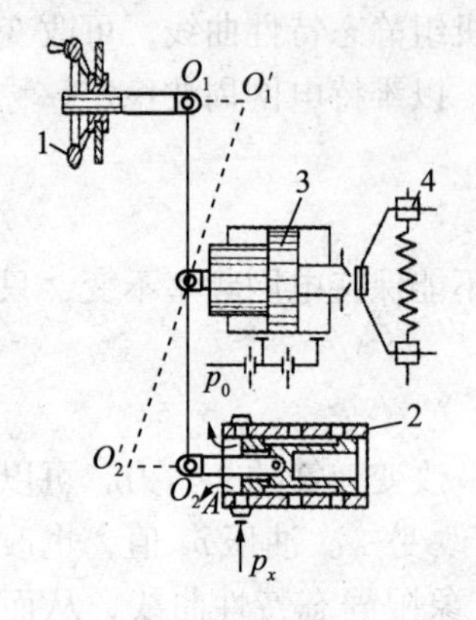

图 5－38　改变支点位置的同步器

1—同步器；2—调速滑阀；3—随动滑阀；4—调速器

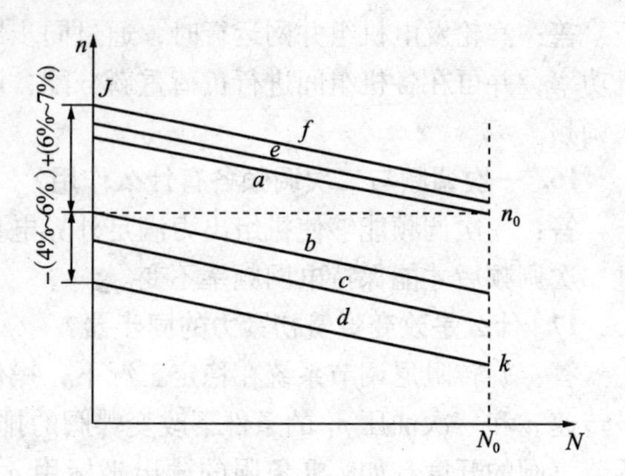

图 5－39　同步器的工作范围

21. 什么是调节系统动态特性？

答：汽轮机从一个稳定工况到另一个稳定工况过渡过程的特性，称为调节系统的动态特性。研究动态特性的目的是掌握动态规程中各参数（转速、功率、调节汽阀开度、控制油压等）随时间变化规律的基础上，判断调节系统的调节过程是否稳定，评定调节系统的调节品质，分析影响动态特性的主要因素，提出改进调节系统动态品质的主要措施。

22. 影响动态特性因素主要有哪些？

答：(1)从调节对象方面来分析，转子转动惯量越小（汽轮机转子飞升时间常数也越小）以及中间容积时间常数越大，均会使动态超速增加；

(2)从调节元件方面来分析，转速不等率、油动机时间常数及调节系统迟缓率越大，均会使油动机的滞后时间和关闭时间增加，从而使动态超速增加。

此外，转子飞升时间常数小、局部不等率小及迟缓率大等因素，均会导致系统振荡和转速产生波动。

23. 什么是转子飞升时间常数？影响转子飞升时间常数的因素有哪些？

答：转子飞升时间常数是指汽轮机转子在额定功率时的蒸汽主力矩作用下，转速从零升高至额定转速时所需的时间，即

$$T_a=\frac{I_\rho(\omega_0-0)}{M_{t0}}=\frac{I_\rho\omega_0}{M_{t0}} \tag{5-4}$$

式中　I_ρ——汽轮发电机组转子的转动惯量，kg·m·s²；

ω_0——额定转速时转子的角速度，rad/s；

M_{t0}——额定功率时的蒸汽主力矩，N·m。

计算分析与试验都表明，甩负荷时 T_a 越小，转子的最大飞升转速越高，而且加剧过渡过程的振荡。影响转子飞升时间常数 T_a 的主要因素有汽轮发电机组转子的转动惯量 I_ρ 和汽轮机额定主力矩 M_{t0}。随着汽轮机的容量的越来越大，M_{t0}成倍或成十倍地增加，而转子的转动惯量 I_ρ 却增加不多，因而 T_a 越来越小。例如小功率机组的 T_a 约为 11～14s；高压机组的

T_a 约为7～10s。可见，汽轮机的功率越大，超速的可能性越大，因而甩负荷后控制动态超速的难度也越大。

24. 转速变动率对动态过程有什么影响？

答： 转速变动率对动态特性指标的影响，如图5－40所示。δ 值影响有两个方面，一是影响调节精度（静态与动态偏差），二是影响动态稳定性。

当 δ 值较大时，动态过程中的最高转速和稳定转速较高，所以转速变动率有个上限，不得大于6%。但 δ 值大时，反馈量也大，动态稳定性好，调节速度快，而且动态超调量也小。当 δ 值较小时，虽然飞升转速绝对值较小，但此时超调量大，而且转速变动率 δ 值小反馈量也小，调节过程波动次数较多，稳定性差，所以要求转速变动率 δ 应不小于3%。

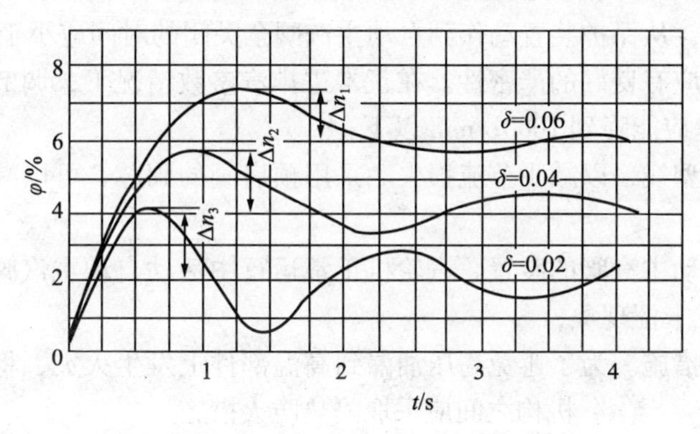

图5－40　速度变动率 δ 对动态特性的影响

第三节　汽轮机保护装置

1. 什么是保护装置？汽轮机设置哪些保护装置？

答： 保证汽轮机安全运行的装置称为保护装置。汽轮机设置的保护装置有：超速保护装置、轴向位移保护装置、低油压保护装置、低真空保护装置、胀差保护装置、振动保护装置等保护装置，它们在汽轮机转速、轴向位移、振动、胀差、油系统压力等和凝汽系统真空超过安全整定值范围时，能够迅速自动切断汽轮机的进汽，使机组设备迅速停止运行，避免事故进一步扩大。

2. 汽轮机保护装置的作用是什么？

答： 汽轮机是在高温、高压、高转速下运行，为了保证汽轮机安全运行，防止设备损坏事故发生，避免引起严重事故，在汽轮机都设有各种自动保护装置。以便在调节系统失灵或发生其他事故时，能及时、迅速的停机，避免设备损坏或事故扩大。随着汽轮机容量增大，造成事故的危害更严重，因此对保护装置的可靠性要求越来越高，同时保护项目也越来越多。

3. 汽轮机保护装置与调节系统功能有哪些特点？

答： 保护装置也是一种自动调节装置，它和调节系统一样，也是由感受机构、放大机构、执行机构所组成，所不同的是调节方式。调节系统是按整定的参数进行跟踪调节，使运行参数始终在整定值附近。而保护装置是双位调节，只有当运行参数超过保护整定值后，执行机构立刻动作，它的调节只有“全开”和“全关”两个位置。

4. 什么是自动主汽阀？它有哪些作用？

答：使主蒸汽进入汽轮机并能迅速关闭的阀门称为自动主汽阀，又称速关阀。自动主汽阀安装在调节汽阀之前，在正常运行中主汽阀处于全开状态，不参与负荷和转速的调节。当汽轮机出现紧急状态，保护装置动作后，迅速切断汽源并使汽轮机停止运行，从而保证机组设备的安全。

5. 自动主汽阀应满足哪些要求？

答：为了保证机组安全、平稳运行，自动主汽阀应满足以下要求：

(1)在任何紧急情况下，自动主汽阀仍能动作迅速、关闭严密。由于主汽阀在高温、高压的蒸汽作用下工作，要求有足够的强度；

(2)有足够大的关闭力和快速性。一般要求在主汽阀全关以后，弹簧对汽阀的压紧力应留有5~8kN的裕量，从保护装置动作到自动主汽阀全关闭的时间应小于0.5~0.8s；

(3)自动主汽阀应有良好的严密性。在正常进排汽参数情况下，调节汽阀全开，主汽阀关闭后，汽轮机转速应能降到1000r/min以下；

(4)具有良好的型线，以减少节流损失。采用预启阀的阀芯，可以减少开启主汽阀时所需的提升力；

(5)设置活动自动主汽阀的装置。汽轮机正常运行中活动自动主汽阀，可以防自动主汽阀长期不活动而造成卡涩现象；

(6)有隔热防火措施。为了避免高压油漏到高温部件上发生火灾，将自动主汽阀与操作机构之间应采取隔热防火措施。

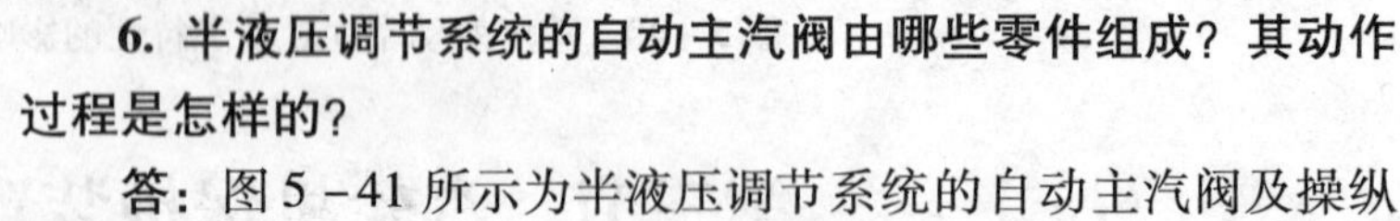

6. 半液压调节系统的自动主汽阀由哪些零件组成？其动作过程是怎样的？

答：图5-41所示为半液压调节系统的自动主汽阀及操纵座结构。主要由阀座1、阀蝶2、阀杆3、活塞4、弹簧5、手轮8等部件组成。当调节系统达到启动条件时，主汽阀开启时，应先挂上危急保安器，接通高压油路，使压力油自孔H进入主汽阀操纵座活塞4的底部，给活塞一向上的力。此时，只需逆时针转动手轮8时，就带动螺杆7上移，同时带动罩盖6上移，于是活塞4在高压油的作用下克服了弹簧5的向下作用力而随之上移，便打开了自动主汽阀。当出现危急情况时，危急保安器动作，将活塞4下部的脱扣油迅速泄掉，活塞4便在弹簧5的作用下迅速向下运动，带动阀杆3向下移动，迅速关闭自动主汽阀，切断汽轮机的进汽，使汽轮机迅速停机。

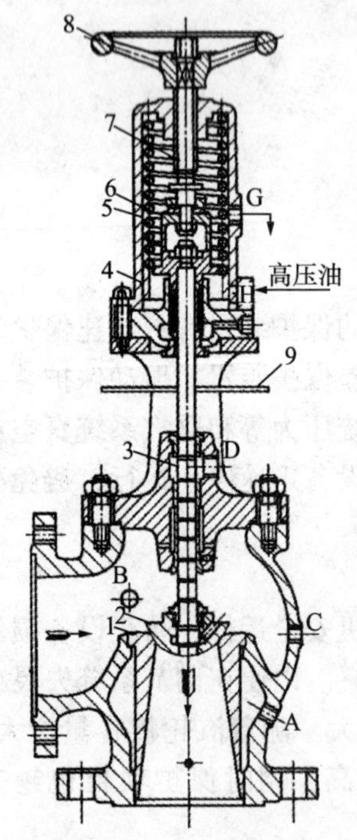

图5-41　半液压调节系统的自动主汽阀结构

1—阀座；2—阀蝶；3—阀杆；4—活塞；5—弹簧；6—罩盖；7—螺杆；8—手轮；9—绝缘板

7. 全液压系统自动主汽阀安装在什么位置？主要由哪几部分组成？

答：全液压系统自动主汽阀的种类很多，现以积木块汽轮机技术生产的汽轮机自动主汽阀加以说明。自动主汽阀阀体与汽缸进汽室为一整体，它水平地安装在汽轮机缸体外部的汽室侧面，其结构如图5-42所示。根据进入汽轮机新蒸汽容积流量的大小，一台汽轮机可配置一个或两个自动主汽阀。

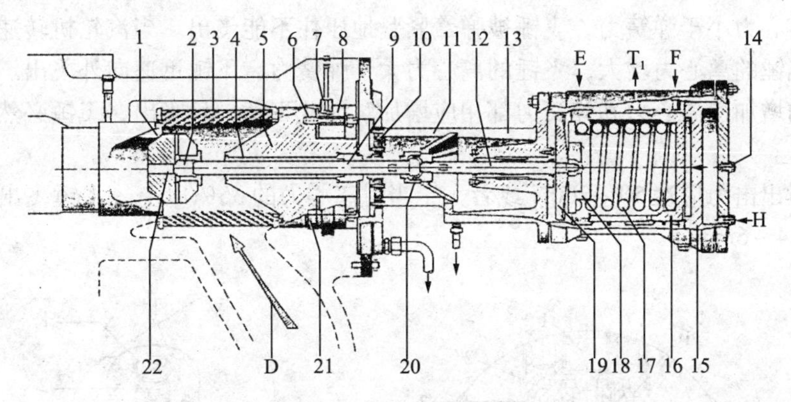

图 5－42　自动主汽阀结构

1—主阀锥体；2—预启阀锥体；3—蒸汽过滤器；4—导向套；5—阀盖；6—螺栓；7—剖分环；8—密封环；9—阀杆；10—热绝缘；11—挡油板；12—活塞杆；13—阀帽；14—压力表接头；15—试验活塞；16—筒形活塞；17—压缩弹簧；18—弹簧座；19—盘状活塞；20—活塞杆连接器；21—密封环；22—排汽孔

8. 什么是汽轮机超速保护装置?

答: 汽轮机转速超过额定转速一定值时，使机组紧急停机的各类的保安装置，称为超速保护装置。超速保护装置的感受元件有机械式、液压式及电气式等。机械式是利用飞锤或飞环所受的离心力来感受转速的；液压式则以主油泵出口油压讯号作为转速信号；电气式用直接测得的转速向超速保护系统发信。机械式感受元件通常称为危急遮断器或危急保安器，它是超速的发信触发装置，它的执行机械是危急遮断错油门，两者紧密配合达到超速保护的目的；而液压式及电气式感受元件的执行机构通常称为电磁阀。所有机组都装有危急遮断保护系统，而现代大型机组还同时装有液压式或电气式超速保护系统，以确保机组的安全运行。

9. 汽轮机为什么要设置超速保护装置?

答: 汽轮机是高速旋转机械，转动部件的离心应力与转速的平方成正比，即转速增加时，离心应力将迅速增加。当汽轮机转速超过额定转速 10% 时，离心应力将增加额定转速下应力 21%；当汽轮机转速超过额定转速的 20% 时，离心应力将增加额定转速下应力 44%。转速过高还会引起过盈配合的叶轮在转子上松脱，造成动静部分摩擦碰撞等损坏事故，严重威胁汽轮机的安全运行。因此，汽轮机都设有超速保护装置，当汽轮机的调节系统失灵，转速超过额定转速 10% ~12% 时，超速保护装置动作，迅速关闭主汽阀和调节汽阀，迅速切断汽轮机进汽，并使汽轮机紧急停机。

10. 危急保安器按结构型式可分为哪几种?

答: 危急保安器被安装在汽轮机转子前端径向钻孔泵的短轴上，与汽轮机转子一起转动。按其结构的特点可分为飞锤式和飞环式两种，危急保安器只有通过危急遮断油门才能达到紧急停机的目的，两者的工作原理完全相同，均属于不稳定调节器。当汽轮机转速超过额定转速的 10% ~12% 时，飞锤(或飞环)飞出，打击脱扣杠杆，使危急遮断错油门(危急遮断滑阀)动作，迅速关闭自动主汽阀和调节汽阀，切断汽轮机进汽，并使汽轮机紧急停机。

11. 飞锤式危急保安器的结构和动作原理是什么?

答: 图 5－43 所示为飞锤式危急保安器结构简图，它是由调整螺钉 1、调节套筒 2、偏心飞锤 5、配重脱扣销 6、弹簧 9 等所组成。飞锤的重心与油泵体的旋转中心有一个偏心距，偏心飞锤 5 被弹簧压住，偏心飞锤只能在工作位置上滑动。当汽轮机转速低于动作转速时，偏心飞锤的离心力小于弹簧力，飞锤被弹簧紧紧地压住不能飞出。当汽轮机转速超过动作转速时，偏心飞锤的离心力增大，飞锤的离心力大于弹簧力，飞锤迅速向外飞出。飞锤一旦动作，偏心距的增加使离心力和弹簧力都相应增加，因此飞锤一旦飞出，飞锤必然迅速走完全部行程。

一般飞锤出击力应达 50 ~200N 或者大于当时离心力的 35% 以上。飞锤飞出的最大行程 Δ_{max} 值一般为 4 ~6mm。

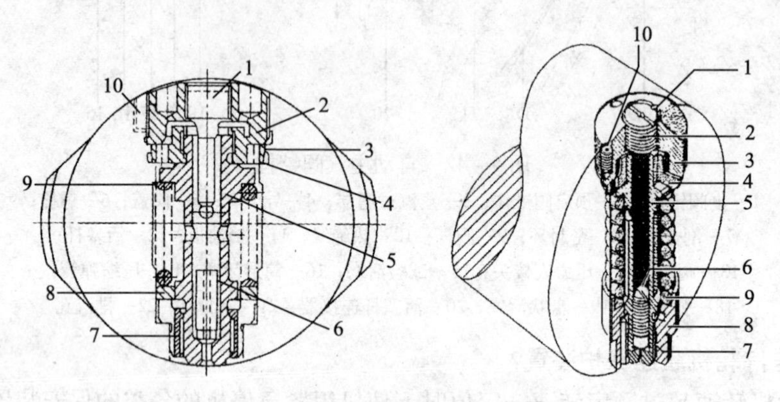

图 5 -43　飞锤式危急保安器

1—螺钉；2—螺纹衬套；3—导向套；4—导向环；5—偏心飞锤；
6—调整螺母；7—导向套；8—导向环；9—弹簧；10—埋头螺钉

12. 新安装和大修后的汽轮机，危急保安器应如何进行超速脱扣试验？

答：新安装和大修后的汽轮机，危急保安器都应进行超速脱扣试验，脱扣转速为额定转速的 110%，超速脱扣试验应连续作三次，每次试验的实际脱扣转速数值相差不应超过脱扣转速的 1%；若实际脱扣转速不符合规定时，应进行停机，并按制造厂技术文件要求进行调整，调整后再次进行试验，应取三次试验实际转速的平均值作为超速脱扣转速的数值。

13. 危急保安器动作转速不符合要求时应怎样进行调整？

答：当危急保安器动作转速不符合要求时，可按如下两种方法进行调整。

(1) 如果制造厂家提供有旋转调整螺母一圈使动作转速的改变数值 n_m，则设调整前的动作转速为 n_1，要求调整螺母后的动作转速为 n_x，则应调整螺母的圈数为 x，即

$$x = \frac{n_1 - n_x}{n_m} l \tag{5-5}$$

(2) 如果无制造厂家提供有旋转调整螺母 θ_1 角，使动作转速的改变数值 n_m，则可采用调整危急保安器的调整螺母，改变其压紧弹簧的初紧力：设调整前的动作转速为 n_1，调整螺母转动 θ_1 角后的动作转速为 n_2，要求动作的转速为 n_x，则调整螺母应转过的角度 θ_x 为：

$$\theta_x = \theta_1 \frac{n_x^2 - n_2^2}{n_2^2 - n_1^2} \tag{5-6}$$

若计算结果 x 或 $\theta_x > 0$，应向转速增加方向调整；若计算结果 x 或 $\theta_x < 0$，则应向转速减少方向调整。

14. 什么是危急遮断器？它有什么功能？

答：危急遮断器是接受危急保安器的动作，控制主汽阀及调节汽阀迅速关闭，使汽轮机组紧急停机的机构。当机组发生紧急情况时，危急遮断器可自动或手动切断压力油，并使脱扣油(跳闸油)泄压，从而使主汽阀和调节汽阀迅速关闭，切断汽源，使汽轮机紧急停机，

避免恶性事故发生。危急保安器只有通过危急遮断油门才能达到紧急停机的目的。

15. 危急遮断器有哪几种结构型式？

答：危急遮断器的结构型式很多，常用的危急遮断器主要有以下几种：

(1)危急遮断器(a)。主要由手柄1、弹簧2、杠杆3及滑阀5、6、7等组成，如图5-44所示。在危急遮断器的壳体上开有a、b、c三个油口。汽轮机正常运行中，压力油经油口a进入油腔，然后由油口b送出，作为脱扣油。滑阀在正常运行中受到弹簧向下的力和油压产生的向上的力，当向上的力大于弹簧向下的力，滑阀就处在最高位置，此时压力油口a与脱扣油口b相通。脱扣油口b与排油口c隔开，脱扣油充压。

(2)危急遮断器(b)。安装在汽轮机前轴承座上，也称危急保安装置。滑阀5可在套筒8、13内水平移动，滑阀5上的两个控制凸肩11、12分别与套筒8、13凸肩相贴合，起着接通或切断压力油油路的作用。危急保安装置在未投入工作时，弹簧10将滑阀5推向左侧与套筒13端面贴合，如图5-45所示。当手柄1处于图中所示的位置时，压力油从油口14经壳体上的节流孔板15成为脱扣油进入危急保安装置环形腔室2，从油口4流出。由于控制凸肩12面积大于活塞16面积，所以脱扣油克服弹簧力将活塞7推向右端，使控制凸肩11与套筒8左端面贴合，这样回油3被切断，脱扣油经出口4流出壳体，通过启动装置进入主汽阀的活塞盘。

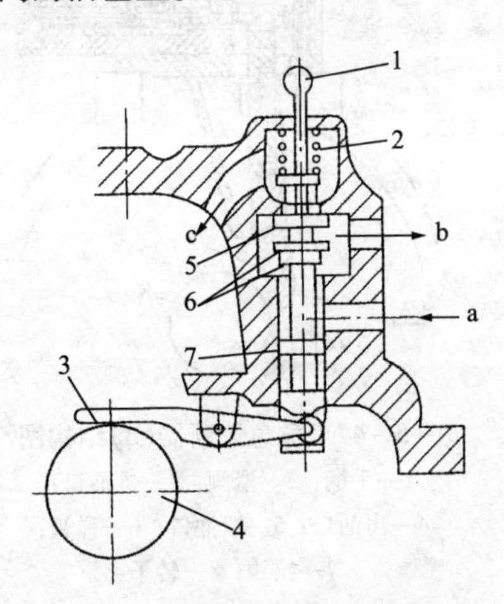

图5-44　危急遮断器(a)结构图

1—手柄；2—弹簧；3—脱口杠杆；
4—危急保安器；5、6、7—滑阀；
a—压力油口；b—脱扣油口；
c—排油口

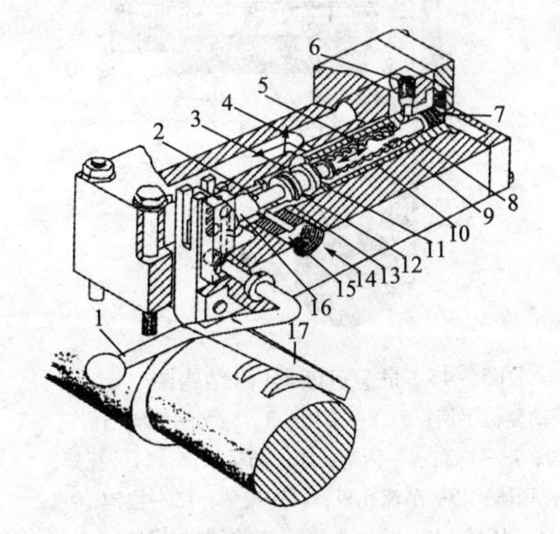

图5-45　危急遮断器(b)结构图

1—手柄；2—环形腔室；3—回油(T)；4—脱口油(E)；
5—滑阀；6—转换油(从危急遮断器试验滑阀来的压力油)；
7—活塞；8—套筒；9—壳体；10—弹簧；11—控制凸肩；
12—控制凸肩；13—套筒；14—压力油(p)；15—节流孔板；
16—活塞；17—脱扣杠杆

如果危急保安装置的油压下降，则弹簧力将滑阀5推向套筒13的左端面，使进油(压力油)切断，脱扣油与回油相通，主汽阀(速关阀)迅速关闭。

(3)危急遮断器(c)。当积木块汽轮机前轴承座≥32#时，危急遮断器的结构由手动复位手柄1、滑阀2、弹簧6和杠杆7等组成，如图5-46所示。汽轮机运行时，应先抬起复位手柄，压力油由接口P经节流孔板13进入油门的脱扣油控制腔，使滑阀凸肩3处于图中右端位置，滑阀上的右凸肩堵住了泄油通道，建立起控制油，这时作用在滑阀上的油压大于作用在滑阀上的弹簧力，由于滑阀凸肩3的油压作用面积小于凸肩6的油压作用面积使滑阀上的油压力克服弹簧7力，将凸肩6压在套筒8的密封面上，因此建立正常油压的脱扣油经接口E供至脱扣油路，松开复位手柄后，滑阀凸肩仍然处于右端位置，如图5-46所示已复位。当危急遮断器动作后，脱口杠杆被抬起，滑阀凸肩5向左移动，在弹簧力的作用下滑阀凸肩5向左移动到终点，滑阀凸肩5切断了压力油通道，脱扣油E与回油通道T相通，使脱扣油回流泄压，通向主汽阀的油压下降，使主汽阀迅速关闭，汽轮机停止运行。

(4)危急遮断器(d)。安装在轴承座侧面，如图5-47所示。它主要由手动复位杠杆1、滑阀2、弹簧6、脱口杆7等组成。运行时首先抬起复位手柄1，使滑环2处于右端位置(图中位置)，滑阀2上的右凸台挡住了泄油通道，建立起控制油，这时作用在滑阀2上的控制油压力大于作用在滑阀上的弹簧力，松开复位手柄1后，滑阀2仍保持在右端位置。当危急保安器动作后，脱口杆7被抬起，滑阀2向左移动，在弹簧力的作用下向左移到顶端，滑阀2上的左凸台挡住了控制油进油3通道，同时危急遮断器的原出油口4与泄油口5相通，使脱扣油回流泄压。

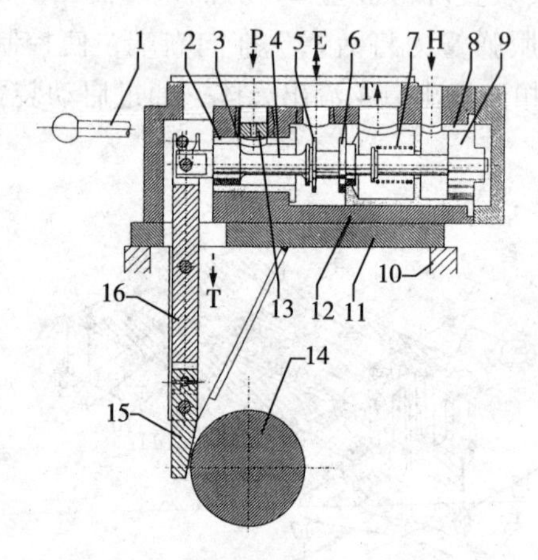

图5-46　危急遮断器(c)结构图

1—手动复位手柄；2、8—套筒；3、5、6—滑阀凸肩；4—滑阀；7—弹簧；9—活塞；10—前轴承座；11—托架；12—壳体；13—节流孔板；14—转子；15—拉钩；16—杠杆；P—压力油；E—速关(脱扣)油；H—试验油或开关油；T—回油

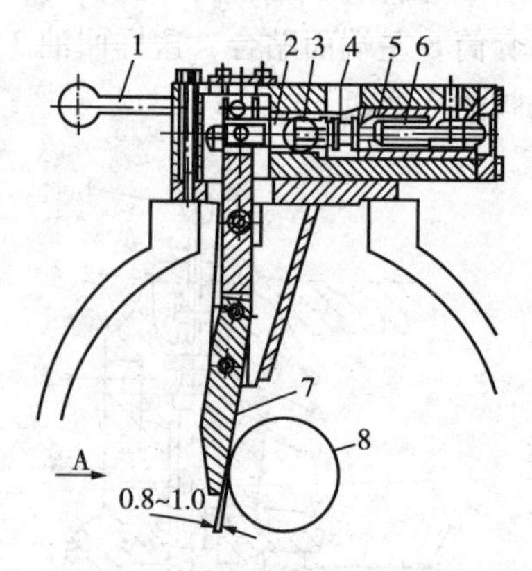

图5-47　危急遮断器(d)结构图

1—手柄；2—滑阀；3—进油口；4—出油口；5—泄油口；6—弹簧；7—拉钩；8—转子

16. 汽轮机为什么要设置轴向位移保护装置?

答: 在汽轮机运行中，动、静部分之间的轴向间隙很小，当转子轴向推力过大时，将会使推力轴承巴氏合金熔化，甚至会因转子较大的轴向位移造成动静部分碰撞，导致设备严重损坏事故，故在汽轮机上都设置了轴向位移保护装置。当汽轮机的转子轴向位移达到一定整定值后，它能发出灯光信号报警；若转子轴向位移量超过规定极限数值时，轴向位移保护装置便自动动作，迅速关闭自动主汽阀和调节汽阀，紧急停机。

17. 轴向位移保护装置按其感受元件结构可分为哪几种型式?

答: 轴向位移保护装置按其感受元件结构，可分为机械式、液压式、电感式和涡流式四种型式。前两种测量精度较差，信号不便于远传，安装和校验也不方便，常用于中小型汽轮机上，大型工业汽轮机很少应用。后两种用于大功率汽轮机上，目前国内外工业汽轮机广泛采用电感式和涡流式。

18. 半液压调节系统的轴向位移保护装置是怎样动作的?

答: 图5-48所示为半液压调节系统保护装置，仅有一轴向位移指示器一轴向位移遮断器，它置于减速箱内推力轴承的挡油盘旁。主要结构由滑阀3、限位螺钉6、调整螺钉10及喷油嘴13等组成。图中所示为处于正常工作室的位置。

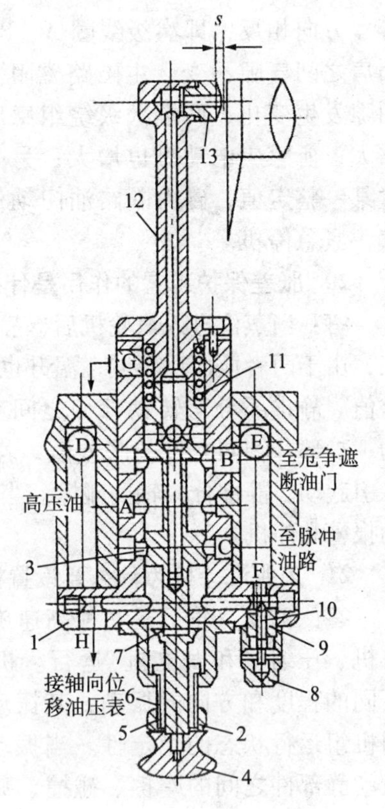

图5-48　轴向位移遮断器结构示意图

1—壳体；2—紧定螺钉；3—滑阀；4—手柄；5—滚花环；6—限位螺钉；7—挡油环；8—螺纹套；9—连接螺母；10—调整螺钉；11—弹簧；12—延伸臂；13—喷油嘴

从主油泵来的高压油，一路经过油口A至B，经危急遮断错油门，磁力断路油门直达主汽阀操纵座活塞下部；另一路通过油口D、E及节流孔F进入滑阀3下部的油室Ⅰ，然后经滑阀3的中心孔从喷嘴13喷出。正常工作时，滑阀处于图示位置，弹簧11对滑阀产生的向下作用力与下部油室Ⅰ的压力油给滑阀的向上作用力相平衡。油室Ⅰ中的油压大小取决于喷油嘴的喷油量，即取决于喷油嘴与挡油板之间的间隙s。当间隙s增大时，轴向位移油压就会因喷嘴的喷油量增多而降低，因此轴向位移油压的变化就反映了汽轮机转子轴向位移的数值。在安装时，使轴向位移遮断器喷油嘴与挡油盘间的间隙s调整为0.5mm。当此间隙增大时，油室Ⅰ中的压力就降低，在弹簧力的作用下滑阀3就会下移。当转子轴向相对位移超过0.7mm时，即间隙s大于1.2mm，弹簧的向下作用力大于油压向上的作用力而使滑阀3向下移动，从而切断了高压油至危急遮断油门的通路，并使自动主汽阀活塞下的高压油自油孔B、G泄掉，自动主汽阀迅速关闭。滑阀向下移动的同时，使油口A、C相通，高压油进入脉冲油路，使脉冲油压升高，调节汽阀迅速关闭。滑阀下移的同时，切断B油口的高压油，并将油口B、G相通，使主汽阀操纵座活塞下方的油经磁力断路油门、危急遮断油门从G孔排出，自动主汽阀关闭，从而达到轴向位移超过允许值时自动停机的目的。

当转子轴向位移大于0.4mm时，控制油压表电接点接通，发出信号。当转子轴向位移大于0.7mm时，该电接点压力表使磁力断路油门动作而停机。当需要紧急停机时，可将手柄4往下拉至极限位置，即可达到停机的目的。

19. 电感式轴向位移保护装置由哪几部分组成？它是怎样动作的?

答: 目前大功率汽轮机上多采用电感式轴向位移保护装置，它由轴向位移发讯器和磁力断路油门两部分组成。通常布置在前轴承箱一侧，汽轮机转子上的凸肩位于“山”形铁之间。发讯器由发送头及调整支架组成，发送头的铁芯由“山”形矽钢片叠成。

图5-49所示为电感式轴向位移发讯器的原理图。它由转子5、山形磁铁2、初级绕组线圈3和次级绕组线圈4等组成。在铁芯中心导柱上绕有初级绕组线圈3，通交流激磁电流，产生磁场。左右两侧导磁柱上有两个匝数相等、磁通方向相反的串接的次级绕组线圈4。当汽轮机转子上的凸肩1处于铁芯中间位置时，两侧线圈所感应的电势大小相

等、方向相反，即次级线圈 A、B 端的电动势差为零。当转子发生轴向位移时，主铁芯与凸肩之间气隙不变，主磁路磁阻不变，主磁通也保持不变，而左、右侧芯柱与凸肩之间间隙发生变化，两端次级绕组感应电动势差发生变化，气隙增大的一侧磁阻减小，磁通增大，所感应电动势也增大；另一侧气隙减小，则感应电动势相应减小。当轴向位移超过某一整定值，磁力断路油门动作，迅速关闭自动主汽阀和调节汽阀，切断汽轮机的进汽，紧急停机。

20. 胀差保护装置的作用是什么？

答：当蒸汽进入汽轮机后，静止部分与转动部分均要发生膨胀，由于两者质面比不同，温升也不同，在轴向方向产生热膨胀差值。静止部分与转动部分之间有设计规定的轴向间隙值，即动、静部分轴向允许的胀差值，若胀差值超过允许的设计值时，将引起动、静部分的轴向碰撞。当胀差超过设计规定值时，便自动报警和停机。

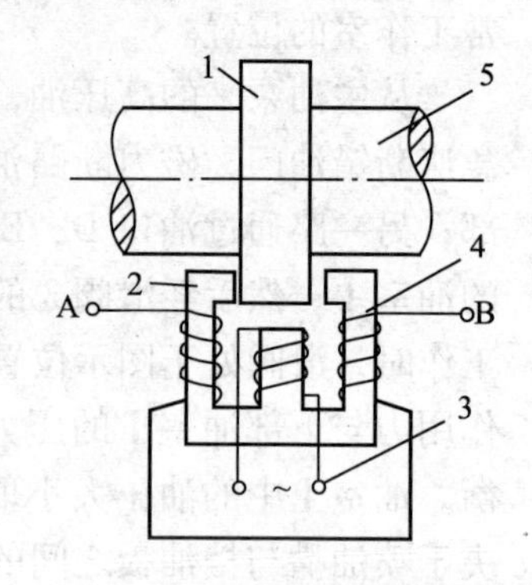

图 5-49　电磁式轴向位移测量元件

1—凸肩；2—山形磁铁；3—初级线圈；4—次级线圈；5—转子；

21. 工业汽轮机为什么要设置机械振动保护装置？

答：工业汽轮机是一种高速旋转机械，驱动工作机械（泵、风机、压缩机和发电机）运行。机组在运行中不可避免地存在不同的程度和方向的振动，其振动值的大小，在很大程度上标明机组运行状态的稳定性。当振动超过允许值时，它能引起机组动静部件之间的摩擦、碰撞、疲劳断裂和紧固件的松脱等设备事故。因此，汽轮机组应设置机械振动保护装置，当振动超过允许值时，必须经过声光报警信号，必要时联锁动作停机。

22. 机械保护装置测量转子相对振动的传感器有哪几种形式？

答：机械保护装置测量转子相对振动的传感器有电涡流式、电感式、电容式三种形式。后两种传感器受周围介质和环境的影响较大而被淘汰，目前采用的是电涡流式传感器。为了能测量垂直和水平方向振动，在汽轮机前后轴承附近设置了两个互成 90°的两个测点。两个测点各安装一个电涡流式探头，如图 5-50 所示。

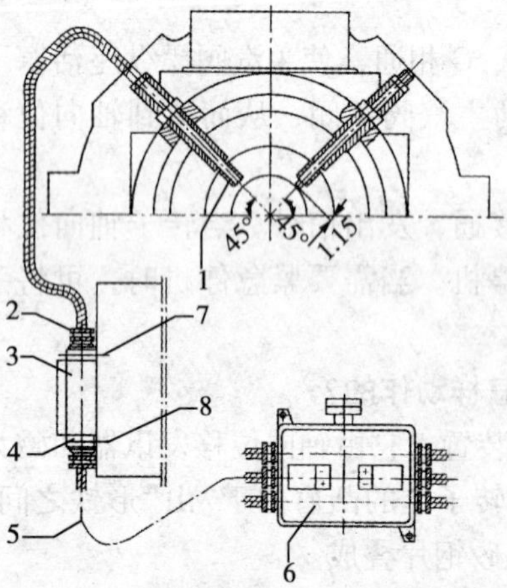

图 5-50　测量轴振动传感器的布置

1—传感器；2—电缆压盖；3—插头保护盒；4—铁箍；5—加长电缆；6—激励解调器；7—圆头螺栓；8—圆头螺栓

电涡流传感器是由头部感应线圈、固定螺钉和高频电缆等组成。振动传感器是采用电涡流原理设计的，测量手段是振动传感器测量探头振动器产生的高磁场。测量时，测量探头的能量，取决于探头与转子之间的间隙且由转子材料形成的涡流电流所产生的。测量转子相对于轴承座的振动，测量探头与转子之间有 1～1.5mm 间隙，机组运行时监视器输出静态直流电压和交流电压叠加的信号，得到转子的绝对振动，并在监视器显示出来。监视器配有报警和危险继电器，当汽轮机转子振动时，转子与感应线圈测量探头之间就发生相对位移，电涡流也发生了变化，产生转子与感应线圈测量探头之间间隙成正比的电信号，通过监视器就显示出振动数值并可输出记录，当测得某一整定值超过规定振动值，就报警或停机，起到保护功能。

23. 什么是润滑低油压保护装置？汽轮机为什么要设置低油压保护装置？

答：汽轮机运行中，当润滑油压低于规定值时，自动报警或使机组停机的保安装置，称为润滑油压低保护装置。在汽轮机启、停及正常运行中，必须不间断地供给轴承一定压力、温度的润滑油，以冷却和润滑轴承，保证汽轮机安全运行。

若润滑油压力过低，将导致润滑油膜破坏，不仅会造成轴承损坏，而且还可能引起动、静部分之间摩擦、碰撞等恶性事故。因此，在汽轮机油系统中都设有低油压保护装置。

24. 低油压保护装置作用是什么？

答：(1)润滑油压低于整定值时，应及时发出报警信号，提醒操作人员注意并应及时采取措施；

(2)若润滑油压继续降低到某一整定值时，自动启动辅助油泵，提高油系统油压；

(3)辅助油泵启动后，若油压仍继续下降到某一整定值后，应立即手动脱口停机，再继续降低到某一数值时，应停止盘车。

25. 活塞弹簧式低油压保护装置是怎样动作的？

答：图 5－51 所示为活塞弹簧式低油压保护装置，它由活塞和弹簧等组成。润滑油经油管道进入活塞 1 的下部，此时油压对活塞 1 向上的作用力与弹簧 2 向下的作用力相平衡。当润滑油压下降时，力的平衡被破坏，活塞向下移动时，按顺序接通电气 A、B、C、D 触点，使其发出信号和关闭主汽阀。触点的数目可根据需要选择，多数都有四个触点，第一触点发出信号，第二触点启动辅助油泵，第三触点关闭主汽阀，第四触点停止盘车。

26. 压力继电器式低油压保护装置是怎样动作的？

答：图 5－52 为压力继电器式低油压保护装置，它由三组继电器组成，各组结构相同，均由弹簧、芯杆、微动开关、波纹管等组成。润滑油通入壳体内，油压作用在波纹管上，克服弹簧力，使波纹管连同芯杆一起向左移，到达左极限点位置。当润滑油压降低时，芯杆在弹簧的作用下移动并使微动开关动作。当油压降低到设计规定值时，三组继电器微动开关分别动作，使线路闭合，发出电气信号。

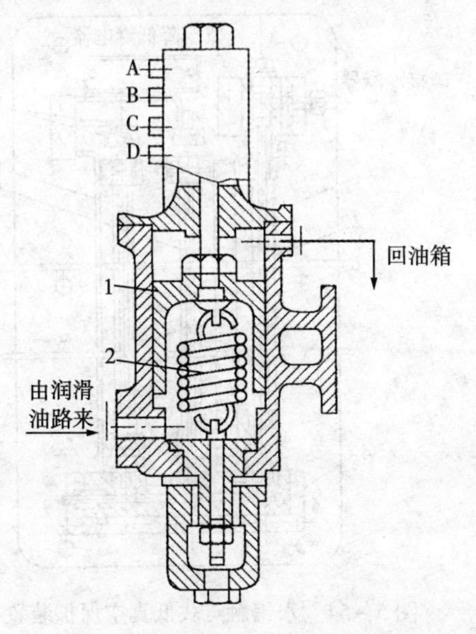

图 5－51　活塞弹簧式低油压保护装置

1—活塞；2—弹簧

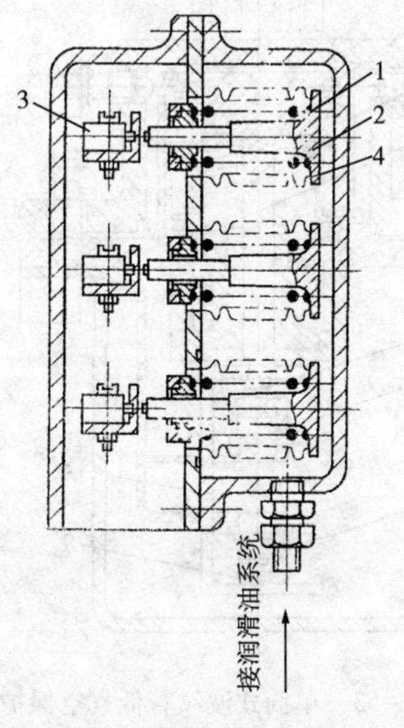

图 5－52　压力继电器式低油压保护装置

1—弹簧；2—杆；3—微动开关；4—波纹管

27. 凝汽式汽轮机为什么要设置低真空保护装置?

答: 凝汽式汽轮机运行中，由于各种原因会造成真空降低。当真空降低过多，不仅会影响汽轮机的出力和降低热经济性，而且真空降低过多还会引起排汽温度升高、轴向推力和机组振动增加影响汽轮机的安全运行。因此，较大功率汽轮机都设置低真空保护装置。

28. 单筒式波纹管低真空保护装置是怎样动作的?

答: 图5－53所示为单筒式波纹管低真空保护装置结构图。它主要由弹簧1、波纹管2、微动开关4、5及触头9等组成。波纹管外部汽室与凝汽器喉部相通。随着真空值的变化，波纹管相应伸缩，通过中芯杆3带动支架8移动。当真空处于正常时，端头7不与微动开关触头4接触，处于断开位置，而微动开关5则被支架8压住，处于闭合状态。当真空降到某一整定值时，波纹管受压而收缩，带动中芯杆向下移动，使支架8与微动开关5脱开，发出真空低的声光报警信号。当真空度下降到设计规定的极限值时，中芯杆端头7与微动开关4接触，微动开关通过电气回路接通磁力断路油门的电源，泄掉二次油压，同时迅速关闭主汽阀和调节汽阀，切断汽轮机的进汽，紧急停机。

29. 水银触点式低真空保护装置的工作原理是什么?

答: 低真空保护装置的工作原理是用一个玻璃管与凝汽器相通，玻璃管内装有水银，按不同水银高度接出电路线。当真空降低到某一整定值时，接通电源，发出声光报警信号，当真空降至设计规定的极限值时，水银接点电路接通，关闭自动主汽阀和调节汽阀，汽轮机紧急停机。当真空降至零，凝汽式汽轮机排汽产生正压时，还会使排汽缸安全阀(大气阀)动作。图5－54所示为水银触点式低真空保护装置，主要由三根装有水银的连通玻璃管和三通块等组成。玻璃管1与凝汽器连通，玻璃管2、3内水银柱上升，按不同水银高度接出电路线。当真空降到某一数值时，玻璃管3内的水银柱与引出线接触，接通电源，发出声光信号，当真空降到最低允许值时，水银接点接通电路，关闭自动主汽阀并停机。真空降低的动作数值，可通过调整螺钉7改变引出线的高度进行调整。

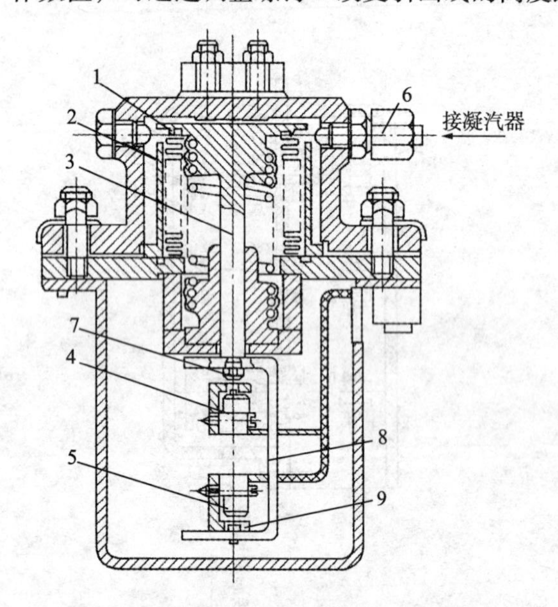

图5－53　单筒式波纹管低真空保护装置

1—弹簧；2—铜波纹管；3—中芯杆；4、5—微动开关；6—接头；7—端头；8—支架；9—触头

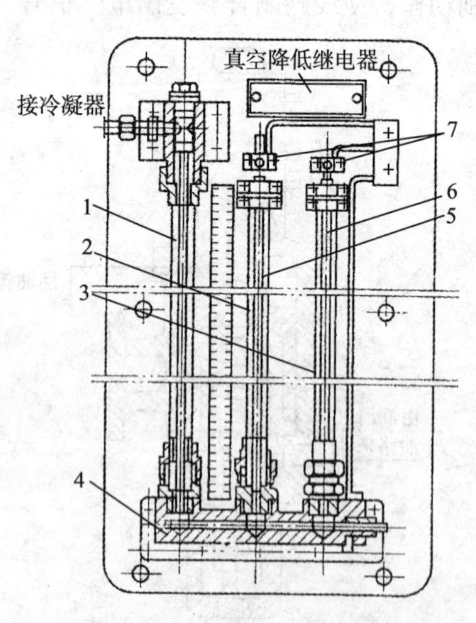

图5－54　水银触点式低真空保护装置

1、2、3—玻璃管；4—三通块；5、6—底板；7—调整螺钉

由于水银有毒，故现在某些工厂企业自备电站已停用水银式低真空保护。

30. 某些汽轮机设置接地保护的作用是什么？

答：有的汽轮机组在前轴承座配装有接地电刷，作以接地保护。接地电刷的作用是使电位差平衡，防止轴承、联轴器、汽封等防止过电流传送的损害。汽轮机可以有一个或几个接地电刷接地，但不论在任何情况下都不允许存在接地回路，特别是发电机的励磁端不允许接地。

31. 汽轮机接地电刷由哪些部件组成？

答：图5－55所示为接地电刷结构，主要由端子组件1、指示器5、电刷壁7、电刷8、电刷接地开关10、电流导线12等组成。接地电刷连同它的外壳一起插入前轴承盖上，并与轴承盖呈一角度。电刷外壳内有套管，内装法兰组件13、刷壁7和电刷8。拆卸法兰组件上的紧固螺栓3就可将电刷8取出。电流导线接到刷头的端子组件1上，导线通过轴承座11上的电刷接地开关10，将电刷接到地端。电刷壁安装在销轴6上，加在电刷上的力以及电刷丝的弹性使电刷不会在转子上跳动，当电刷与转子的接触力调整较低时，转子表面和电刷丝磨损较小，电阻亦很小。电刷指示器装在电刷壁上，通过电刷外壳法兰上的小窗口可以看到电刷的磨损程度，当接地电阻增大时，指示器指在“ENW”位置，当需要更换电刷时，指示器指在“RPL”位置。一般应在电刷未达到“RPL”位置时就需更换，否则电刷与转子的接触压力减小，火花会在转子接触面上产生，会使转子磨损。接地电刷安装在紧靠抽承附近，这样从轴承流出来的润滑油可以冷却电刷。

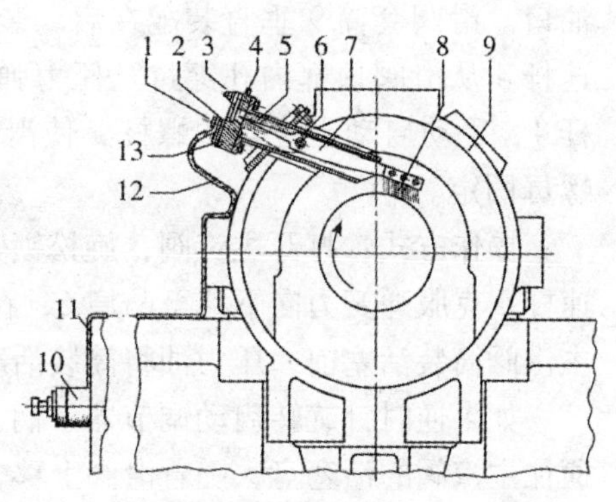

图5－55　安装在前轴承盖上的电刷

1—端子组件；2—螺栓和销；3—法兰连接螺栓；4—提升螺钉；5—指示器；6—销轴；7—电刷壁；8—电刷；9—前轴承盖；10—电刷接地开关；11—前轴承座；12—电流导线；13—法兰组件

32. 磁力断路油门由哪些部件组成？它的动作是怎样的？

答：磁力断路油门是保安系统中一种综合性的电动保护装置。当机组出现汽轮机超速、润滑油压低、真空恶化、背压汽轮机的背压低至极限值等异常时，当磁力遮断器电路接通时，磁力断路油门就动作，紧急停机。

图5－56所示为中小型机组中，常见的一种磁力断路油门结构。主要由壳体1、油门滑阀2、弹簧3和牵引电磁铁5、卡销10等组成。油门滑阀2在弹簧3的作用下处于图示位置，来自危急遮断错油门的高压油经油孔B、C后至主汽阀。当手动或其他原因接通牵引电磁铁的电路后，电磁铁带电，依靠磁力将油门滑阀吸起，切断高压油的通路，主汽阀的高压油自油孔C、D排泄流至油箱，因此主汽阀迅速关闭。在油门滑阀上移的同时，接通了油孔B、A的通路，高压油经此通路流至脉冲油路，使脉冲油压上升，调节汽阀关闭。这样，当磁力断路油门动作时，同时将主汽阀与调节汽阀关闭，起到在需要时能紧急停机的保护作用。

磁力断路油门的卡销10起着如下作用：当电磁铁将磁力断路油门滑阀2吸起后，卡销10便在小弹簧8的作用下卡入油门滑阀的凸肩上，使得即使此时电磁铁失去电源，油门滑阀由于卡销的支撑仍处于断开位置，从而保证了磁力断路油门动作的可靠性。

磁力断路油门动作后，欲重新启动汽轮机时，必须先断掉电磁铁的电源并将卡销10向外拨出后，才能使磁力断路油门滑阀在弹簧力的作用下复位，接通高压油路。

33. 带手动启动定位器的启动装置由哪些部件组成？它是如何动作的？

答：图5－57所示为带手动启动定位器的启动装置，其结构主要由带螺杆2的手动启动定位器1、压力弹簧8、滑阀套筒9和带变速杆4的滑阀7组成。它与电液转换器安装于底座上，并与压力油管道相通，在其上部开有压力油P、脱扣油E、启动油F和回油T油口。滑阀套筒9垂直装配在启动装置壳体中并由压盖5固定位置，其中间是滑阀7，变速杆4从滑阀顶部内孔穿过。压力弹簧8将滑阀压靠在滑阀套筒9的凸肩6上，经由变速杆4，手动启动定位器的螺杆，使滑阀被弹簧顶起使滑阀移动至所需的位置，然后用锁紧螺母固定。

操作方式：打开主汽阀，旋松锁紧螺母3，顺时针旋转启动调节器手柄，带滑阀7的变速杆4克服弹簧力向下移至凸肩6，在这个位置时，P接口E处的压力油经启动油口F通往主汽阀筒装活塞前，压力油将筒装活塞压靠在活塞盘上。

如果逆时针旋转启动调节器手柄，弹簧力将再次将滑阀和变速杆上向移动使压力油经E通往主汽阀的活塞盘，随着滑阀上移，主汽阀前的压力便升高。同时，主汽阀后面的的启动压力F由于供给横截面减小和排油口T打开而下降，一旦达到活塞盘前的油室和活塞后油室间的设定压差值，主汽阀即开始逐渐打开。

主汽阀的开启速度可借助于回油口T中的节流螺钉11来调节回油量，保证主汽阀可靠地打开。主汽阀开启后，电气控制器就会接受来自阀行程限位开关的允许启动信号，此时可借助于对电气控制器的启动命令来启动汽轮机。

启动装置不能用来停止汽轮机，因为在最低控制器速度时会触发汽轮机脱扣停机。

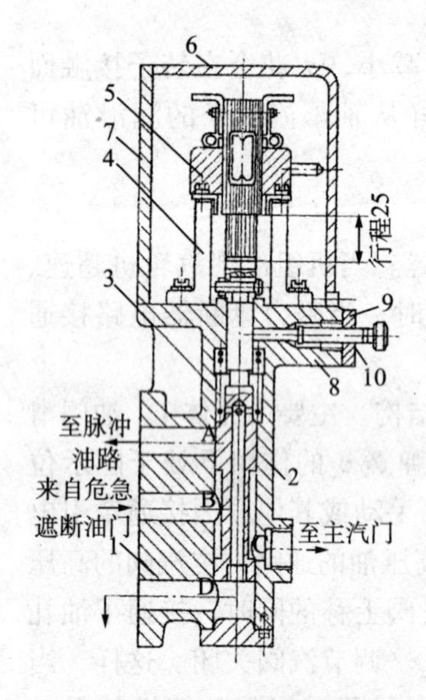

图5－56　磁力断路油门

1—壳体；2—油门滑阀；3—弹簧；4—支承；5—牵引电磁铁；6、7—压板；8—小弹簧；9—螺母；10—卡销

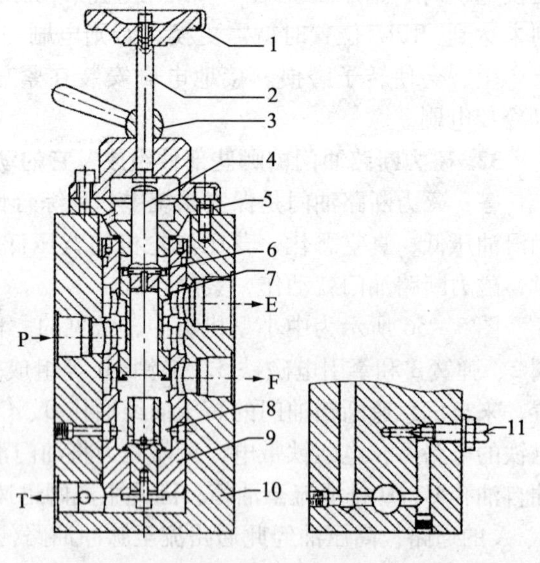

图5－57　带手动启动定位器的启动装置

1—手动启动调节器；2—螺杆；3—锁紧螺母；4—变速杆；5—压盖；6—凸肩；7—滑阀；8—弹簧；9—滑阀套筒；10—壳体；11—节流螺钉；P—压力油；E—脱扣油；F—启动油；T—回油

34. 两位三通电磁阀的作用是什么？

答：两位三通电磁阀是一种电动保护装置，它是利用通电线圈产生的电磁力来驱动铁芯运动，来改变控制油流向的阀门。它主要用于控制油管路中的自动控制、程序控制和远程控制。电磁阀安装在危急遮断器前面的控制油管道上，当机组遇到紧急状态(机组转速达到或超过脱扣转速)时，电子调速器将发出信号，将电磁阀的电路接通，电磁阀动作，它可以切断危急保护装置的压力油，同时引起危急保护装置动作而将脱扣油泄掉，将自动主汽阀及调节汽阀迅速关闭。

另外，当机组遇到紧急状态需要停机时，可在控制室按停机按钮将电磁阀接通，使电磁阀动作，将电磁阀后的压力油泄掉，迅速关闭主汽阀及调节汽阀，使汽轮机停止运行。另外，机组的各联锁信号动作，也是通过电磁阀将脱扣油泄压，迅速关闭自动主汽阀和调节汽阀，切断汽轮机进汽，紧急停机。

电磁阀除仪表联锁自动动作外，还设有手动停机按钮，按此按钮也可使电磁阀动作，迅速关闭自动主汽阀和调节汽阀，切断汽轮机进汽，紧急停机。

35. 电磁阀由哪些零件组成？其工作原理是什么？

答：图 5－58 所示为电磁阀工作原理图。它由弹簧 1、磁铁、滑阀Ⅰ及滑阀Ⅱ和壳体等组成。电磁阀是利用线圈通电激磁产生的电磁力来驱动阀芯开关的阀。电磁阀是执行机构中一个关键的部件，它主要用于油系统管道中的自动控制、程序控制和远距离控制。在正常状态下，滑阀Ⅰ在弹簧压力的作用下将旁路Ⅰ堵住，这时压力油只能向滑阀Ⅱ所在的油腔进油。滑阀Ⅱ的上端无油压作用，而滑阀下端受压力油的作用而上移。滑阀Ⅱ下端的活塞将排油口 c 堵住，于是控制油便从油口 b 送至危机遮断器。

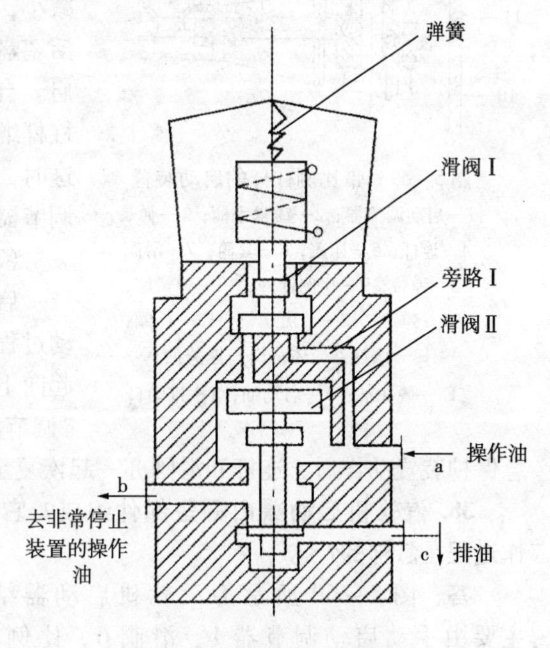

图 5－58　电磁阀工作原理

当有切断信号输入电磁阀时，即接通电路，磁铁产生磁力，滑阀Ⅰ在磁力的作用下被提起，打开旁路Ⅰ，于是压力油便经旁路Ⅰ进到油腔，然后经上下油腔进入滑阀的上端。这时作用于滑阀Ⅱ上端与下端的油压是相同的，但由于受油的作用面积不同；上端的受压面积大，迫使滑阀Ⅱ下移到底，切断控制油通向油口 b 的通路，同时打开油口 b 与油口 c 的通路，于是脱扣油被泄掉，迅速关闭主汽阀及调节汽阀，汽轮机停止运行。

36. 带比例杠杆的启动装置由哪些部件组成？

答：图 5－59 所示为带比例杠杆的启动装置，它主要由手动启动调节器 1、连杆 4、套筒 6 和滑阀 7 等组成。启动装置安装在调速器本体的壳体 14 中，套筒 9 装配在调速器壳体中，其中间是滑阀 7，连杆 4 从滑阀内孔穿过。在图示位置上，滑阀被弹簧 8 顶起并被套筒中的档圈所限定，连杆在压盖和套筒中滑动，但这时连杆被弹簧 3 顶起使其凸肩与压盖接触。连杆下端通过弹簧 11 及轴 10 与比例杠杆 9 相连。

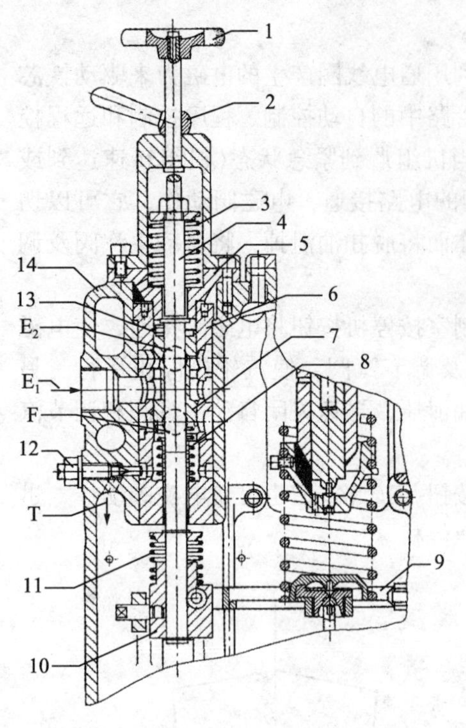

图5-59　带比例杠杆的启动装置

1—启动调节器；2—锁紧手柄；3—弹簧；4—连杆；5—压盖；6—套筒；7—滑阀；8—弹簧；9—比例杠杆；10—弹簧座；11—弹簧；12—节流螺钉；13—档圈；14—调速器壳体；E_1—速关油；E_2—脱扣油；F—启动油；T—排油口

37. 带比例杠杆的启动装置的工作原理是怎样的?

答：(1)启动

如图5-59所示，松开锁紧手柄2，顺时针方向旋转启动调节器手柄，连杆克服弹簧3向下移动。当连杆的凸肩与滑阀接触后，滑阀及弹簧8亦一起下移，同时通过杠杆使调速器处于："调节汽阀关闭"的状态。在此情况下，由E_1油口进入的速关油通过油口F作为启动油通到主汽阀活塞前，并将活塞压向活塞盘，自动主汽阀关闭。

当逆时针方向旋转启动调节器手柄时，由于弹簧的作用连杆和滑阀亦一起向上移动，使E_1与同往主汽阀活塞盘的速关油E_2相通，随着滑阀的继续上移，活塞盘后的油压升高，同时E_1与F之间的油路面积减小，速关油E_1与泄油口T相通，于是在活塞盘和活塞盘前后两侧压差的作用下，自动主汽阀逐渐开启。自动主汽阀开启后，由于连杆及与其相连的比例杠杆继续上移，使调速器处于"调节汽阀开启"状态，这时二次油压已建立，调节汽阀开启，继续操作启动调节器手柄可使汽轮机升速。

(2)停机

启动装置也可用于汽轮机的停机操作，如前述启动过程一样旋转启动调节器手柄，使连杆和滑阀亦一起向下移动，通过比例杠杆的作用，使调节器处于"调节汽阀关闭"的状态，自动主汽阀迅速关闭，待危急保护装置动作后，连杆和滑阀亦一起恢复至图示的初始位置。

38. 汽轮机启动器由哪些部件组成？它的动作过程是怎样的?

答：图5-60所示为汽轮机启动器结构。主要由手动启动调节器1、滑阀6、比例杠杆9、轴10、蜗杆12、传动轴、涡轮14等组成。在汽轮机启动时，首先旋松锁紧手柄2，上旋启动调节器1，将自动主汽阀全部开启，由于连杆4及其相连的比例杠杆9继续上移，使调速器处于"调节汽阀开启"的状态，再用启动调节器1逐步提高二次油压，慢慢开启调节汽阀，继续操作启动调节器1使汽轮机转速随之升高，直至达到调速器动作转速后，再下旋启动调节器1至图示位置，汽轮机转速不再升高，这时将锁紧手柄2下旋到底并锁牢，继续用调速器升速。

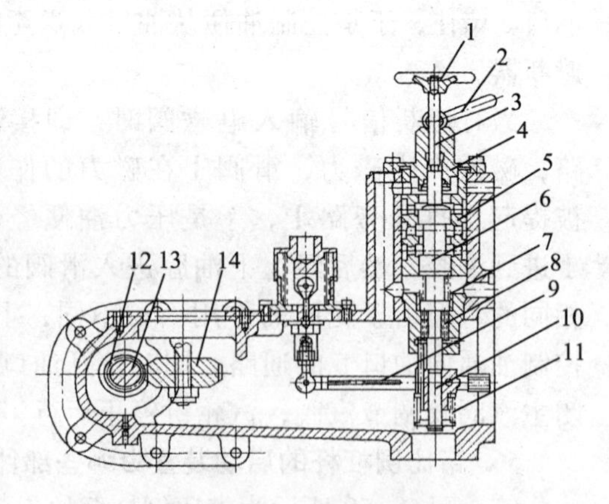

图5-60　启动器结构图

1—手动启动调节器；2—锁紧手柄；3—连杆；4—盖；5—衬套；6—滑阀；7、8、11—弹簧；9—比例杠杆；10—轴；12—蜗杆；13—传动轴；14—蜗轮

39. 汽轮机保安系统应作哪些项目静态试验?

答: (1)手压危急保安装置手柄，自动主汽阀(速关阀)、调节汽阀及抽汽调节汽阀(抽汽调节汽阀试验前，应手动开启抽汽调节汽阀的开度约1/3)应迅速关闭。然后重新挂上危急保安装置手柄，开启主汽阀、调节汽阀及抽汽调节汽阀。

要注意的是，有些机组在危机保安装置之前有危急遮断器试验滑阀，用以在汽轮机运行中对危急遮断器进行试验。在这种情况下，试验结束后，必须使危急遮断器试验滑阀复位，相应使危急保安装置处于运行状态。若危急保安装置处于试验状态，就起不到使主汽阀迅速关闭的作用。

(2)手按紧急停机阀手柄，迅速泄掉高压油，主汽阀、调节汽阀及抽汽调节汽应迅速关闭，试验之后再开启主汽阀、调节汽阀及抽汽调节汽阀。

(3)电磁阀遥控切换试验。试验前应检查电磁阀是处于常开还时常闭状态。两位三通电磁阀是安装保安系统的压力油管道上的，它不但可以切断进入危急保安系统的压力油，而且可以切断进入危急保安装置的压力油，同时使危急保安装置动作而迅速泄掉速关油，最终使主汽阀迅速关闭。

电磁阀可以在控制室控制或在现场控制按下停机按钮进行试验，控制油压力低指示灯亮，速关阀迅速关闭。电磁阀也可以由某一保护装置来控制，如润滑油压、轴向位移、轴振动、抽汽压力、相对膨胀值等超过规定值时来控制，视需要将要求保护的物理量通过合适的传感器转换成电信号与电磁阀连接。

(4)轴向位移试验

由仪表管理人员和调试人员分别接通或操作作转子轴向位移保护。主汽阀、调节汽阀、抽汽调节汽阀应迅速关闭。试验合格后，应用启动手轮开启主汽阀和调节汽阀。

(5)润滑油过低保护试验

投入油泵联锁开关至“自动位置”，总保护开关投入。开启油压继电器进油总阀，缓慢开启放油阀，逐渐降低油压。

①当轴承入口润滑油压降至设计值时，直流油泵投入运行。

②当润滑油总管压力降至要求下限值时，磁力断路油门联锁应动作。

③试验合格后，断开总保护开关(投入到试验位置)。

④将调节器手轮退至下限位置，主汽阀、调节汽阀、抽汽调节汽阀应迅速关闭。

(6)主汽阀试验装置试验

主汽阀是主蒸汽管网和汽轮机之间的主要保安元件。当运行中出现超速、转子轴位移过大，油压过低等异常现象时，它能在极短时间(一般为0.3~0.5s)内关闭，切断汽轮机的进汽。

汽轮机在运行中，主汽阀始终处于开启状态，如果主汽阀很长时间不动作，可能会使阀杆和填料有卡涩的现象，当机组一旦需要紧急停机时，就可能产生主汽阀关闭不严或关不上的危险，故要进行自动主汽阀关闭试验。全开自动主汽阀，然后手压危急保安器手柄活手按停机按钮，脱扣油压立即泄压，切断汽轮机的进汽，使主汽阀在极短时间(0.3~0.5s)内迅速关闭。

一般主汽阀都具有试验装置，如图5-61所示，试验活塞12是为检验主汽阀功能可靠性而设置的。可在不影响汽轮机正常运行情况下，可用试验活塞12来检查主汽阀的可靠性。主汽阀试验时，压力油通过二位三通阀15进入试验活塞12右端的空间，但由于试验活塞受油压的面积比盘状活塞受力面积大，所以试验活塞在油压作用下推动筒形活塞10和盘状活塞8一起推向左端，并带动阀杆7一起移动。使阀蝶向关闭方向移动，阀杆的移动量应观察与阀杆相连的指针移动值。泄掉试验油压，活塞又回到原来的位置。

若主汽阀试验状况良好，试验结果应是$p_2<p_1$，p_1是许用试验压力，p_2是实际试验油压(压力表13的读数)。许用压力的计算公式为

$$p_1 \leqslant A+B(p_4-0.1) \tag{5-7}$$

其中$A=\dfrac{P_3}{F_1}$，$B=\dfrac{F_2-F_3}{F_1}$

式中 F_1——试验活塞12的面积，m^2；

F_2——筒形活塞10的面积，m^2；

F_3——阀杆7的面积，m^2；

P_3——弹簧力上限值；

p_4——盘状活塞8前的速关(脱扣)油压，MPa。

若试验时测得$p_2 \geqslant p_1$，则表明阀杆上因有盐垢或油缸中有油垢沉积而产生额外的运动阻力，致使主汽阀动作不正常。为使主汽阀能正常工作，在这种情况下应反复试验多次，若最终仍然是$p_2>p_1$，则应拆卸主汽阀，找出原因，消除故障，重新进行试验。

进行主汽阀试验时，活塞的最大移动量只有8mm，主汽阀也移动了8mm，不会影响汽轮机的进汽量，也不会产生进汽波动，所以试验可以随时进行。

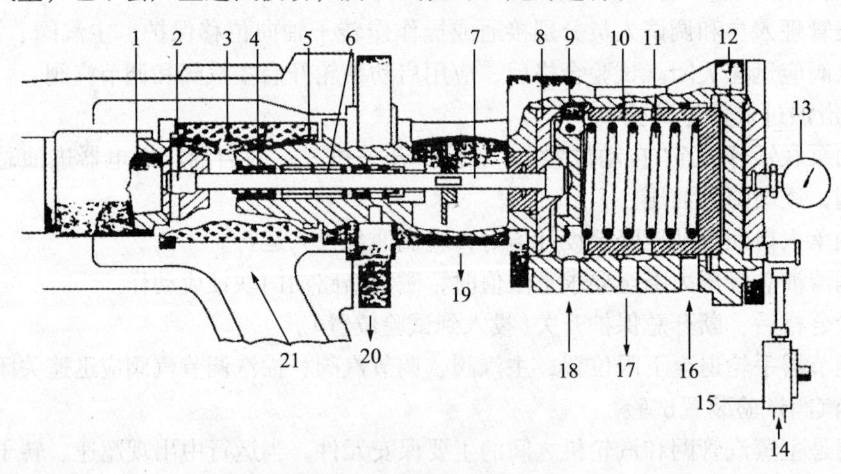

图5-61 自动主汽阀结构

1—蝶阀；2—预启阀；3—蒸汽过滤器；4—导向套；5—阀盖；6—套筒；7—阀杆；8—盘状活塞；9—弹簧座；10—筒形活塞；11—弹簧；12—试验活塞；13—压力表；14—试验油；15—两位三通阀；16—启动油；17—回油；18—脱扣油；19—排水孔；20—漏汽；21—蒸汽入口

40. 带侧装式执行结构的抽汽调节汽阀作用是什么？它由哪些部件组成？

答： 图5-62所示为带侧装式执行结构的抽汽调节汽阀，抽汽调节汽阀是两个膨胀段之间的通道。其作用是按照控制单元的指令，调节进入汽轮机第二、第三两个膨胀段的蒸汽流量，使机组功率和抽汽量符合运行要求。

这种调节汽阀结构为压力卸载单座阀。阀体8在顶部由阀盖15压紧。阀杆11穿过阀盖的部位装有衬套12、16和一组柔性石墨密封环14用以阀杆导向、密封。阀杆下

端连接着阀蝶7，当阀杆上下移动时，阀蝶随着转入阀盖内的高镍含量活动衬套4和6移动。阀蝶上带有冷却蒸汽孔10，其作用是当机组运行中而需要该调节汽阀关闭的情况下，能有一部分蒸汽进入后面的膨胀段，从而防止膨胀段过热。对于中间汽封漏汽量大于所需冷却流量的机组，阀蝶上没设冷却蒸汽孔。

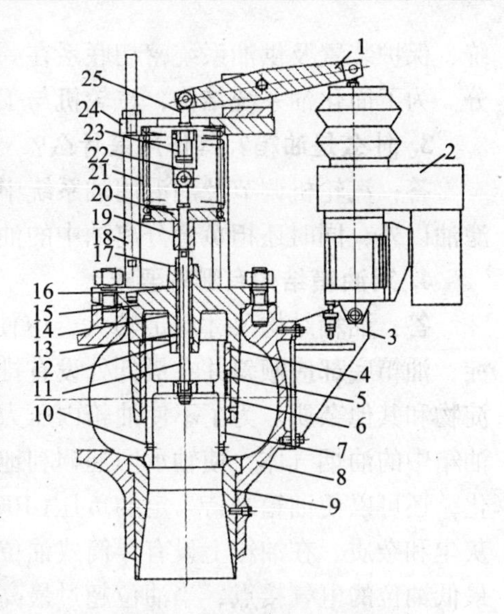

图5－62　带侧装式执行结构的抽汽调节汽阀

1—杠杆；2—执行机构；3—托架；4、6—填料环；5—柔性石墨环；7—阀蝶；8—阀体；9—阀座；10—阀蝶上冷却蒸汽孔；11—阀杆；12—衬套；13—密封圈；14—柔性石墨填料；15—阀盖；16—填料环；17—压盖；18—螺杆；19—套管；20—弹簧座；21—弹簧；22—U形夹；23—调节螺栓；24—支架；25—关节轴承接头

阀座9在阀体下部用销钉定位，该阀座是扩散器状的，以保持最小的流量损失。4根螺栓18被拧入阀盖上部，其上带有弹簧21和托架24。在托架之间用关节轴承及销轴铰接杠杆1其中一端通过关节轴承25，调节螺栓23和U型夹连接到阀杆11上，而另一端连接到调节汽阀执行机构上。该杠杆1将来自侧装式执行机构的控制上下运动传送到阀杆11上，进而传至阀蝶7上。

在汽轮机处于停机位置时，阀蝶被弹簧压入阀座。当需要打开调节汽阀时，执行机构则按照调速器的信号将杠杆1下拉，此时阀杆11与U型夹内的杠杆之间会发生正向连接，从而阀杆和阀蝶会按照信号的大小移向开启方向。

如果调节汽阀在两个膨胀区之间形成通道，该阀蝶则在其四周钻有数个孔10，当调节汽阀关闭时，蒸汽会通过这几个孔流入第二膨胀区，从而防止该区出现过度温升。

第四节　工业汽轮机的油系统

1. 什么是汽轮机的油系统？油系统由哪些设备组成？

答：用来供给调节和保护装置充足的压力油、润滑和冷却各轴承以及供应传动机构用油的系统，称为汽轮机的油系统。汽轮机油系统由油泵、冷油器、油过滤器、注油器、油箱、高位油箱、蓄能器、排油烟机等组成。

2. 工业汽轮机的油系统有什么作用？

答：(1)向汽轮机组各轴承提供润滑油，在轴颈与轴承之间形成油膜，以减少摩擦损失，同时带走轴承因摩擦所产生的热量及由转子传来的热量；

(2)向调节系统和保护装置提供充足的压力油；

(3)向盘车装置和顶轴装置供油；

(4)供给各传动机构的润滑用油；

(5)对输送原料气、合成气、氨气等可燃或有毒气体的压缩机，提供密封用油(因为这些压缩机都是采用油膜密封)。

工业汽轮机油系统用油均以汽轮机油作为工作介质，因此汽轮机的润滑系统、调节系统、保护装置及供油系统密切联系在一起的，成为汽轮机组正常运行不可缺少的一个重要部分。为了简化油系统结构，汽轮机与工作机械共用一个供油系统。

3. 什么是油箱？其作用是什么？

答：汽轮机调节及润滑用油系统中储存一定油量的容器称为油箱。其作用除了储存和过滤油以外，同时还担负着分离油中的油烟气体、水分及沉淀过滤各种机械杂质的作用。

4. 对油箱结构有哪些要求？

答：油箱结构尺寸应足够大，应使连续循环的最大油量的油在油箱中将杂质分离和沉淀，油箱底部应倾斜并在最低处设有排水管，运行中定期排水，以便排除油箱中的水分和沉淀物和其他杂质。为了不使油箱内压力高于大气压力，在油箱上部装有排油烟机，以便排除油箱中的油烟气体，使轴承回油顺利地流入油箱。排油烟机排除有害气体后，使油质不宜恶化，还可以使油箱维持一定的负压(100～300Pa)，使回油畅通。负压不宜过大，以免吸入灰尘和杂质。在油箱上设有浮筒式油位计，用以指示油位的高低。在油位计上还装有最高、最低油位的电气接点，当油位超过最高或最低油位时，这些接点接通，发出灯光声响信号。汽轮机发电机组油箱的油位高度应能使电动油泵和射油器的吸入口全部浸入油内，并且有足够的深度，以保证电动油泵和射油器有足够的吸入高度，防止电动泵和射油器汽蚀；同时可以保证电动泵和射油器入口处存有相当高的油量，以便获得较低的再循环率。为了将水分和沉淀物集中在最下部，应将油箱底部应制作成一定的坡度或"V"字形，以便能将已分离开来的水、沉淀物或其他杂质从最底部排放掉。油箱内设有两道隔板，使回油至主油泵的流程长些，可以充分消除泡沫及沉淀杂质。油箱内底部装有电加热器或蒸汽加热器，在启动机组前进行汽轮机油加热，以提高油的温度。

5. 油箱容积的大小是根据什么决定的？

答：油箱容积的大小影响着油箱中的油流速度，容积越大，流速就越低，分离空气及杂质的效果就越好。油箱的容积应满足油系统循环倍率的要求，所谓循环倍率，就是1h内油在油系统中的循环次数。一般要求汽轮机油的循环倍率K在8～12范围内。油的循环倍率越大，表明油在油箱内停留的时间越短，空气和水分来不及分离，从而导致油的品质迅速恶化，影响润滑质量及缩短油的使用寿命。

6. 油箱上部为什么要安装排油烟机？

答：油箱上部安装排油烟机它不仅能将油中分离出来的空气和其他不凝结气(汽)体及时排除，而且还可使油箱保持一定的负压，以便使回油畅通。油箱中的负压不应过高，以免吸进灰尘等杂质。

7. 油箱底部为什么要装排水管？

答：在汽轮机运行时，有时轴封漏汽会顺转子漏入轴承箱内，与轴承箱内的油接触冷凝成水，流回到油箱内，因此在油箱底部安装排水管。

由于水刚进到油中不能和油混为一体，同时由于油和水的密度不同会慢慢分离开来。水的密度比油大，沉积在油箱的底部，因此一般排水管都装在油箱底部，运行中进行定期排水。

8. 螺杆泵的结构由哪些部件组成？其工作原理是什么？

答：图5-63所示为一台三螺杆泵的结构图。它主要由衬套4、主动螺杆9、从动螺杆5、10、填料箱7和碗状止推轴承2、3等组成。主动轮螺杆是右旋的凸齿螺杆，从动螺杆为左旋的凹齿螺杆，主、从动螺杆与泵体包围的螺杆凹槽空间形成了密闭的容积。当电动机驱动主螺杆旋转时，吸入腔的一端的密封线连续地向排出腔一端沿着轴向向前移动，使吸入腔的容积增大，压力降低，液体在泵内外压差的作用下，沿着吸入管进入吸入腔。随着螺杆的旋转，三个相互啮合的螺杆凹槽密闭空间中的液体就连续而均匀地沿着轴向移动到排出腔。由于排出腔一端的容积逐渐缩小，就将液体排出。但由于出口端压力较高，会产生轴向力朝向入口端。因此吸入腔螺杆端部装有卸载（平衡）活塞，卸载活塞在螺杆止推轴承2、3的顶端，将出口高压油通过螺杆中心的钻孔，将高压油引至卸载活塞背面，起到了平衡轴向力的作用。

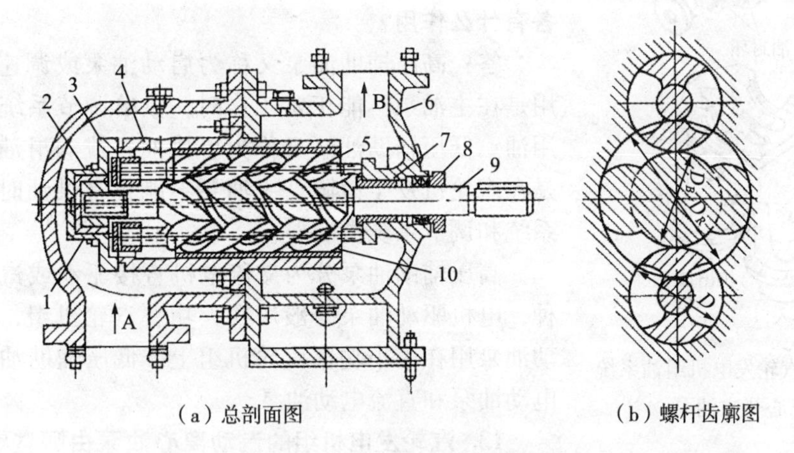

（a）总剖面图　　（b）螺杆齿廓图

图5-63　三螺杆泵的结构图

1—端盖；2、3—碗状止推轴承；4—衬套；5、10—从动螺杆；
6—泵体；7—填料箱；8—填料；9—主动螺杆

9. 螺杆式油泵有哪些特点？

答：螺杆旋转时，液体沿着螺杆齿槽空间作相对直线运动，且又是连续不断的，因此从螺杆齿槽排出的液体比齿轮泵均匀且压力脉动小；螺纹密封性好，有良好的自吸能力；螺杆凹槽空间较大，少量杂质颗粒液体仍不妨碍工作；主动螺杆只受扭转力矩，不受径向力和轴向力，从动螺杆仅受侧面径向力，不受扭转力矩作用。因此螺杆受力情况好，使用寿命长。

10. 汽轮发电机组供油系统离心式主油泵有哪些优缺点？

答：汽轮发电机组供油系统离心式主油泵有如下优点：

（1）离心式主油泵可由汽轮机转子直接带动，因而不需要减速装置；

（2）离心式主油泵磨损较小，运行平稳、可靠；

（3）离心式主油泵效率高、运行经济性好。

离心式主油泵的缺点是其油泵吸入口位于油箱之上，一旦漏入空气就会使吸油困难，甚至供油中断。

11. 汽轮发电机组供油系统离心式主油泵由哪些部件组成？

答：主油泵是汽轮发电机组供油系统中最重要的元件。在汽轮发电机组达到额定转速后，机组正常运行中它向整个油系统提供动力油源，为调节、保护装置提供控制油，为射油器提供动力油。主油泵安装在汽轮机的前轴承箱内，其主轴直接与汽轮机转子通过联轴器直接驱动，无需任何减速装置，其转速就是汽轮机转速，增加运行的可靠性。

图5-64所示为某主油泵结构为单级双吸离心泵。主要由泵体、叶轮、转子、滑动轴承、油封环、联轴器等组成。这种离心式主油泵不能自吸，因此在汽轮机启、停阶段要依靠

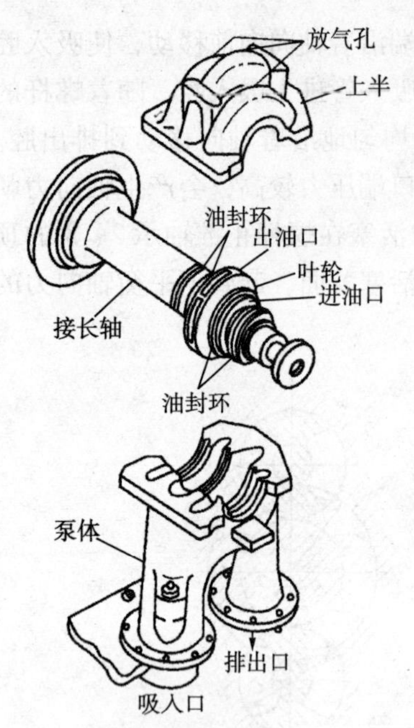

图 5-64　汽轮发电机组油系统的离心式主油泵

电动机驱动的辅助油泵供给机组用油和主油泵进油。在正常运行时，主油泵由注油器提供一定压力的进口油。离心式主油泵的出口油压与汽轮机转速成正比，随着汽轮机转速的增加，主油泵的出口压力也相应增大。当汽轮机转速接近 3000r/min 时才投入油系统运行，主油泵和注油器就能提供油系统的全部油量，这时应将辅助油泵切换。

12. 汽轮发电机组供油系统中的高压、低压辅助油泵？各有什么作用？

答：高压辅助油泵又称为启动油泵或调速油泵，其作用是在主油泵不能正常工作时，供给调节系统和润滑系统用油。低压辅助油泵又称为事故油泵或润滑油泵，其作用是在汽轮机发生故障，主油泵不能正常供油时，向润滑油系统和调节系统供油。

高压辅助油泵分为交流电机直接驱动或汽轮机驱动两种，电机驱动油泵一般用在大功率汽轮机组，而汽轮机驱动油泵用在中小功率汽轮机组上。低压辅助油泵分为交流电动油泵和直流电动油泵。

13. 汽轮发电机组的汽动离心油泵由哪些零部件组成？它是如何工作的？

答：在汽轮发电机组启动时，用汽动离心油泵提供调节系统的控制油和润滑油系统的润滑油。在停机过程中，当主油泵因转速降低而不能正常供油时，用它向润滑油系统提供润滑油。

图 5-65 所示为汽动离心油泵。主要由汽轮、油泵叶轮、喷嘴、轴承、逆止阀等组成。它是由一台驱动用的小汽轮机和一台同轴的离心式油泵构成。整个汽动油泵安装在油箱盖上，为保证油泵吸油可靠，油泵叶轮浸在油箱油面以下。在油泵吸入口设有过滤网 1，以防止杂质吸入泵内而影响油质。

如图 5-65 所示，从主蒸汽管道来的蒸汽进入小汽轮机前，先经调节螺钉 10 调节节流孔 A 降低压力后进入喷嘴 12 膨胀加速，冲动小汽轮机叶轮 9，并通过轴 7 带动油泵叶轮 2 一起转动。在小汽轮机内作过功的排汽由孔 B 排入室外的排汽管。为防止蒸汽沿轴漏入油箱，设有密封圈 13，少量漏汽可从孔 C 排入大气，疏水可从孔 D 排出。在油泵的压力油管 18 上开有孔 E，少量的压力油经此孔供轴承 16 润滑。压力油管的出口装有球形逆止阀 17，在汽动油泵不工作时，防止油系统中的压力油倒流回油箱。

14. 油过滤器由哪些部件组成？对油过滤器过滤精度有何要求？

答：图 5-66 所示为油过滤器结构。它主要由壳体 5、滤芯 8 和三通切换阀 1 等组成。为了保证汽轮机油系统清洁度，在油冷却器之后，装设两个精细油过滤器，两个过滤器之间通过三通转换阀并列连接。当一个油过滤器工作时，另一个作为备用，这样可以在不停机的情况下，清洗或更换滤芯。油过滤器的壳体根据压力操作等级，应符合设计文件的规定，使其承受一定的压力，滤油器的过滤元件为互换性的 10μm 渗透性滤芯，其压差应符合设计文件的要求。一般油过滤器的过滤精度为 20～40μm。在油过滤器进出口之间装有压差计，当滤油器的前后压差超过 10～15kPa 时，说明滤芯上的杂质增多了，阻力增大了，应进行滤芯清洗或更换。

15. 汽轮机油系统为什么要设置油冷器？

答： 从汽轮机各轴承回到油箱中的润滑油温度较高，一般都在60℃以上。为了保证轴承正常工作及机组正常运行，所以汽轮机油系统必须设置油冷器。根据轴承润滑和冷却的需要，进入轴承的润滑油温度一般应控制在40±5℃，这样才能保持油膜正常。经过轴承的温升一般在10℃左右，因此应将轴承排出的润滑油经油冷器冷却后才能再进入轴承循环使用。

16. 操作表面式油冷器有什么要求？

答： 表面式油冷器的冷却水在管程内流动，汽轮机油在壳程内流动。油侧压力应大于水侧压力，以防止冷却水通过泄漏处漏入汽轮机油中；两台油冷器是通过三通切换装置相互中间连接，当三通切换装置从一台油冷却器切换到另一台油冷却器时，油仍然不断地流经油冷却器。只有将切换手柄转到任一末端位置时，这可将油流从一个油冷器切换到另一个油冷器中。油冷器的切换应尽可能在停机时进行，如果需要在汽轮机运行中切换时，必须将要投入运行的油冷器内空气排放干净，并监视油压。

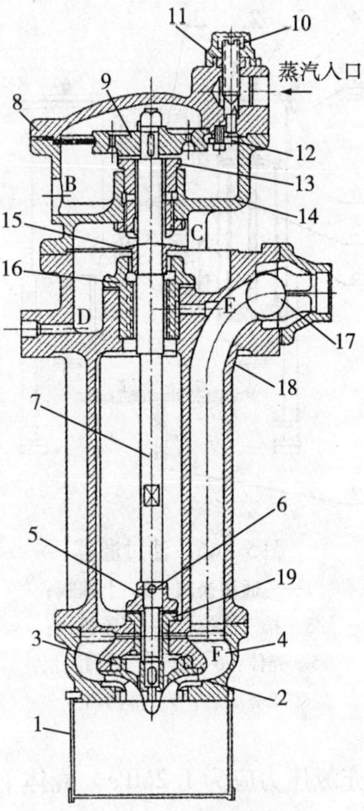

17. 什么是注油器？汽轮机供油系统为什么要设置注油器？

答： 向主油泵或润滑油系统供油的引射装置称为注油器，又称为射油器。它实际是一个以油为工质的喷射泵，主要用以由汽轮机转子直接驱动的离心式油泵作为主油泵的供油系统中。因为主油泵位置高于油箱约3～3.5m，如果不经注油器而直接从油箱吸油，吸油管中必将产生负压，空气会从不严密处漏入吸入管，造成主油泵供油中断而造成事故。为使采用注油器向径向钻孔泵、离心式油泵正常工作，不发生因入口侧不严密而吸入空气，造成供油中断事故，必须设置注油器向主油泵入口侧连续不断地供油，使主油泵入口形成正压，避免空气漏入，提高主油泵的工作可靠性。

图5-65　汽动油泵剖面图

1—过滤网；2—油泵叶轮；3—叶轮密封环；4—油泵壳体；5—推力套；6—圆锥销；7—油泵轴；8—蒸汽室盖；9—小汽轮机；10—调节螺钉；11—罩状螺母；12—喷嘴；13—汽封；14—蒸汽室；15—挡汽盘；16—轴承；17—逆止阀；18—压力油排出管

18. 注油器由哪些部件组成？

答： 图5-67所示为注油器的结构。它主要由高压油进油管1、喷嘴2和扩压管4和混合室7等组成。整个注油器安放在油箱内，注油器扩压管出口法兰和进油管法兰用螺栓固定在油箱上盖板上。注油器的吸入口位置应比油箱允许最低油位低约500mm，以确保机组运行中能连续供油。注油器安装在油箱内，可以防止吸入空气，使油箱内的油均匀地进入混合室。

19. 注油器工作原理是什么？

答： 注油器是一种以油为工质的喷射泵，如图5-67所示，来自主油泵的高压油从油管1进入喷嘴2，以很高的速度喷出，在喷嘴出口处形成负压，油箱中的油在负压作用下，通过滤网6进入注油器的混合室7中。同时，由于油的黏性，高速油流带动周围低速油流，并在混合室中混合进入扩压管4。油沿扩压管4流动时，由于速度降低，其油压增加，最后将一定的压力油进入径向钻孔泵及与转子连接的离心式主油泵的入口，供油系统使用。

为了防止喷嘴被杂质堵塞和异物进入系统，在注油器的吸油侧装有一个可拆卸的多孔钢

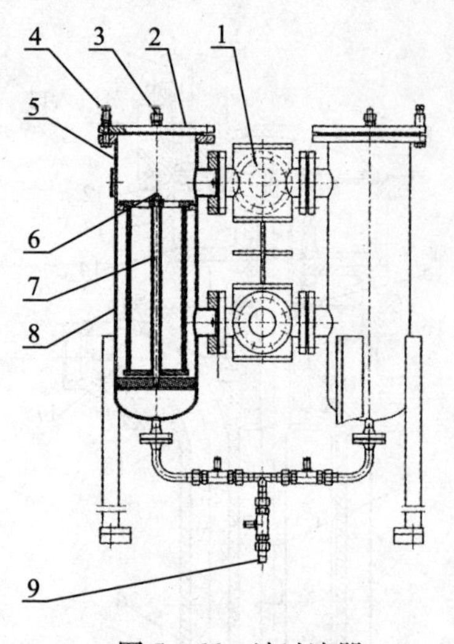

图5-66　油过滤器
1—三通切换阀；2—上盖板；3—排气接头；4—顶盖机构；5—壳体；6—螺母；7—拉杆；8—滤芯；9—排污口

板滤网，在一程度上滤网还起着稳定注油器工作的作用。

20. 高位油箱安装在什么位置？它有何作用？

答：高位油箱安装在距离机组中心线高5~8m处。以确保机组发生停电、停汽或停机事故时，高位油箱内的润滑油应保证各润滑部位有一定量的润滑油，其容量应保证5min以上的供油，以保证机组各润滑部位的润滑油。对转动惯量较大的机组，应适当地增大高位油箱的容积，以保证机组在惰走时间各润滑部位有润滑油。

21. 蓄能器什么作用？它的结构是怎样的？

答：在润滑油系统中设有的蓄能器，其作用就是稳定润滑油压力，当主油泵需切换时，主油泵停机、备用油泵启动的瞬间，能保持一定的润滑油压，使机组不因油泵的正常切换而停机。图5-68所示为球囊式(或称球胆式)蓄能器的剖面图。由合成橡胶制成的球囊装在不锈钢体内，通过壳体上的充气阀3向球囊内充入干燥的氮气。在汽轮机启动前进行调节系统试验时，应先将蓄能器的球囊内充氮气，充氮压力应为润滑油总管压力的60%，例如机组总油管压力为2.0MPa，蓄能器的球囊内充氮压力应为1.2MPa。壳体下端接压力油回油管，球囊将气室与油室分开，起隔离油气作用。由于合成橡胶球囊可以随氮气的压缩或膨胀而任意变形，因此使蓄能器在回油管路上起缓冲作用，维持油压的稳定，减小了回油管中的压力波动。当球囊中氮气压力降低到润滑油总管压力的30%以下时，则必须重新充氮气，以使调节系统正常稳定运行。

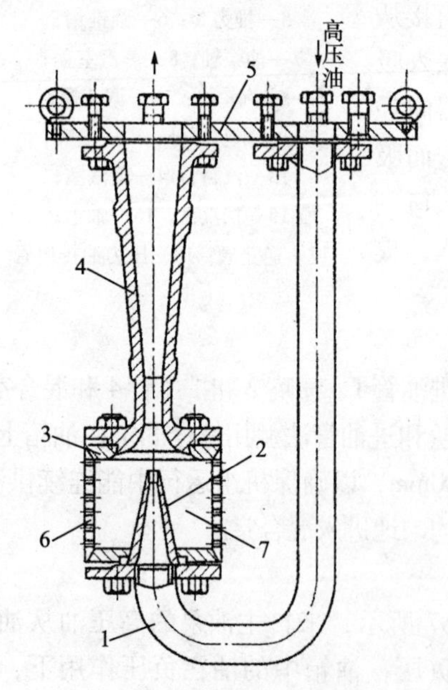

图5-67　注油器结构
1—油管；2—喷嘴；3—垫片；4—扩压管；5—盖板；6—滤网；7—混合室

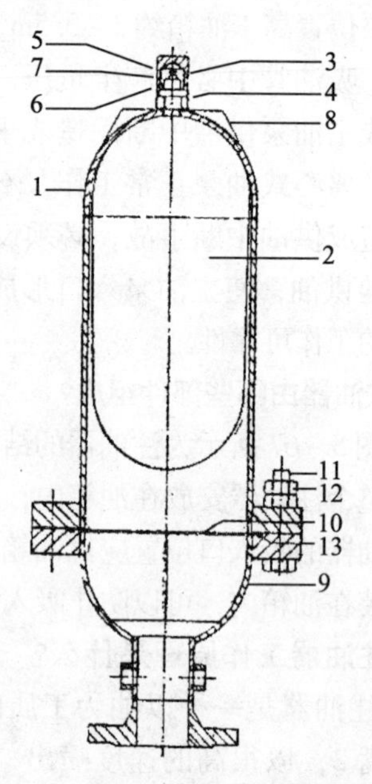

图5-68　SB35HF140型蓄能器剖面图
1—壳体；2—球囊；3—充气阀；4—固定螺母；5—螺母；6—保护罩；7、13—“O”型密封圈；8—铭牌；9—油阀阀体；10—软垫片；11—螺栓；12—螺母

22. 润滑油节流阀由哪些部件组成？它是如何调整润滑油流量的？

答：图5－69所示为润滑油节流阀。它由螺钉1、罩盖螺母2、壳体4、节流螺钉6等组成。在首次调整润滑油流量时，拆卸螺钉1并稍微松开罩盖螺母2，将节流螺钉向上旋转，调整所需要的润滑油流量流向轴承，然后紧固罩盖螺母，再紧固定位螺钉7，将罩盖螺母固定。润滑油的流速，回油管取0.5m/s，进油管取1～1.5m/s。为合理分配各轴承的流量，可在轴承进油口加装润滑油节流阀或节流孔板，节流速度取7m/s左右。

23. 润滑油压力控制器由哪些部件组成？它有何作用？

答：图5－70所示为润滑油压力控制器。它由罩盖螺母1、弹簧4、壳体6、滑阀7；压力油管接头8、速关油管接头9、排油口10等组成。润滑油压力控制器的作用是：当轴承压力不足时，控制器动作使汽轮机停机，按汽轮机装置的设备配置情况，在轴承油压下降而润滑油压力控制器动作之前，接通辅助油泵或润滑油泵。

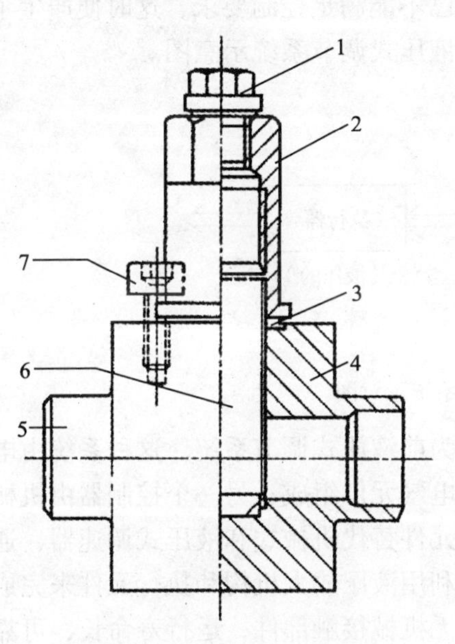

图5－69 润滑油节流阀

1—螺钉；2—罩盖螺母；3—密封垫；4—壳体；5—管接头；6—节流螺钉；7—定位螺钉

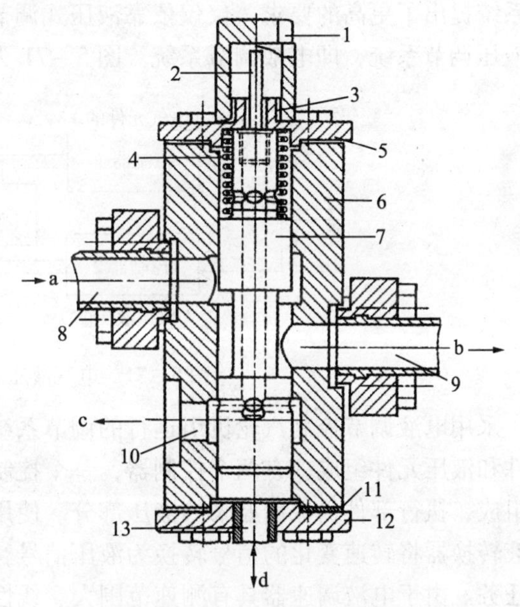

图5－70 润滑油压力控制器

1—罩盖螺母；2—销；3—盖；4—弹簧；5—填料；6—壳体；7—滑阀；8—管接头；9—管接头；10—排油口；11—填料；12—盖板；13—管接头；a—压力油；b—至速关油；c—排油；d—至轴承油

24. 润滑油压力控制器的工作原理是什么？

答：如图5－70所示，当轴承油压充足时，管接头d处的油压克服滑阀7的自重和弹簧4的作用力，使滑阀移至图中所示的上部位置，压力油a通过管接头9到主汽阀，漏至弹簧4腔室的油通过滑阀7中的小孔流至排油管接头c处。当轴承油压下降时，由于弹簧力作用使滑阀下移，堵住通往主汽阀压力油，并使从压力油管接头a处来的油，流入排油管接头c处，使汽轮机立即停机。

25. 顶轴装置有什么作用？

答：汽轮机组各轴承为动压轴承，在机组启、停过程中，由于转子的转速较低，轴颈与轴瓦之间的不能形成油膜。这时用顶轴装置向各轴承的最低点提供一高压油流将转子顶起，使轴颈和轴瓦之间形成油膜，可以避免转子转动时轴颈与轴瓦之间的磨损。

26. 油系统中的阀门为什么不允许阀杆垂直安装?

答：油系统担负着向汽轮机组的调节系统和润滑系统供油的任务，而供油是不能中断的，否则将会造成损坏设备的严重事故。如果油系统阀门是垂直安装，当操作阀门时也可能会发生阀芯脱落，将导致油系统断油、轴承烧毁、汽轮机设备损坏事故。因此要求油系统的阀门都水平安装或倒置。

第五节　电液调节系统及伍德瓦得调速器

1. 什么是电液调节系统?

答：随着单机机组的容量增加，由于采用了单机运行方式和滑压运行方式，对汽轮机调节系统提出了更高的要求，仅仅依靠液压式调节系统已不能满足控制要求，这时便产生了电气液压调节系统，即电液调节系统。图 5－71 为电气液压式调节系统示意图。

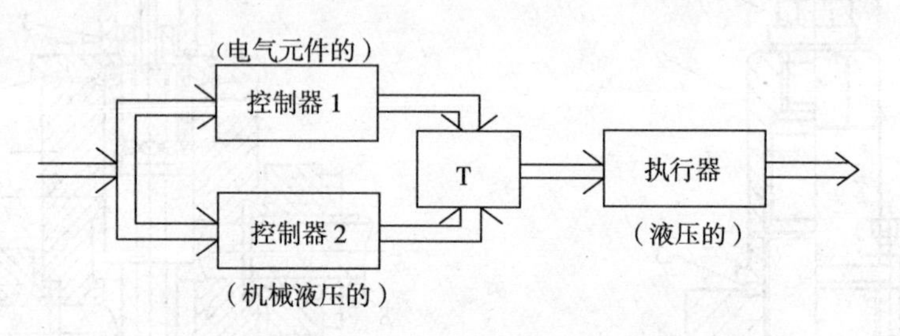

图 5－71　电气液压式调节系统示意图

采用电液调节控制汽轮机组运行的调节系统，称为前液压式调节系统。这种系统由电气元件和液压元件组成，有两个控制器，一个控制器由电气元件组成，另一个控制器由机械元件组成，执行部件仍保留原来的液压部分。使用电气元件替代机械式和液压式调速器，通过电液转换器将转速变化的信号转换为液压信号，然后利用液压放大机构和执行元件来完成调节任务。由于电液调速器具有测速范围大、线性好，无机械接触部件，运行寿命长，可靠性高等特点，所以广泛应用于工业汽轮机调节系统。电液调节系统的电器测速元件与功率－频率电液调节系统相同。电液转换器是将电气信号转换成液压信号的装置，一般常用电气力矩马达推动液压滑阀位移的结构，经贯流放大系统，放大为液压信号。

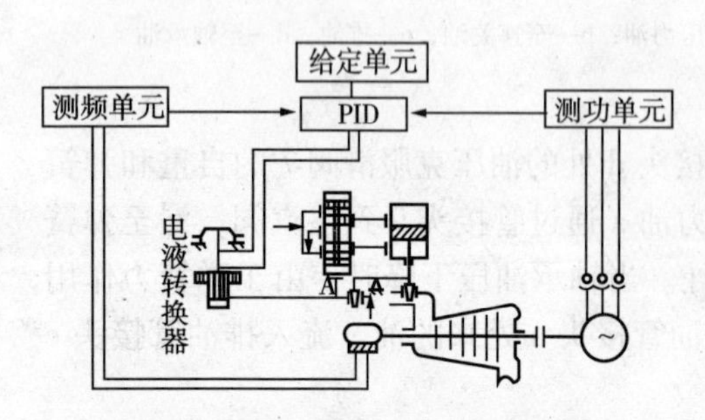

图 5－72　功频电液调节系统原理图

2. 功率－频率电液调节系统由哪几部分组成？各有什么作用?

答：图 5－72 所示为功率－频率电液调节系统。这种调节系统包括电调和液压两大部分，其中电调部分包括测功、测频和校正单元，液压放大部分包括滑阀和油动机，它们之间由电液转换器相连。功率－频率电液调节系统是 20 世纪 80 年代发展起来用于发电设备的汽轮机调节系统，与机械离心式调速器和液压式调速器相比是第三代调速器。图 5－72 中测频单元，其作用相当于原来调节系统中的调速器，调速器感受了转速变化后输出一个滑环位移，而测频单元在感受了转速变化后输出一个相当电压信号。测功单元是功频电液调节系统中的特有环节，其作用是测取汽轮发电机的有功功率，并成比例地输出直流电压信号，作为整个系统的负反馈信号，以保持转速偏差与功率变化之间的固定比例关系。校正单元是一个具有比例、积分和微分作用的无差调节器，PID 调节器的作用是将测频、测功和给定的输入信号进行比例、微分和积分运算，同时将信号加以放大，其输出信号便去推动电液转换器。电液转换器是将电信号转换成液压控制信号的装置，它是电调部分与液压部分的联络部件。给定装置相当于原来系统中的同步器，由它给出电信号去操纵调节系统。

3. 505 型电子调速器的调节系统由哪些部件组成？它是怎样动作的？

答：图 5－73 所示为 Wood Ward 505 型电子调速器的调速系统。它主要由速度传感器、数字式调速器、电液转换器(I/H)、错油门、油动机和调节汽阀等组成。速度传感器经过二个通道将转速信号转换成二个交流电频率信号 f，将较大的 f(经高选电路)输入到电子调速器 1310，汽轮机转子的实际转速与电子调速器内的转速整定值(基准值)比较后输出 4～20mA 的电信号给电液转换器，若实际转速值与整定值不相等时，电子调速器的输出电流信号发生改变，电流信号经电液转换器转换成二次油压。执行机构 1910 通过杠杆操纵调节汽阀，执行机构所需的提升力通过阻尼装置 5600，用来自电液转换器 1742 的二次油压来控制调节汽阀的开度。汽轮机转子的实际转速值由速度传感器 SE715 的两个通道来获取，并经

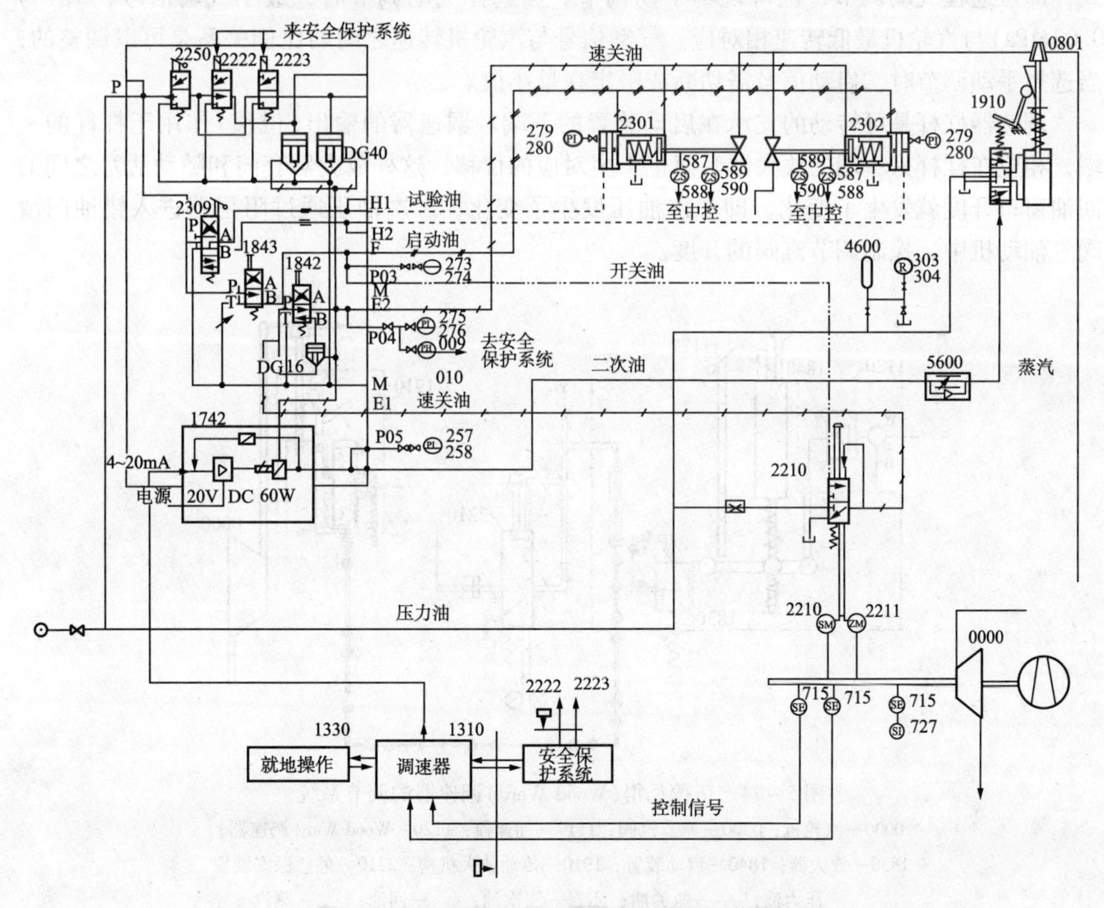

图 5－73　Wood Ward 505 电子调速器的调节系统图

0801—调节汽阀；1742—电液转换器；1842、1843—电磁阀；1910—执行放大机构；
2210—危急遮断器；2210—危急保安装置；2211—轴向位移保安装置；2222、2223—电磁阀；
2301、2302—主汽阀(速关阀)；2250—紧急手动停机阀；5600—阻尼装置

过MAX逻辑传给速度控制器1330。一旦其中一个速度传感器发生故障，即发出报警，当两个速度传感器都发生故障或电源发生故障时，汽轮机脱扣而且速度设定点调定到零，可用升/降键调节速度设定点。调速器的输出信号通过电液转换器1742和执行机构1901来控制调节汽阀的开度。

4. 伍德瓦得PG—PL型调速器的调节系统功能和作用原理是什么？

答：图5-74所示为伍德瓦得(Wood Ward)型调速器的调节系统。其功能和作用原理如下：

(1)功能

当汽轮机采用Wood Ward调速器时，调速系统是一种无差调节系统，即只要给定值不变，则无论机组负荷如何变化，机组转速都保持不变。调速器的输出通过放大器形成的控制油动机的二次油。Wood Ward调速器一般采用PG-PL型，其转速调节范围在250~1000r/min。

(2)作用原理

调速器是由一个与汽轮机转速成比例的轴所驱动。转速可采用气动或手动两种调节方式，即可远程气动调节，也可现场手动调节。当选择气动调节时，最小气动信号(一般为0.02MPa)与汽轮机最低转速相对应。气动信号与汽轮机转速之间的比例关系是可以调整的；当选择手动调节时，启动信号需切断或限定在最小值。

调速器杠杆是可转动的支承在启动装置的下端。调速器的输出(位移)作用于杠杆的一端，相应在杠杆另一端的放大器套筒也产生对应的位移，这样放大器套筒和随动活塞之间的回油窗口开度就发生了变化，即二次油压发生了变化。二次油压通过阻尼器进入错油门滑阀-油动机中，控制调节汽阀的开度。

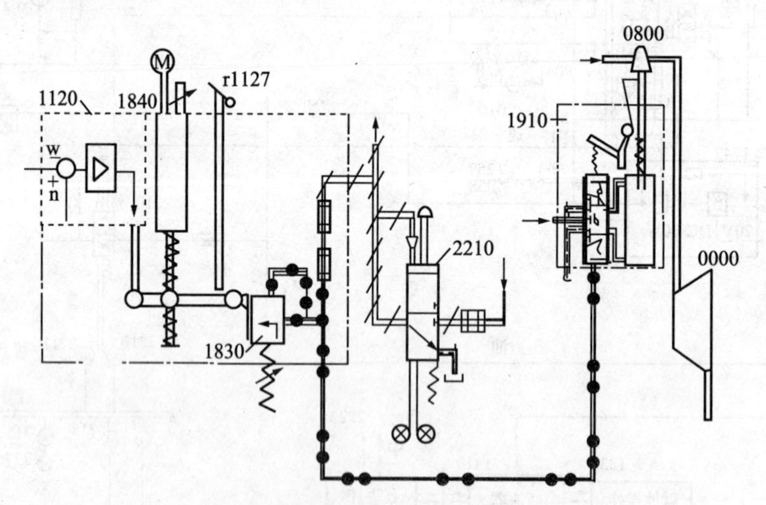

图5-74　伍德瓦得(Wood Ward)调速器的调节系统

0000—汽轮机；0800—调节汽阀；1117—加速器；1120—Wood Ward调速器；1830—放大器；1840—启动装置；1910—传动放大机构；2210—危急保安装置

—压力油；//—速关油；……—二次油；……—回油；—蒸汽

5. 带电调速器的抽汽压力调节系统功能和作用原理是什么？

答：(1)功能

调压器使抽汽压力按其调压特性线维持不变，调压器隶属于调速器的外控设备，压力变送器作为测量值变送单元，将抽汽压力变换为相应的电量，并传送给接在它后向的电动调节器，后者产生调节信号并进行放大，如图5－75所示。

(2)作用原理

电动调速器(PC)根据调节偏差(抽汽压力给定值与测量值的偏差)输出调节信号，触发伺服电机(M)控制器动作，两伺服电机按控制器的信号转动，并通过转动机构及杠杆系统改变了放大器中两个随动活塞弹簧的作用力，从而使二次油压改变，相应的改变了调节汽阀开度(增大或减少)。当抽汽量减少而抽汽管道压力升高时，压力调节系统动作，使高压随动活塞弹簧松弛，低压随动活塞弹簧压缩，对应于上述变化，使高压调节汽阀关小，低压抽汽调节汽阀开大。

当抽汽量增加而抽汽压力降低时，其动作过程与上述相反。

对自治调节系统而言，调节抽汽量时，汽轮机高低压缸功率也相应改变，但总功率却保持不变，基于这个原因，自治调节的抽汽式汽轮机也可以在无频率的控制情况下单机运行。

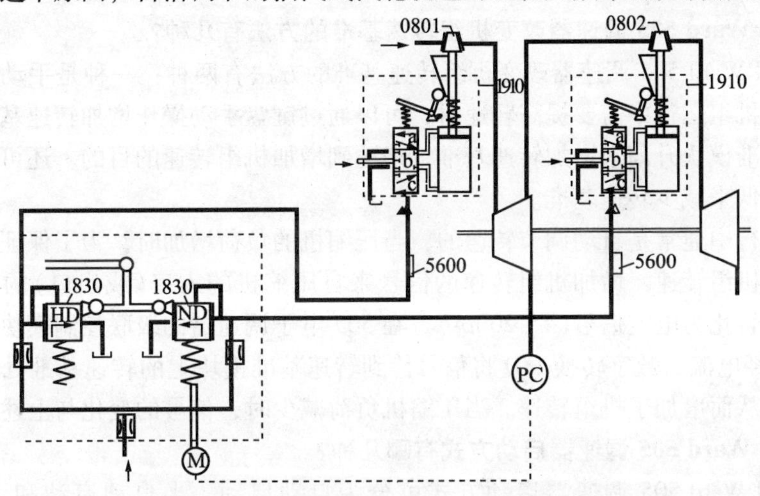

图5－75　带电调节器的抽汽调节汽阀调节系统图

0801、0802—调节汽阀；1830—放大器；1910—传动放大机构；5600—阻尼器

6. 什么是调速器？汽轮机调速器的发展是怎样的？

答：调速装置中感受汽轮机转速变化并输出相应物理量变化信号，使调节汽阀动作的转速敏感机构称为调速器。美国伍德瓦得(Wood Ward)公司是专门生产汽轮机调速器的跨国公司，20世纪七、八十年代以前生产的了一系列机械－液压式调速器，如PG－PL型、PG型、UG型和TG型等。20世纪80年代后期该公司又推出了电子液压式调速器，如505型、505E型、501型和EG型等。我国引进的石油化工装置中的大型汽轮机均采用电子调速器，而小型机组则采用液压式或机械式调速器。

7. 伍德瓦得PG－PL型调速器有什么特点？

答：美国伍德瓦得Wood Ward公司生产的Pressure Compensated Governor Pipe Line型(波纹管压力补偿调速器)，简称PG－PL型调速器。此种型式调速器适用于驱动压缩机类汽轮机，其特点是压缩机进口或出口压力变化通过空气讯号反映给调节机构，使汽轮机的转速适应负荷变化。它是一种机械式离心调速器，采用液压传动，采用软反馈式系统，构成无差调节系统，即可用手动操纵同步器使汽轮机单独运行，也可通过波纹管接受风压信号进行远方控制，其调速调节范围为250～1000r/min。

8. Wood Ward 505 型电子调速器的调节系统由哪些部件组成？

答：Wood Ward 505 型电子调速器的调节系统主要由速度传感器、数字式调速器、电液转换器(I/H)、错油门、油动机和调节汽阀等组成。

9. Wood Ward 505 型电子调速器用于什么汽轮机？它有几种操作方式？

答：Wood Ward 505 电子调速器主要用于凝汽式或背压式汽轮机。505 调速器操作方式有：一种是控制方式；另一种是运行方式(工作方式)。

10. Wood Ward 505 调速器由哪些模块组成？其调节任务是什么？

答：Wood Ward 505 调速器由斜面控制模块、辅助控制模块、转速控制模块，转速基准模块、级联控制模块，遥控转速整定值模块组成。505 调速器的主要调节任务是调节机组转速：在转速整定基准值不变时，应保证机组转速不变或根据需要改变机组转速基准值达到改变转速的目的。505 电子调速器为无差调节，为 NeMA 标准的 D 级，其不等率 δ 为 0 ~ 0.5%，即在调速系统动作后，机组转速不变。

11. Wood Ward 505 调速器改变机组转速基准的方法有几种？

答：Wood Ward 505 调速器改变机组转速基准的方法有两种：一种是手动调节，另一种是自动调节。机组运行中需要提高转速时，可以通过键盘手动操作增加转速基准。也可以通过转速控制基准模块升高来增加转速基准，来达到增加机组转速的目的。还可以通过转速控制基准模块降低来减少转速基准。

机组在运行中通常是自动调节转速的，当压缩机的负荷增加时，为了保证机组的稳定工况，就应增加机组转速。增加机组转速的信号来自压缩机的入口(或出口)的压力，压力变化经仪表测得转化为电流信号(4 ~ 20mA)，在 505 电子调速器的级联控制模块的级联输入到 505 调速器，经电流、数字转换 I/D 将信号传到转速基准模块上的转速基准处，就增加了机组转速基准，从而增加了机组转速。当压缩机负荷减少时，信号的变化与上述相反。

12. Wood Ward 505 调速器启动方式有哪几种？

答：Wood Ward 505 调速器启动方式可分为自动启动、半自动启动和手动启动三种方式。

13. 利用 Wood Ward 505 调速器是怎样进行超速试验的？

答：汽轮机试运行后应进行超速试验，检验超速保护装置时，电子超速装置和机械超速装置应同时进行试验。机组运行中用 SPD 键和 ADJ 键提高转速只能达到最大控制转速(一般为额定转速的 105%)当不能达到超速转速时，便按超速试验键(OVERSPEED TEST ENABLE)，然后再按 ADJ▲键，当实际转速大于最大控制转速时，超速试验键上面的红灯闪亮。按这两个键使转速基准点以慢的速率增加到超速转速，红灯闪亮，机组由于机械断开装置被切断，同时继电器动作。利用 505 可以进行汽机的超速试验，505 面板上会显现报警信号。505 出现跳闸信号给保护系统，切断油路，关闭自动主汽阀和调节汽阀，切断汽轮机的进汽，紧急停机，以保证汽轮机的安全。

14. 速关组件由哪些部件组成？它适用于什么汽轮机？

答：速关组件将汽轮机的保安系统中一些操作件(单个部套)集装在一起的液压件组合。速关组件主要由速关油换向阀，启动油速关阀、停机电磁阀、主汽阀和危急遮断器、手动停机阀、试验用手动阀及速关油回路和停机回路插装阀等组成，如图 5 - 76 所示。速关组件用于汽轮机就地启动、停机，遥控停机及速关阀(主汽阀)联机试验和危急遮断油门自动脱扣。速关组件适用于电液调节系统的汽轮机、无危急遮断油门的汽轮机。

电液转换器6不属于速关组件的功能元件，它只是利用速关组件体的油路集装在速关组件中，根据机组的需要可连接一个或两个电液转换器。

15. 505E型电子调速器用于什么汽轮机？

答：505E电子调速器是一种微处理机为基础的控制装置。主要用于抽汽式汽轮机，如抽汽凝汽式或背压抽汽式汽轮机。

16. 一次抽汽式汽轮机是如何控制汽轮机转速和抽汽压力的？

答：抽汽式汽轮机的系统除了控制汽轮机转速外还必须控制抽汽压力，典型的一次抽汽式汽轮机如图5－77所示，高压蒸汽经过主汽阀、高压调节汽阀(HP)进入汽轮机高压段做功，作功后的中压蒸汽分为两路：一路经抽汽调节汽阀(LP)进入低压段继续做功；另一路进入抽汽管道，供热用户使用。

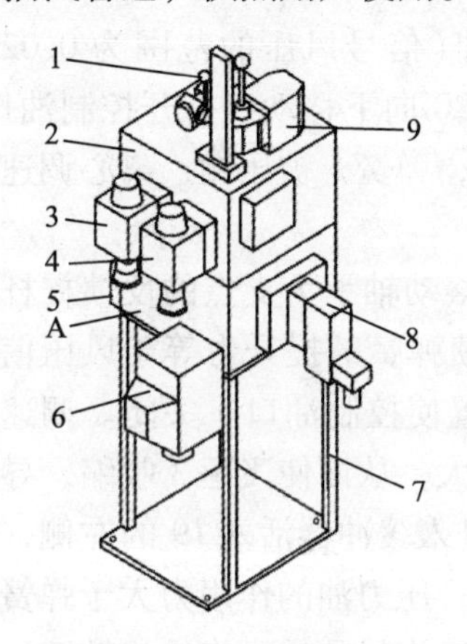

图5－76　速关组件

1—试验阀；2—速关组件体；3—启动油换向阀；
4—速关油换向阀；5—停机电磁阀；6—电液转换器；
7—支座；8—停机电磁阀；9—手动停机阀

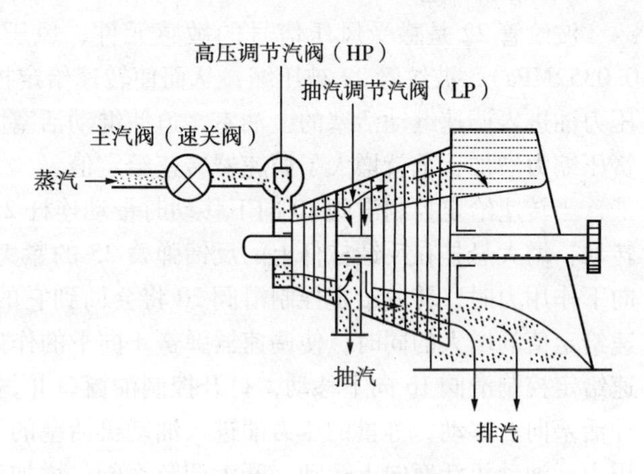

图5－77　一次抽汽式汽轮机

当机械负荷发生变化而热负荷不变化时，为了控制机组转速和保证抽汽压力不变，就要改变高压调节汽阀和低压调节汽阀的开度，高、低压调节汽阀应同时开大或关小。在热负荷发生变化而机械负荷不变时，为了控制抽汽压力和保证机组转速不变，也应改变高、低压调节汽阀的开度，这时，高压调节汽阀开大(或关小)时，低压调节汽阀应关小(或开大)。

17. 505E调速器由哪些模块组成？其任务是什么？

答：505E调速器由低压抽汽调节汽阀(LP)斜面控制模块、高压调节汽阀(HP)斜面控制模块抽汽控制模块、转速控制模块，转速基准模块、级联控制模块，遥控转速整定值模块等组成。

505E调速器的任务是：一是调节机组转速，在转速整定基准值不变时，应保证机组转速不变，并根据需要改变机组转速基准值达到改变转速的目的；二是调节抽汽压力，在抽汽压力基准不变时，应保证抽汽压力不变。

18. 505E调速器中的比例限制器的作用是什么？

答：一是控制调节汽阀与抽汽调节汽阀开度的大小，使它们开度相匹配，使机组转速与抽汽压力均稳定在要求值；二是确定转速与抽汽压力调节的顺序，即当机械负荷(功率N)与热负荷发生矛盾时应如何调节。若要求最大机械负荷(功率N)为最大时，应在开大调节汽阀的同时开大抽汽调节汽阀。若要求抽汽量为最大时，应开大调节汽阀关小抽汽调节汽阀。由此可以看出，不能同时得到最大功率和最大抽汽量。

19. 505E 调速器是如何调节抽汽压力的?

答: 505E 调速器应保证抽汽压力不变。当热用户需要增加蒸汽量时，抽汽管线的压力下降，这时应开大调节汽阀补充进汽量，为了保证机组输出的功率不变，同时应关小抽汽调节汽阀，开大调节汽阀。当调节汽阀开大，抽汽调节汽阀关小时，使抽汽压力又恢复到原来的压力。当热用户需要减少蒸汽量时，其调节动作过程与上述相反。

20. PG－PL 型调速器由哪些部件组成？它的动作过程是怎样的?

答: 图 5－78 所示为 PG－PL 型调速器的调速系统。它主要由供油系统，给定装置，控制、缓冲系统和油动机等组成，图中所示为汽轮机转速在稳定工况下，调速器的基本组成元件和转速给定机构的原理图及其相互位置关系，调速器稳定转速时的动作过程是:

(1)增加转速

波纹管 22 是感受风压信号的敏感元件，风压信号增加(信号风压的范围为 0.0218～0.0352MPa)，波纹管 22 被压缩，从而使转速给定控制滑阀 20 向下移动，打开控制油口Ⅰ，压力油进入调速继动活塞的上油室，迫使继动活塞向下移动，弹簧 5 被压缩，离心调速器弹簧压缩力增加，也就增大了调速器转速给定值。

当转速给定控制滑阀 20 向下移动时带动连杆 21，使以滚动轴承为支点的反馈杠杆发生转动，增大悬挂在反馈杠杆上的反馈弹簧 25 的紧力。当反馈弹簧的提升力等于风压信号的向下作用力时，转速给定控制滑阀 20 将会回到它的中心位置使控制油口Ⅰ关闭。调速器转速给定值的增大的同时，使调速器弹簧 4 向下的作用力也增大，从而使飞锤 3 收缩，导致转速给定控制滑阀 16 向下移动，打开控制油窗口Ⅱ，压力油进入缓冲器活塞 19 的左侧，使缓冲活塞向右移动，等量的压力油进入油动机活塞的下部腔室，压力油的作用力大于弹簧的作用力，油动机活塞向上运动，开大调节汽阀，增加汽轮机的蒸汽量，提高汽轮机转速。

Wood Ward 调速器输出的位移信号，通过调节系统中的杠杆减少随动活塞的进油量，使液压调速器的二次油压增加，从而开大调节汽阀，使汽轮机转速升高。

当油动机活塞 1 向上运动的同时，缓冲器活塞 19 向右移动，缓冲器活塞右侧的弹簧被压缩，而左侧缓冲器弹簧 18 则被松弛，这时缓冲器活塞左侧的油压将暂时大于右侧的油压。

(2)降低转速

在油动机活塞 1 与缓冲器活塞 19 产生位移的同时，缓冲器活塞 19 左右两侧的压力差将作用在补偿活塞 15 的上下补偿面，补偿活塞 15 下部压力高于上部压力，因而将产生一个向上的作用力，缓冲器活塞 19 两侧的压力差将不断增大，直至它与飞锤 3 离心力的合力与调速器给定弹簧 4 的作用力相平衡，此时它将与控制滑阀 16 重新堵住旋转式错油门套筒 37 上的控制油窗口Ⅱ，并使飞锤恢复到垂直位置。控制油窗口Ⅱ被堵住后，油动机活塞 1 将停止运行并停留在一个新的位置上，这一位置与汽轮机在新的较高转速下运转所需的进汽量相对应，此时将使汽轮机的继续升速，调速器向新的转速给定值跟随。

由于汽轮机转速增加后，使飞锤 3 的离心力逐渐增加到某一较高值，弹簧的预紧力也增大，调速器处于稳定工作状态。在升速过程中，油流经补偿针阀 17 泄油时使缓冲器活塞 19 两侧的油压相等，因而补偿活塞 15 上下油压差逐渐减至为零，当补偿针阀 17 开度整定合适，使油压差作用在补偿面上减少的力正好等于离心力增大的力，此时飞锤将保持其垂直位置，控制滑阀始终将控制油口Ⅱ关闭，油动机活塞 1 处于新的工作位置保持不变，在缓冲其活塞 19 两侧油压逐渐的平衡过程中，由于缓冲器弹簧 18 的作用，缓冲器活塞逐渐被推回到中间位置，使汽轮机在新的工况下稳定运行。

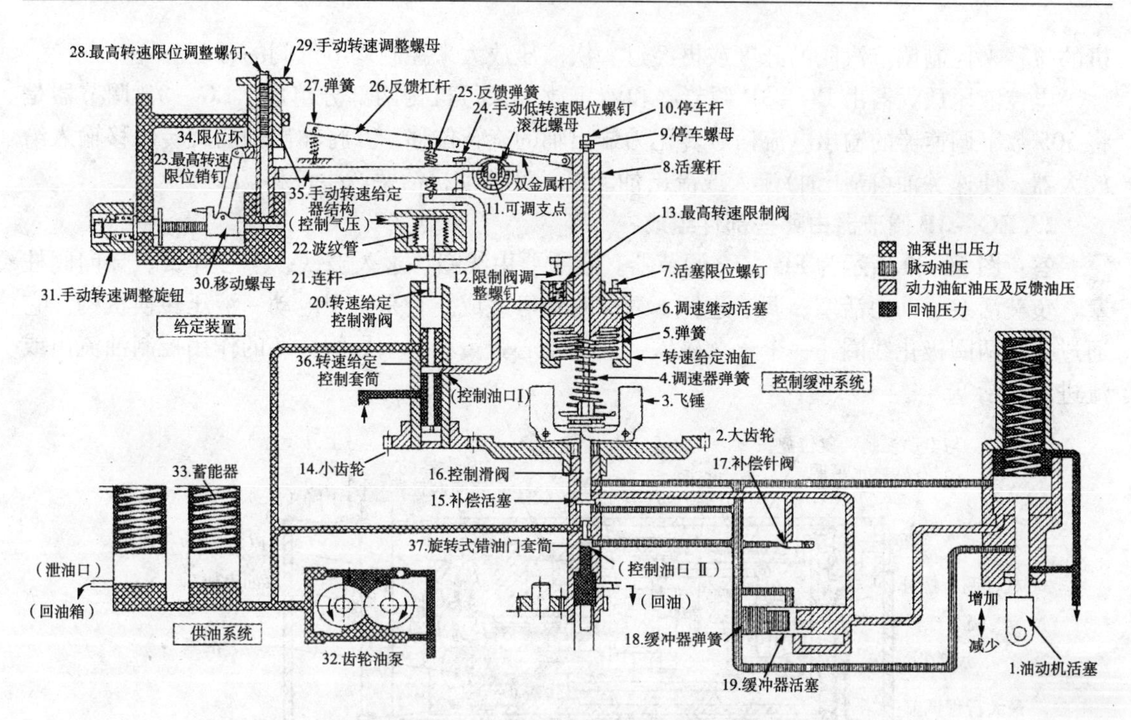

图 5－78　伍德瓦得 PG－PL 型调速器

21. 速度传感器由哪些部件组成？它的工作原理是怎样的？

答：图 5－79 所示为速度传感器，又称速度变送器或磁阻发讯器。它由磁钢 1、线圈 2、测速齿轮 4 等组成。测速探头固定在测速齿轮旁边的支架上，径向安装在前轴承箱上，测速齿轮装在汽轮机转子上。测速探头内装有永久磁钢、铁芯与线圈，铁芯与齿轮之间留有较小的间隙 δ(大约为 0.5～1.0mm)。当测速齿轮随汽轮机转子旋转时，铁芯与齿轮之间的间隙交替变化，从一个齿到另一个齿，气隙磁阻交变一次，相应的线圈中的磁通量交变一次，从而在线圈两端感应出交变电势，该电势就是测速探头输出信号，交流电动势的频率 f 与齿轮的转速 n 和齿数 z 成正比，即

$$f=\frac{nz}{60} \tag{5-8}$$

由于测速齿轮的齿数 z 是固定的，因而频率 f 与转速 n 是单值关系，则 $f=n$，即交流电动势每秒的频率等于齿数每分钟的转速，可将频率 f 代替转速 n 作为信号。此电势经过频率－电压变送器，将电势频率 f 转换成直流电压模拟信号。

一般在汽轮机转子上装有两个转速传感器，转速实际上是有二个转速传感器测得，测得信号(f 值)经过一个高选电路将较大的值送到调速器，如果有一个转速传感器发生故障，就发出报警。如果二个转速传感器都发生故障，汽轮机脱扣装置将动作，将自动主汽阀和调节汽阀同时迅速关闭，紧急停机。

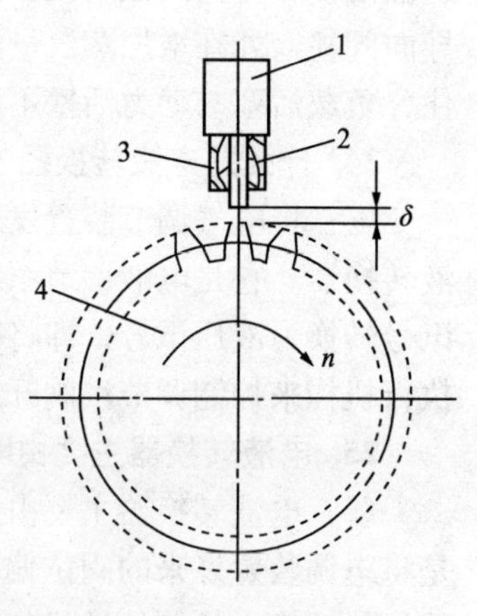

图 5－79　转速测量元件

1—永久磁钢；2—线圈；3—铁芯；4—测速齿轮

22. 什么是电控液压放大器？它的作用是什么？

答：电控液压放大器是将电信号转换成液压信号的转换放大元件，它是电液系统中的一个关键部件。其作用是将 505 数字调速器的输出电流信号转换为油动机活塞的位移，通过油动

机的位移来控制调节汽阀的开度或再经过一次液压放大来控制调节汽阀的开度。

电控液压放大器由EG－3P调节器和液压放大执行机构两部分组成。EG－3P调节器是将505数字调速器的输出电流信号转化为输出轴的旋转位移，并将输出轴的旋转位移输入给放大器，使速关油(高压油)流入或流出油动机，使油动机活塞产生位移。

23. EG－3P调节器由哪些部件组成?

答: 图5－80所示为EG－3P调节器。它主要由线圈、永久磁铁、中心弹簧、导向阀柱塞、负载活塞、动力活塞、调节连杆、复位弹簧等组成。它是一个电动－液压转换机构。它通过一个两圈极化线圈，一个永久磁铁，一个中心弹簧和一个导阀柱塞的作用控制油流出或流进动力活塞。

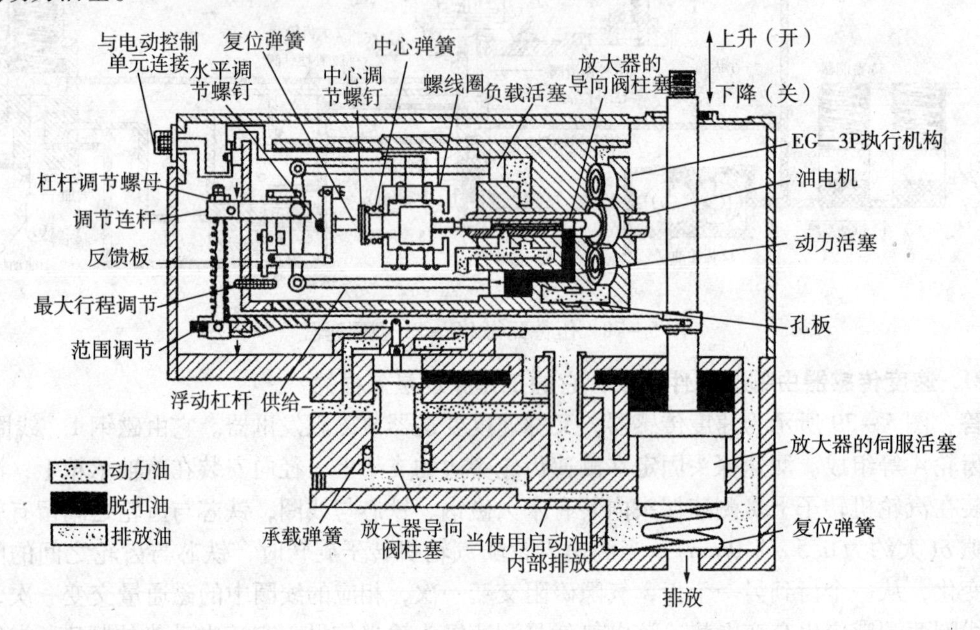

图5－80　EG－3P调节器和放大器的剖面示意图

磁铁固定在导向阀柱塞上，它通过中心弹簧及复位弹簧紧固在线圈的磁场内，中心弹簧迫使磁铁和导向阀柱塞处在减少蒸汽量的方向；当线圈通电被激磁后，复位弹簧和磁铁迫使导向阀柱塞处在增加蒸汽量的方向。在稳定工况下，磁铁不动作，导向阀柱塞将控制油口堵住，负载活塞与动力活塞不动作，输出轴输出转速不变。

24. 什么是电液转换器？它的作用是什么?

答: 将电气调节装置发来的电信号控制指令转换为液压信号的转换、放大部件，称为电液转换器。它是电液调节系统中的一个关键部件。电液转换器(I/H转换器)的作用是将电气讯号转换为液压讯号，即将505电子调速器的输出电流转换为二次油压，二次油压通过放大执行机构来控制调节汽阀开度。

25. 电液转换器主要由哪两部分组成？其作用是什么?

答: 电液转换器主要由力矩马达(电磁部分)和液压放大两部分组成。力矩马达的作用是将电调装置发来的阀位偏差电信号转换为机械位移信号；液压放大部分的作用是将机械位移信号转换为控制油动机位移的液压信号。

26. 电液转换器分为哪几种类型?

答: 电液转换器(电液伺服阀)的种类很多，一般可分为以下几种类型：

(1)按电磁结构分类：动圈式力矩马达和动铁式力矩马达；

(2)按励磁方式分类：永磁式和励磁式；

(3)按液压结构分类：断流式和继流式，或者滑阀式和蝶阀式；

(4)按油的工质分类：汽轮机油和抗燃油，低压式(1.2MPa 和 2MPa)和高压式(8MPa 和 14MPa)。

27. 动圈式电液转换器由哪些部件组成？

答：图 5－81 所示为动圈式电液转换器。主要由磁钢、控制线圈、十字平衡弹簧、控制套环、跟踪活塞、节流套筒等零部件组成。

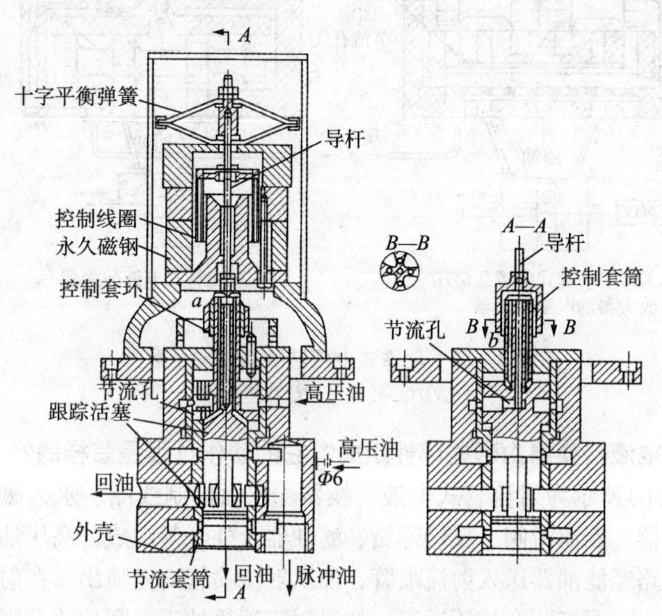

图 5－81　动圈式电液转换器

28. 动铁式电液转换器按其结构分为哪几种？

答：动铁式电液转换器按其结构分为以下两种；一是带双喷嘴式前置级液压放大器的电液转换器。如图 5－82(a)所示：二是带射流管式前置级液压放大器的电液转换器，如图 5－82(b)所示。这种电液转换器具有线性度好、工作稳定、动态性能优良等特点。

29. 带双喷嘴式电液转换器由哪些部件组成？它的动作过程是怎样的？

答：图 5－82(a)所示为带双喷嘴式电液转换器。它由控制线圈、永久磁钢、可动衔铁、弹性管、挡板、喷嘴、断流滑阀、反馈杆、固定节流孔、滤油器、外壳等组成。高压油进入电液转换器分成两个油路，一路经过滤油器到左右端的固定节流孔及断流滑阀两端的油室，然后从喷嘴与挡板间的控制间隙中流出。在稳定工况时，两侧的喷嘴与挡板间隙是相等的，因此排油面积也相等，作用在断流滑阀两端的油压也相等，使断流滑阀保持在中间位置，挡住了进出执行机构油动机的油口。另一路高压油就作为移动油动机活塞用的动力油，由断流滑阀控制。

当电调装置来的电流信号输入控制线圈，在永久磁钢磁场的作用下，产生了偏转扭矩，使可动衔铁带动弹簧管及挡板偏转，改变了喷嘴与挡板的之间的间隙。间隙减小的一侧的油压升高，间隙增大的一侧的油压降低。在此油压差的作用下，使断流滑阀移动，打开了油动机通往高压油及回油的两个控制窗口，使油动机活塞移动，输出的位移量来控制调节汽阀的开度。

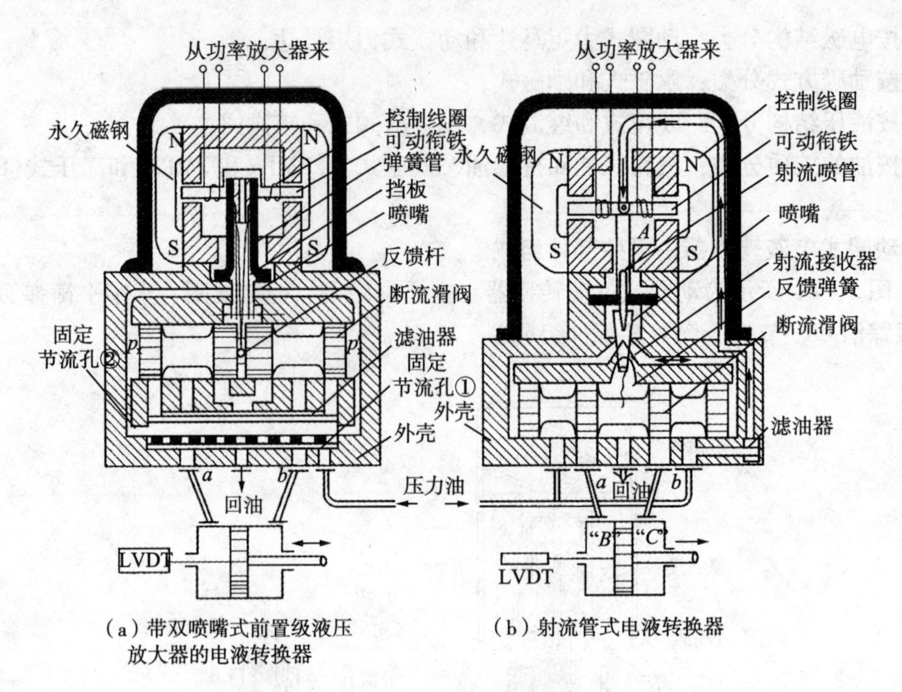

（a）带双喷嘴式前置级液压放大器的电液转换器

（b）射流管式电液转换器

图 5-82　动铁式电液转换器结构示意图

LVDT—线性电压位移传感器

30. 射流管式电液转换器由哪些部件组成？它的动作过程是怎样的？

答： 图 5-82(b)所示为射流管式电液转换器。它由控制线圈、永久磁钢、可动衔铁、射流喷管、射流接收器、断流滑阀、反馈弹簧、滤油器及外壳等组成。高压油进入电液转换器后分为两个油路，一路经滤油器送入射流喷管，油从射流喷管高速喷出。在射流喷管正对面安置了一个射流接收器，上面有两个扩压通道。如果射流喷管处于中间位置，则在左右两个扩压通道中形成相同压力，使断流滑阀两端油压相同，也处于中间位置，挡住了进出油动机的油口。另一路高压油就作为移动油动机活塞的动力油，由断流滑阀控制。

当电调装置来的电流信号送入线圈，在永久磁钢磁场的作用下，控制线圈产生了扭矩，使可动衔铁带动射流喷管偏离了中间位置，而使射流喷管喷出的油液在接收器两个扩压通道中形成不同的油压。在这两个油压差值的作用下，使断流滑阀产生位移，打开油动机进油及回油的两个控制窗口，使油动机活塞运动，来控制调节汽阀的开度。

在断流滑阀偏离它的中间位置时，它通过反馈弹簧使偏转了的射流管达到一个新的平衡位置，从而使整个调节过程很快的处于稳定状态。

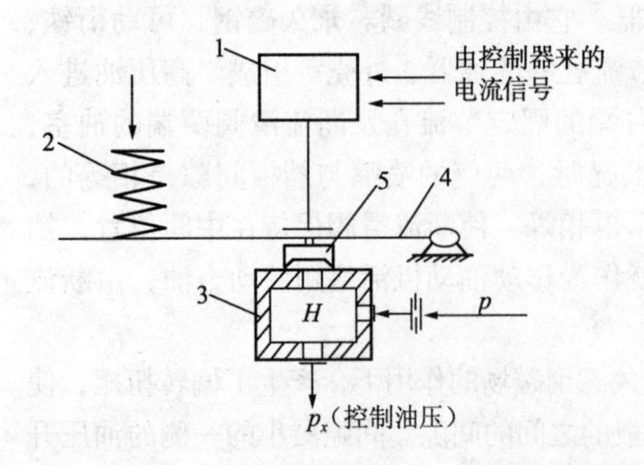

图 5-83　力矩马达蝶阀式电液转换器

1—力矩马达；2—弹簧；3—油室；4—杠杆；5—蝶阀

31. 力矩马达蝶阀式电压转换器结构及工作原理是什么？

答： 图 5-83 所示为力矩马达蝶阀式电压转换器结构。主要由力矩马达、螺旋弹簧、杠杆、蝶阀和油室组成。其工作原理为：在杠杆上作用着力矩马达和弹簧的向下的力，及控制油压作用于蝶阀向上的力。压力油经节流孔进入油室 H 内，力矩马达接收控制信号作用在杠杆上，使阀碟位移、从而改变了蝶阀的排油间隙，使控制油压发生变化。当输入的电流信号增大时，力矩马达的力增加，蝶阀间隙减小，使控制油压增大；反之，当输入的电流信号减小时，则力矩马达的力减小，蝶阀间隙增大，使控制油压减小，从而通过油动机活塞位移控制调节汽阀的开度。

第六章　汽轮机的运行

第一节　汽轮机部件的热应力、热变形和热膨胀

1. 汽轮机运行过程中是如何受热的?

答: 汽轮机在启动、停机或负荷变动工况下运行时,由于各部件的结构所处的工作条件不同,蒸汽对各部件的传热情况也不同,因此各零部件以及零部件之间必然产生较大的温差。这样,除了导致各零部件产生较大的热应力外,同时还会引起不协调的热膨胀和热变形。

在汽轮机启动或工况变化时,由于掠过转子和汽缸表面的蒸汽温度是不断变化的,这就引起转子和汽缸内部温度分布不均匀随工况变化而变化。正是由于这种不均匀的温度分布,使得转子和汽缸内部产生了热应力。在汽轮机启动和加负荷过程中,由于蒸汽温度比金属部件温度高,蒸汽将热量传给金属部件,使其温度升高;而在汽轮机停机和减负荷过程中,蒸汽温度低于金属部件温度,使其冷却,温度下降。

汽轮机的启动过程是各零部件从静到动,从冷到热,从常压到高压的变化过程,各零部件金属温度都将发生剧烈变化,因此,启动过程实质上是汽轮机各零部件的加热过程。由于汽轮机的各零部件的作用与结构不同,其受热条件也不相同,因而被加热和传热情况也各不相同。

2. 影响转子或汽缸内外壁温差变化的因素有哪些?

答:(1)转子或汽缸的几何尺寸;

(2)转子或汽缸材料的热导率;

(3)蒸汽温度的变化速率;

(4)蒸汽温度的变化范围;

(5)蒸汽和金属表面之间的换热系数。

对于已确定型式的汽轮机,由于部件的尺寸及材质已确定,金属部件温差的大小仅取决于运行条件。蒸汽温度变化愈剧烈,则产生的温差就越大。所以要求操作人员应合理控制蒸汽参数的变化速率及范围,以达到控制温差的目的。

3. 什么是准稳态点、准稳态区?

答: 汽轮机启动过程中,当调节级的蒸汽温度达到满负荷时所对应的蒸汽温度时,蒸汽温度变化率为零,此时金属部件内部温差达到最大值且不变化,在温升率变化曲线上的这一点称为准稳态点。对于一般汽轮机的转子,当蒸汽温升率不变时,进入准稳态点的时间大约为80~100min。

在温升率变化曲线上的准稳态点附近的区域,称为准稳态区。汽轮机启动进入准稳态区时的应力达到最大值。

4. 汽轮机冷态启停过程中汽缸产生哪些应力？

答：汽轮机冷态启动过程对于汽轮机转子和汽缸等金属部件来说是一个加热过程。对于汽缸来说，随着蒸汽温度的升高，汽缸内壁温度首先升高，汽缸内壁温度高于外壁温度，内壁的热膨胀由于受到外壁的制约而产生压应力，而外壁由于受到内壁热膨胀的影响而产生拉应力。

汽轮机的停机过程实际是汽轮机零部件的冷却过程，随着蒸汽温度的降低和流量的减少，汽缸内壁首先被冷却，而汽缸外壁冷却滞后，致使汽缸内壁温度低于外壁，所以汽缸内壁产生拉应力，汽缸外壁则产生压应力。

5. 汽轮机启动时螺栓承受哪些应力？法兰与螺栓温差允许值是多少？

答：汽轮机启动时，螺栓除了承受拉应力外，还要承受紧固螺栓的拉伸预应力以及汽缸内部蒸汽压力对螺栓产生的拉应力。如果这三种拉应力之和超过螺栓材料的强度极限，螺栓就会发生塑性变形甚至断裂，为了保证螺栓强度，在启动时必须控制法兰与螺栓的温差在允许范围内。一般规定法兰与螺栓温差的允许值为：中参数机组约为40～50℃；高参数大容量机组为20～30℃。

6. 什么是热冲击？

答：所谓热冲击是指蒸汽与汽缸、转子等部件之间在短时间内进行大量的热交换，金属部件内温差迅速增大，热应力增大，甚至超过材料的屈服极限，严重时一次大的热冲击就能造成部件的损坏。汽轮机部件受到热冲击时产生的热应力取决于蒸汽和部件表面的温差、蒸汽的放热系数。

7. 造成汽轮机热冲击的原因有哪些？

答：(1)启动时蒸汽温度与金属温度不匹配。启动时，为了保证汽缸、转子等金属部件有一定的温升速度，要求蒸汽温度高于金属温度，且两者应相匹配，相差太大就会对金属部件产生热冲击。启动时，蒸汽与金属温度的匹配是以高压段调节级处参数来衡量的，不同类型的汽轮机对匹配温度的要求也不同。总之，汽轮机冷态启动时，由于金属温度较低，应特别注意温度的匹配，避免大的热冲击。

(2)极热态启动造成的热冲击。由于保护装置误动作或机组出现小故障可能造成汽轮机短时间事故停机，如果在2～4h内需要重新启动，此时调节级处金属温度极高，可达450℃左右，这种启动方式称为极热态启动。

由于启动时不可能将蒸汽温度调高至额定值或提高蒸汽温度所需时间太长，往往在蒸汽参数较低时就启动。蒸汽经过阀门节流、调节级喷嘴降压后，到调节级汽室时温度比该处的金属温度低很多，因而在汽轮机转子和汽缸壁内产生较大的热应力，并且经过一次极热启动过程，汽轮机转子将经受一次较大的拉－压应力循环，这对汽轮机的安全性是极为不利的，故应尽量减少极热态启动次数。在极热态启动时，应尽可能提高蒸汽温度，如加强启动前的暖管，并在启动初期尽快提高汽轮机负荷，加速蒸汽温度与金属温度的匹配，减轻热冲击。

(3)甩负荷造成的热冲击。汽轮机在稳定工况运行时，如果发生大幅度的甩负荷工况，则由于汽轮机通流部分蒸汽温度的急剧变化，在转子和汽缸上产生很大的热应力。一般甩负荷至30%～40%额定负荷时，在转子上引起的热应力最大，因为此时甩负荷后，调节级后较大流量的低温蒸汽流过汽轮机通流部分，造成转子和汽缸急剧冷却，从而产生很大的应力。而甩掉全部负荷后，虽然蒸汽温度下降很多，但由于流量很小，蒸汽很快被金属释放的蓄热加热，因此对转子和汽缸冷却作用较小，产生热应力也较小，但甩负荷长时间在空负荷下运行也会引起较大的热应力。

8. 转子、汽缸最大热应力部位在何处？为什么？

答：由于汽轮机转子和汽缸各处的几何尺寸不同，启停及变工况时，各处的温度变化范围不同，产生的热应力也就不同，最大热应力发生的部位通常是在：汽缸高压段调节级处，转子的前轴封处。这是因为主蒸汽进入汽轮机首先接触这些部位，所以这些部位蒸汽温度最高，变工况时温度变化范围大，引起的热应力也大。另外，这些部位还存在结构突变，如叶轮根部、轴肩处的过渡圆角等都存在热应力集中现象，使得热应力成倍增加。

9. 汽轮机启动时汽缸膨胀的数值取决于哪些因素？

答：汽轮机启动时，汽缸膨胀的数值取决于汽缸的长度、材质和汽轮机的热力过程。由于汽缸的轴向尺寸大，故汽缸的轴向膨胀成为重要的监视指标。对于高压汽轮机来讲，有的法兰厚度比汽缸壁厚得多，因此汽缸的热膨胀往往取决于法兰各段的平均的温升。

10. 什么是汽轮机相对胀差？

答：汽轮机膨胀量相对于汽缸膨胀量的差值称为汽轮机相对胀差。当汽轮机启动、停机和工况变动时，转子和汽缸分别以各自的死点为基准膨胀和收缩。汽缸的质量大而接触蒸汽面积小，转子的质量小而接触蒸汽面积大；而且由于转子转动时，蒸汽对转子的放热系数比汽缸的要大，因此转子随蒸汽温度的变化膨胀或收缩都更为迅速。由于转子的温度变化比汽缸快，因而转子与汽缸存在相对膨胀差。

11. 什么是正、负胀差？

答：若转子轴向膨胀数值大于汽缸的膨胀值，称为正胀差。若转子轴向膨胀数值小于汽缸的膨胀值，称为负胀差。对于单流程汽轮机，各级动叶片出汽侧的轴向间隙大于进汽侧轴向间隙，故允许正胀差大于负胀差。

12. 汽轮机冷态启动时胀差有哪些变化规律？

答：汽轮机冷态启动前，汽缸一般要进行预热，轴封要供汽，此时汽轮机胀差总体表现为正胀差。从冲转到定速阶段，汽缸和转子温度要发生变化，由于转子加热快，汽轮机的正胀差呈上升趋势。当机组带负荷后，由于蒸汽温度的进一步提高，通过汽轮机蒸汽流量的增加，蒸汽与汽缸、转子的热交换剧烈，正胀差增加的幅度较大。当汽轮机进入准稳态区或启动过程结束时，正胀差值达到最大。

13. 汽轮机甩负荷、停机、热态启动时相对膨胀有哪些变化规律？

答：汽轮机稳定工况运行时，转子和汽缸的金属温度接近同级的蒸汽温度，当汽轮机甩负荷或停机时，流过汽轮机通流部分的蒸汽温度低于金属温度，由于汽缸的质量大而接触蒸汽面积小，转子的质量小而接触蒸汽面积大，所以转子比汽缸冷却快，即转子比汽缸收缩得多，因而出现负胀差。

热态启动时，转子、汽缸的金属温度高，若冲转时蒸汽温度偏低，则蒸汽进入汽轮机后对转子和汽缸起冷却作用，也会出现负胀差。

14. 汽轮机相对胀差值超过规定值会有什么危害？

答：汽轮机在稳定工况时，汽缸与转子的温度趋于稳定值，相对胀差也趋于一个定值。在正常情况下，这一定值较小。但在启停和工况变化时，由于转子和汽缸温度变化速度的不同，可能会产生较大的胀差，汽轮机动静部分相对间隙也发生了较大的变化。当相对胀差值超过了规定值时，将会使动静部分的轴向间隙消失，发生动静摩擦或撞击，可能引起机组剧烈振动，甚至会发生叶片松动，转子弯曲等恶性事故。因此在汽轮机启停和工况变化过程中应严密监视和控制胀差。

15. 汽轮机打闸(脱扣)停机后，为何在惰走阶段胀差有不同程度的增加?

答：(1)打闸停机后调节汽阀关闭，没有蒸汽进入通流部分，转子鼓风摩擦产生的热量无法被蒸汽带走，使转子温度升高；

(2)转子在高速旋转时，在离心力的作用下使转子发生径向和轴向变形，即转子在离心力的作用下变粗、变短，这种现象称为回转效应(又称泊松效应)。当转速降低时，离心力作用减小，转子的径长又回到原始状态，即转子变细、变长，使胀差向正的方向增加。对于低压转子，由于其直径大，故回转效应更明显。

16. 影响汽轮机胀差的因素有哪些?

答：(1)汽轮机滑销系统是否畅通。运行中应经常往滑销滑动面之间注油，保证滑动面润滑及自由滑动；

(2)控制蒸汽温升(温降)和流量变化速度。在汽轮机启停过程中，控制蒸汽温升(温降)和流量变化速度，是控制胀差最有效的方法；

(3)轴封供汽温度的影响。根据汽轮机的工况变化，适时投用不同温度轴封供汽汽源，可以控制汽轮机胀差；

(4)凝汽器真空的影响。在汽轮机启动过程中，当机组维持一定转速或负荷时，改变凝汽器真空可以在一定范围内调整胀差；

(5)汽缸保温和疏水的影响。由于汽缸保温不良，会造成汽缸温度分布不均匀且偏低，从而影响汽缸的充分膨胀，使汽缸膨胀增大；汽缸疏水不畅可能会造成下汽缸温度偏低，影响汽缸膨胀，并容易引起汽缸变形。

17. 上、下汽缸温差过大引起的热变形有哪些危害?

答：汽轮机在启停及负荷变化过程中，由于蒸汽对各部件的加热程度不同，使上汽缸较下汽缸受热快，汽缸内壁较汽缸外壁受热快，致使上汽缸温度高，热膨胀大，而下汽缸温度低，热膨胀小。因而上汽缸变形大于下汽缸引起汽缸向上拱起，发生热翘曲变形，俗称猫拱背，如图6－1所示。在上汽缸向上拱背的同时，下汽缸底部与转子动静径向间隙减小甚至消失，造成动静部分径向摩擦，尤其是当转子存在热弯曲时，造成动静部分之间的径向摩擦甚至撞击。当汽缸发生拱背变形后，还会出现隔板和叶轮偏离正常时所在的垂直平面的现象，使轴向间隙发生变化，从而引起轴向动静摩擦。

18. 引起上、下汽缸温差的主要因素有哪些?

答：(1)上、下汽缸具有不同的重量和散热面积，由于下汽缸管道多，直径大、不仅重量重，散热面积也较大，散热较快，这使得在同样的加热或冷却条件下，下汽缸加热慢而散热快，所以上汽缸的温度要高于下汽缸的温度。

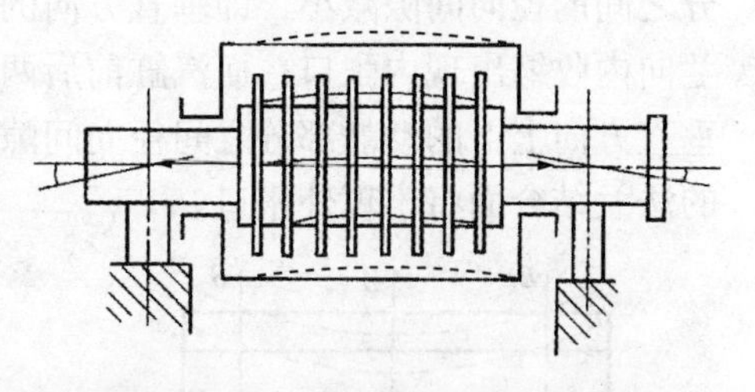

图6－1　上、下汽缸温差引起的汽缸和转子向上弯曲示意图

(2)汽轮机在启动过程中，在汽缸内温度较高的蒸汽上升，经汽缸金属壁冷却后的疏水都流至下汽缸，从下汽缸的疏水管排出，较厚的水膜使下汽缸受热条件恶化。在周围空间，运转平台以上的空气温度高于运转平台以下的空气温度，气流从下向上流动，造成上下汽缸的冷却条件的不同，使上汽缸的温度高于下汽缸。

(3)停机后，汽缸内形成空气对流，温度较高的蒸汽积聚在上汽缸，下汽缸内的空气温度较低，使上下汽缸的冷却条件产生差异，从而增大了上下汽缸的温差。

(4)汽轮机只在上部有罩壳，汽缸上部有较高温度的空气，下部则有较低温度的空气，气流从下向上流动，造成上下汽缸的冷却条件不同，增大了上下汽缸温差。

(5)在汽轮机启动过程中，汽缸疏水不畅；停机后有冷蒸汽从抽汽管道返回汽缸，都会造成下汽缸温度突降。

(6)安装保温层时，下汽缸的条件劣于上汽缸，使下汽缸的保温层不易做得像上汽缸那样贴在缸壁上。由于保温材料的自重及运行中的振动，下汽缸的保温材料易脱落或剥离，使保温层与下汽缸之间有空隙，使冷空气冷却下汽缸，下汽缸温度低于上汽缸。

(7)有的机组采用部分进汽，喷嘴弧段不是沿圆周分布，而是将进汽喷嘴多布置在上汽缸，或者调节汽阀开启顺序不当造成部分进汽时，也会造成上下汽缸温度不均匀。

19. 为什么规定冲转前上、下汽缸温差不得大于50℃？

答：汽轮机出厂后技术文件规定上下汽缸温差不得大于50℃。在汽轮机启动与停机时，汽缸的上半部温度比下半部温度高，一般上、下汽缸温差最大值出现在调节级区域内，温差会造成汽轮机汽缸变形。它可以使汽缸向上弯曲，从而使叶片和围带损坏。曾对汽轮机挠度进行计算，当上下汽缸温差达100℃时，挠度大约为1mm，通过实测，数值也很近似。经国产汽轮机组试验说明，调节级处上下汽缸温差每增加10℃时，该处动静间隙约减少0.1~0.15mm。一般汽封的径向间隙通常为0.4~0.7mm。故上下汽缸温差大于50℃时，汽封径向间隙基本已消失，如果这时启动汽轮机，汽封可能会产生摩擦，使汽封径向间隙增大，影响机组效率。严重时还能使围带的铆钉磨损，引起更大的事故。

20. 汽缸法兰内外壁温差将引起怎样的热变形？

答：随着汽轮机容量的不断增大，高参数汽轮机汽缸法兰的壁厚尺寸比汽缸壁厚尺寸大得多。汽轮机在不稳定工况下运行时，由于蒸汽对各部件加热(或冷却)的程度不同，汽缸内外壁之间以及法兰内外壁之间温度分布不均，会形成较大的温差，不仅产生较大的热应力，而且使汽缸和法兰在水平和垂直方向产生热变形。故汽缸的热变形主要取决于法兰的内外壁温差。

冷态启动时，当法兰内壁温度高于外壁温度时，汽缸和法兰内壁金属伸长较多，而法兰外壁金属伸长较少，这时法兰在水平剖分面内产生热变形(热翘曲)，如图6-2所示。法兰的变形使汽缸中间段的横截面变为立椭圆，如剖面 $A-A$ 虚线所示，使水平方向两侧动静部分之间的径向间隙减小，即垂直方向的直径大于水平方向的直径，汽缸沿垂直方向拱起，法兰向内收缩出现内张口；而汽缸前后两端的横截面变为横椭圆，如剖面 $B-B$ 虚线所示，使垂直方向上下的动静部分之间径向间隙减小，即水平方向的直径大于垂直方向的直径，此时的法兰结合面将出现外张口。

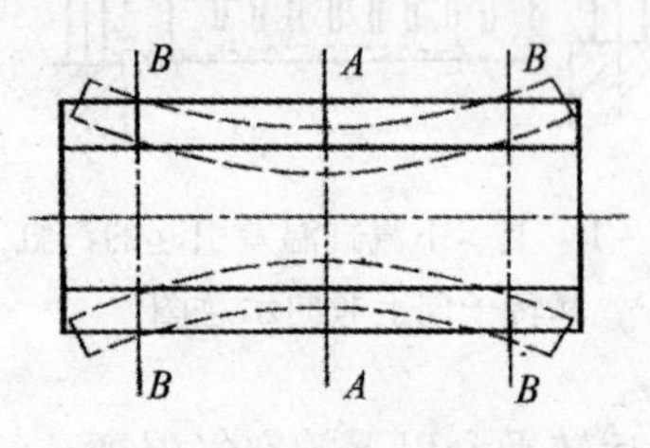

(a) 汽缸前后两端的变形

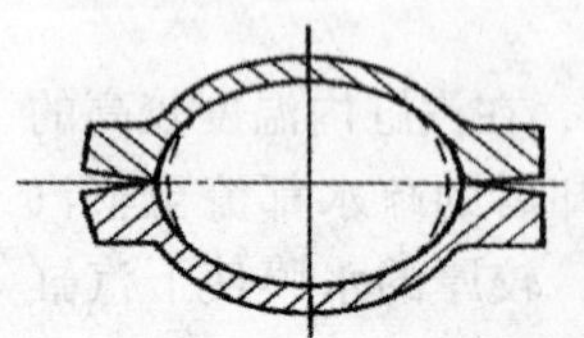

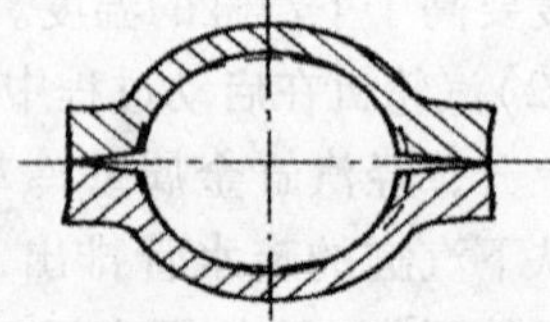

(b) 汽缸中间段的变形

图6-2　汽缸内、外壁温差引起的热变形

汽缸内外壁温差和法兰内外壁温差也会引起垂直方向的变形，当法兰内壁温度高于外壁温度时，内壁金属膨胀多，增加了法兰剖分面的热压应力，如果此热应力超过材料的屈服极限，金属就会产生塑性变形；当法兰内外壁的温差趋于零后结合面便会出现永久性的内张口，如图6－3所示，造成水平剖分面法兰漏汽。同时，还将使连接螺栓拉应力增大，导致连接螺栓拉断或螺母结合面被压坏等事故发生。

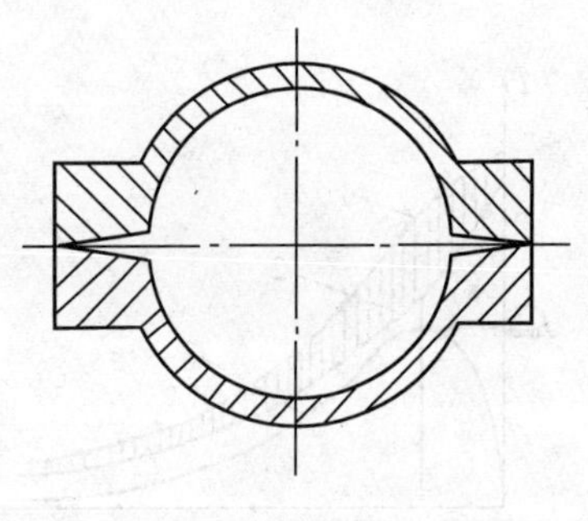

图6－3　汽缸出现永久性的内张口

21. 减少汽缸热变形措施有哪些？

答：(1)在启动和停机过程中，应控制蒸汽温度的变化率，减少法兰内外壁的温差，减小变形。控制了调节级处法兰内外壁温差，实际就控制了该处汽缸内外壁的温差；

(2)在下汽缸采取较合理的保温结构和使用效果良好的保温材料并根据情况适当加厚保温层；

(3)在下汽缸加装挡风挡板，以减少冷空气对流；

(4)改善下汽缸的疏水条件，防止疏水在下汽缸内积存；

(5)严格控制暖机时间及升温速度。

22. 汽轮机转子的热弯曲会出现哪几种情况？

答：汽轮机在启动前和停机后，由于上下汽缸存在温差，使转子的径向(上下)部分也存在温差，在此温差的作用下，转子要发生热弯曲。转子热弯曲一般有弹性弯曲和塑性弯曲两种情况。

(1)如果转子处于静止状态受热，转子的径向受热不均也会出现温差，由于上部温度较高，产生热变形。当上、下汽缸温度趋于均匀，温差消失后，转子的径向温差和热变形也随着消失，转子恢复到原来的状态。由于转子这种弯曲是暂时的，故称为弹性弯曲。

(2)当转子径向温差过大，其应力超过材料的屈服极限时，将造成转子的永久变形，这种弯曲称为塑性弯曲。

23. 转子热弯曲一般发生在哪个部位？

答：转子热弯曲的最大部位一般发生在调节级前后。对于背压式机组的转子约在其中部；对于单缸机组则稍偏于转子的前端。

24. 汽轮机转子发生热弯曲一般在什么时间？

答：转子发生热弯曲主要原因是停机后，转子处于静止状态，未对转子进行盘车，使转子径向产生温差，发生向上弯曲。图6－4为停机后自然冷却时上下汽缸温差和转子弯曲值与停机时间的关系，转子热弯曲值与上、下汽缸温差成正比。一般认为，中小型汽轮机，最大热弯曲约发生在停机后1.5～2.5h，并且受保温质量影响较小；大容量机组变动范围较大，并与保温质量和外部环境有关，最大热弯曲发生在停机后5～12h。

25. 汽轮机停机后使用盘车装置时，转子热弯曲的变化情况是怎样的？

答：对设有液压、电动盘车装置的机组，停机后应投入盘车装置，对只有手动盘车装置的小容量机组，则应在停机后每隔一定时间手动盘车将转子转动180°，停机后使用盘车装置时，转子热弯曲的变化情况如图6－5所示。

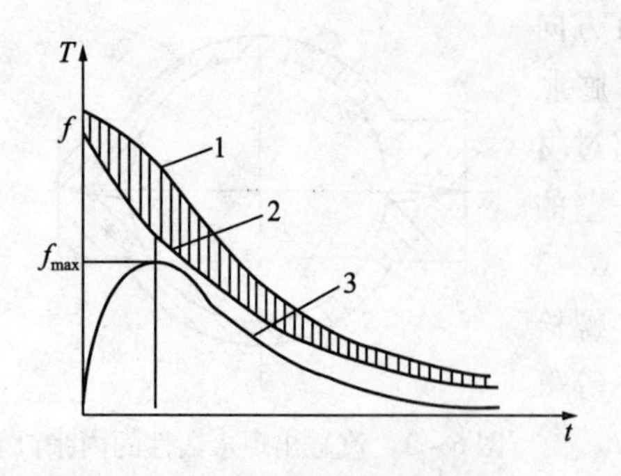

图 6-4 汽轮机冷却时上下汽缸温差和转子弯曲值与停机时间的关系

f—热弯曲值；f_{max}—最大热弯曲值；T—温度；
t—停机时间；1—上汽缸温度变化曲线；
2—下汽缸温度变化曲线；3—转子弯曲度变化曲线

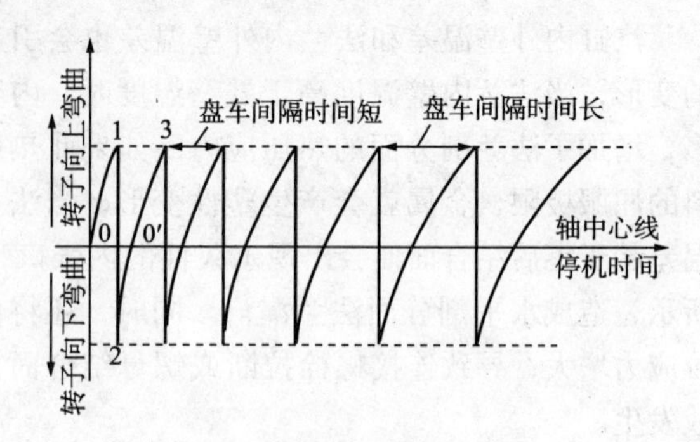

图 6-5 定期盘车时汽轮机转子热弯曲变化情况

从图 6-5 中可以看出，转子由平直的状态 0 开始到 1 逐渐发生向上的热弯曲，当转子转过 180°后，转子热的一边 1 被转到了冷的汽缸一边 2，而转子冷的一边转到了汽缸热的一边 1，因此转子的温度可以很快的得到平衡，从而使转子迅速地伸直。但是，转子伸直以后，由于转子和汽缸之间还有热交换，转子上下部分又产生温度不等的情况，因而又产生了转子向上弯的热弯曲度 3。在停机初期，由于上下汽缸温差较大，所以盘车时间的间隔时间应短一些，随着停机时间的延长，盘车时间间隔可长一些，而转子的热弯曲情况，仍如前述的过程一样。对容量小机组，停机初期(4~8h 内)可以每隔 15~30min 手动盘车一次(转子转动 180°)，后期每隔 1~2h 盘车一次。

26. 怎样防止转子热弯曲?

答：转子发生热弯曲后，不仅会使机组产生异常振动，还可能造成汽轮机动静部分摩擦。为了防止或减小转子弯曲应采取以下措施：

(1)汽轮机启动前和停机后，应正确使用盘车装置；

(2)汽轮机冲转前应盘车足够长时间；停机后，应在转子金属温度降至规定的温度以下方可停盘车装置；

(3)转子未转动之前，不应向轴封供汽或防止其他蒸汽管道蒸汽漏入汽缸；

(4)安装、检修汽轮机时，汽轮机端部轴封和隔板汽封间隙及滑销系统间隙均应符合设计规定；

(5)转子热弯曲过大时，禁止启动汽轮机；

(6)控制汽轮机启动时的升温速度，加强监测，当机组出现振动或异常声响时应及时采取消除措施；

(7)盘车装置停运后，润滑油系统仍应保持运行一段时间。

27. 热变形有什么规律?

答：汽轮机启动过程对各部件是一个加热过程。由于各金属部件受热不均匀，将会引起金属内部组织的膨胀或收缩，从而引起热变形。热变形的规律是：温度高的一侧向外凸起，温度低的一侧向内凹进。汽缸和转子除产生热应力、热膨胀外，还使其产生热变形，严重的热变形可能导致机器损坏。

第二节　工业汽轮机的启动

1. 什么是汽轮机的启动?

答: 将汽轮机转子从静止状态逐渐加速至额定转速，并将负荷逐渐增加到额定负荷的过程，称为汽轮机的启动。汽轮机的启动过程是蒸汽向汽轮机金属部件传递热量的过程。即从冷态或温度较低的状态，加热到对应负荷下运行的高温工作状态。

2. 什么是汽轮机的合理启动方式?

答: 汽轮机合理的启动方式就是指汽轮机各部件金属温度差，转子与汽缸的相对膨胀差和振动值都在允许范围内，不发生异常振动，不引起过大热应力的条件下，以尽可能短的时间完成汽轮机启动的方式。汽轮机合理的启动方式就是汽轮机合理的加热方式。

3. 汽轮机启动前应做好哪些准备工作?

答: 汽轮机启动前的准备工作是关系到启动工作能否安全、顺利进行的重要条件。因此应做好以下准备工作:

(1)与汽轮机运行有关的电气、仪表的各项调试，联锁试验等工作已完成，危急保安装置动作应灵活、准确、可靠；检查油动机与调节汽阀的行程应符合设计文件的规定；检查和试验通信设备和联络信号应准确、可靠。

(2)检查主汽阀、调节汽阀和其他安全保护装置动作应灵敏、准确；调节系统传动机构各零部件装配应齐全、完好。

(3)检查油箱油位、油温应正常，若油温低于25℃应投入加热器，保持油温在25℃以上。油冷却器、油过滤器应充满润滑油，且将空气排放干净；检查油冷器的冷却水系统，油冷器、油过滤器的切换阀的位置应准确无误；向蓄能器充干燥氮气，其压力应符合制造厂技术文件的规定。

(4)检查转子轴向位移指示值、汽缸热膨胀、相对膨胀指示值、测振仪指示值、热井液位指示值和上下汽缸温度等原始值，确认无误并记录。

(5)检查汽、水系统和油系统上的阀门开、关位置应符合技术文件要求，并运行正常。

(6)启动前，检查启动装置手轮应在“下限”位置。同步器手轮应在“下限”位置。调压器手轮应在“0”位。危急保安装置手柄应在“遮断”位置。手击快速停机手柄应在“投运”位置。危急保安装置应在“投运”位置。磁力断路油门应在“投运”位置。

(7)汽缸、新蒸汽管道和抽汽管道上的排大气疏水阀和防腐蚀汽阀应开启，排大汽阀应关闭严密。

(8)盘车装置动作应准确、可靠。

(9)汽轮机与工作机械之间的联轴器已脱开。

(10)油系统投入运行，检查油系统油压、油温，高位油槽油位及回油情况，从轴承回油管道窥视镜检查径向轴承和推力轴承回油情况。

4. 按汽轮机启动前金属温度水平分为哪几种启动方式?

答: 目前，国内外一般都将汽轮机调节级温度作为转子温度的代表，根据汽轮机启动前金属温度(上汽缸调节级内壁温度)水平分为:

(1)冷态启动。金属温度低于150~180℃称为冷态启动。

(2)温态启动。金属温度在180~350℃之间称为温态启动。

(3)热态启动。金属温度在350℃以上称为热态启动。有时热态启动又分为热态(350～450℃)和极热态(450℃以上)。

有的国家按停机时间的长短分类：

(1)停机一周或一周以上称为冷态启动；

(2)停机48h称为温态启动；

(3)停机8h称为热态启动；

(4)停机2h称为极热态启动。

5. 汽轮机按主蒸汽参数分为哪几种启动方式？

答：按启动时采用主蒸汽参数不同，可分为额定参数启动和滑参数启动两类。

(1)额定参数启动。额定参数启动时，从冲转至汽轮机带额定负荷，汽轮机电动(或手动)主闸阀前蒸汽参数始终保持额定值。额定参数启动汽轮机，使用的主蒸汽压力和温度都很高，蒸汽与汽轮机汽缸和转子等金属部件的温差很大，而大机组启动又不允许有过大的温升率，为了设备的安全，只能将蒸汽的进汽量控制得很小，即便如此，主蒸汽管道、阀门和机体的金属部件仍产生很大的热应力和热变形，使转子与汽缸的胀差增大。因此，采用额定参数启动的汽轮机，必须延长升速和暖机时间。另外，额定参数下启动汽轮机时，锅炉需要将蒸汽参数提高到额定值方可冲转，在提高参数的过程中，将消耗大量的燃料，降低了工厂的经济效益。由于存在上述缺点，目前大型汽轮机几乎不采用额定参数启动方式。

(2)滑参数启动。在启动过程中，电动主闸阀前的蒸汽参数随机组转速或负荷的变化而逐渐滑升(升高)。对于采用喷嘴调节的汽轮机，定速后调节汽阀保持全开位置。由于这种启动方式具有经济性好，零部件加热均匀、蒸汽与金属部件之间的温差较小等优点，目前在近代汽轮机中得到广泛应用。

6. 按控制汽轮机进汽流量的阀门分为哪几种进汽方式？

答：按控制汽轮机进汽流量的阀门分为如下两种进汽方式：

(1)调节汽阀启动。汽轮机启动时，电动主汽阀和自动主汽阀全开，进入汽轮机的蒸汽流量由调节汽阀来控制。

(2)自动主汽阀和电动(或手动)主汽阀的旁通阀启动。汽轮机启动前，调节汽阀全开，进入汽轮机的蒸汽流量由自动主汽阀和电动主汽阀的旁通阀来控制。

7. 什么是汽轮机的冷态启动？

答：汽轮机的冷态启动是指汽轮机从静止、常温状态逐渐过渡到正常工作状态的过程。汽轮机组的冷态启动是操作中最复杂、最全面的过程。汽轮机要经历从静止到额定转速，从室温到高温，从零负荷到额定负荷，从小流量到额定流量，从低压到高压等全部变化过程。在这过程中各部件经受加热、加速和加力的变化。

8. 汽轮机启动前为什么要保持一定的油温？

答：保持适当的油温主要是为了在轴承中建立正常的油膜。当汽轮机转速达到一定转速时，轴颈和轴承之间、推力盘和推力轴承的巴氏合金面之间必须建立起适当厚度的油膜，以防止干摩擦，并使摩擦产生的热量和摩擦表面的磨损减小到最小，从而保证机组的安全运行。若油温过低，油的黏度增大会使油膜过厚，使油膜承载能力下降，容易造成油膜不稳的振动。若油温过高时油的黏度降低过多，使油膜厚度过薄，在轴承中难以建立油膜，失去润滑作用，同时也降低了润滑油对轴承的冷却效果。故汽轮机启动前油温应控制在40℃±5℃之间，以保证一定的黏度，从而使轴承中能形成良好的油膜。

9. 汽轮机启动前为什么必须对主蒸汽管道进行暖管？

答：(1)如不预先进行暖管并充分排放疏水，当热蒸汽接触到冷态的蒸汽管道时，将使管壁受热而温度升高，同时使蒸汽急剧凝结成水。

(2)为了防止蒸汽管道内积水而产生冲击现象，暖管前应开启主蒸汽管道上所有的疏水阀，在暖管的同时应疏水，使积聚在管道中的凝结水能及时疏出，而不致于产生对管道的水冲击。如果不及时排除暖管产生的凝结水，当高速汽流通过时便会发生水冲击，引起管道振动，如果这些凝结水被高速汽流带入汽轮机，将会产生水冲击事故。

(3)暖管时，应避免新蒸汽管道突然受热造成过大的热应力和水冲击，使管道发生变形、产生裂纹以及法兰和阀门填料处漏汽。

10. 汽轮机启动前进行主蒸汽管道暖管应注意哪些事项？

答：(1)低压暖管时，应严格控制新蒸汽压力；

(2)升压暖管时，应严格控制升压速度；

(3)主汽阀应关闭严密，防止蒸汽漏入汽缸。调节汽阀和自动主汽阀前的疏水阀应打开；

(4)暖管时，应投入盘车装置进行连续盘车；

(5)在暖管过程中，应经常检查管道、阀门、法兰等处有无漏水、漏汽现象，管道膨胀补偿器和支、吊架及其他附件有无不正常现象。

11. 为什么主蒸汽管道进行低压暖管时必须严格控制新蒸汽压力？

答：低压暖管时，由于主蒸汽管道的初温(接近室温)比蒸汽的饱和温度低很多，蒸汽对管壁进行急剧凝结放热。凝结放热的放热系数相当大，如果不控制主蒸汽压力，管内蒸汽压力升得过高，则蒸汽的饱和温度与管道内壁的温差过大，蒸汽剧烈冷却，从而使管道内壁温度急剧增加，造成管道内、外壁，特别是阀门、三通等部件产生相当大的热应力，使管道及其附件产生裂纹或变形。因此，进行低压暖管时，必须根据金属管道的温升速度、逐渐提高主蒸汽压力。

另外，金属管道的温升速度还与进入管道的蒸汽流量有关，若蒸汽流量过大，也会使管道部件受到过分剧烈的加热，故低压暖管时，还必须注意调节主汽阀或疏水阀的开度，以便控制蒸汽流量不至于过大。

12. 暖管时间取决于哪些因素？

答：暖管所需的时间取决于暖管区段的长度、管径尺寸、蒸汽参数及管道强度所允许的温升速度。当温升太快时，管道内外壁温差很大，会引起很大的热应力。一般中参数机组暖管时间为20~30min，高压机组为40~60min左右。

13. 暖管时分为哪两个阶段？

答：暖管时，为了避免主蒸汽管道突然受热，造成管道过大的热应力和水冲击，使管道产生永久变形或裂纹，所以按照汽轮机运行操作规程的规定，暖管分为低压暖管和升压暖管两个阶段。

14. 如何进行低压暖管？

答：低压暖管是用低压力、大流量的蒸汽进行暖管，将蒸汽压力控制在0.25~0.3MPa，而对高参数大功率机组则保持在0.5~0.6MPa。采用低压力、大流量蒸汽暖管比高压力、小流量蒸汽对金属加热更为均匀，对管道较为安全。暖管时可通过开启总汽阀的旁通阀进行，但主汽阀必须关闭。暖管时应打开疏水阀，暖管与疏水同时配合进行，并调节总汽阀和疏水阀的开度，以控制蒸汽流量不致过大。

低压暖管刚开始时，由于管道壁的初温(即室温)，要比低压暖管压力下的饱和温度(约150℃左右)低很多，蒸汽进入管道时，会在管壁上急剧凝结放热，又因为凝结放热的放热系数相当大，因此必须严格控制和监视暖管的蒸汽压力，否则当管道内蒸汽压力上升较多时，蒸汽的饱和温度与管壁金属温度之差将增加很大；如果蒸汽剧烈凝结，会使管道内壁温度急剧增加，造成管道和阀门、三通等部件内外壁温差增大，使金属产生相当大的热应力，从而使管道及其附件产生裂纹或变形。因此在低压暖管阶段，必须根据金属管壁的温升，逐渐提高蒸汽压力。此外，管壁的温升速度还与进入管道的流量有关，如果蒸汽流量过大，也会使管道部件受到剧烈的加热，因此低压暖管时，还应调节好总汽阀或疏水阀的开度，来适当控制蒸汽流量。

15. 如何进行升压暖管?

答: 当低压暖管至管壁温度已接近蒸汽饱和温度，并且管壁内外温差不大时，便可以升压暖管。逐渐开大进汽阀，将蒸汽压力逐渐升至额定压力，但应严格控制升压速度。升压速度取决于管道强度所允许的温升速度，一般中参数汽轮机暖管时温升速度为5～10℃/min，对高参数汽轮机暖管时升压速度为0.1～0.2MPa/min，温升速度不得超过3～5℃/min。在整个暖管过程中，还应注意防止蒸汽漏入汽缸，以防止上、下汽缸温差过大，造成转子热弯曲。在暖管期间可以启动抽气器及汽动油泵，从而进行润滑油系统循环；凝汽器投入运行，这样可以加速暖机过程，并减少建立真空的时间；此时，盘车装置也可投入运行。另外还应经常检查暖管系统有无漏水、漏汽现象；检查管道膨胀补偿器及管道附件，支、吊架有无异常现象，若发现异常现象应及时排除。

16. 为什么暖管的同时应及时疏水?

答: 汽轮机进行暖管时，如果不及时排出暖管过程中产生的凝结水，高速的汽流就会将凝结水带入汽缸内将叶片打坏；汽缸内凝结水积聚过多，将会造成水冲击事故。另外，通过疏水还可以较快的提升汽温，加速暖管。

17. 汽轮机启动前和停机后为什么要进行盘车?

答: 汽轮机启动时，若转子不是在运动状态下加热，而是在静止状态下通入蒸汽，则转子会产生不均匀热变形，使得转子向上产生弯曲，使动静部分之间的间隙减小，产生摩擦或振动，甚至会造成事故。因此，在启动冲转前，在暖管时应启动润滑油系统，并使盘车装置投入运行，使转子缓慢转动后，才可以向轴封供汽，加速抽真空速度。

汽轮机在停机后，其零部件逐渐冷却，这个过程需要经过若干时间，对于大型工业汽轮机转子需要进过30～40h冷却后才能达到室温。因此，汽轮机停机后应盘车在运动中逐渐冷却转子，否则转子就会产生变形和弯曲。因为汽缸内热空气向上升，上部转子处于热的环境中，所以转子上部温度高；而转子的下半部处于较冷空气环境中，因为冷空气集聚在汽缸下半部，使转子上、下部的温差竟达50～60℃，因此转子下部的金属材料较上部收缩的快，促使转子产生向上弯曲。所以，盘车是减少转子弯曲变形的良好方法。

18. 凝汽式汽轮机启动真空过高或过低对机组有何影响?

答: 对于凝汽式汽轮机，在启动过程中，真空度高低对机组运行的安全性和经济性起着很大的作用。若启动真空度高，即凝汽器内绝对压力低，使排汽缸内压力低，则汽轮机内空气密度小，冲动转子时阻力小，可以减少汽轮机启动时的蒸汽消耗量。这样一方面可以减少蒸汽消耗，提高经济性，另一方面又可减少动叶片所受的力，因为叶片所受的力与蒸汽流量成正比，这对提高安全性是有益的。另外，真空度高亦即排汽压力低，相应的排汽温度低，凝汽器内的铜管胀口也不会受到损坏，对凝汽器是比较安全的。若启动真空低，则冲动转子时阻力大，使汽轮机启动时蒸汽的消耗量大，使叶片受力也大，凝汽器所承受的排汽温度高，会影响到叶片和凝汽器的安全。若真空度太低，阻力大，冲动转子时若主汽阀的开度不足，则可能造成转子短时间(10～60s)内冲动不起来，而蒸汽又进入机内，会形成“静止暖机”现象，这时如不及时盘车，会造成转子弯曲。转子在静止状态一般是严禁通入蒸汽，因为这会造成转子弯曲。如果转子处于盘车状态，转子情况就会大有好转。所以，除制造厂有特殊技术文件的规定外，一般是不允许在过低的真空下冲动转子。

19. 工业汽轮机冲动转子时的真空值有何要求?

答: 汽轮机冲动转子前应建立适当的启动真空。一般工业汽轮机冲动转子时真空要求达到450～500mmHg，最低不应低于300mmHg。在这样真空下冲动转子，在转子转动后，真空不会降到100mmHg以下，大气安全阀也不会动作，排汽温度也不会高，可以减缓排汽缸的膨胀速度，对减少汽缸热应力是有利的。有的工业汽轮机要求启动真空为600mmHg，升速时真空为650mmHg以上。当制造厂技术文件无规定时，在启动时真空至少应达到350mmHg以上。

20. 向轴封供汽的目的是什么?

答: 向轴封供汽的目的是为了防止空气沿转子流入汽缸，较快地建立有效的真空，并减少叶片受力。

21. 汽轮机转子在静止状态时为什么严禁向轴封供汽?

答: 因为转子在静止状态下向轴封供汽，轴封处局部温度升高很快，并会从轴封处向汽缸内部漏汽，引起轴颈和转子轴封处局部不均匀受热而产生弯曲变形，而且蒸汽从轴封处漏入汽缸也会造成汽缸不均匀膨胀，产生较大的热应力与热变形，从而使转子产生弯曲变形，甚至使动静部分在启动过程中发生碰撞，引起振动，严重的会导致汽轮机的损坏。所以，转子在静止状态时一般严禁向轴封供汽。对于制造厂有特殊规定的汽轮机，以及轴封不供汽不能达到启动所需真空的汽轮机，在短时间内向轴封供汽又不至于引起不正常情况发生时，则可以考虑提前向轴封供汽，但应按制造厂技术文件规定执行并应严格遵守供汽时间。

22. 汽轮机冲转前向轴封供汽时应注意哪些事项?

答:(1)向轴封供汽前，应对供汽管道进行暖管，并将疏水排净。

(2)对有盘车装置的机组，一般可以在连续盘车的状态下先向轴封供汽。对于没有盘车装置的机组，也可在每隔几分钟将转子转动180°的情况下，向轴封供汽。对于不能进行盘车的机组，应最好在转子冲转后，再向轴封供汽。

(3)如果不向轴封供汽启动真空建立不起来时，也可在冲动转子之前向轴封供汽，但在转子静止时向轴封供汽时间不能过长，轴封供汽之后，应尽快冲动转子。

23. 汽轮机冲动转子时，凝汽器真空为什么会下降?

答: 汽轮机冲动转子时，由于凝汽系统内真空比较低，尚有部分空气在汽缸和管道内尚未全部抽出，在冲转时随着汽流进入凝汽器。此外，蒸汽瞬间还未与凝汽器铜管内冷却水发生热交换而凝结，因此凝汽器真空总是要下降的。当汽轮机冲动转子一段时间后，进入凝汽器的蒸汽开始凝结，同时抽气器也在不断地抽出空气，凝汽器真空便可较快地恢复到原来的数值。

24. 冲动转子时为什么要控制汽轮机金属温度和转子转速的升高?

答: 冲动转子是汽轮机由冷态转变到热态，由静止状态到转动的开始。采用额定参数启动汽轮机时，冲动转子一瞬间，接近额定温度的新蒸汽进入金属温度较低的汽缸内，蒸汽将对金属进行剧烈的凝结放热，使汽缸内壁和转子外表面温度急剧增加，温升过快，容易产生很大的热应力。新蒸汽在进入汽轮机前应达到50℃的过热度。为了减少热应力，在额定参数下冷态启动汽轮机，只能采取限制新蒸汽流量，延长暖机升速时间的办法来控制金属加热速度，减少受热面产生过大的热应力和热变形。因此，冲动转子的操作关键是控制汽轮机金属温度的升高和转子转速的升高。

25. 冲动转子的方法有哪几种？

答：图6－6所示为冲动转子的几种方式，它主要视汽轮机调节系统和执行机构的具体情况而定：

(1)用调节汽阀冲动转子，如图6－6(a)所示；

(2)用自动主汽阀冲动转子，如图6－6(b)所示；

(3)用电动主汽阀的旁路阀冲动转子，如图6－6(c)所示；

(4)用启动装置冲动转子。

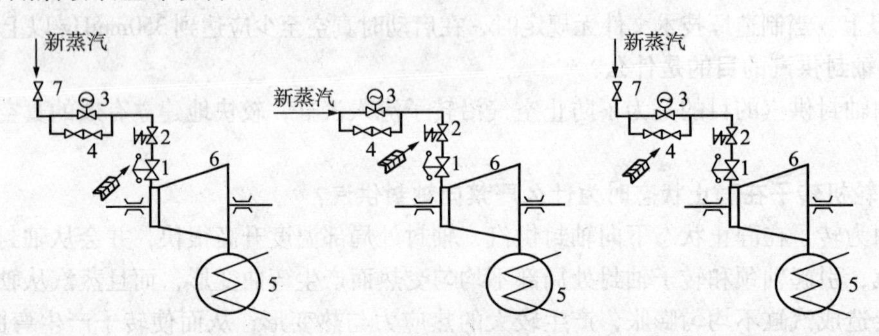

（a）调节汽阀冲动转子 （b）自动主汽阀冲动转子 （c）电动主汽阀的旁路阀冲动转子

图6－6 冲动转子的方法

1—调节汽阀；2—自动主汽阀；3—电动主汽阀；4—电动主汽阀的旁路阀；5—凝汽器；6—汽轮机；7—隔离阀

26. 如何用调节汽阀冲动转子？

答：图6－6(a)所示为用调节汽阀冲动转子。在冲转前主闸阀和自动主汽阀2均已全部开启，冲转时进入汽轮机的蒸汽流量用装在调速器上的特殊手轮来控制调节汽阀1的开度，从而使蒸汽流量调节的更细微些。这种启动方式的优点是可以节省冲动转子的蒸汽能耗。其缺点是只有一个调节汽阀开启，其他调节汽阀关闭，不能沿圆周方向均匀地进汽，因而使汽轮机各部分受热不均匀，加剧了机组部件的热变形。这种启动方式的汽轮机的调速器上应设有控制调节汽阀的装置。

27. 如何用自动主汽阀冲动转子？

答：图6－6(b)所示为用自动主汽阀冲动转子。在启动时调节汽阀1和总汽阀均先全部开启，冲动转子时进入汽轮机的蒸汽流量由自动主汽阀2控制。这种启动方式的优点是启动蒸汽可以通过全圆周喷嘴弧段进入汽轮机，使汽轮机受热比较均匀，减少温差。缺点是自动主汽阀密封面易磨损，从而使主汽阀关闭不严密，从而降低了自动主汽阀这一保护装置的可靠性。但这种启动方式对中、小型汽轮机组冲转显得较为方便，因此采用的较多。

28. 如何用总汽阀的旁路阀冲动转子？

答：图6－6(c)所示为用总汽阀的旁路阀(启动阀)冲动转子。冲动时事先将自动主汽阀

2和调节汽阀1完全开启，总汽阀关闭，冲动转子时蒸汽经总汽阀的旁路阀4进入汽轮机。这种冲转方式具有自动主汽阀的启动优点，且避免了它的缺点。所以，在装有手动或电动总汽阀的机组上，得到了广泛的应用。

29. 如何用启动装置冲动转子？

答：目前德国西门子公司、意大利新比隆、我国杭州汽轮机厂、美国克拉克公司、日本三菱重工广岛造船等所制造的工业汽轮机普遍运用启动装置冲动转子，这种冲动转子方法操作方便，控制进汽量灵活、准确。利用启动装置启动可开启、速闭主汽阀，启动汽轮机。它是汽轮机从启动到调速器投入工作之前这段过程的操作单元。它通过调节系统油压控制主汽阀的开度，并限制调节汽阀的开度，从而起到功率限制的作用。

将危急保安装置手柄复位，逆时针方向旋转启动装置启动手轮。速关阀(主汽阀)活塞盘后的速关油压逐渐建立，当速关油压的作用力超过活塞后的启动油压产生的作用力与弹簧力之和，便将速关阀逐渐向开启方向运动，此时启动手轮就可以停止转动，直至活塞后的压力消失后，再逆时针旋转启动手轮，建立二次油压，当二次油压升至0.15MPa时，调节汽阀开始开启冲动转子。

30. 汽轮机冲动转子后，为什么要适当关小主蒸汽管道上的疏水阀？

答：因为主蒸汽管道从暖管到冲动转子这一段时间内，暖管已经基本结束，主蒸汽管温度与主蒸汽温度已接近，不会形成多少疏水。另外，冲动转子后，汽缸内要形成疏水，如果这时主蒸汽管疏水阀还是全开，疏水膨胀器内会形成正压，排挤汽缸的疏水，造成汽缸的疏水疏不出去，这是很危险的。疏水扩容器下部的存水管与凝汽器热井接通，全开主蒸汽管疏水阀，疏汽量过大，使水管中存在汽水共流，形成水冲击，易振坏管道，破坏凝汽器真空；另外，若疏水阀全开，热损失大，所以冲动转子后应关小主蒸汽管上所有疏水阀。

31. 冲动转子后应进行哪些检查？

答：转子转动后，应用听棒监听机组内部有无异常声响，检查各轴承的振动。如轴承箱有明显晃动，说明转子存在暂时弯曲或机组动静部分之间发生摩擦。应立即手拍危急遮断器手柄动作，关闭调节汽阀停止进汽，紧急停机，找出原因并排除。冲动转子后应当检查凝汽器的真空值，由于一定数量的蒸汽突然进入凝汽器，真空可能降低很多，当蒸汽正常凝结后，真空又要上升，这将会引起转速变化，应及时进行调整。冲动转子后，应注意适当调整凝汽器的水位，防止发生凝汽器无水或满水的情况。转子冲动后，还应检查各轴承的润滑油的油温、温升及回油情况。

32. 什么是暖机？暖机的目的是什么？

答：盘车转动汽轮机在某一低转速稳定运行一段时间并送入少量新蒸汽使其各部件均匀受热的操作过程称为暖机。

暖机的主要目的是：

(1)使汽轮机各部件金属温度得到充分的预热，减少转子和汽缸内外壁温差，避免产生过大的热变形和热应力；

(2)使转子、汽缸加热均匀、充分，减小汽轮机胀差；

(3)使汽轮机转子加热均匀并保证整体温度水平在转子材料的脆性转变温度以上，从而防止转子脆性断裂；

(4)使带负荷速度加快，缩短带至满负荷的时间；

(5)暖机结束时，受热各部件的温差很小或接近于零。

33. 汽轮机暖机时的转速和时间与哪些因素有关?

答:汽轮机暖机时的转速和时间随着机组参数、功率和结构的不同而不同。冲动式汽轮机,由于级数不多,动静间隙较大,为叶轮式转子,因而所需暖机时间相对较少;而反动式汽轮机,由于级数多,动静间隙小,转子为鼓式转子,所以暖机时间则较长。中参数汽轮机暖机时间较短,高参数汽轮机暖机时间相对较长。暖机时间是由汽轮机的金属温度、温升率及汽缸膨胀值,胀差值所决定。驱动辅助设备功率较小的冲动式小型汽轮机甚至可以不经过暖机阶段。因此暖机时间因机组不同而不同,应根据制造厂技术文件要求进行暖机。一般汽轮机额定转速为3000~6000r/min,低速暖机时间为30~45min;汽轮机额定转速为6000~10000r/min,低速暖机时间为60~90min;额定转速>10000r/min,低速暖机时间>90min。

34. 汽轮机采用哪种暖机方式?

答:目前汽轮机暖机多采用分段升速暖机,即在不同的转速阶段进行暖机。这种暖机方式要比稳定在一个低转速下进行暖机效果好的多,一般分为低速暖机、中速暖机和高速暖机。低速暖机时的转速为额定转速的10%~15%;中速暖机时的转速为额定转速的30%~40%;高速暖机时的转速为额定转速的80%左右。在各个转速阶段暖机的持续时间视机组而异,对中压机组低速暖机时间约为20~30min,高参数机组则要长些,约为1~2h。

35. 汽轮机中速暖机时应注意哪些情况?

答:汽轮机中速暖机是中、高压汽轮机启动的重要环节。中速暖机必须充分,因为中速暖机后升速时,将要通过机组的临界转速,进行高速暖机。如果中速暖机不充分,高速暖机时金属温升率将可能过高。则在通过临界转速和进入高速暖机时会使金属各部件产生较大的温差,引起汽轮机变形,振动增大,胀差超限,中速暖机一般为90~120min。中速暖机应避开机组转子的临界转速,应在70%临界转速下运行。如果暖机转速离临界转速区域太近,转速波动时容易落到临界转速区域内,引起机组剧烈振动,可能会造成事故。

中速暖机前后,法兰内外壁金属温差显著增加,法兰与螺栓温差也显著增加。因此应严格控制法兰内外壁温差、法兰与螺栓温差、左右两侧法兰温差,并应检查汽轮机的金属温度、汽缸膨胀、转子与汽缸的相对膨胀和汽缸左右两侧的对称膨胀等情况。

36. 引起排汽温度过高的原因有哪些?

答:(1)汽轮机没有负荷。流经汽轮机的蒸汽流量很小,排汽缸的热量不能被蒸汽全部带走,使排汽室得不到充分的冷却,因而排汽温度升高。

(2)启动时真空度都较低,排汽压力高,因而排汽温度也随之升高。

(3)靠近末几级尺寸大,很少做功或者不做功,鼓风摩擦损失大,使蒸汽受到加热,将使排汽温度升高。

通常启动时控制排汽温度不高于60℃。为此,有的机组专门设有凝汽器低负荷时的喷水装置,在排汽温度高于60℃时投入使用,以降低排汽温度。对未设置这种装置的机组,则应尽量减少空负荷运行的时间。同时,选择适当的真空和保持适当的蒸汽量,对控制排汽温度也有一定的作用。

37. 凝汽式汽轮机排汽温度过高有何危害?

答:排汽温度过高,能使汽缸受热和膨胀不均匀,使机组中心变动,从而引起机组振动。严重时可使叶片达到很高的温度,从而降低了叶片材料的强度,造成事故,同时也会造成凝汽器铜管与管板之间胀口松脱,使冷却水泄漏。

38. 汽轮机升速时的速度取决于什么?

答: 升速和暖机是密切相联的，从冲转后到低速暖机至额定转速，整个过程就是暖机和升速过程，也是汽轮机各部件的升温过程。即汽轮机金属逐步加热的过程，也是转速逐步升高的过程。汽轮机升速的速度取决于金属的允许温升速度。根据运行经验，对低中参数机组，可以按每分钟5%~10%额定转速的速度升速；对高参数机组用每分钟2%~3%额定转速升速比较适宜。升速过快，会引起金属过大的热变形和热应力；升速过慢，会延长启动时间，而无其他好处。不同的机组在不同的升速阶段，金属温度升高速度也不同。操作人员应了解机组从冲动转子到额定转速的各阶段中汽轮机金属温度的变化情况，并严格按照各机组的升速曲线进行，控制升速转速。

39. 汽轮机在升速之前，应对机组进行哪些检查?

答: 汽轮机升速之前应对机组进行全面检查，如蒸汽参数、凝汽器的真空、排汽温度、振动值、保安系统、摩擦声响、金属温度、汽缸膨胀、汽缸左右两侧对称膨胀情况，还应检查轴承供油油压、油温、回油温度、回油管道上的窥视镜回油油流情况、主油箱油位是否正常。当发现超过允许规定值范围时，应停止继续升速，查明原因、予以消除。

40. 高参数机组升速之前，上下汽缸之间、汽缸水平剖分面与螺栓之间的温差有什么要求?

答: 高参数机组升速之前，应严格控制各部分的金属温度在允许范围内。测量调节段上下汽缸之间温差不应大于35℃，最大不应超过50℃。温差太高时，会造成汽轮机汽缸变形，使汽缸向上弯曲从而使叶片和围带损坏，使汽轮机动静部分径向间隙消失，使径向汽封产生摩擦等。这时，应检查附近汽缸上的疏水阀开闭是否正常，疏水是否通畅。汽缸水平剖分面法兰与螺栓间的温差不应超过45℃。汽缸的绝对膨胀，转子与汽缸的相对胀差值也应符合设计文件的规定。

41. 凝汽式汽轮机在暖机和升速过程中，真空过高或过低会有什么影响?

答: 凝汽式汽轮机在暖机和升速过程中，若真空过低，转子转动就需要较多的新蒸汽，而过多的排汽突然排至凝汽器，使凝汽器汽侧压力瞬间升高较多，可能使凝汽器汽侧形成正压，造成排大气安全薄膜损坏，同时也会给汽缸和转子造成较大的热冲击。若真空过高，暖机的蒸汽流量太小，机组预热不充分，暖机时间反而会加长。所以，汽轮机在暖机和升速过程中，应保证汽轮机凝汽器真空值不小于600mmHg，否则不应升至高速暖机。

42. 工业汽轮机驱动离心式压缩机组通过临界转速时应注意哪些事项?

答: 工业汽轮机与离心式压缩机所组成的机组，有两个或两个以上的临界转速。这些临界转速便构成了机组一个临界转速区，升速时应迅速通过临界转速区。在通过临界转速区前应当先稳定运行一段时间，一般为15~30min左右，在此期间主要进行机组的全面检查并充分暖机，为通过临界转速做好充分准备，主要检查蒸汽参数、真空系统、油系统、保安系统、防喘振系统、轴承、轴振动、热膨胀值、胀差值，机组内部声响和阀门并记录。待一切正常后，及时与控制室联系，一般以1000~1500r/min的升速速度迅速通过临界转速区，在临界转速区内不得停留，应在2~3min内迅速通过。通过临界转速后，机组应稳定运行15~30min，对机组进行全面检查。特别应监视转速、振动和轴向位移，观察机组在通过临界转速时振动是否增大，如果发现机组振动异常，应暂停升速，应查明原因并消除之。另外，通过临界转速区时，因升速较快，汽量有较大增加，金属部件会产生较大的温差。为了避免金属部件温差过大，膨胀不均匀，产生热应力和振动，通过临界转速后应再稳定暖机一段时间。

在通过临界转速之前，应做好被驱动的压缩机的检查和准备。将放空阀、旁通阀和防喘振装置处于操作位置。在机组升速时，压缩机应避免在喘振工况点附近运行。

43. 汽轮机启动前或过临界转速时，对润滑油温度有什么要求?

答: 汽轮机油温的黏度受温度影响很大，若油温过低时，润滑油黏度大，油膜厚且不稳定，轴颈与轴承之间难以形成油膜，容易引起轴振动或产生油膜振荡；若油温过高，润滑油黏度小，使油膜过薄，油膜过薄会使油膜不稳定且易被破坏，因此应对润滑油采取措施，使油温保持在一个规定的范围内。当润滑油油温低于30℃时，应对油箱内的油进行加热，并注意轴承回油温度，当油冷却器出口温度超过40℃时，应开启冷却水进口阀门，调整冷却水出口阀门，使进入轴承的润滑油油温保持在40℃ ±5℃。升速时还应注意油箱油位、轴承油流和轴承进出口温度是否正常。

汽轮机启动前应先投入油系统并保持油压正常，油温控制在35～45℃；通过临界转速时，轴承进口温度应控制在40℃ ±5℃。

44. 影响汽轮机胀差的因素有哪些?

答: (1)汽轮机滑销系统滑动是否灵活。汽轮机运行中应经常往滑动面之间注油，保证滑动面之间润滑及自由移动。

(2)控制蒸汽温升(温降)和流量变化的速度。因为产生胀差的根本原因是汽缸与转子存在温差，蒸汽的温升或流量变化速度大，转子与汽缸温差也大，引起胀差也大。因此，在汽轮机启动、停机过程中，控制蒸汽温度和流量变化速度，就可以达到控制胀差的目的。

(3)轴封供汽温度的影响。由于轴封供汽直接与汽轮机转子接触，故其温度变化直接影响转子的伸缩。如冷态启动时，为了不使胀差值过大，应选择温度较低的汽源，并尽量缩短冲转前向轴封供汽的时间；热态启动时，应合理使用高温汽源，防止向轴封供汽后胀差出现负胀差。根据工况变化，适时投入不同温度的轴封供汽汽源，可以控制汽轮机胀差。

(4)凝汽器真空的影响。在汽轮机启动过程中，当机组维持一定转速或负荷时，改变凝汽器真空可以在一定范围内调整胀差。不同的机组及工况凝汽器真空变化对汽轮机胀差的影响过程和程度也是不相同的。

(5)汽缸保温和疏水的影响。由于汽缸保温质量不佳，可能会造成汽缸温度分布不均匀且偏低，从而影响汽缸的充分膨胀，使汽缸膨胀差增大；汽缸疏水不畅可能造成下汽缸温度偏低，影响汽缸膨胀，并容易引起汽缸变形。

45. 汽轮机启、停时，为什么要控制蒸汽的过热度?

答: 若蒸汽的过热度低，在汽轮机启动过程中，由于前几级温度降低过大，后几级温度有可能降低到此级压力下的饱和温度，从而变为湿蒸汽。蒸汽带水对叶片的危害极大，因此在汽轮机启、停过程中，应控制蒸汽的过热度在50～100℃之间较为安全。

46. 什么是汽轮机加负荷?

答: 当危急保安装置和超速试验符合要求后，应及时对机组进行加负荷。对不同用途的汽轮机加负荷的概念也不相同。对于驱动发电机的汽轮机组加负荷是指并入电网，即并列。并列后汽轮机开始接带初(低)负荷，进行低负荷暖机，然后逐渐将调节汽阀开度开大增加负荷，即输电量逐渐增加。

对于驱动离心式压缩机的工业汽轮机，工业汽轮机驱动压缩机联合运转(一起启动、升速和加负荷)。在压缩机升压、将气体并入系统之前，为低负荷运行。工业汽轮机加负荷是指压缩机升压，并入管网向系统送汽。

47. 工厂企业自备电站如何控制汽轮机加负荷的速度？

答：随着汽轮机负荷的增加，进汽量增大，汽轮机各级压力和温度随之升高，汽轮机金属温度也随之升高，为了将金属的热膨胀和热应力控制在允许范围内，必须严格控制加负荷的速度。工厂企业自备电站所用汽轮机加负荷速度一般取决于调节级蒸汽室金属的允许温升速度。根据汽轮机参数和结构的不同，加负荷速度亦不同，中参数汽轮机约为每分钟增加4%～5%额定负荷；高参数汽轮机约为每分钟增加1%～2%额定负荷。当负荷升至30%～40%额定负荷时，为了控制汽缸沿横断面的金属温差不超过允许值，需停留一段时间进行暖机，然后再继续加之额定负荷。

48. 驱动离心式压缩机的工业汽轮机加负荷的速度是多少？

答：离心式压缩机加负荷(升压)时应遵循“升压先升速”的原则。在加负荷过程中，严禁离心式压缩机在喘振区域内运行。

驱动离心式压缩机的工业汽轮机允许加负荷的速度为：加负荷的初期速度应慢一些，中、低压机组应控制在每分钟增加额定功率的5%～10%左右，在加负荷的后期速度应稍快一些，应控制在每分钟增加额定功率的10%～15%左右。加负荷过程如发现振动过大时，必须减少负荷直到振动消除，并稳定运行一段时间后，再重新增加负荷。

49. 汽轮机的热态启动是由哪些因素所决定的？

答：汽轮机的热态启动是由汽轮机启动前部件的金属温度、停机时间长短、汽缸保温状态和散热情况等因素所决定的。汽轮机的热态启动，目前还没有一个统一的温度界限。不同的机组和不同的启动方式热态启动温度也是不相同的，但一般认为在150～200℃范围内。达到热态启动温度时，高压段各部件温度、膨胀都已达到空负荷运行的水平，因此机组不必暖机可在短时间内(一般推荐10～20min)升至额定转速或带一定负荷。因此，将从这样温度水平的启动称为热态启动是较合理的。

50. 汽轮机热态启动时上下汽缸温差应为多少？

答：汽轮机热态启动前，汽缸在停机后逐渐冷却过程中，汽缸由于停机时间、结构、保温状况及外部环境等因素的影响，使下汽缸比上汽缸冷却的快，使上汽缸温度高于下汽缸温度，上、下汽缸出现温差，使汽缸产生中间向上拱的变形，变形与温差成正比。为了保证汽轮机热态顺利启动，一般要求汽缸上下缸温差不大于50℃；双层汽缸内缸上下缸温差允许范围为35～50℃。

51. 为什么转子最大弯曲超过规定值时，禁止启动汽轮机？

答：当转子处于最大弯曲且超过规定值时启动汽轮机是最危险的，这是因为：

(1)由于汽轮机上下汽缸温差较大，将使转子热弯曲和汽缸热变形，转子转动时将引起动静部分间隙减小而发生摩擦，产生大量的热量，使转子的两侧温差增大，进一步加大转子的弯曲，弯曲加大又使摩擦加剧，如此恶性循环，将使转子在发热处产生塑性变形和永久性弯曲，造成事故。

(2)由于转子最大弯曲超过一定值时，转子重心偏离回转中心，使转子产生不平衡离心力，造成机组强烈振动。振幅的大小与转速的平方成正比，随着汽轮机转速升高，振幅将不断增加，严重时将使汽轮机无法继续升速。

(3)造成汽封磨损或损坏，增加漏汽和轴向推力，可能发生转子轴向位移过大或推力轴承损坏。所以，当转子最大弯曲超过规定值时，应禁止启动汽轮机。一般要求汽轮机启动前，转子的最大弯曲值应小于0.03～0.04mm。

52. 热态启动时，为什么要求新蒸汽温度高于汽缸温度50～100℃，过热度不低于50℃？

答：汽轮机热态启动时，各部件的金属温度都很高，为了避免汽轮机进汽时引起金属部件产生冷却，一般要求新蒸汽温度高于调节级蒸汽室上缸内壁金属温度50～100℃，过热度不低于50℃。这样，可以保证新蒸汽经调节汽阀节流、导汽管散热、调节级喷嘴膨胀后，蒸汽温度仍不低于汽缸的金属温度。因为，汽轮机的启动过程是一个加热过程，不允许汽缸金属温度下降。如在热态启动中新蒸汽温度太低，会使汽缸、法兰金属产生过大的应力，并使转子由于突然受冷却而产生急剧收缩，胀差出现负值，使通流部分轴向动静间隙消失而产生摩擦，造成设备损坏。

53. 汽轮机热态启动必须注意哪些事项？

答：(1)加强盘车。热态启动前或停机后应保持连续盘车，连续盘车时间对于高参数机组一般不应少于4～8h，中参数机组不应少于4h，且不得中断，从而避免转子产生弯曲。在此之后改为定期盘车，启动之前应再改为连续盘车。

(2)先向轴封供汽，后启动抽气器抽真空。热态启动前，应在连续盘车的状态下先向轴封供汽，然后再启动抽气器抽真空，以防冷空气漏入汽缸中。因为汽轮机在热态下，汽轮机转子的前后轴封金属温度较高，如果不先向轴封供汽就开始抽真空，会有大量的空气从轴封处被吸入汽缸，使轴封段转子收缩，引起前几级动叶片进汽侧轴向间隙减小。另外还可能使轴封套内壁冷却产生松动及变形，从而使轴封径向间隙减小。但应注意，送往前轴封的蒸汽温度应采用制造厂规定的上限数值，以免蒸汽温度比金属温度低的过多，引起转子收缩过大。轴封供汽温度还应与汽缸金属温度匹配，当汽缸金属温度在150～300℃以内时，轴封供汽可用低温汽源；当汽缸金属温度高于300℃时，轴封供汽应用高温汽源。

(3)热态启动时应加强汽轮机本体和管道疏水，有利于提高蒸汽温度，还可以维持凝汽器较高真空。还可以防止冷水、冷汽倒至汽缸或管道内，引起水冲击及机组振动。

(4)控制进汽温度。保证进入汽轮机主蒸汽温度应比汽缸金属最高温度高50℃以上，并具有50℃以上的过热度的情况下向汽轮机供汽。高参数汽轮机热态启动时，应严格监视调节段附近上下汽缸的温差，在冲动转子前不应超过50℃。

(5)热态启动与冷态启动方式相同。对于驱动发电机的汽轮机，汽轮机冲动转子升速至500r/min左右时应停留一段时间，对机组进行全面的检查，确认机组运行正常后，应迅速地以200～300r/min的速度升速，将转速升至额定转速。转速达到3000r/min时，应对机组进行全面检查，确认一切正常后，将机组同步并网，并以每分钟额定负荷的5%的升负荷率升至额定负荷，加负荷时应按热态启动曲线进行。

对于驱动压缩机的工业汽轮机热态启动，可按制造厂提供的热态升速曲线和技术文件规定进行。

(6)加强监视机组振动。机组振动是由于转子弯曲，动静部分轴向、径向间隙消失而产生摩擦，机组轴对中不良等原因所引起的。在热态启动过程中，如果发现较大的振动，应立即降速，查清原因并消除后方可继续升速。如果振动过大到报警值时，则应打闸停机，待查清原因并消除之，方可重新启动机组。

54. 为什么热态启动时先向轴封供汽后启动抽气器抽真空？

答：热态启动时，转子和汽缸温度都较高，若不先轴封供汽就开始抽真空，则大量的冷空气将会沿着轴封段被吸入汽缸内，而冷空气是流向下汽缸的。因此，下汽缸温度急剧下降，使上下汽缸温差增大，汽缸变形，动静部件间发生摩擦，严重时还将导致盘车装置不能正常投入，造成转子弯曲。冷空气还会使轴封段转子收缩，胀差负值增大，甚至超过允许值。另外，还会使轴封套内壁冷却产生松动及变形，缩小了径向间隙。所以，热态启动时应先向轴封供汽后启动抽气器抽真空，以防冷空气漏入汽缸内。

55. 冷态滑参数启动有哪些优点？

答：(1)缩短机组启动时间，提高了机组的机动性。滑参数启动过程中，当锅炉压力、温度升至一定值后，汽轮机即可冲转、升速和接带负荷。随着锅炉主蒸汽参数的提高，机组负荷不断增加，直至带到额定负荷，这样大大缩短了机组启动时间。

(2)滑参数启动可在较小的热冲击条件下得到较大的金属加热速度，从而改善了机组加热的条件。

(3)滑参数启动时，容积流量大，可较方便地控制和调节汽轮机的转速与负荷，且不致于造成金属温差超限。

(4)减少了汽水和热能损失。滑参数启动时，几乎所有的蒸汽及其热能都用于暖管和暖机，大大的减少了工质的损失，提高了机组运行的经济性。

(5)滑参数启动时，由于蒸汽参数低、流量大，调节汽阀为全周进汽，可使汽轮机加热均匀，缓和了高温区金属部件的温差和热应力。

(6)滑参数启动时，通过汽轮机的蒸汽流量大，可有效地冷却低压段，使排汽温度不至于升高，有利于排汽缸的正常工作。

56. 什么是冷态滑参数压力法和真空法启动？

答：(1)压力法启动。汽轮机启动时，电动主汽阀前有一定的蒸汽压力(0.3～0.5MPa)和一定的过热度(50℃以上)，利用调节汽阀控制蒸汽流量冲动转子和升速暖机。此时，增加锅炉负荷，使汽轮机负荷随蒸汽参数的升高而增加。当主蒸汽参数升到额定值时，汽轮机的功率也随之达到额定值。但从既要减慢升温速度，又能缩短启动时间的角度出发，最好采用在汽轮机达到额定功率之后再使蒸汽温升到额定值的运行方案。目前汽轮发电机组广泛采用压力法滑参数启动。

(2)真空法启动。锅炉点火前，从锅炉汽包至汽轮机之间所有阀门全部开启，汽轮机在盘车状态下开始抽真空。这时，让汽轮机新蒸汽管道、锅炉的汽包、过热器全部处于真空状态，然后通知锅炉点火，锅炉压力缓慢上升，在蒸汽参数还很低时冲动转子，此后汽轮机的升速及带负荷全部依靠锅炉汽温汽压的滑升。此启动方式流行于二十世纪五六十年代，仅用于冷态启动，极易产生汽轮机水冲击和金属材料冷脆。另外抽真空困难，汽轮机转速不易控制，所以较少采用真空法滑参数启动。

57. 滑参数启动应注意哪些事项？

答：(1)在滑参数启动过程中，金属加热比较剧烈，特别是低负荷阶段，汽缸与转子之间容易出现较大的温差和胀差，此时应严格控制新蒸汽升压和升温速度。

(2)在滑参数启动过程中，应严格按照启动曲线控制蒸汽压力、温度的变化，若偏离时应及时调整，在机组升速和带负荷过程中，如果发现机组振动增加，应停止主蒸汽压力和温度的滑升，在原参数下进行暖机，如果振动超过允许值，应立即打闸停机。

58. 冷态滑参数启动曲线说明了什么？

答：冷态滑参数启动曲线反映了汽轮机在启动过程中蒸汽初参数、真空度、金属温度、转速、负荷等与启动时间的关系。从这个曲线上可以获得一次启动的很多重要信息，包括冲转参数、启动时间、暖机转速、暖机次数、暖机时间、升速率、临界转速、蒸汽与金属温度的匹配状况等。

59. 额定参数启动汽轮机时，应如何控制金属的加热速度，减少热应力？

答：额定参数启动汽轮机时，在冲动转子的一瞬间，接近额定温度的新蒸汽进入金属温度较低的汽缸内，和主蒸汽管道暖管的初始阶段相同，蒸汽将对金属进行剧烈的凝结放热，使汽缸内壁和转子外表面温度急剧增加，温升过快，容易产生很大的热应力。所以，在额定参数下冷态启动时，只能采取限制新蒸汽流量、延长暖机时间和加负荷时间等办法来控制金属的加热速度，减少受热面产生过大的热应力和热变形。在升速过程中，还应特别注意监视胀差。

第三节　工业汽轮机的停机

1. 什么是汽轮机的停机？汽轮机停机方式有哪几种？

答：汽轮机的停机是指从带负荷的运行状态到静止状态的过程。停机过程是汽轮机的降温过程、冷却过程，随着机组温度的下降，各部件受到不均匀的冷却，各部件将产生热应力和热变形。

汽轮机的停机分为正常停机和故障停机。故障停机又分为紧急停机和一般性故障停机。正常停机中按停机过程中蒸汽参数不同可分为额定参数停机和滑参数停机。

2. 什么是正常停机和故障停机？

答：有计划、有目的、有准备的停机称为正常停机或称计划停机。

在机组运行中，因设备故障或发生事故，不停机将危及机组设备安全的停机称为故障停机。

3. 什么是滑参数停机？

答：停机过程中，保持调节汽阀全开(或接近全开)，采用锅炉逐渐降低新蒸汽参数的方法降低负荷和冷却机组的停机，称为滑参数停机。滑参数停机普遍用于单元制系统的机组。为了缩短检修时间，便于检修，目前普遍采用滑参数停机。

4. 什么是额定参数停机？

答：在停机过程中，主汽阀前的新蒸汽参数维持额定值，采用关小调节汽阀的方法，逐渐减小负荷而停机，称为额定参数停机。一般的常规停机都采用额定参数停机，大功率机组汽轮机一般情况下不采用额定参数停机。

5. 额定参数停机前应做好哪些准备工作？

答：(1)与主控制室及有关部门(电气、仪表、锅炉)联系、协作配合，说明停机时间及注意事项。

(2)进行辅助油泵试验，试验后处于联动备用状态，保证转子惰走和盘车过程中轴承润滑和轴颈冷却用油的供应。

(3)盘车装置动作应准确、可靠，保证转子静止时能立即投入联锁盘车，避免转子产生热弯曲。

(4)检查主汽阀(速关阀)的试验活塞动作应灵敏、无卡涩现象。

(5)检查、确认压缩机各段及管网阀门的开度，各放空阀或回流阀、流量控制阀和防喘振装置等应处于正常状态。

6. 额定参数停机时，减负荷应注意哪些事项？

答：(1)在减负荷过程中，必须严格控制汽缸、法兰金属温降速度和各部温差的变化，减负荷速度应满足金属温降速度不应超过1.5~2℃/min的要求。

(2)为使汽缸、转子的热应力、热变形和胀差均在允许范围内，每当减少一定负荷后，应停留一段时间，使汽缸和转子的温度均匀、缓慢地降低，减少各部件间的温差。

(3)在减负荷过程中，必须注意调整轴封供汽，以减少胀差和保持真空。高参数机组在减负荷过程中，必须注意控制负胀差增大，一旦出现负胀差过大时，应停止减负荷，待负胀差减小后再减负荷。

(4)在减负荷过程中，不应在低负荷和空负荷下停留时间过长，因为额定参数停机是通过关小调节汽阀来控制进汽量的，在负荷很低及空负荷时，调节汽阀节流较大，将引起调节级温度大幅降低，而在空负荷时，由于转子的鼓风作用，排汽温度上升较快，使汽缸和转子的热应力增大。

(5)减负荷过程中，系统切换和附属设备的停用应根据各机组的情况按操作规定进行。

(6)减负荷时，应注意凝结水系统的调整，保持凝汽器的水位。

(7)停止汽轮机进汽时，应先关小自动主汽阀，以减少打闸时对自动主汽阀的冲击，然后手动拍击危急遮断器，检查自动主汽阀、调节汽阀关闭情况。

7. 滑参数停机应注意哪些事项？

答：滑参数停机与额定参数停机程序基本相似，但具体操作上有所不同。其停机时应注意如下事项：

(1)滑参数停机时应绘制出降温、降压曲线图；

(2)滑参数减负荷停机时，通常先在额定参数下减负荷至80%左右，然后新蒸汽参数开始滑降，随着蒸汽参数的下降逐渐开大调节汽阀以维持原有的负荷，直到调节汽阀全开，稳定一段时间，然后按绘制的降温、降压曲线进行。降温时，应使蒸汽温度低于调节级金属温度20~50℃，一般每一阶段降温为20~40℃时应停留一段时间；

(3)滑参数停机时，对新蒸汽的滑降应符合规定，一般高参数机组新蒸汽的平均降压速度为0.02~0.03MPa/min，平均降温速度为1.2~1.5℃/min。新蒸汽处于较高参数时，降温、降压速度可稍快一些；在较低参数时，降温、降压速度可稍慢一些；

(4)滑参数停机过程中，新蒸汽应始终保持有50℃过热度，以保证蒸汽不带水；

(5)滑参数停机过程中，不得进行汽轮机超速试验；

(6)为防止蒸汽带水发生水冲击，当主蒸汽温度在10min内直线下降50℃以上时，应立即打闸停机。

8. 为什么汽轮机在采用滑参数停机过程中不得进行超速试验？

答：因为采用滑参数停机时，主汽阀前蒸汽参数已经很低，要进行超速试验就必须关小调节汽阀来提高调节汽阀前的压力。当压力提高后蒸汽的过热度更低，有可能使新蒸汽温度低于对应压力下的饱和温度，致使蒸汽带水，造成汽轮机水冲机事故，所以规定大机组滑参数停机过程中不得进行超速试验。

9. 为什么汽轮机停机时必须等机内真空至零，方可停止轴封供汽？

答：如果汽轮机停机时，真空未至零就停止向轴封供汽，则空气就会从轴端进入汽缸，使转子轴端和汽缸局部冷却，严重时将会造成轴封处摩擦或汽缸变形，因此要求机内真空至零，方可停止轴封供汽。

10. 为什么规定脱扣停机后要降低真空，转子静止时真空至零？

答：汽轮机脱扣停机后的惰走过程中，维持真空的最佳方式是逐步降低真空，并尽可能控制转子静止时真空至零。主要因为：

(1)停机惰走时间与维持真空时间有关，每次停机以一定的速度降低真空，便于进行惰走曲线比较；

(2)若惰走过程中真空降得过慢，机组降速至临界转速时停留的时间就相应较长，对机组的安全不利；

(3)若惰走过程中真空降得过快，转子尚有一定转速时真空就已经降至零，使末几级长叶片的鼓风损失产生的热量多，将使排汽温度升高，使汽缸内部积水不易排出，使汽缸内相对湿度增加；

(4)如果转子已停止转动时，机内还尚有较高的真空，这时轴封供汽又不能停止，将会造成上下汽缸温差增大和转子受热不均匀而产生热弯曲。

11. 滑参数停机时，为什么要先降蒸汽温度再降蒸汽压力？

答：因为汽轮机正常运行中，主蒸汽的过热度较大，所以滑参数停机时应先维持蒸汽压力不变而适当降低蒸汽温度，降低主蒸汽的过热度。这样有利于汽缸的冷却，可使停机后的汽缸温度较低，缩短盘车时间。

12. 什么是惰走时间、惰走曲线？

答：汽轮机在额定转速下脱扣后，从自动主汽阀和调节汽阀关闭开始到汽轮机转子完全停止转动所需的时间，称为惰走时间。表示转子惰走时间与转速下降数值的关系曲线，称为惰走曲线。

13. 转子标准惰走曲线的形状是怎样的？

答：图6－7所示为转子标准惰走曲线的形状。图上的纵坐标表示转速，横坐标表示时间。在绘制凝汽式汽轮机组惰走曲线时，应在汽轮机停机过程中并控制凝汽器的真空以一定的速度下降或在凝汽器真空为一定的情况下进行。

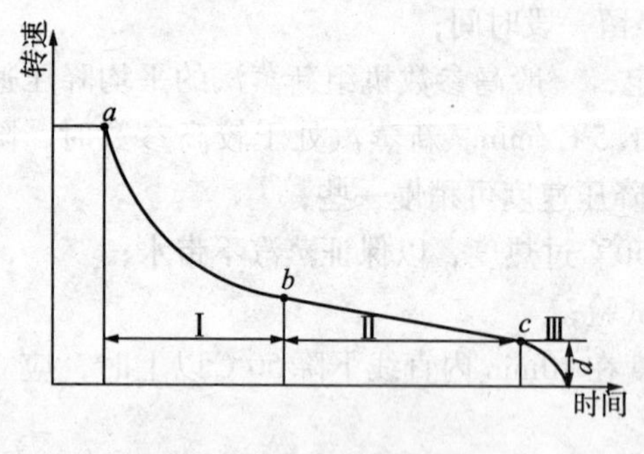

图6－7　转子标准惰走曲线

从图中可以看出，惰走曲线分为三个阶段：第Ⅰ阶段(ab段)，转速急剧下降，由于此阶段转速较高，鼓风摩擦损失很大，鼓风摩擦损失的功率与转速成三次方的关系，与蒸汽密度成正比(与真空度成反比)。第Ⅱ阶段(bc段)，由于转速下降缓慢，轴承润滑情况仍良好，此阶段转子的能量损失主要消耗在克服调速器、主油泵、轴承、传动齿轮等的摩擦阻力上，故摩擦阻力小，阻止转动的功率小，转子惰走的大部分时间被这个阶段所占据。第Ⅲ阶段(cd段)，为转子即将静止的阶段，轴承油膜开始破坏，轴承摩擦阻力迅速增大，转速下降迅速，故曲线较陡。

14. 转子惰走时间的长短和惰走曲线的形状与哪些因素有关？

答：惰走时间的长短和惰走曲线的形状与转子的惯性力矩、转子的鼓风损失、机组的机械损失等因素有关，这些因素在机组正常运行时不会发生变化。每次停机均相按同工况记录转子惰走的时间，并绘制惰走曲线。通过将惰走时间和惰走情况与该机组的标准惰走曲线相比较，以便于分析问题。若转子惰走时间急剧减少时，较快的停止转动，说明汽轮机轴承磨损、动静部分发生摩擦。若惰走时间显著增加，则说明汽轮机主蒸汽管道上阀门关闭不严密或抽汽逆止阀密封不严密，致使蒸汽漏入汽缸。

15. 典型的转子惰走曲线是怎样的？

答：典型的惰走曲线如图6-8所示。图上还用虚线表示了测绘惰走曲线时真空降低和破坏的情况。

16. 根据汽轮机停机的目的不同，应采用怎样的盘车方式？

答：汽轮机脱扣停机转子完全停止转动后，应立即启动盘车装置进行盘车。并应根据停机的目的采用不同的盘车方式。对停机大修的汽轮机，一般是先连续盘车一段时间，然后改为定期盘车转动180°，直至汽缸温度降至100℃以下时，方可停止盘车。对于手动盘车的汽轮机，则按制造厂的规定的间隔时间定期盘动转子180°，直至机组完全冷却。未设盘车装置的汽轮机，停机4h内每30min应人工盘动转子90°，保持间断盘车，4h后可每隔1h盘动转子1次。对于短时间停机再启动的机组，在启动前1~2h应由定期盘车改为连续盘车，对于手动盘车的机组，应在转子热弯曲值最小时才允许冲动转子。

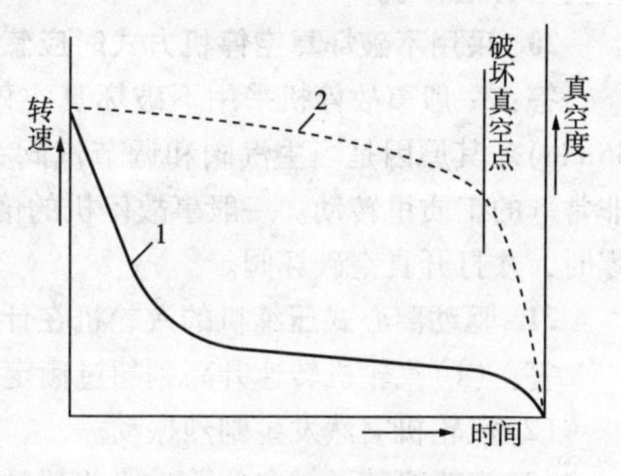

图6-8　典型的惰走曲线
1—惰走曲线；2—真空下降曲线

对设有顶轴装置的机组，投入盘车前应首先启动顶轴油泵，确认转子被顶起后，再投入盘车装置。

汽轮机不论采用哪种方式盘车，润滑油泵应保持30~40℃油温向轴承供润滑油，直至连续运行到上汽缸内壁金属温度降到100℃为止。

17. 汽轮机盘车结束，为什么润滑油泵仍需运行一段时间？

答：汽轮机盘车结束，润滑油泵应连续运行一段时间，向轴承提供润滑油，以便冷却轴颈和轴承，停机后的转子金属温度仍然很高，顺轴颈向轴承传热。如果没有足够的润滑油冷却轴颈，轴承的温度会升高，严重时会使轴承巴氏合金熔化，轴承损坏。循环水泵继续向油冷却器供冷却水，并保持油冷却器出口温度40℃±5℃，以保证冷却效果。每台汽轮机盘车结束，应根据其具体情况确定润滑油泵运行时间。一般中小型机组，在转子停转后还应冷却轴承1~2h。当前轴承回油温度低于40℃时，方可停润滑油泵，油泵停止后，轴承温升应小于15℃。高参数汽轮机盘车结束，润滑油泵应继续运行8h以上。

18. 什么是汽轮机紧急停机？紧急停机分为哪几种停机方式？

答：当机组运行过程中，因设备已损坏或不停机会造成严重损坏的事故停机，称为紧急停机。为了消除对人身和设备的危害，防止事故的继续扩大，在操作上不考虑负荷情况，不需要请示汇报，应采用紧急停机措施，立即打闸停机。汽轮机紧急停机的方式有破坏真空和不破坏真空两种。

19. 采用破坏真空停机方式时应怎样紧急停机？

答：破坏真空的停机方式用于紧急停机。在危急情况下，为加速汽轮机转子停止转动，可以立即打开真空破坏阀，向凝汽器内输入空气，然后停运抽气器，破坏凝汽器真空，以增加叶轮的鼓风摩擦损失，对转子增加制动力，从而减少转子的惰走时间，加速停机。破坏真空的停机方式是当空气进入汽轮机和凝汽器，摩擦损失和鼓风损失要增加许多倍，增加了制动因素，汽轮机的停机时间要比不破坏真空停机缩短一倍多。其缺点是汽轮机打闸紧急停机，破坏凝汽器真空时，大量的空气进入汽轮机低压段和凝汽器，会引起转子和汽缸内表面急剧冷却，也对凝汽器冷却水铜管应力及胀管不利。因此，若无特殊需要，不宜采用破坏真空停机。只有当汽轮机设备事故扩大时，才不得不采用破坏真空方法停机。

20. 采用不破坏真空停机方式时应怎样紧急停机？

答：一般事故停机采用不破坏真空停机方式时，汽轮机转子惰走时间长(一般为25~35min)。其原因是当主汽阀和调节汽阀关闭之后，汽轮机汽缸处于真空状态，转子在密度非常低的工质里转动。一般事故停机的惰走过程与正常停机相同，在低转速或凝汽器真空为零时，才打开真空破坏阀。

21. 驱动离心式压缩机的汽轮机在什么情况下需破坏真空进行紧急停机？

答：(1)汽轮机转速升高到超过额定转速的112%时，而危急保护装置未动作。

(2)汽轮机突然发生剧烈振动。

(3)汽轮机转子轴向位移或胀差超过规定的极限值。

(4)主蒸汽温度突然上升超过规定的极限值。

(5)汽轮机通流部分、离心式压缩机内部有明显的金属撞击、摩擦声和其他异常声响。

(6)汽轮机主蒸汽温度突然下降且超过规定的极限值或发生水冲击现象。

(7)汽轮机或离心式压缩机转子的轴向位移超过规定的极限值。

(8)轴承或端部轴封出现火花或冒浓烟。

(9)润滑油系统或调速系统油着火，就地采取措施而不能很快扑灭时。

(10)轴承温度突然升至90℃以上，或推力轴承温度突然升至105℃以上。

(11)凝汽器真空迅速下降到规定的极限值60kPa以下。

(12)油系统油压下降至规定最低值(一般为0.06MPa)以下或油箱油位下降至超过规定值。

(13)主蒸汽、工艺、凝结水、给水、抽汽管道及油系统管道或附件发生破裂、严重泄漏时。

(14)离心式压缩机产生喘振而不能立即消除。

(15)离心式压缩机轴封系统突然漏气或密封油系统故障不能立即排除。

(16)离心式压缩机工艺系统和控制仪表系统发生严重故障而不能立即排除，影响机组继续运行。

(17)工艺管道发生着火、爆炸等恶性事故。

(18)机组调节系统发生严重故障使机组失控而不能继续运行。

(19)厂用电突然中断且无法立即恢复。

22. 汽轮发电机组紧急停机时的操作步骤是什么？

答：(1)立即手打危机遮断器装置手柄，使主汽阀、调节汽阀及抽汽逆止阀迅速关闭严密，切断蒸汽进入汽轮机的一切通道，特别应注意抽汽管道是否切断。

(2)应立即向主控室发出“注意”、机器“危险”信号，解列发电机，转速下降并记录惰走时间。

(3)启动辅助油泵并注意油压变化。

(4)凝汽式汽轮机应打开真空破坏阀门，关闭抽气器的蒸汽入口阀，或打开自动排大气阀，破坏凝汽器真空。

(5)开启凝结水再循环阀门，保持凝结水水位。

(6)调整抽汽式汽轮机组应关闭电动送汽阀，解列调压器。背压式机组应关闭背压排汽电动总阀，开启背压向空排汽阀，解列背压调压器，将同步器摇到下限位置。

(7)当因汽轮机内进水而停机时，必须将汽轮机的疏水阀和新蒸汽管道上的疏水阀全部开启。

(8)当因发电机或励磁机内冒烟着火而停机时，应关闭发电机冷风系统中的风门。在整个灭火时间内，汽轮发电机应处于低转速运行，并启动第二级抽气器，挂上危机保安器，供给蒸汽，维持上述转速直到火被扑灭为止。无上级指示，不可将机组停机，否则会造成发电机转子因温度不均匀而发生永久变形，造成设备严重损坏。

(9)应根据操作规程规定，完成其他有关停机的操作。

23. 驱动离心式压缩机的汽轮机紧急停机的操作步骤是什么?

答：(1)手打危急遮断器手柄或其他脱扣机构，切断进入汽轮机的蒸汽，必须紧急停机时，应迅速破坏真空(打开真空破坏阀)。

(2)手打危急遮断器的同时，主汽阀、调节汽阀及抽汽逆止阀应迅速关闭。离心式压缩机回流旁通阀或放空阀应全开。防喘振阀也应自动打开。排气管道上的逆止阀应关闭严密，防止气体的倒流。

(3)向主控室及有关部门和其他岗位发出停机信号，并启动辅助油泵。

(4)按离心压缩机组操作规程，完成其他操作事项。

24. 汽轮机停机后，为什么要进行快速冷却?

答：随着机组容量的增大，蒸汽参数的不断提高，保温条件的改善，使汽轮机停机后自然冷却时间延长，直接影响到检修工期和机组投运率。额定参数下停机到盘车结束一般需要7天时间，滑参数停机到盘车结束也需要4天左右时间，由于这段时间内汽轮机一直处于连续盘车状态，无法对汽轮机本体及附属设备进行检修。由于汽轮机组自然冷却时间较长，应设法能缩短停机后的冷却时间，不仅能缩短检修工期，也有利于消除机组缺陷，具有明显的经济效益。

25. 汽轮机停机后，为什么低压缸易腐蚀?

答：汽轮机停机后，由于汽缸内部仍然存有大量的蒸汽，蒸汽与真空破坏阀、排大气疏水及轴封等处进入的空气混合，因此构成氧腐蚀的必要条件，对汽轮机金属部件造成了严重的腐蚀。

第四节　工业汽轮机正常运行与维护

1. 为什么工业汽轮机要进行正常运行与维护?

答：正确进行工业汽轮机的启动、暖机和加负荷是汽轮机维护的首要工作，是确保安全、连续平稳运行的关键。工业汽轮机大多数是带负荷启动，随机组转速增加负荷也将成比例地增加，工业汽轮机启动时部件的附加热应力、热膨胀、热变形都比驱动发电机的汽轮机更为剧烈。所以运行人员应经常对机组进行正确的维护，按操作规程操作，监视和调整是保证汽轮机安全运行的前提。

2. 汽轮机运行中应监视哪些参数?

答：汽轮机组正常运行时，应对其引发报警和跳闸信号的主要运行参数，如主蒸汽参数，凝汽器真空、监视段压力、轴位移、热膨胀，轴振动、排汽压力等进行监视。这些参数对汽轮机的安全运行和经济性起着关键性的作用。因此，运行人员应对这些参数进行监视，并对其进行调整，使其保持在规程规定的范围内。

3. 汽轮机运行时监视段的压力的监督有何意义?

答：在机组不同的运行方式下，监视段的压力的变化，可说明机组安全运行的情况，也反映机组运行的经济性。凝汽式汽轮机运行中，通过监视调节级汽室压力和各调整抽汽室的压力值的变化，就可以有效地监督通流部分工作是否正常，来判断汽轮机通流部分是否损坏或结垢。

4. 凝汽式汽轮机通流部分结垢和调节机构结垢有哪些危害?

答：对于凝汽式汽轮机，在压力级的通流截面积没有变化和没有结垢的情况下，调整段的压力与该处蒸汽流量成正比。汽轮机通流部分结垢时，结垢级前蒸汽压力增加，压力的增加和该级结垢的多少成正比关系。而结垢的各级压力降增加，使隔板因前后压差过大而增大了变形，严重时会造成隔板与叶片的摩擦，使叶片和隔板遭受损坏。如负荷没有发生变化而调节级汽室压力升高，可以判断压力级通流部分结垢，是由于减小蒸汽的通流面积造成的。同理，某一压力级汽室压力增高，则是这一级后的压力级通流部分面积结垢。因此，通常将调节级压力和各段抽汽压力，称为监视段压力。

在通流部分结垢的同时，汽轮机的执行结构也可能结垢。将使调节汽阀阀杆或调节汽阀卡涩、动作失灵，致使汽轮机失去自动调整负荷的性能，甚至在机组甩负荷时造成超速事故。汽轮机通流部分某些级结垢时，即其前面二、三级的理想焓降减少，反动度增加，可能引起汽轮机轴向推力的增加，造成推力轴承过负荷。结垢后由于通流面积减少，因而蒸汽流量减少，叶片的效率也因而降低，导致汽轮机负荷和效率的降低。

5. 监视段压力增长率超过规定允许值多少就应对通流部分进行清洗处理?

答：应定期比较汽轮机监视段的压力变化，当在负荷、主蒸汽参数和排汽压力相同的情况下，监视段压力缓慢上升则表示通流部分有结垢产生。监视段压力增长率的一般规定允许值为：冲动式汽轮机为5%；反动式机组为3%。中、低参数汽轮机，在相同的流量下监视段压力的相对增长率不应超过15%；高参数汽轮机增长率不应超过5%，若超过此范围就应对汽轮机通流部分进行清洗处理。若继续运行，将使汽轮机的轴向推力增大，必将威胁到机组的安全运行。

6. 汽轮机转子轴向位移起什么作用?

答：汽轮机转子的轴向位移是用来监视推力轴承工作状况的指标。汽轮机带负荷运行时，作用在转子上的轴向推力，是由推力轴承用来承受转子上的剩余轴向推力，从而保持汽轮机汽缸与转子的相对位置，保证动静部分之间的轴向间隙。若轴向推力过大时，推力盘与推力瓦块巴氏合金之间的摩擦力增加，使推力轴承温度升高和推力轴承回油温度升高，并会使油膜破坏而导致推力轴承瓦块烧毁事故的发生，造成动静部分发生摩擦。由此可知，轴向位移的大小既表明转子在轴向推力作用下的位移量，即通流部分动、静部分轴向间隙的变化值，同时也反映推力轴承的工作状况。

7. 汽轮机运行中，轴向位移指示增大的原因有哪些?

答：(1)负荷增加，则主蒸汽流量增大，各级蒸汽压差随之增大，使汽轮机轴向推力增加。

(2)主蒸汽参数降低，各级的反动度都将增加，轴向推力也随之增大。

(3)隔板汽封磨损，漏汽量增加，使级间压差增大。

(4)当通流部分因蒸汽品质不佳而结垢时，相应级的叶片和叶轮前后压差将增大，汽轮机轴向推力增加。

(5)当发生水冲击事故时，汽轮机的轴向推力将增大。

(6)凝汽器排汽压力下降(真空下降)，汽轮机的轴向推力也将增大。

(7)推力轴承瓦块磨损或熔化，引起轴向位移指示显著增大。

在汽轮机运行中，应经常监视推力轴承温度和回油温度的变化，与直接监视轴向位移指示相比，可提前发现问题。一般规定推力轴承温度不允许超过95℃，回油温度不允许超过75℃。当推力轴承温度超过允许值时，应及时减负荷，使推力轴承温度恢复到正常值。若轴向位移指示超过允许值引起保护装置动作，应立即停机，防止推力盘损坏或通流部分动静部分碰磨，避免事故扩大。

8. 汽轮机轴向位移与胀差有什么关系?

答: 汽轮机轴向位移与胀差的零点均在推力轴承处。当汽轮机轴向位移为正值时，汽轮机转子向排汽端方向位移，胀差向负值方向变化；当汽轮机轴向位移向负值方向变化时，汽轮机转子向进汽端方向位移，胀差向正值方向增大。

若汽轮机工况稳定，胀差与轴向位移也相对稳定。在汽轮机启停和工况变化时，胀差将发生变化，而轴向位移无变化。

9. 在汽轮机运行中，为什么要对胀差进行监视?

答: 汽轮机组运行处于稳定工况下，汽缸和转子的温度趋于稳定值(这一定值很小)，相对胀差也趋于一个定值。运行中的汽轮机当负荷增减速度过大或主蒸汽温度骤然变化时，由于转子和汽缸的温度变化的速度不同，其热膨胀不均匀，可能会产生较大的胀差。当相对胀差值超过了规定值，将会使动静部分的轴向间隙消失，使动静部分发生摩擦或碰撞，将引起机组振动增大，甚至发生动叶片脱落、转子弯曲等恶性事故。所以汽轮机启停过程中应密切监视和控制胀差。

为监视汽轮机的热膨胀情况，汽轮机上装设有汽缸热膨胀指示器，它是用来检查汽缸受热后轴向伸长数值的变化，借以检查汽缸受热的均匀性，应在汽缸前端两侧各安装一个汽缸热膨胀指示器，如图6－9所示，这样便于监视汽缸膨胀有无倾斜现象。

有的汽轮机装有测量转子和汽缸胀差的装置(相对膨胀指示器)，用以测量转子和汽缸的热膨胀差，这样可以保证通流部分不发生摩擦。

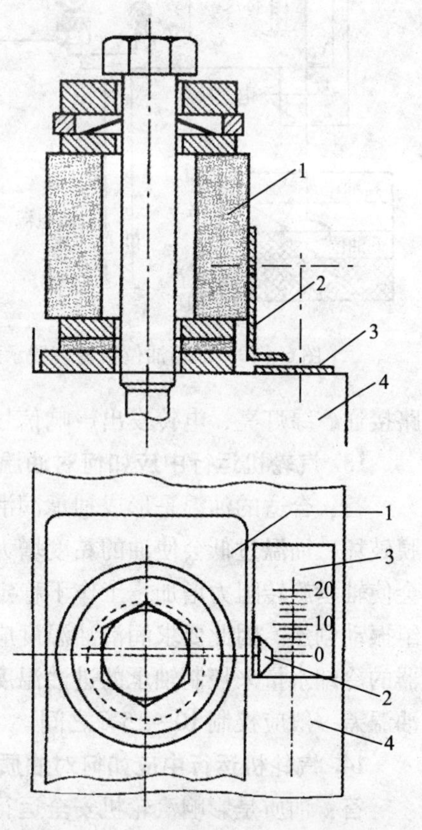

图6－9　汽缸热膨胀测量装置

1—汽轮机前支承爪(猫爪)；2—指示器；3—刻度；4—前轴承座

10. 汽轮机启停和运行过程中胀差与什么因素有关?

答: (1)汽轮机暖机过程中，升速率过快和暖机时间过短。

(2)汽轮机加负荷速度过快。

(3)汽轮机甩负荷后，空负荷或低负荷运行时间过长。

(4)汽轮机正常停机时或滑参数停机时，汽缸温度下降过快。

(5)汽轮机发生水冲击。

(6)汽轮机正常运行过程中，蒸汽参数变化速度过快。

(7)轴向位移发生变化。

11. 汽轮机运行时，胀差在什么情况下会出现正、负值?

答: 由于汽缸与转子所选用的钢材的差异，其线膨胀系数和受热条件也不相同。由于转子的质量小受热面大，另外转子的线膨胀系数大于汽缸的线膨胀系数，所以汽轮机启动时，胀差均为正值，说明转子的轴向膨胀量大于汽缸的轴向膨胀量。

当汽轮机停机或甩负荷时，主蒸汽温度下降，汽轮机发生水冲击；汽轮机启停时，汽缸与法兰加热装置投用不当，胀差均会出现负值，说明转子的轴向膨胀量小于汽缸的轴向膨胀量。

12. 汽轮机运行中应如何对油箱油位进行监视?

答: 为了正确监视油箱油位，应在油箱上装设油位指示器。正常运行时，油箱油位应比最低油位线高50~100mm；最低油位线应不低于油泵吸入口以上100~150mm。为了保证机组安全，油系统还装设电气声光报警信号，如图6-10所示。当油箱油位下降至最低油位时，浮标上的活动电器节点1与固定节点2闭合，此时电路接通，红灯亮，电铃发出声响信号；当油箱油位上升至最高油位时，活动节点1与固定节点3闭合，电路接通，绿灯亮，电铃发出声响信号。

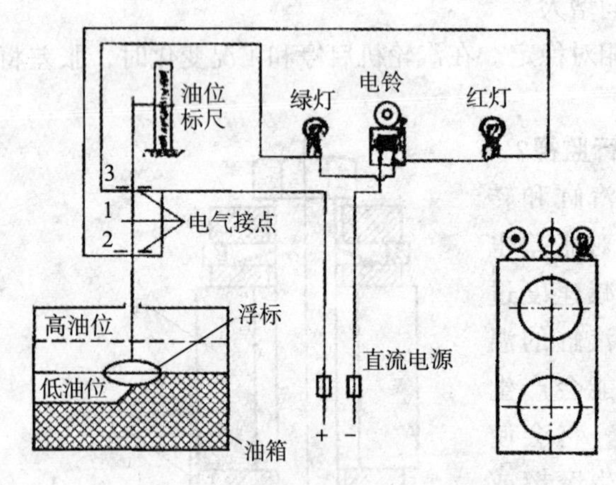

图6-10 油箱油位报警装置示意图

13. 汽轮机运行中应如何对油温进行监视?

答: 合适的油温是形成轴承润滑油膜的必要条件，油温过高将使油的黏度降低，致使油膜破坏；油温过低会使油的黏度增大，造成轴承油膜不稳定，引起振动。油温过高或过低都会使轴承旋转阻力增加，工作不稳定而引起轴承油膜振荡或轴颈与轴承产生干摩擦从而使机组振动剧烈。因此要求润滑油温度应控制制造厂技术文件规定范围内，并应通过调节油冷却器的冷却水量来控制轴承的进油温度，轴承进油温度一般应控制在40℃±5℃，轴承进出口油温差一般应控制10~15℃之间。

14. 汽轮机运行中应如何对油质进行监视?

答: 油质是影响汽轮机安全运行的关键的指标之一，必须定期检查、化验油品质量。汽轮机运行中，油的品质是会改变的，如油中析出沉淀物、油的黏度和酸价升高等。如果不进行定期的油质检查化验和及时处理，油质很快就会恶化。当油质中存在水和氧时，其结果使油的粘度降低，抗乳化能力降低，酸价增大，油内的沉淀物增多，与此同时，会使润滑油颜色混浊、透明度降低等。因此发现油质恶化应及时更换汽轮机油。工业汽轮机换油标准见表6-1。

表6-1 工业汽轮机换油标准

项 目	一般汽轮机油	抗氨汽轮机油	试验方法及标准
运动黏度(40℃)变化率/%(超过)	±10	±10	GB 265，以新油实测为基准
酸值/(mg KOH/g)(大于)	0.2(不防锈油) 0.3(防锈油)	0.3	GB 264
闪点(开口)/℃比新标准低	8	8	GB 267
水分/%(大于)	0.1	0.1	GB 268
破乳化时间/min(大于)	60	80	SY 2683
液相腐蚀试验(15#钢棒)24h，蒸馏水	不合格	不合格	SY 2674
氧化安定性/min(小于)	60	60	SY 2687
抗氨性能试验	—	不合格	SY 2687

第五节 汽轮机的寿命管理

1. 什么是汽轮机的寿命？

答：汽轮机的寿命是指汽轮机从初次投入运行到转子出现第一条宏观裂纹期间的安全工作时间。

2. 汽轮机转子宏观裂纹等效直径达到何值时，汽轮机寿命达到终点？

答：对于汽轮机转子宏观裂纹的尺寸，世界上尚无统一的规定，它与各国机械材料的冶金、机械加工水平以及测试手段有关，一般认为当宏观裂纹等效直径达到0.2～0.5mm时，汽轮机寿命达到终点。

3. 汽轮机使用寿命应控制哪些内容？

答：汽轮机使用寿命控制的主要内容，就是在汽轮机启停及变工况运行时，最大限度的提高启停速度及响应负荷变化的能力，防止裂纹萌生或降低裂纹的扩展速率，延长汽轮机使用寿命，推迟机组的老化，在安全的基础上实现长期的经济运行。

4. 影响汽轮机寿命的因素有哪些？

答：影响汽轮机寿命的因素，主要包括高温和工作应力的作用而产生蠕变损耗和汽轮机启停和工况变化时受到交变应力作用而引起的低周疲劳寿命损耗，正常运行下转子的高温蠕变损耗约占总寿命的20%～30%。另外，机组负荷大幅度变动以及由于不定因素引起的汽温波动、短时振动超限等因素引起转子寿命消耗。

5. 汽轮机转子寿命分为哪两种？

答：汽轮机寿命指的就是转子寿命。转子寿命一般分为无裂纹寿命和残余寿命两种。所谓无裂纹寿命是指转子从第一次投运开始直到产生第一条工程裂纹(约0.5mm长，0.15mm深)为止所经历的运行时间，无裂纹寿命又称为致裂寿命。所谓残余寿命是指从产生第一条工程裂纹开始直到裂纹扩展到临界裂纹为止所经历的安全工作时间。无裂纹寿命和残余寿命之和就是转子的总寿命。

6. 汽轮机转子出现第一次宏观裂纹，是否意味着转子使用寿命到达终点？

答：根据断裂力学分析，当汽轮机转子出现第一次宏观裂纹时并不意味着转子使用寿命到达终点。事实上如果裂纹是表面或近表面的，经过适当的处理，消除裂纹后仍可使转子寿命保持相当高的值，即使内部埋藏裂纹，也不能认为转子完全报废，因为裂纹从初始尺寸扩展到临界尺寸仍有相当长的寿命。

7. 高温蠕变损耗对汽轮机寿命有什么影响?

答: 汽轮机运行时，汽缸、转子等金属部件在高温和工作应力的条件下工作，金属材料要发生蠕变，因此会产生蠕变损伤，蠕变损伤积累到一定程度，将导致部件产生裂纹，最终发生破坏。当转子材料一定时，工作温度和承受的应力循环不变，则可从转子材料的蠕变极限曲线上查出相应的蠕变断裂时间。

8. 如何表示蠕变对金属材料的寿命损耗程度?

答: 蠕变对金属材料的寿命损耗一般用百分数来表示，如果材料没有疲劳损伤，只是单纯的蠕变，则当其寿命损耗积累到100%时，材料会出现第一条宏观裂纹。通常用蠕变寿命损耗率 ϕ_c 来表示蠕变对金属材料的寿命损耗程度，即

$$\phi_c = \frac{\Delta t}{t} \tag{6-1}$$

式中 ϕ_c——蠕变寿命损耗率；

Δt——在某种条件下累计运行时间；

t——在相应的工作条件下金属部件临界点处蠕变断裂时间。

如果考虑到汽轮机转子工作温度及承受的应力是变化的，那么其蠕变寿命损耗将以累积的方式给出，即

$$\phi_c = \sum \frac{\Delta t}{t_i} \tag{6-2}$$

式中 Δt——第 i 种工作条件下累计运行时间；

t_i——第 i 种工作条件下金属部件蠕变断裂时间。

汽轮机运行时，汽缸和转子都有蠕变损伤。目前大型汽轮机对汽缸的结构进行了一系列的优化设计，使汽缸承受的应力小于转子承受的应力，故在计算汽轮机寿命时，通常只考虑转子的寿命损耗。

9. 什么是金属疲劳寿命? 其与哪些因素有关?

答: 金属部件在发生规定的破坏前所承受的规定性质的应力或应变循环次数，就是金属疲劳寿命。金属疲劳寿命与下列因素有关：一是与循环应力或应变幅值的大小有关；二是与环境温度等有关。

10. 对于确定的汽轮机转子，且材料一定，转子总的疲劳损伤指数如何计算?

答: 对于确定的汽轮机转子，且材料一定，若转子内部热应力不同，则造成转子材料的疲劳损伤的程度也不相同，热应力越大，每次循环对材料所造成的损伤也越大，即材料损坏越快。若在应力 σ_1 反复作用下，材料经过 N_1 次循环发生裂纹或断裂，这样每次循环的损伤指数为 $1/N_1$；同样，在应力 σ_2 反复作用下，材料经过 N_2 次循环发生裂纹或断裂，每次循环的损伤指数为 $1/N_2$。根据线性损伤累积法则，转子总的疲劳损伤指数 ϕ_f 为

$$\phi_f = \frac{1}{N_1} + \frac{1}{N_2} + \cdots + \frac{1}{N_n} = \sum_i \frac{1}{N_i} \tag{6-3}$$

若不考虑材料的蠕变，则寿命损伤指数 ϕ_f 达到100%时，认为达到转子寿命终点，即产

生宏观裂纹。

11. 什么是低周疲劳？什么是疲劳强度极限？

答：一般将金属部件应力循环次数小于 $10^4 \sim 10^5$ 次时应力作用下产生的疲劳现象称为低周疲劳。金属材料在 10^7 次交变载荷作用下而不破坏的最大应力，称为疲劳强度极限。

12. 如何进行转子寿命的累积计算？

答：目前常采用线性累计损伤法来评价零件的寿命损耗，累计损伤法认为疲劳损伤和蠕变损伤在零件内部线性累计消耗其寿命，一旦损伤累计达到其临界值，就会产生裂纹或断裂。这时没有考虑到高温疲劳和蠕变的交互作用，只是将这两种寿命损耗单独进行计算，线性累加即可。即转子的寿命损耗 ϕ 为

$$\phi = \phi_c + \phi_f = \Sigma \frac{\Delta t}{t_i} + \Sigma \frac{n_i}{N_i} \tag{6-4}$$

式中　N_i——应力为 σ 时出现裂纹的循环次数。

如果 ϕ 达到100%，则表明材料的寿命已经消耗完，转子可能出现裂纹。一般来讲，对一台汽轮机，若考虑其使用寿命为30年，其蠕变寿命损耗约为20%～30%，则其低周疲劳寿命损耗累计可达70%。为了机组安全，实际设计时，汽轮机寿命损耗值应小于1。

13. 汽轮机寿命管理包括哪些内容？

答：为了保证汽轮机安全运行，必须对汽轮机的寿命进行有计划的管理，汽轮机的寿命管理包括以下两个方面的内容：

(1)对汽轮机在总的运行年限内的使用情况作出明确的切合实际的规划，即确定汽轮机的寿命分配方案，事先给出汽轮机在整个运行年限内的启动类型及启停次数以及工况变化、甩负荷次数等；

(2)根据汽轮机寿命分配方案，制定出汽轮机启停的最佳启动及变工况运行方案，保证在寿命损耗不超限的前提下，汽轮机启动最迅速，经济性最好。

14. 我国汽轮机使用的年限一般认为为多少年较合适？

答：在制定汽轮机寿命规划时，汽轮机的使用年限要视国家的能源政策和机械加工水平等因素综合分析规划。我国汽轮机的使用年限，一般认为30年比较合适。汽轮机运行时，只有延长启动与停机时间，控制温升率使热应力较小，才能达到延长汽轮机寿命的目的。

15. 汽轮机寿命检测分为哪两种方法？

答：汽轮机寿命检测系统分为在线监测和离线检测两种。

(1)在线监测

将转子几何尺寸、蒸汽参数、机组转速或负荷等参数转化为数字信号输入计算机，计算机将按预先整定的数学模型以时间为第二变量进行追踪计算，求出监测部位的热应力和相应的寿命损耗率，随时将计算结果输送到终端或在荧屏上显示及打印机打印，实时指导操作人员进行参数的调整，保证汽轮机长周期、安全、满负荷运行。

(2)离线检测

应定期地对汽轮机转子的蠕变损耗进行统计计算，并在每次启、停之后或负荷大幅度(或快速)变动之后，根据调节级出口的蒸汽温度变化曲线，查取各阶段的温度变化量和温度变化率(或经历时间)，计算其热应力及寿命损耗率或直接在转子寿命曲线上查取极限疲劳循环周次，从而计算出寿命损耗率。

第六节　供热汽轮机的运行特点

1. 石油化工、冶金等部门中运行着哪几种型式的汽轮机？

答：在石油化工、冶金等部门中，除运行凝汽式汽轮机外，还运行背压式汽轮机和调节抽汽式汽轮机。

2. 抽汽凝汽式汽轮机有何特点？

答：调节抽汽凝汽式汽轮机，可以将在汽轮机中做过功的蒸汽部分以热能的形式加以利用。其中一部分中间抽汽作为供热热源，另一部分蒸汽做完功后排入凝汽器，这样可减少排向凝汽器的排汽量。在供热运行时，其热经济性高于凝汽式汽轮机，但低于背压式汽轮机。

3. 背压式汽轮机有何特点？

答：背压式汽轮机的排汽不用凝汽器。可以将在汽轮机中做过功的蒸汽全部以热能的形式加以利用，可全部供热给用户，因而热经济性最好，并且可相应减少工厂的冷却水量。

4. 调节抽汽式汽轮机的抽汽逆止阀和安全阀工作不正常时，为什么禁止机组投入抽汽运行？

答：调节抽气式汽轮机的逆止阀和安全阀工作不正常时，禁止机组投入抽汽运行。当机组突然甩掉负荷时，调速器不能使抽汽调节汽阀迅速关闭时，若逆止阀不能正常动作，切断机组与供热管道的联系，那么蒸汽将从抽汽总管经逆止阀倒流入汽轮机低压段内，这部分蒸汽将会引起汽轮机超速，造成严重事故。因此，抽汽投入前，也应对抽汽安全阀进行整定并试验确认安全阀工作可靠，其主要原因是防止调压器发生故障、抽汽调节汽阀关得小时，抽汽室压力超限而损伤部件。为防止误操作，安全阀与抽汽室之间不应装设阀门。

5. 驱动发电机调节抽汽凝汽式汽轮机启动时，什么时间投入调整抽汽？

答：调节抽汽凝汽式汽轮机的启动都是在凝汽工况下进行。即机组启动前应解列调压器并使调节汽阀或旋转隔板处于全开位置。启动、暖机、升速和运行均应按凝汽式汽轮机运行操作规程进行。带负荷运行后当电负荷达到额定负荷的25%～40%时，抽汽点的压力经调压器调整后，比与供汽管相连的汽阀后的压力高时，才开始投入调整抽汽。

6. 调整抽汽投入前应作哪些检查？

答：(1)检查抽汽逆止阀的动作情况并确信抽汽安全阀事先已按规定的压力调整合格。抽汽逆止阀一般与发电机油开关跳闸和自动主汽阀关闭时联动关闭。在启动前，需对此保护装置进行试验。抽汽投入后，此保护装置应处于备用状态。抽汽逆止阀在投入抽汽后动作必须正常。抽汽逆止阀和安全阀动作不正常时禁止汽轮机带抽汽运行。

(2)调整抽汽投入前，应检查抽气管上的疏水阀是否开启。开启抽汽管上的疏水阀，以便对抽汽管道进行暖管和疏水，当抽汽投入后疏水阀应关闭。当调压器脉冲机构需事先灌水时，应严格按制造厂规定的程序进行。在投入调压器时，应放净脉冲机构中的空气并检查有无泄漏现象，以防止调速系统发生摆动。

7. 抽汽逆止阀在投入抽汽后动作不正常有什么危害？

答：当机组突然甩掉负荷时，调速器不能使调节汽阀迅速关闭时，如果抽汽逆止阀不能正常动作切断汽轮机和供热管道的联系，那么蒸汽将从抽汽总管倒流入汽轮机的中低压部分。这部分蒸汽足以使汽轮机超速，造成恶性事故。因此，正常运行中应定期对抽汽逆止阀进行试验，当有缺陷时，应及时找出原因并消除。

8. 开启抽汽调节汽阀前，应如何投入调压器？

答：开启抽汽调节汽阀前，应先用调压器将抽汽室压力调整到稍高于抽汽总管的压力，然后开启抽汽调节汽阀，再用调压器调整到所需的压力。在投入调压器前，若电负荷(或动力负荷)较大，虽然此时抽汽调节汽阀已全开的情况下，抽汽室压力已高于所需的压力，在开启送汽阀门前，仍应稍降负荷并将抽汽调节汽阀开度稍关小，使压力再提高一些，待抽汽送入抽汽管网后，抽汽室压力就会自动降低到调压器起作用的压力。

9. 调节抽汽式汽轮机在带负荷过程中，应严密监视哪些项目？

答：调节抽汽式汽轮机在接带热负荷过程中，应严密监视调压器、错油门和油动机及整个调节系统的动作情况，并监视监视段的压力、轴向位移、胀差及排汽流量和排汽温度的变化情况。抽汽投入后，油动机不应在全开的状况下工作，而应留有调整的余地。

10. 如何进行驱动发电机的抽汽凝汽式汽轮机停机？

答：抽汽凝汽式汽轮机组停机时，当负荷减至额定负荷25%～40%后，即可停止向外供汽，应先用调压器将抽汽流量减至零，全开抽汽调节汽阀或回转隔板，解列调压器，然后按纯凝汽式汽轮机的停机方式进行停机操作。停机过程中，需保证机组与外界热网供汽管道完全切断，防止解列时机组超速。停机后，也必须确信无蒸汽从外部蒸汽管网漏入汽轮机。

11. 启动背压式汽轮机与启动凝汽式汽轮机有哪些区别？

答：启动背压式汽轮机，没有像启动同样参数的凝汽式汽轮机那样复杂，因为它无需维持真空，没有凝汽器、抽气器、凝结水系统和与其配套的设备，系统比较简单。背压式汽轮机相对于凝汽式汽轮机具有本体结构紧凑，简单、维护方便等特点。处于运行经济性的考虑，背压式汽轮机一般都采用喷嘴调节法。所以背压式汽轮机的启动、停机和运行及运行维护也相对简单，但应掌握它不同于凝汽式汽轮机之处，以便做好背压式汽轮机的运行和维护工作。

12. 背压式汽轮机启动时有哪些要求？

答：背压式汽轮机启动时，除对油系统、调节系统、盘车装置、保安系统及主要监视仪表的检查和投入使用，与凝汽式汽轮机启动有相同的要求外，启动时对汽轮机的金属温度、转子的弯曲情况等也有与凝汽式汽轮机组类似的要求。另外，背压式汽轮机组启动时，排汽安全阀应动作正常、可靠，启动前应将背压调压器置于解除位置。背压式汽轮机必须在有压力管道系统内启动汽轮机，为了保证即使是最少的蒸汽进入汽轮机，汽缸内的压力也必须大于排汽口的压力。

13. 背压汽轮机启动前为什么必须先开启轴封抽气器与汽封冷却器？

答：背压汽轮机因排汽压力较高，启动前若不先开启轴封抽气器与汽封冷却器，会使大量蒸汽由轴端漏出机外，并且有部分蒸汽窜入轴承润滑油内，使润滑油内带水乳化。因此必须先开启汽封抽气器与汽封冷却器，造成一定的真空度，将汽引出冷却变为冷凝水。

14. 背压式汽轮机的启动方式可分为哪几种启动方式？

答：背压式汽轮机的启动方式一般可分为向空排汽启动和背压暖机启动两种。启动时，一般希望采用比额定参数稍低的主蒸汽，以防止启动过程中排汽温度超过规定限额。

15. 什么是向空排汽启动方式？

答：采用向空排汽启动方式启动背压式汽轮机时，主蒸汽管道暖管至规定压力和温度，油泵与盘车装置正常运行，并具备其他应有的启动运行条件后即可进行暖机。暖机前，应先将排大气阀打开，将通向低压蒸汽管道的阀门关闭，打开主汽阀的旁路阀或自动主汽阀冲动转子。并应按操作规程进行升速，转速升至500r/min左右时，关闭导汽管疏水阀和主汽阀前的疏水阀，维持转速停留检查，一切正常后继续升速。每次升速时，应对机组进行一次全面检查，确认机组的振动、声响、油温、油压、轴承回油温度、机组膨胀、相对膨胀、上下汽缸温差等均正常后，方可继续升速。

转速达到额定转速后，除对机组进行类似凝汽式汽轮机的各项试验外，还应对排汽安全阀进行试验。试验合格后，将向空排汽运行方式切换为背压运行方式。切换时应先逐渐关小向空排汽阀，提升背压并入热网的操作。调整汽轮机背压，使之略高于低压蒸汽管网的压力，然后开启到低压蒸汽管网去的排汽阀的隔离阀，再全开排汽阀和关闭其旁路阀，关闭向空排汽阀，关闭排汽管的疏水阀和防腐阀。并入热网的操作应缓慢谨慎，还应注意使排汽压力和温度均匀上升，防止排汽安全阀动作和相对膨胀超过规定值。

16. 如何进行排汽安全阀试验？排汽安全阀的作用是什么？

答：背压式汽轮机排汽安全阀试验方法是：在无负荷运行的情况下进行，缓慢关小向空排汽阀，提高汽轮机背压，当背压达到规定的压力时，排汽安全阀应动作。排汽安全阀的作用是保护汽轮机设备和排汽管道系统，防止它们因蒸汽压力的升高而损坏。

17. 什么是背压暖机启动方式？

答：采用背压暖机启动方式时，在油泵和盘车装置运行后，稍开排汽阀或旁路阀，使蒸汽由供热母管经过排汽管导入汽轮机。背压暖机一般应在0.2～0.3MPa的压力下维持低压暖机一段时间，然后均匀升压，逐渐提高汽缸内的压力，同时关小汽缸上的各疏水阀，并投入汽封冷却器。在机组排汽管及汽缸内的压力达到工作背压后，开启排汽阀，关闭旁路阀。在背压暖机的同时，可进行主蒸汽管道的暖管操作，待主蒸汽温度达到启动时的蒸汽参数，且汽缸膨胀达到规定值不再升高时，开启主汽阀和调节汽阀，用主汽阀的旁路阀冲动转子，排出蒸汽直接进入低压蒸汽管网，此时排汽管道的阀门必须全部开启。升压和在各个不同暖机阶段的持续时间，应按操作规程进行。当汽轮机转速升到额定转速时，应进行空负荷各项试验，然后并入电(管)网。此后的操作与向空排汽启动方式相同。由于汽轮机已在倒汽的情况下进行暖机，因此冲转后可以较快地升速到额定转速。

未设置盘车装置的背压式汽轮机，蒸汽不可能从排汽管道送入汽轮机进行暖机，因为在这种情况下，无法保证盘动转子。这种背压式汽轮机启动时，应先人为地开启排大气阀或专用的排汽管将蒸汽排向大气。

18. 采用背压暖机启动方式有哪些优点？

答：(1)可减小汽轮机冲转及切换为背压时的热冲击，使汽缸、转子金属受热比较均匀，启动过程中的胀差正值也较小，有利于机组安全运行。

(2)简化了切换背压操作，缩短了机组启动时间。主蒸汽管道暖管可与背压暖机同时进行，且因背压暖机，汽缸金属温度已比较高，汽轮机升至额定转速的时间也相应缩短。

(3)减小了向空排汽时的汽水损失，并减少了机组启动时向空排汽对周围环境发出的噪声。

19. 背压式汽轮机带负荷运行时，如何投入背压调压器、背压限制保护装置？

答：背压式汽轮机带负荷运行时，一般机组按要求带至额定负荷的30%后，可投入背压调压器，投入时使用背压调压器缓慢增加机组负荷，同时使用同步器也缓慢减少机组负荷，使调节汽阀开度保持不变，直到同步器处于空负荷位置。这时机组的运行已改为由背压调压器控制(背压调压器解除改为同步器控制，操作过程与上述操作相反)。

背压式汽轮机在背压调压器控制下运行，当汽轮机从电(管)网断开汽轮机负荷降到零时，汽轮机转速迅速升高，调速器动作，使调节汽阀完全关闭，不至造成汽轮机超速，即在这种情况下调速器将起主要作用。

背压式汽轮机运行时，背压限制保护装置应投入工作。当供热系统发生故障时，供热总管压力严重降低时，背压式汽轮机末级将严重过负荷，背压限制保护装置应动作，关闭自动主汽阀，以保护机组的安全。

第七章　汽轮机运行事故处理及预防

第一节　汽轮机典型事故处理及预防

1. 汽轮机重大事故处理的原则是什么？

答：(1)机组一旦发生事故时，操作人员必须坚守岗位、沉着冷静，根据现场仪表指示、报警信号指示或机器外部征象，正确判断事故的性质和事故发生的原因。

(2)迅速消除对人身和设备的威胁，必要时立即将发生故障的机器紧急停机，以防事故扩大。

(3)事故处理过程中，应迅速地向有关部门负责人汇报情况，以便在统一指挥下，及时采取更正确的对策，迅速地处理事故，防止事故蔓延。

(4)在紧急情况下，必须果断按操作规程规定进行打闸脱扣停机，避免设备损坏。

(5)事故处理过程中，操作人员不得擅自离开工作岗位。

(6)故障消除后，操作人员应将观察到的现象、故障发展的过程和时间及所采取的消除措施等正确地记录在运行日记上。

2. 汽轮机发生水冲击的征象有哪些？

答：由于发生水冲击的原因不同，其发生水冲击事故的征象也不相同。汽轮机发生水冲击的征象包括：

(1)主蒸汽温度在10min内急剧下降50℃以上。

(2)从主蒸汽管道法兰、轴封信号管、主汽阀和调节汽阀阀杆、汽缸水平剖分面、轴封等处冒出白汽或溅出水滴。

(3)主蒸汽管道、抽汽管道振动并有清楚的水击声。

(4)汽轮机内发出水滴撞击金属响声，使汽轮机振动加剧。

(5)转子轴向位移增大，推力轴承温度升高，胀差负向增大。

(6)上下汽缸温差增大，下汽缸温度下降较大。

(7)调节汽阀开度不变负荷下降。

各机组发生水冲击的原因各不相同，上述征象并不一定同时出现。

3. 汽轮机发生水冲击的原因有哪些？

答：(1)由于运行人员的误操作或自动装置失灵使设备误动作、锅炉汽包水位或蒸汽温度失去控制，引起锅炉内水位升高，造成水或蒸汽从锅炉经主蒸汽管道进入汽轮机。

(2)当机组升负荷速率过快时，将引起主蒸汽压力瞬间下降，这时锅炉汽包内的水温将高于已降低了压力的饱和温度，一部分水就立即变为蒸汽。由于锅炉内汽泡数量增加，锅炉内的水位也急剧上升，致使锅炉满水，引起锅炉汽水共腾，使大量水被带入过热器和主蒸汽管道而进入汽轮机。

(3)由于抽汽逆止阀不严密、水位调节装置失灵、加热器水管破裂等使加热器满水，都会使水或冷蒸汽经抽汽管道倒入汽轮机，造成水冲击。

(4)汽轮机启动时，轴封系统蒸汽管道未能充分暖管和疏水，使轴封蒸汽带水进入轴封内。

(5)锅炉减温器泄漏或调整不当，操作人员调整减温器时，误操作造成锅炉满水。

(6)汽轮机的疏水系统不良和疏水操作不当。

(7)除氧器水位控制发生故障或误操作，造成满水，会引起汽封进水或加热器的抽汽逆止阀不严密。

(8)停机后，运行人员忽视对凝汽器水位监视，发生凝汽器满水，倒入汽缸，使汽轮机进水。

(9)设计时，将不同压力的疏水连接到同一个联箱上，而且疏水管的管径又偏小，这样压力大的疏水就有可能从压力低的管道返倒回汽缸内。另外，由于疏水管径和节流孔板选择不当或在运行中堵塞，也会使积水返回汽缸。

4. 汽轮机发生水冲击事故时应如何处理?

答:(1)当确认发生水冲击事故时，应立即破坏真空，紧急故障停机。

(2)开启汽轮机本体和主蒸汽管道上的所有疏水阀，进行充分排水。

(3)检查轴向位移数值，检查各轴承温度、回油温度、振动、胀差等。

(4)正确记录转子的惰走时间和惰走过程中真空数值。

(5)惰走过程中倾听汽轮机内部声响。

(6)当惰走过程中一切正常时，经过充分排出疏水，主蒸汽温度恢复后，可以重新启动机组。启动时应加强对推力轴承温度，轴向位移、振动、胀差等参数的监视，如发现异常，应采取措施立即停机，解体检查。

(7)当惰走时间明显缩短或机内有异常声响，推力轴承温度升高，轴向位移、胀差数值超限时，不经解体检查，不允许重新启动机组。

5. 汽轮机发生水冲击时有哪些危害?

答:汽轮机的水冲击事故是一种恶性事故，如处理不及时，易损坏汽轮机本体。汽轮机运行中突然发生水冲击，将使高温下工作的蒸汽室、汽缸、转子等金属部件骤然冷却，而产生很大的热应力和热变形，导致汽缸拱背变形，产生裂纹，并使汽缸水平剖分面法兰漏汽，负胀差增大，造成汽轮机动静部分摩擦或碰撞，转子发生弯曲等，引起机组发生剧烈振动。水冲击发生时，因蒸汽中携带大量水分，水的速度比蒸汽速度低，将形成水塞汽道现象，使叶轮前后压差增大，导致轴向推力急剧增加，如果不及时紧急停机，将使推力轴承过载而被烧毁，从而使汽轮机发生剧烈地动静碰磨而损坏。另外，发生水冲击时，进入汽轮机的水将对高速旋转的动叶片起着制动作用，特别是最末几级长叶片，其叶顶线速度可达300～400m/s，水滴对其打击力相当大，严重时可将叶片打弯或打断。

6. 汽轮机发生水冲击时，为什么应立即破坏真空紧急停机?

答:汽轮机运行中，当进汽温度急剧下降到某一程度时，此时蒸汽将携带大量水分进入汽轮机，就会发生水冲击事故，水的密度比蒸汽密度大的多，随蒸汽通过喷嘴时被蒸汽带至高速，但速度仍低于正常蒸汽速度，高速的水滴以极大的冲击力撞击叶片背弧，对高速旋转的动叶片产生制动作用，转速下降，使汽轮机出力显著降低，使叶片所受应力增大，甚至导致叶片折断。实际上，当蒸汽内含水量达到20%～30%时，叶片所受的应力就已经超过了叶片材料所允许的强度极限。而当发生水冲击时，将使叶轮前后的压差增大，导致轴向推力急剧增加，甚至会使推力轴承的巴氏合金熔化，造成汽轮机动静部件之间的严重磨损和碰撞而损坏机组。因此，为防止汽轮机发生水冲击时机组受到严重损坏，必须果断的破坏真空紧急停机。

7. 汽轮机转子发生弯曲的征象有哪些？

答：(1)汽轮机异常振动增大，甚至振动强烈。

(2)汽缸轴封处、轴承座油封处与转子摩擦产生火花。

(3)汽缸内部有金属摩擦声响。

(4)停机后，转子惰走时间明显缩短。

(5)若推力轴承损坏将使轴承温度升高，轴向位移指示值超标并发出报警或停机信号。

(6)上下汽缸温差急剧增加。

8. 汽轮机运行中，引起转子弯曲的原因有哪些？

答：(1)通流部分动静摩擦使转子局部过热。一方面降低了该部位屈服极限，另一方面受热局部的热膨胀受制于周围材料而产生很大的压应力。当应力超过该部位屈服极限时，发生塑性变形。当转子温度均匀后，该部位呈现凹面永久性弯曲。

(2)在第一临界转速下，转子热弯曲方向与转子不平衡力方向大致一致，动静碰摩时将产生恶性循环，致使转子产生永久性弯曲；在第一临界转速以上，转子热弯曲方向与转子不平衡力方向趋于相反，有使摩擦脱离的趋向，因此高转速时引起转子弯曲的危害比低速时要小。

(3)汽缸进冷汽、冷水。汽轮机停机后在汽缸温度较高时，由于某种原因使冷汽、冷水进入汽缸，引起高温状态的转子下部接触到冷汽、冷水，局部骤然冷却，出现很大的上下温差而产生热变形，严重时将造成转子永久弯曲。计算结果表明，当转子上下的温差达到150～200℃时，将会造成转子弯曲。

(4)转子的原材料存在过大的内应力，在较高的工作温度下，经过一段时间的运行后，内应力逐渐得到释放，从而使转子产生弯曲变形。

(5)套装转子上的部件过盈装配时，因部件发生偏斜、蹩劲也会造成转子弯曲。

(6)操作人员在机组启动或运行中，未严格按规程规定的启动、紧急停机条件操作，也会造成转子弯曲。

9. 汽轮机转子弯曲处理方法有哪些？

答：(1)破坏真空紧急停机，严禁降负荷或降速暖机，以防事故扩大。

(2)停机时加强对轴承温度、油温、胀差、振动的监视并记录惰走时间，倾听汽轮机内部有无异常声响。

(3)转子停止转动后，应进行手动盘车，若盘车不动，不要强行盘车，必须全面分析并找出原因，采取适当措施进行消除。若无法消除必须进行解体检查。

10. 汽轮机动静部分摩擦的原因有哪些？

答：(1)动静部件加热膨胀和冷却收缩不均匀。汽轮机在启动过程中，转子的加热和膨胀速度均比汽缸快，这样就产生了胀差，若胀差超过轴向动静间隙，便产生动静部件轴向摩擦。另外，由于上下汽缸散热和保温条件的不同，也会使上下汽缸产生温差，这些温差都会使汽缸变形，从而改变了动静部分的间隙。当间隙变化值大于动静间隙时，就会产生动静部件摩擦。汽轮机在运行中，若滑销系统工作失常或汽缸变形，均会导致汽缸与转子中心发生变化，从而造成动静摩擦。

(2)动静间隙调整不当。在汽轮机启动和运行过程中，当汽缸上下温差超限，将会引起汽缸热应力和热变形以及各受力部件的机械变形，导致动静径向间隙发生变化。在启动、停机和变工况运行时，动静部分膨胀差超过极限值时，使轴向间隙消失，使动静部分磨损。若在安装和检修汽轮机时，通流部分动静间隙调整不当，不符合设计文件要求就会引起动静摩擦。

(3)推力轴承损坏时，转子随之产生轴向位移增大，从而产生轴向动静摩擦。

(4)径向支承轴承损坏，从而使转子产生过大径向位移，从而产生径向动静摩擦。

(5)在转子挠曲或汽缸变形的情况下强行盘车。

(6)通流部分部件破损或硬质杂物进入通流部分。

(7)转子上的过盈部件松动时产生的轴向位移，超过通流部分规定轴向间隙时，将会产生动静部件轴向摩擦。

(8)当转子产生振动时的振幅超过径向动静间隙时，将导致动静部件径向摩擦。

(9)转子弯曲，从而使动静部分径向间隙消失。

11. 汽轮机动静部分摩擦的征象有哪些？

答：(1)汽轮机在启、停和工况变化运行时，汽缸上下温差或胀差超过正负值极限，并伴有振动和监视段压力上升；

(2)停机过程中，转子惰走时间明显缩短，甚至盘车装置不能启动；

(3)动静部分磨损严重时，机组内部有清晰的金属摩擦声，同时汽轮机产生强烈的振动。

12. 防止汽轮机动静部分摩擦应采取哪些技术措施？

答：(1)根据转子和汽缸的膨胀特点和变化情况，拟定合理的启动方式。

(2)运行中，严格控制上、下汽缸温差不得超限，以防止汽缸变形造成动静摩擦。

(3)根据制造厂技术文件提供动静部分间隙要求，合理调整通流部分间隙。

(4)汽轮机在启、停和工况变化运行时，严格监视胀差防止超过极限。

(5)汽轮机不能在空负荷或低负荷下长期运行，如空负荷运行超过15min不能恢复，应紧急停机。

(6)合理正确使用轴封供汽，避免汽封套变形。

(7)在运行中，严格控制机组振动值在允许范围内。

(8)在运行中，严格控制监视段压力不得超过允许值，避免通流部分过负荷或部件破损，以及轴向推力过大等情况发生。

(9)在启动前和启动过程中，应严格监视转子的挠度值在允许范围内。

(10)停机后，应按操作规程规定投入连续盘车装置。

13. 叶片损坏和断落的征象有哪些？

答：(1)汽缸内部或凝汽器内有突然的异常声响。

(2)单个叶片或围带飞脱时，在通流部分发出清晰的金属碰击声或尖锐声响。在叶片断落的同时，伴随着机组突然发生振动，但有时振动会很快消失。

(3)当调节级叶片和围带飞脱堵在下一级静叶片时，将引起调节级汽室压力升高，同时推力轴承温度也略有升高。

(4)当低压末几级叶片或拉筋飞脱落入凝汽器内时，在凝汽器内将有较强的敲击响声，若打坏凝汽器铜管，循环水漏入凝结水中将会引起凝结水质恶化，凝汽器热水井水位增高，凝结水过冷度伴随增大。

(5)叶片不对称地断落时，造成转子产生不平衡，从而引起汽轮机振动明显增大。

(6)某监视段后的某级叶片断落时，可能会使通流部分堵塞，造成监视段压力升高。

14. 造成叶片损伤和断落的原因有哪些?

答: 造成叶片损伤和断落的原因很多，它与设计、制造、材质、安装和检修工艺及运行维护等因素有关，归纳为机械损伤、水击损伤、腐蚀和锈蚀损伤、水蚀损伤、叶片本身存在缺陷、运行维护不当等。

15. 造成叶片机械损伤的原因有哪些?

答: (1)外来的机械杂质穿过滤网或滤网本身损坏进入汽轮机内打伤叶片。

(2)汽缸内部固定零部件脱落，如阻汽片、导流环等，造成叶片严重损伤。

(3)因径向轴承或推力轴承损坏、胀差超限、转子弯曲以及机组强烈振动，造成通流部分动、静摩擦，使叶片损坏。

16. 造成叶片水击损伤的原因有哪些?

答: 汽轮机发生水击时，前几级叶片的应力会突然增加，并骤然受到冷却，使叶片过载，末几级叶片则冲击负荷更大。叶片遭到严重水击后将会发生变形，使其进汽侧扭向内弧，出汽侧扭向背弧，并在进、出汽侧产生细微裂纹，严重时会使叶片振动断裂。水击还会造成拉筋断裂，改变了叶片连接形式，甚至原来成组的叶片变成单个叶片，改变了叶片振动频率，降低了叶片工作强度，至使叶片发生共振而造成断裂。

17. 造成叶片腐蚀和锈蚀损伤的原因有哪些?

答: 叶片腐蚀和锈蚀损伤常发生在开始进入湿蒸汽的各级，这些级在运行中，蒸汽干、湿交替变化，使腐蚀介质易浓缩，引起叶片腐蚀。另外，汽轮机长期备用往往会因空气的潮气或蒸汽漏入汽缸内造成叶片严重锈蚀。

叶片受到侵蚀削弱后，不但强度减弱，而且叶片被侵蚀的缺口、孔洞还将产生应力集中现象。侵蚀严重的叶片还将会改变叶片的振动频率，从而使叶片因应力过大或共振疲劳而断裂。

18. 造成叶片水蚀损伤的原因有哪些?

答: 水蚀损伤一般多发生在末几级湿蒸汽区的低压段长叶片上，尤其是末级叶片。水蚀是湿蒸汽中分离出来的水滴对叶片冲击造成的一种机械损伤，而末级叶片旋转线速度高，并且蒸汽湿度大，水滴多，故水冲蚀程度更严重。水蚀严重时，叶片将出现缺口、孔洞等，降低了叶片的强度，导致断裂损坏。

19. 造成叶片本身存在缺陷有哪些因素?

答: (1)设计应力过高或结构不合理，如叶片顶部太薄，围带铆钉头应力过大，常在运行中发生应力集中，造成铆钉头断裂，围带裂纹折断，致使叶片损坏。

(2)叶片或叶片组的振动特性不良。由于汽轮机采用部分进汽，蒸汽产生不均匀流动，形成作用于叶片上的周期性冲击力。当叶片或叶片组的固有频率与周期性冲击力的频率(或频率的倍数)相吻合时，就会产生叶片或叶片组的共振现象，造成叶片损坏。

(3)叶片制造质量不良，例如叶片表面粗糙，留有加工刀痕，围带铆钉孔或拉筋孔处无倒角，叶片厚度不规则地突变，叶片卷边，突变部分的过渡圆弧曲率不够等，都会导致应力集中而损坏叶片。

(4)叶片材质不良或错用材料，如叶片材料机械性能差，金属组织有缺陷或有夹渣、发丝状裂缝，材料热处理不当等，叶片经过长期运行后，材料疲劳性能和振动衰减性能降低，导致叶片损坏。

20. 造成叶片运行和维护不当的原因有哪些？

答：(1)机组在低周波和周波不稳情况下运行，引起汽轮机超负荷运行，使叶片或叶片组振动频率处于共振区，产生共振而使叶片断裂。

(2)变转速运行时，超出允许范围可使叶片或叶片组落入共振区，产生共振而使叶片损坏。

(3)主蒸汽参数不符合要求，频繁而较大幅度地波动，主蒸汽压力过高、主蒸汽温度偏低、水击、真空过高等，都会加剧叶片的超负荷或水蚀而损坏叶片。

(4)蒸汽品质不良使叶片结垢、腐蚀，使叶片所受的离心力增大，同时因叶栅流通面积减小使其反动度增加，从而增大了叶片前后压差所附加的作用力，使叶片承受过大的应力，而导致叶片损坏。

(5)停机后维护不当，特别是较长时间的停机过程中，有少量的汽水漏入汽缸，导致叶片的严重锈蚀而损坏。

21. 在汽轮机运行中，应采取哪些防止叶片损坏的措施？

答：(1)加强对蒸汽品质的监督，防止叶片结垢造成叶片腐蚀。

(2)在汽轮机启动和正常运行过程中，应保持操作规程规定的蒸汽参数。

(3)蒸汽参数和各段抽汽压力以及真空等超过制造厂规定的极限值时，应限制机组的负荷，防止通流部分过负荷。

(4)尽量缩短或减少汽轮机在低负荷下运行，防止调节级过负荷而损伤叶片。

(5)调频叶片应严格控制变转速运行的范围，避免叶片落入共振区。

(6)运行中注意倾听机内有无异常声响，并监视机组振动情况，以防止动静部分发生摩擦、碰撞，若发现叶片断落征象时应立即进行处理，避免事故扩大。

(7)在机组大修中，应对通流部分损伤情况进行全面检查并记录，对出现的缺陷应找出原因，并及时更换损伤的叶片，必要时进行叶片振动频率的调频测定，确保叶片的质量。

(8)汽轮机长期停机应采取防腐措施。

22. 什么是汽轮机超速？

答：汽轮机超速是指汽轮机转速超过危急保安器动作转速并急剧上升。

23. 汽轮机超速有哪些危害？

答：汽轮机是高速旋转机械，旋转时各转动部件会产生很大的离心力。这个离心力直接和材料承受的应力有关，而离心力与转速的平方成正比。当转速增加10%时，应力将增加21%；转速增加20%时，应力将增加44%。此时不仅转动部件中过盈配合的部件会发生松动，而且离心应力将超过材料的允许强度使部件损坏，如可使叶轮松动、叶片及围带脱落、轴承损坏、动静部分摩擦等。汽轮机超速若不及时、准确地进行处理，将会造成叶片断裂飞出，甚至出现转子折断的严重恶性事故。

24. 汽轮机超速的原因有哪些？

答：汽轮机超速的原因除由于汽轮机调节系统、保安系统故障和设备本身的缺陷外，与运行操作维护也有直接的关系。其具体原因是：

(1)调节系统缺陷

①自动主汽阀、调节汽阀不能正常关闭或漏汽量过大。

②调节系统迟缓率过大或部件卡涩。

③调节系统速度变动率过大。

④调节系统动态特性不良。

⑤调节系统整定不当，如同步器调整范围、配汽机构膨胀间隙不符合要求等。

(2)汽轮机超速保护系统故障

①危急保安器未按制造厂技术文件规定进行超速动作试验，运行中以至危急保安器动作转速发生变化也未发现，当转速超过到危急保安器动作转速时，致使转速飞升过大，引起汽轮机超速。

②因蒸汽品质不良，使自动主汽阀和调节汽阀阀杆结垢而卡涩，就是危急保安器动作，自动主汽阀和调节汽阀也不能正常关闭，因而引起超速。

③抽汽逆止阀密封不严或拒绝动作，蒸汽返回汽缸内或相邻汽轮机的蒸汽进入汽缸，同样会引起汽轮机超速。

④飞锤或飞环导杆卡涩。

⑤脱扣间隙过大，飞锤飞出后不能使危急遮断器动作。

(3)运行操作，调整不当

①油质管理不良，如油中有油垢、杂质或带水，造成调节系统和保安系统部套锈蚀和卡涩，使动作转速超过额定转速12%以上，保护装置失灵。

②运行中同步器调整超过了整定值范围，使调节部套失去脉动作用，从而造成卡涩。

③主蒸汽品质不良，含有盐分，造成自动主汽阀和调节汽阀结垢而卡涩。

④超速试验时操作不当，转速飞升过快。

25. 汽轮机超速的征象有哪些？

答：(1)汽轮机超速的机组负荷突然降至零，汽轮机发出异常声响。

(2)转速表和频率表指示超过高极限数值，并继续上升。

(3)主油压迅速升高，尤其是采用离心式主油泵的机组，油压上升的更显著。

(4)机组振动逐渐增大。

26. 汽轮机超速有哪些处理方法？

答：汽轮机超速是严重的恶性事故之一，若处理不当，会造成汽轮机或工作机械转子上的零部件由于离心力过大而松脱损坏，甚至造成更大的事故。其处理方法如下：

(1)汽轮机运行中，当转子转速超过额定转速12%以上时，危急保安器仍未动作，应立即手拍打危急遮断器手柄，破坏真空紧急停机。

(2)若汽轮机超速时危急保安器动作，而自动主汽阀、调节汽阀或抽汽逆止阀阀杆由于结垢、卡涩而关闭不严密时，应设法关闭以上各汽阀或立即关闭抽汽调节汽阀。

(3)若采取上述措施后机组转速仍过高不降低时，应迅速关闭一切与汽轮机相连的汽阀，以切断进入汽轮机的汽源。

(4)机组停机后，应全面检查、调整调节系统和保安系统的缺陷，找出原因并予以消除。在重新启动前，必须做自动主汽阀、调节汽阀或抽汽逆止阀严密性试验和超速试验并确认合格。在加负荷前必须作危急保安器超速动作试验，确认超速动作转速符合设计文件规定后，方可将转速升至额定转速加负荷投入运行。

27. 防止汽轮机超速的技术措施有哪些？

答：(1)各超速保护装置调试均应符合设计文件要求，投入后工作应正常。

(2)在正常参数下，调节系统应能维持汽轮机在额定转速下运行。

(3)调节系统的速度变动率应不大于5%，迟缓率应小于0.2%。

(4)坚持作调节系统静态特性试验。汽轮机大修后或为处理调节系统缺陷更换了调节部套后，均应作汽轮机调节系统静态试验。

(5)汽轮机安装、大修后，危急保安器解体和调整后，机组连续运行2000h以上及停机一个月后再启动时，都应按规定进行超速试验。

(6)汽轮机每运行2000h后，应进行危急保安器的充油试验，以保证其动作准确、灵活。当充油试验不合格时，仍需作超速试验。

(7)加强对油质的监督，定期进行油质化验分析，并出检验报告。油净化装置应经常投入运行，将油中水分和杂质进行过滤，避免调节汽阀和主汽阀锈蚀和卡涩。

(8)加强对蒸汽品质的监督，防止蒸汽带盐使自动主汽阀和调节汽阀阀杆结垢而造成卡涩。

(9)运行中发现主汽阀、调节汽阀卡涩时，应及时消除。消除前应有防止超速的措施。主汽阀卡涩不能立即消除时，需进行停机处理。

(10)每次停机或做危急保安器试验时，应有专人检查抽汽逆止阀的关闭动作情况，若发现异常应进行及时处理。

(11)每次启、停汽轮机时，应有专人检查自动主汽阀和调节汽阀的关闭严密程度，若不严密应消除缺陷后再启动汽轮机。

(12)汽轮机运行中应经常检查调节汽阀开度与负荷的对应关系，以及调节汽阀后的压力变化情况，若有异常，应及时找出原因并尽快消除。

(13)应经常调整轴封供汽压力，防止汽水和灰尘通过轴承箱进入油系统。

(14)做超速试验时，调节汽阀应逐步平稳开大，转速也相应逐步升高至危急保安器动作转速，若调节汽阀突然开至最大开度，应立即打闸紧急停机，防止严重超速事故发生。

(15)做超速试验时，应选择合适的蒸汽参数，蒸汽压力、温度应严格控制在规定范围内，先投入旁路系统，待参数稳定后，才能做超速试验。

(16)做超速试验时，应设专人监视危急保安器，当危急保安器动作后发出信号，或超过危急保安器动作转速仍不动作时，应立即用手拍打危急保安器紧急停机，以防造成飞车恶性事故。

28. 汽轮机按真空降落速度的不同，可分为哪几种情况？

答：汽轮机按真空降落速度的不同，可分为真空急剧下降和真空缓慢下降两种情况。

29. 汽轮机真空急剧下降的原因有哪些？

答：(1)循环水中断。厂用电中断、循环水泵组的电动机跳闸，水泵逆止阀损坏或循环水管爆裂，都能导致循环水中断。

(2)低压轴封供汽中断。汽封压力调压器失灵、供汽封汽源中断或汽封系统进水等，都可能使轴封供汽汽源中断，将导致大量的空气漏入排汽缸，使凝汽器真空急剧下降。

(3)抽气器的汽(水)源中断。射汽式抽气器喷嘴堵塞或冷却器满水，射水式抽气器的射水泵故障失压或射水管破裂，都将使抽气器发生故障。

(4)凝汽器满水。凝汽器铜管与管板之间胀管泄漏、凝结水泵故障或运行人员操作不当，都会造成凝汽器满水而导致真空下降。

(5)真空系统不严密，漏气量增多。由于真空系统管道、法兰、阀门密封不严密或阀门零件损坏，而引起大量空气漏入凝汽器。

30. 为什么真空降到一定数值时必须紧急停机?

答: 凝汽式汽轮机在运行中，凝器设备真空下降，不仅影响机组运行的经济性，而且会使机组输出功率下降，影响驱动工作机械的性能，甚至造成机组停机事故。因此，各凝汽式汽轮机都规定有正常运行中最低真空值，当真空再进一步降低时，将影响到机组的安全运行。如真空降低使叶片轴向力过大，造成推力轴承过负荷而磨损；真空降低使叶片因蒸汽流量增大而造成过负荷(真空降低最后几级叶片反动度要增高)；真空降低使排汽缸温度升高，汽缸中心线变化引起机组振动增大；为了不使低压段安全阀动作，保证设备安全，故真空降低到一定数值时应紧急停机。

31. 汽轮机真空缓慢下降的原因有哪些?

答: 汽轮机真空缓慢下降的的故障在汽轮机运行中最容易发生，影响的因素较多，查找也较困难。归纳为如下几个方面原因:

(1)真空系统不严密、漏空气。通常表现为汽轮机在同一负荷下的真空值比正常时低，并稳定在某一真空值，随着负荷的升高，凝汽器真空反而增高。真空系统严密程度与泄漏程度可以通过定期的进行真空系统严密性试验。若真空系统密封性差，可用烛焰或专用的检漏仪器进行检漏，并及时消除之。机组检修后，应对真空系统进行严密性检查，消除泄漏点，保证机组运行中的真空系统的密封严密。

(2)凝汽器水位升高。导致凝汽器水位升高，往往是凝结水泵运行失常或有故障，使水泵负荷下降所致；若检查出凝结水硬度变高，可以判断为凝汽器铜管破裂导致凝汽器水位升高；另外，软化水阀门未关闭、备用凝结水泵的逆止阀损坏也会造成凝汽器水位升高。

(3)循环水量不足。在相同负荷下(指排汽量相同)，若凝汽器循环水出口温度升高，即凝汽器循环水的进、出口温差增大，说明凝汽器循环水量不足。

(4)抽气器工作失常或效率降低。当凝汽器循环水出口温度与排汽温度的端差增大或凝汽器真空下降的同时射汽抽气器排气管往外冒白汽或水滴等现象，则表明抽气器工作不正常。抽气器前蒸汽滤网损坏、杂质将喷嘴堵塞或喷嘴通道积盐结垢，以及凝汽器铜管结垢均能造成循环水设备工作效率降低。

(5)凝汽器冷却表面积垢或堵塞。凝汽器铜管由于表面积垢时，使铜管冷却面积缩小，造成排汽压力增高，直接降低汽轮机的经济效率。凝汽器冷却表面积垢，对真空的影响是逐步积累和增加的，判断凝汽器表面是否积垢时，应与冷却表面洁净时的运行参数相比较。

32. 凝汽式汽轮机真空急剧下降时，应采取哪些措施?

答: (1)若不是厂用电中断引起循环水泵跳闸时，应立即启动备用泵或迅速切换系统，由邻机供水。

(2)及时找出真空下降的原因，调整轴封蒸汽压力在正常范围内。

(3)启动备用凝结水泵迅速排水，尽快使真空、水位恢复正常。

(4)根据汽缸排汽温度指示，确定绝对压力上升情况，然后开大抽气器进汽阀或启动备用抽气器，以维持汽轮机真空。

(5)设法降低负荷，使被驱动机负荷下降或转速下降，如果负荷已经减到最低，绝对压力还继续升高时，应启动抽气器维持汽轮机真空。采取措施若不能及时消除缺陷，真空继续降低到制造厂规定数值或真空下降到450mmHg以下时，应及时联系紧急停机。

33. 真空急剧下降造成低压轴封供汽中断的原因是什么? 应采取哪些处理方法?

答: 真空急剧下降造成低压轴封供汽中断时的原因是:

(1)在负荷降低时，未及时调整轴封供汽压力，致使供汽压力降低或汽源压力降低，蒸汽带水造成轴封供汽中断；

(2)轴封压力调整器失灵，使轴封供汽中断

真空急剧下降造成低压轴封供汽中断时的处理方法是：

(1)机组负荷降低时，应及时调整轴封供汽压力为正常值，并及时消除供汽带水；

(2)轴封压力调整器失灵时，应切换为手动，待检修后投入。

34. 造成抽气器的汽(水)源中断的原因有哪些?

答：真空急剧下降造成射汽抽气器的汽源中断的原因可能是由于进汽阀杆脱落，滤网和喷嘴堵塞或误操作引起的。处理方法，若是设备故障应及时切换备用抽气器，若是误操作则应迅速恢复正常操作。

真空急剧下降造成射水抽气器水源中断的原因可能是射水泵工作失常或射水系统管道破裂及水箱水位过低等原因引起的，在查明原因后，应采取相应措施处理。

35. 真空系统不严密应查找哪些易漏汽点?

答：查找真空系统不严密的缺陷，是一项比较细致而复杂的工作，为了很快的找出漏汽原因，特别应注意以下容易漏汽点：

(1)轴封用蒸汽未及时调整好，造成轴封断汽，使空气从轴封处漏入，特别是负荷突然降低时更容易产生。

(2)汽轮机排汽室与凝汽器之间的连接管段，由于热变形或腐蚀造成穿孔引起漏汽。

(3)由于汽缸变形，从汽缸水平剖分面不严密处漏入空气。此时，漏汽量与汽轮机的负荷有关，当负荷增大时，漏汽少或者不漏汽，因而真空较高；当负荷降低时，漏汽增多，因而真空降低。

(4)自动排大气阀或真空破坏阀水封断水。

(5)凝汽器、低压加热器水位计接头不严密，或其他与真空系统连接的设备及管道上的仪表连接管不严密。

(6)真空系统的管道上的法兰密封面、阀门盘根不严密，特别是抽气器空气抽出管上的空气阀的盘根不严密。

36. 凝汽器汽侧空间水位过高，引起真空急剧下降的原因有哪些?

答：(1)凝汽器汽侧空间水位过高，淹没了下边一部分铜管，减少了凝汽器的冷却面积，使汽轮机排汽压力升高(即真空下降)。

(2)当凝汽器水位升高到抽汽管口的高度，则凝汽器真空便开始下降。根据凝结水淹没抽汽口的程度，开始时真空下降缓慢，以后真空便迅速下降，这时连接在凝汽器喉部的真空表指针下降，而连接在抽气器上的真空表指针上升。如不及时采取措施，水将由抽气器的排气管中冒出。

37. 真空缓慢下降的射汽抽气器工作失常的征象有哪些?

答：(1)凝汽器循环水出口温度与排汽温度的端差增大。

(2)凝汽器真空下降的同时，射汽抽气器排气管往外冒白汽或水滴等现象。

(3)凝结水过冷度增大，但经严密性试验，真空系统漏汽并未增加。

38. 真空缓慢下降的射汽抽气器工作失常的原因有哪些?

答：(1)冷却器的冷却水量不足，致使两级抽气器内同时充满没有凝结的蒸汽，降低了喷嘴的工作效率。此时应打开凝结水再循环阀，关小通往除氧器的凝结水阀，必要时向凝汽

器补充软化水，以增大冷却水量。

(2)冷却器内管板或隔板泄漏，使部分凝结水不通过管束而从短路流出；冷却器汽侧疏水排水不正常也能造成两级抽气器内充满未凝结的蒸汽。

(3)冷却器水管破裂或管板上胀口松弛或疏水不畅使抽气器满水，水从抽气器排气管喷出。

(4)抽气器前蒸汽滤网损坏，杂质将喷嘴堵塞，或喷嘴通道积盐结垢，使抽气器工作不正常，导致冷却器温度明显降低。此时，可在运行中迅速开大或关小抽气器的进汽阀进行冲洗，严重时应停机进行清理。

(5)喷嘴磨损或腐蚀使抽气器工作质量差，此时抽气器的用汽量将增大，通过冷却器的主凝结水的温升也增大。

(6)抽气器超负荷，使其工作效率降低，一般是由于有大量空气漏入系统所造成。另外，当第一级抽气器由于水封或疏水器故障而使汽侧的空气吸入凝汽器时，也可造成抽气器超负荷。

发生上述情况时，应迅速采取措施进行处理，当有备用抽气器时，可启动备用抽气器，停故障抽气器，进行检修。

39. 真空缓慢下降的射水抽气器工作失常的征象有哪些？如何消除？

答：射水抽气器工作失常征象是出现射水泵的水温过高，射水泵故障等。应检查射水抽气器水池水位，水温情况，检查射水泵并消除故障。

40. 真空缓慢下降真空系统不严密、漏汽的检查方法及检查部位是什么？

答：真空逐渐下降时，凝汽器端差值增大，应检查抽气器，若抽气器工作不正常，则表明真空下降是真空系统或阀门不严密漏汽所致。

汽轮机在同一负荷下的真空值比正常值低，并稳定某一真空值。应定期的对真空系统严密性进行检验。若真空系统不严密，可用烛焰或用专用检漏仪器检漏。如将蜡烛火焰放在各可疑漏汽点观察，若火焰被吸入表明此处漏汽；或是用肥皂水涂抹在所有可疑漏汽点上，根据肥皂水能否被吸入情况来找出漏汽点，另外也有用气味强烈的薄荷油抹在可疑漏汽点上，观察抽气器排气口是否有薄荷油味，如果有表明该处漏汽。为了消除漏汽点，对处于真空状态下的各个法兰，阀门、水位计、旋塞等部件应按系统逐个仔细查找并加以消除。此外，因低压抽气管道或汽缸法兰结合面不严密产生的漏汽也可能引起真空下降。其真空下降程度是随负荷变动而变化的，即负荷降低时真空亦降低，负荷增加后真空又恢复止常。对此，应尽量维持机组在高负荷下运行，待停机检修时再消除缺陷。

41. 真空缓慢下降凝汽器冷却表面积垢的征象有哪些？

答：(1)汽轮机排汽温度与循环水出口温度的端差增大。

(2)抽气器抽出的蒸汽、空气混合物温度增高。

(3)凝汽器内流体阻力增大。

(4)做严密性试验时，未发现凝汽器漏汽增加。

42. 真空缓慢下降凝汽器冷却表面积垢的原因有哪些？应采取哪些措施？

答：凝汽器冷却表面积垢的主要原因是循环水水质不良，在铜管内壁或管板上积了一层软质的有机垢和结成硬质的无机垢。这些积垢严重减低了铜管的传热能力，影响冷却效果，并减少了铜管的通流面积，增加了流动阻力，减少了冷却水的流量，降低冷却效果。采取措施是改善水质，严格控制水质指标。当积垢过多，真空下降过大时，应停机进行清洗。

43. 导致汽轮机轴承损坏的原因有哪些?

答:(1)运行中主蒸汽温度骤然降低，造成汽轮机水击事故，使轴向推力增大而引起推力轴承损坏。

(2)轴承供油中断。

(3)汽轮机强烈振动。由于机组强烈振动，将使轴承油膜破坏而引起轴颈与轴承巴氏合金研磨损坏，也可能使轴承在振动中发生位移，造成轴承工作失常或损坏。

(4)轴承本身缺陷。轴承加工制造质量不良，在运行中发生巴氏合金脱胎或巴氏合金裂纹引起轴承损坏。

(5)轴承安装质量不佳。由于轴承过盈量过小，运行中当轴承温度升高时轴承发生位移或轴承间隙过小等，都会造成轴承工作失常或损坏。

(6)润滑油中夹带有机械杂质，损伤巴氏合金表面而引起轴承损坏。

(7)蒸汽品质不良。汽轮机叶片严重结垢，通流面积减少，使转子的轴向推力增大，造成推力轴承损坏。

(8)油温控制不当，引起轴承油膜破坏和工作不稳定，都会导致轴承巴氏合金损坏。

44. 汽轮机轴承损坏和烧毁的征象有哪些?

答:(1)轴承温度异常升高超过报警值或停机值。

(2)轴承回油温度异常升高，且轴承内冒烟。

(3)润滑油系统总管压力下降至操作规程规定的允许下限值，润滑油泵无法投入运行和油系统漏油。

(4)机组振动增加。

45. 导致汽轮机轴承断油的原因有哪些?

答:(1)汽轮机运行中，操作人员进行油系统切换时，发生误操作。

(2)汽轮机启动或停机过程中，润滑油泵工作失常。

(3)汽轮机启动、升速过程中，若向离心式主油泵供油的注油器工作失常或电动油泵出口的逆止阀卡涩失灵等使主油泵失压，并且电动润滑油泵又未联锁启动便引起断油。

(4)油箱油位过低，注油器进入空气，使离心式主油泵断油。

(5)油系统积存大量空气未能及时消除，将造成轴承瞬间断油而烧毁轴承。

(6)油系统管道断裂或油系统漏油造成油压下降而使轴承供油中断。

(7)装置用电中断，备用泵不能及时联锁启动，造成轴承供油中断。

(8)安装或检修时，轴承过盈量调整过小，运行中轴承温度升高使轴承产生轴向位移或径向转动，造成进油孔堵塞而断油。

(9)安装或检修时，由于油系统管道或阀门内残留异物(如海绵、白布、防锈脂、泥沙等)而堵塞，使供油中断。

(10)安装或检修时，轴承枕块下的调整垫片忘记开油孔而使轴承断油。

(11)安装或检修时，某些轴承进油口的密封垫片开油孔过小而使轴承断油。

(12)往油箱补充润滑油时，充入过滤未洁净的油或油中含水等，均会造成轴承工作失常、断油而烧毁轴承。

(13)汽轮机运行中切换油冷器或油过滤器时未排净容器内积存空气，使轴承瞬间断油。

46. 汽轮机油系统着火有哪些危害?

答:汽轮机油系统一旦着火将直接导致设备损坏、厂房倒塌，甚至人身伤亡。如不及时切断油源，火势将迅速蔓延到相邻机组，使事故进一步扩大。

47. 汽轮机油系统着火的原因有哪些?

答: (1)油系统漏油时，当油落至表面温度高于200℃的热体(汽轮机油的燃点约为200℃)上时，就会立即引起火灾。

(2)设备的结构存在缺陷或安装、检修质量不佳，特别是在安装、检修时也未很好检查，造成油管接头断裂或脱落而引起漏油；管道法兰接合面使用了耐油性能或耐高温性能不佳的不耐油垫片或橡胶垫片，而造成漏油；由于法兰螺栓紧固力矩不均匀或未达到紧固力矩，造成漏油。此时如果漏油附近有保温不良的热体，将会引起油系统着火。

(3)由于外部原因致使油管破裂造成大量漏油，漏油喷到热体上也会造成火灾。

(4)汽轮机安装或检修时，将油渗漏到保温层内，又未及时清除或更换保温层，当汽轮机投入运行，温度升高时引起火灾。

(5)发生事故前油系统常有漏油现象，甚至冒烟或有小火，但未能引起操作人员重视，也未能采取措施迅速解决。

(6)发生着火事故时，操作人员慌张，发生误操作，使事故扩大。如未破坏真空就紧急停机，延长了惰走时间；忘记了打开事故排油阀或着火后事故排油阀无法开启；汽轮机超速使油管超压破裂；油系统着火后，由于消防器材不全或消防器材使用不当，造成不能及时控制火势，使火势扩大蔓延。

48. 防止油系统着火的措施有哪些?

答: (1)在设计油系统管道布置时，应尽可能将油系统管道安装在蒸汽管道下方。油管道连接尽量减少法兰连接或丝扣接头，多采用焊接连接。法兰的密封垫片应采用耐油石棉垫片或金属缠绕垫片。

(2)油系统管道安装时，应进行强度和严密性试验。

(3)应将调节系统的液压部件如油动机、错油门滑阀及油管道等远离高温热体。

(4)对油系统附近的主蒸汽管道或其他高温汽水管道，保温层尺寸及保温镀锌铁皮(或铝皮)厚度应符合设计规定，并保温完整。

(5)发现油系统有漏油现象时，应及时查找漏油部位及原因，并消除之。渗到地面上的油应随时清理干净。

(6)当汽缸保温层进油时，应及时更换。

(7)调节系统大幅度摆动，或者油系统油管发生振动时，应及时检查油系统严密性。

(8)汽轮机房内应配置足够的消防器材，并放置在明显的位置，其附近不得堆放杂物，要保持厂房内通道畅通。

(9)在油箱、油管道密集的上方应装设感烟报警探测装置和消防喷嘴，当油系统发生火灾时，能自动报警或向火源喷射灭火剂。

第二节 其他事故处理及预防

1. 主蒸汽温度的最高限额的依据是什么?

答: 主蒸汽温度的最高限额的依据是由主蒸汽管、自动主汽阀、调节汽阀及调节级等金属材料的蠕变极限和持久强度等性能决定的。当蒸汽温度超过最高限额时，将使金属材料的蠕变急剧上升，允许应力急剧下降。所以，汽轮机不允许在主蒸汽温度的上限运行。

2. 主蒸汽温度突降有哪些危害性？

答：主蒸汽温度突然下降，是汽轮机发生水冲击的的征兆，而水冲击会引起汽轮机组严重损坏。另外主蒸汽温度突变，还会引起汽轮机金属部件温差增大，热应力增大，而且降温时产生的温差将使金属承受拉应力，其允许值比压应力小得多。降温还会引起动静部件金属收缩不一样，胀差向负值增大，甚至动静部件之间发生摩擦，严重时将导致设备损坏，因此在发生汽温突变时，除按操作规程规定处理外，还应对汽轮机运行情况进行监视。汽温突降往往不是两侧同时发生，所以还要特别注意两侧温差。两侧汽温差超过极限时应根据有关规定进行处理。

3. 主蒸汽的压力和温度同时下降应如何处理？

答：主蒸汽的压力和温度同时下降时，按汽温下降进行处理。汽温下降时，汽耗要增加，经济性降低，除末级叶片易超负荷外，其他压力级也可能超负荷，转子轴向推力增加，且末级湿度增大易发生水滴冲蚀，汽温突降是水冲击的征兆，所以汽温降低比汽压降低更危险。汽温和汽压同时降低时，如负荷过低，则对设备安全不构成严重威胁，汽温降低时，操作规程明确规定了应进行减负荷，所以汽温和汽压同时降低，应按汽温降低处理较为合理。若不减负荷，末级叶片超负荷的危险较大。汽温降低时，应按制造厂规定进行处理，负荷下降到一定的程度是以蒸汽过热度为处理依据的，这时的主要危险是水冲击，汽压降低对设备安全已不构成威胁，以汽温降低处理较为合理。

4. 主蒸汽的压力和温度同时下降时，应注意哪些事项？

答：(1)主蒸汽压力和温度同时下降时，应联系锅炉恢复正常，并报告值班长要求减负荷。

(2)主蒸汽压力和温度同时下降的过程中，应注意轴位移、轴振动、推力轴承温度、胀差等数值，并应严格监视主汽阀、轴封、汽缸水平剖分面是否冒白汽或溅出水滴，发现水冲击时，应紧急停机。

(3)主蒸汽压力和温度同时下降，虽然有150℃的过热度，但主蒸汽温度低于蒸汽室上部温度50℃以上时，汇报值班长要求故障停机。

5. 引起机组异常振动的原因有哪些？

答：引起机组振动的原因很多，这些原因不仅与制造、安装、检修和运行管理的水平有关，而且它们之间又相互影响。造成汽轮机异常振动因素是比较复杂的，但从形成原因方面来看可以分成三大类：

(1)结构方面的原因。即与机器设计、构造方面的缺陷有关，这种原因是由制造厂带来的，如果不从结构方面采取措施不易消除。

(2)安装、检修方面的原因。机器在制造厂组装和现场安装方面的缺陷造成的，这种异常振动可以在安装或检修过程中予以消除。

(3)运行方面的原因。由于机组运行时操作人员误操作造成的，或者由于机器损伤或过度磨损形成的。通过操作人员按操作规程操作，是可以克服和避免这些异常振动的。

6. 引起机组异常振动安装、检修方面的原因有哪些？

答：(1)转动部分动平衡相差较大。

(2)汽轮机与工作机械轴对中冷态曲线或轴对中数值不符合设计技术文件要求。

(3)机组附属转动件如调速器、主轴带动的离心式油泵，危急保安器等部件动平衡的不良，安装质量不佳。

(4)受热的机件在冷态安装时，没有考虑它们热态工作时的自由热膨胀，热变形，使机件在受热工作时不能自由膨胀而变得有些弯曲，从而破坏平衡，如各种轴在受热无法膨胀时，将被顶弯，失掉平衡，造成振动多机壳受热时不能自由膨胀，这种情况也会形成振动。

(5)某些零部件配合间隙不符合制造厂技术文件要求，如油封齿与轴颈配合间隙过小，则在受热时轴颈与油封齿发生摩擦，这时由于转子单侧发热，转子有弯曲则破坏平衡，加剧振动。

(6)径向轴承间隙不符合要求，也会引起振动。若轴瓦的间隙过小，则当转子振动时，就会周期地破坏油膜使振动加剧和轴承温度升高。

(7)基础浇注质量不佳使基础强度不符合设计要求或基础下沉不均匀，都会使机组发生振动。

7. 引起机组异常振动在运行方面的原因有哪些?

答: (1)汽轮机在启动前预热的不充分或者不正确，因而造成汽轮机在启动时转子处于弯曲状态，或者转子中心偏移。

(2)固定在汽轮机转子上转动零部件松弛、变形或者位置移动，引起回转体的重心位置改变而加剧振动。

(3)回转部件的原有平衡性被破坏，如叶片飞脱、叶片和叶轮腐蚀严重、叶轮破损、轴封损坏、叶片积垢、个别零件脱落、以及静止部分与转动部分发生摩擦等等。

(4)启动前预热不均匀，使汽缸变形。

(5)管道与汽轮机连接时，额外附加作用力较大，使机组变形、移位，引起机组振动。

(6)油泵工作不稳定及润滑油温度过高或过低，都会破坏油膜，引起机组振动。

(7)主蒸汽温度过高或过低。

(8)汽缸膨胀不均匀。

(9)汽轮机动静部分之间落入杂物。

8. 汽轮机运行中发生振动应如何监视与判断?

答: 汽轮机运行中突然发生振动，常见的原因是转子平衡被破坏或发生油膜振荡。如果汽缸内有撞击声，振动增大后很快消失或稳定在比以前较高的振幅数值，这是叶片断落或转子部件损坏的征象。如轴承振动增大较快，这是汽缸上下温差过大或主蒸汽温度过低引起水冲击，引起动静部分摩擦，使转子产生热弯曲的征象，应立即紧急停机。如轴承振动突然升高并伴有敲击声，可能是发生了油膜振荡，这时无需立即停机，应先减负荷，若振动仍不减少时，再采取措施紧急停机。

9. 汽轮机膨胀不均匀为什么会引起振动?

答: 汽轮机膨胀不均匀，是由于汽缸膨胀受阻或加热不均匀造成的，这时将引起轴承位置和标高发生变化，从而导致转子中心发生变化。同时还会减弱轴承的支承刚度，改变轴承的载荷，有时还会引起动静部分摩擦，所以在汽轮机膨胀不均匀时会引起汽轮机振动。

10. 汽轮机发生振动时应怎样处理?

答: (1)汽轮机突然发生剧烈振动或汽轮机内有金属摩擦声响时，应立即打闸脱扣紧急停机。

(2)汽轮机轴承振动超过允许值0.03mm以上，应采取措施消除，当轴承振动突然增至0.05mm时，或振动缓慢增至0.10mm时，应立即打闸脱扣紧急停机。

(3)汽轮机异常振动时，应检查蒸汽参数、真空、胀差、轴向位移、汽缸金属温度变化情况，并同时检查润滑油油压、油温、轴承温度等是否正常。

(4)汽轮机启动升速过程中，转子在低于一阶临界转速下，汽轮机轴承振动值超过0.03mm时，应打闸脱扣停机；通过临界转速时，机组轴承振动值达0.10mm时，应打闸脱扣停机，找出原因，采取措施进行消除。

(5)停机过程中，应记录惰走时间，并倾听汽轮机内部有无异常声响。

(6)操作人员当发现汽轮机组运行中振动值增大时，应及时向值班长或有关部门负责人回报，并同时记录运行参数，以利于查明原因后进行消除。

11. 汽轮机轴向位移过大的原因有哪些？

答：(1)主蒸汽参数不符合要求，汽轮机通流部分过负荷。

(2)运行中主蒸汽温度骤然降低，造成水冲击。

(3)汽轮机静叶片严重结垢，流通面积减少。

(4)汽轮机进汽带水。

(5)凝汽器真空降低。

(6)推力轴承损坏。

(7)通流部分动静部件损坏。

12. 轴向位移增大的征象有哪些？

答：(1)轴向位移指示值增大或信号装置报警。

(2)推力轴承温度升高。

(3)汽轮机内有异常声响，振动加剧。

13. 轴向位移增大应采取哪些措施？

答：(1)因主蒸汽参数不符合要求而引起轴向位移增大时，应立即通知锅炉进行调整，恢复至正常参数。

(2)当轴向位移超过整定值时，应迅速减负荷，使轴向位移降低到整定数值以下。

(3)检查监视段压力、抽汽压力不应高于整定值，当高于整定值时，应降低负荷。

(4)当轴向位移增大至整定值以上而采取措施无效后，并且汽轮机内有异常声响和振动，应迅速破坏真空紧急停机。

(5)当发生水冲击引起轴向位移增大或推力轴承损坏，应立即破坏真空紧急停机。

(6)机组已在空负荷运行，轴向位移仍超过极限数值时，轴向位移保护装置应动作，若无动作，应立即破坏真空，手动脱扣紧急停机。

14. 油压和油箱油位同时下降的原因有哪些？应采取哪些措施？

答：油压和油箱油位同时下降的主要原因是压力油管破裂，法兰密封面处漏油，油冷器铜管泄漏或破裂(可以从油冷器出口冷却水中有无油花来判断)。

油压和油箱油位同时下降应采取以下处理措施：

(1)应及时检查高压或低压油管是否破裂，同时检查油冷器铜管是否破裂，若发现漏油情况应停用漏油部分的油冷却器并向油箱补油至正常油位，或通知安装、维修人员进行处理。

(2)压力油管破裂时，应立即将漏油(或喷油)处与高温部件临时隔绝，严防火灾发生，并设法在运行中消除。

(3)当漏油无法消除时，应向值班长汇报，进行紧急停机。

15. 油压下降，但油箱油位无变化的原因是什么？

答：油压下降，但油箱油位无变化的原因是主油泵转速下降或压力油管道漏油至油箱内或主油泵进油侧滤网堵塞。

16. 油压下降，但油箱油位无变化时应如何处理？

答：(1)检查主油泵工作是否正常，进口压力应大于0.08MPa，若主油泵工作失常，应回报值班长，必要时应紧急停机。

(2)启动辅助油泵并检查辅助油泵逆止阀的严密性(可停辅助油泵后油压立即下降来进行判断)。

(3)检查油箱、油管法兰密封面和各接头的严密性，检查注油器进口是否堵塞。

(4)检查油过滤器前后的压差，如超过0.015MPa应切换油过滤器，清洗滤芯。

17. 油压正常，油箱油位下降时的主要原因是什么？

答：当发生油压正常，油箱油位下降时，应首先检查油箱油位指示器是否失灵，如若油位指示器正常，表明油箱油位确实下降。油压正常，油箱油位下降的主要原因是：

(1)润滑油、调节油回油管道、管接头、阀门漏油；轴承油封漏油；

(2)油冷器管束与管板处渗漏；

(3)油箱排水阀或油系统有关阀放油阀、取样阀泄漏或误操作。

18. 油压正常，油箱油位下降时应如何处理？

答：(1)应检查、确定油箱油位指示是否正确；

(2)应查找出润滑油的泄漏处，并消除漏油；

(3)向油箱内补充经过滤的新油，达到正常油位；

如采取各种措施仍不能消除漏油时，且油箱油位下降较快，无法维持运行时，在油箱油位未降到最低极限油位以前应向值班长汇报，启动辅助油泵进行故障停机。如果油箱油位下降到最低停机值以下，应立即破坏真空，紧急停机。

19. 油箱油位升高的原因有哪些？应采取哪些处理措施？

答：油箱油位升高的原因是由于油系统进水，使水进入油箱内，引起润滑油乳化，导致轴承温度过高或调节系统的部件失灵。油系统进水的主要原因如下：

(1)轴封蒸汽压力过高；

(2)轴封加热器真空低；

(3)停机后，油冷器的冷却水压大于油压。

20. 油箱油位升高应采取哪些处理措施？

答：(1)保持油冷器的油压大于冷却水压；

(2)当发现油箱油位升高时，应打开油箱底部排水阀进行排水；

(3)应进行油质化验分析，发现油中带水应及时过滤；

(4)将轴封供汽按规定压力进行调整，提高轴封加热器真空；

(5)停机后，停用润滑油泵前，应关闭油冷器冷却水的进水阀。

21. 引起汽轮机组个别轴承油温升高的原因有哪些？

答：(1)当负荷增加时，轴承受力分配不均，个别轴承承受负荷过大；

(2)轴承进油孔与轴承座进油口偏离，使进油量减少，甚至断油；

(3)轴承内进入杂质，增大摩擦使轴承发热、油温升高；

(4)靠近轴承侧的轴封汽量过大或漏汽量大；

(5)轴承回油不畅；

(6)轴瓦过盈量过小，轴瓦在轴承座孔内径向转动或轴向位移，使轴承进油口与轴承上的进油孔偏离，进油量减少，甚至断油。

22. 引起汽轮机组所有轴承油温升高的原因有哪些？

答：(1)油质恶化。

(2)由于某些原因引起油冷却器出口油温升高。

①油冷器切换操作顺序失误；

②切换油冷却器时，未将空气排净；

③油冷却器的冷却水量不足；

④油冷却器脏污使传热不良或夏季冷却水温过高。

(3)主油泵发生故障时，辅助油泵未启动。

(4)油系统内存积有空气，导致主油泵进油中断，出口油压不稳定，辅助油泵又未联锁启动，造成所有轴承缺油或断油。

第八章　汽轮机组异常振动的原因及处理

第一节　概　述

1. 汽轮机组振动过大对设备的危害主要表现在哪几个方面？

答：(1)动静部分摩擦。随着机组容量和参数的提高，为了提高汽轮机效率，通流部分径向间隙要求较小；运行中由于汽缸热膨胀和热变形的影响，动静部分径向间隙还会进一步减小。当机组振动过大时，就会发生动静部分摩擦。若处理不当，还会引起转子弯曲、设备损坏等重大事故。

(2)加速一些零部件的磨损。机组振动过大将会加速一些部件(蜗轮、蜗杆、轴承等)及滑销系统的磨损，不但降低了这些部件的使用寿命，而且还会诱发其他的故障。

(3)造成一些部件的疲劳损坏。机组振动过大造成疲劳损坏的部件主要表现在轴承巴氏合金脱胎和碎裂。

(4)造成紧固件的断裂和松脱。机组振动过大将会造成轴承座地脚螺栓断裂和一些零部件松动以致脱落，使机组振动进一步增大，以致造成设备严重损坏。

(5)损坏机器基础和周围建筑物。机组振动过大将会造成机器基础裂纹、二次灌浆层松裂等，有时机组过大振动还会传递到附近的建筑物或引起共振，造成建筑物损坏。

(6)直接或间接造成设备事故。机组振动过大将会引起危急保安器和其他保护装置误动作，造成打闸脱扣停机。

(7)降低机组的经济性。机组振动过大将造成通流部分汽封片磨损，汽封径向间隙增大，使漏汽损失增加，将会降低机组运行的经济性。

2. 汽轮机出现不稳定的振动主要有哪几种类型？

答：(1)汽轮机组支承系统复杂，在运行状态或工况变化时，每个轴承的热膨胀和变形量不同，使轴承标高发生变化，将会引起每个轴承载荷的重新分配，轻载的轴承则更容易产生不稳定的自激振动。

(2)有的转子接近第一临界转速或低于工作转速的1/2以下，容易激发轴承的油膜的自激振荡。

(3)大功率汽轮机由于进汽压力高、蒸汽容积小，转子单位面积的蒸汽通流量增大，转子上蒸汽通道径向流量偏差所引起的不平衡力矩也随之增加，将会引起轴承的自激振动，又称间隙振荡。

(4)由于大功率汽缸热变形较大，通流部分动静径向间隙较小，容易引起动静摩擦，从而引起摩擦自激振荡。

第二节　汽轮机发电机组振动的评定标准

1. 汽轮发电机组制定振动的标准是什么？

答：对于高速运行的汽轮机，要求其根本不存在振动是不现实的，因此允许存在一定程度的振动。但汽轮机的振动应控制在一个适当的范围内，而不至于危及汽轮机组的安全运行。一台汽轮机的振动水平关系到结构设计、原材料质量、制造工艺、安装、检修工艺以及运行维护水平等因素，所以一台汽轮机的振动状况是设计、制造、安装、检修和运行维护水平的综合能力。一个国家在制订振动标准时，不但要考虑需要，还应考虑技术上的可能性。因此振动标准实际上是汽轮机在一定时期内的制造、安装、检修及运行的经验的总结。

2. 目前国内和国外对汽轮机组振动有哪些振动标准?

答: 目前国内和国外对汽轮机组振动有以轴承振幅为尺度的振动标准、以转轴振幅为尺度的振动标准和以轴承振动烈度为尺度的振动标准三种。

3. 目前我国以轴承振幅为尺度的振动标准是如何规定的?

答: 目前我国以轴承振幅为尺度的振动标准有以下规定:

我国现行的汽轮发电机组的振动标准，是1980年电力工业部颁发的《电力工业技术管理法规(试行)》规定的轴承振动标准，见表8－1。

表8－1　《电力工业技术管理法规》中规定的汽轮发电机组振动标准

汽轮机转速/(r/min)	振动双振幅/mm	
	良 好	合 格
1500	0.05及以下	0.07及以下
3000	0.025及以下	0.05及以下

法规还规定新安装机组的轴承振动值不宜大于0.03mm。

表8－1中所列的振动数值，适用于额定负荷和任何负荷稳定工况，以及各轴承的垂直、水平和轴向三个方向的振动幅值。在轴承座上的振动测量位置如图8－1所示。

在进行振动测量时，每次测量位置都应保持一致，否则将会带来很大的测量误差。

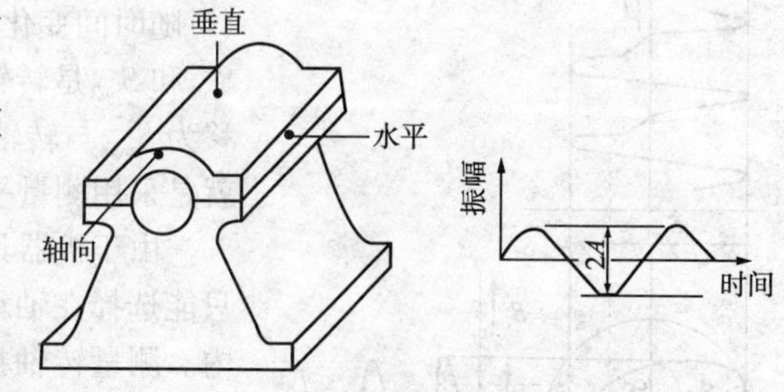

图8－1　轴承振动测点位置

4. 国际电工委员会推荐以轴承振幅为尺度的振动标准是怎样规定的?

答: 国际电工委员会(IEC)1968年推荐表8－2所示的振动值，作为评定机组是否处于良好运行状态的标准，并说明表中所列的数值是良好的、平衡的汽轮机在任何额定转速稳定工况下都应达到的标准。

表8－2　国际电工委员会规定的汽轮机振动标准

汽轮机转速/(r/min)	1000	1500	1800	3000	3600	6000及以上
轴承双振幅/mm	0.075	0.05	0.042	0.025	0.021	0.012
转轴双振幅/mm	0.15	0.10	0.084	0.05	0.042	0.020

表8－2中所列的轴承振动数值为轴承座上沿直径方向测得的振动数值。轴振动的标准比轴承振动标准高出一倍。

5. 美国石油协会推荐以轴承振幅为尺度的振动标准是怎样规定的?

答: 美国石油学会API 611石油精炼通用汽轮机振动标准见表8－3的振动值。

表 8-3 API 611 石油精炼通用汽轮机振动标准

转子转速/(r/min)	振动双振幅/mm	
	轴 承	轴(轴承附近)
4000 以下	0.025	0.05
4000~6000	0.018	0.0375

6. 目前以转轴振幅为尺度的振动标准是如何规定的?

答: 随着振动测试技术的不断发展，对转轴振动的测量在现场得到了日益广泛的应用。显然，直接测量轴颈在轴承中的振动，能够真实地反映出机组的振动状态和危害程度，且更加灵敏、可靠。不少国家在采用以轴承振动作为机组振动评价标准的同时，又制订了转轴振动的标准。目前转轴振动的测量在我国已推广应用，但尚未制订出转轴振动的标准。

德国工程师协会 1981 年颁布的《透平机组转轴振动测量及评价》(简称 VDI-2059)对《汽轮发电机组振动标准》作了如下规定:

采用电涡流传感器或电感式传感器，可直接获得振动位移的信号，其中包括直流分量和交流分量。直流分量是表示在一段时间内信号的平均值，时间间隔的交流信号是振动信号的瞬时值。

为了确定转轴在径向测量平面内的运动，必须在一个测量面内安装两个传感器，而且要求两个传感器相互垂直。两个传感器的振动位移分别为 $S_1(t)$ 和 $S_2(t)$，则在测量平面内转轴的动态位移 $S_k(t)$ 为

$$S_k(t) = \sqrt{S_1^2(t) + S_2^2(t)} \quad (8-1)$$

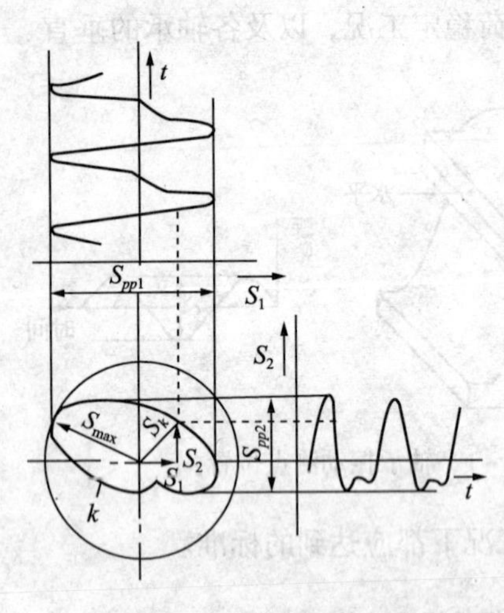

图 8-2 转轴位移轴心轨迹

如图 8-2 所示，两个测点上的转轴位移 $S_1(t)$ 和 $S_2(t)$ 随时间变化构成轴心轨迹 k，S_k 为转轴位移的瞬时值，S_{pp1} 和 S_{pp2} 是转轴的双振幅。在周期振动中，转轴的最大位移为 S_{max} 与转轴位移的瞬时值 S_k 近似相等，评价转轴振动就是采用测量平面内转轴的最大值 S_{max}。

由于机器具体结构和温度条件的限制，测量平面通常只能选择在轴承与机壳之间或转轴外伸悬臂处的径向平面内。测量转轴振动的电涡流传感器是直接固定在支架上的，支架又固定在轴瓦或轴承座上，因此上述方法测量出来的转轴振动结果，实际上是转轴相对于轴瓦或轴承座的振动，所以称为转轴相对振动。在现有的一般机组中，转轴振幅约为轴承振幅的 4~8 倍。

VDI-2059 评价机组振动状态分为良好、报警、停机三个等级，分别采用以下三个计算公式求得:

良好 $$S_{max} \leqslant \frac{2400}{\sqrt{n}}(\mu m) \quad (8-2)$$

报警 $$S_{max} \leqslant \frac{4500}{\sqrt{n}}(\mu m) \quad (8-3)$$

停机 $$S_{max} \leqslant \frac{6600}{\sqrt{n}}(\mu m) \quad (8-4)$$

式中　n——转子工作转速，r/min。

按式(8－2)、式(8－3)、式(8－4)分别计算求得1000～3600r/min等几个转速档次的振动评价标准，见表8－4。表中列出的振动幅值均为单振幅。

表8－4　VDI－2059汽轮发电机组转轴振动标准　μm

等　级	转子工作转速/(r/min)				
	1000	1500	1800	3000	3600
良好	76	62	57	44	40
报警	142	116	106	82	75
停机	209	170	156	121	110

7. 目前以轴承振动烈度为尺度的振动标准是如何规定的？

答：1977年国际标准化组织(ISO)提出了以轴承振动烈度为尺度的振动标准(ISO 3945—1977)。机组的振动烈度定义为所测得的振动速度的最大有效值，即以振动速度的均方根值来表示，单位是mm/s。以轴承振动烈度为尺度的振动标准采用轴承振动速度均方根值V_{ms}作为评价尺度。ISO 3945—1985《转速范围在10～200r/s的大型旋转机器的机械振动—振动烈度的现场测量与评定》中的规定：轴承振动的评定分为良好、满意、不满意、不合格四个等级，见表8－5。1989年我国国家技术监督局发布的GB 11347—89《大型旋转机械振动烈度现场测量与评定》等效地采用了ISO 3945—1985规定的标准。

表8－5　ISO 3945—1985 600～12000r/min大型旋转机械振动烈度推荐值

支承型式	振动烈度 V_{ms}/(mm/s)										
	0.45	0.71	1.12	1.8	2.8	4.6	7.1	11.2	18.0	28.0	71.0
刚性支承	良好				满意		不满意		不合格		
挠性支承	良好					满意		不满意		不合格	

支承系统一阶固有频率低于机组的主振频率时属于挠性支承，反之属于刚性支承。

8. 目前国内外对汽轮机组振动控制的方法有哪些？

答：目前国内外对大型汽轮机组的振动控制，多数机组都采用连续测量机组轴承的振动振幅的方法，有些机组采用非接触式测振仪对机组转轴振动振幅或振动轨迹进行监控的方法。并根据既定的振动幅值，通过热控和保护系统进行振动报警或自动控制停机，从而达到预防设备损坏的目的。

第三节　临界转速及其振动特点

1. 汽轮机转子在临界转速时的振动是由于什么原因引起的？

答：汽轮机转子在临界转速时的振动，一般是由于转子质量不平衡的扰动力的频率与转子的固有频率重合时，发生共振所引起的。由于在临界转速时，机组的振动将会急剧增加，以致造成设备损坏，所以不允许机组在临界转速或接近临界转速下工作。

2. 采取哪些有效措施可以将转子在临界转速时的振动值控制在很低范围？

答：在现代技术条件下，采取下列有效措施，如提高转子的平衡质量、增加振动阻尼、控制轴承动力影响等，就可以使转子在临界转速时的振动控制在很低的范围。

3. 解释汽轮机转子在临界转速时，产生异常振动的原因？

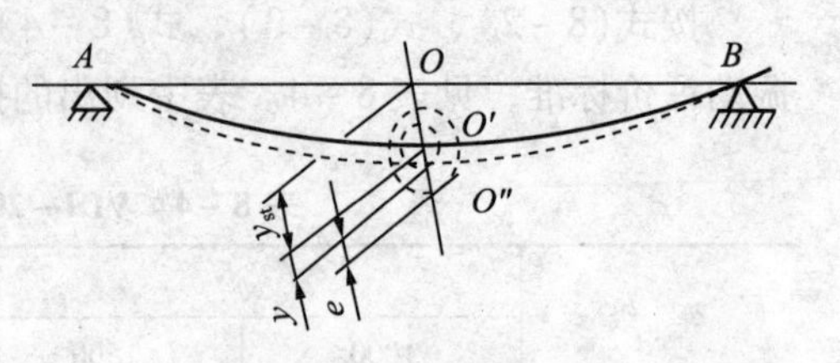

图 8－3　单轮盘转子

答：在临界转速时，汽轮机转子产生异常振动的原因可作如下解释。图 8－3 所示为最简单的单轮盘转子的工作情况。设轮盘的质量为 m，重心为 O''，偏心距 e。轴颈放置在两端的径向轴承上时，在轮盘重量的作用下，产生静挠曲线 $AO'B$，轮盘处静挠度为 y_{st}。转子绕静挠曲线 $AO'B$ 旋转，在离心力的作用下，使转子产生挠曲，在轮盘处的挠度为 y，这个挠度称为动挠度。单轮盘转子旋转时所产生的离心力 F 为

$$F = m(y+e)\omega^2 \tag{8-5}$$

式中　ω——转动角速度。

4. 如何计算单轮盘转子的自由振动的固有频率？

答：单轮盘转子旋转时所产生的离心力是由于转子不平衡、存在残余偏心引起的，它是周期性变化的，其圆频率为 ω。对弹性质量系统来说，其固有频率为

$$f = \frac{1}{2\pi}\sqrt{\frac{c_f}{m}} \tag{8-6}$$

其自由振动的固有频率为

$$\omega_k = 2\pi f\sqrt{\frac{c_f}{m}} \tag{8-7}$$

式中　f——系统固有的自振频率，Hz；

ω_k——自由振动的固有自振频率，rad/s；

c_f——弹簧的刚性系数（即转子的刚性系数）。

刚性系数可通过弹簧在质量为 m 的重物作用下产生的静变形求得，根据弹力和重力相等得

$$mg = c_f y_{st} \tag{8-8}$$

于是式（8－7）可写为

$$\omega_k = \sqrt{\frac{g}{y_{st}}} \tag{8-9}$$

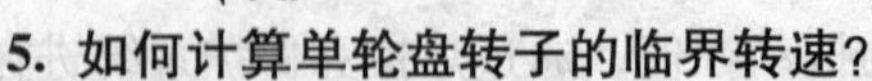

5. 如何计算单轮盘转子的临界转速？

答：单轮盘转子的临界转速 n_c 为

$$n_c = \frac{60}{2\pi}\omega_k = 299\sqrt{\frac{1}{y_{st}}} \tag{8-10}$$

由式（8－10）可见，临界转速可按转子在其本身重量下的静挠度来确定。静挠度越大，临界转速越低。反之，临界转速越高。

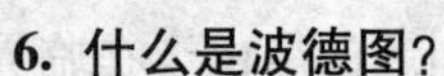

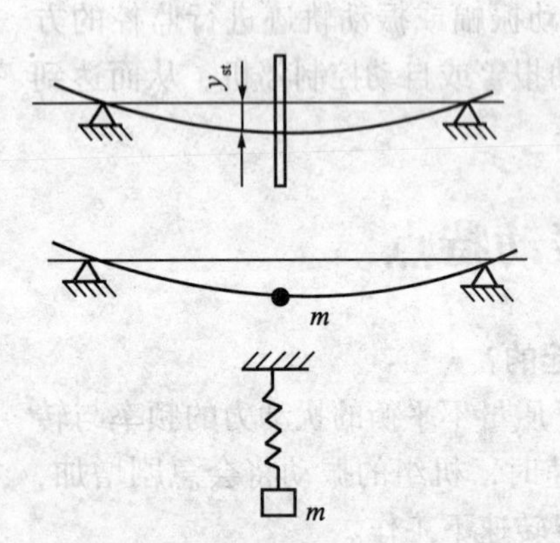

图 8－4　单轮盘转子的简化模型

6. 什么是波德图？

答：利用机组启停过程中的转速、振幅和相位角的变化，绘制出和以上两组曲线中某一条相似的曲线的关系曲

线图，称为波德图。这组曲线图可以手工绘制，也可以通过振动仪器或振动在线监测装置自动地绘制出来。相位角 φ 取决于$\frac{\omega}{\omega_k}$和$\frac{2\varepsilon}{\omega_k}$，不同的$\frac{2\varepsilon}{\omega_k}$数值下的相位角 φ 与$\frac{\omega}{\omega_k}$的关系曲线如图 8－5 所示。

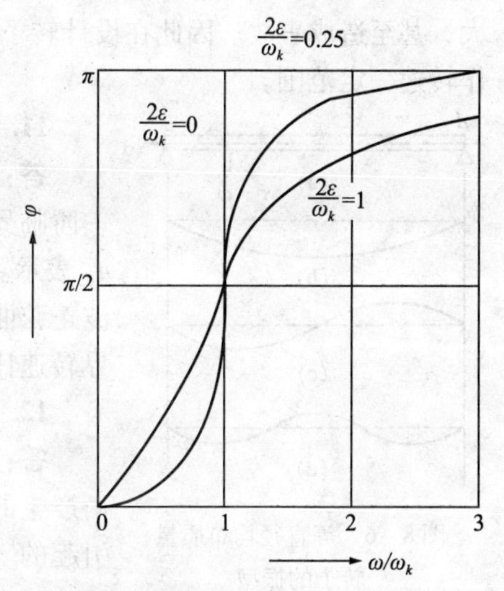

图 8－5　相位角与$\frac{\omega}{\omega_k}$的关系曲线

7. 波德图有什么作用？

答：(1)确定转子临界转速及其范围。

(2)了解转子在升速或降速过程中的临界转速，了解其他部件是否发生共振。

(3)作为评定挠性转子平衡位置和质量的依据。

(4)可以求得机械滞后角，为加试重提供正确的依据。

(5)将机组启停过程中所得波德图进行对比，可以判断机组启动中是否存在动静部分摩擦和冲动转子前及运行中转子是否存在热弯曲等故障。

8. 什么是转子挠度高点相对于偏心质量的滞后角？

答：转子质量偏心方向与挠度高点之间的夹角，称为转子挠度高点相对于偏心质量的滞后角。从图 8－5 中可以看出，当 $\omega<\omega_k$(ω—转动角速度，ω_k—临界角速度)，即转速低于临界转速时，$\varphi<90°$；当 $\omega=\omega_k$，即转速等于临界转速时，$\varphi=90°$；当 $\omega>\omega_k$，即转速高于临界转速时，$\varphi\to180°$。

9. 什么是转子的临界转速？

答：汽轮机发生共振时的转速称为转子的临界转速。

从汽轮机组在启动升速过程中可以观察到这样一个现象：当机组转速升至某一转速值时，机组发生强烈振动，当越过这一特定转速时，振动迅速减弱；当转速升高到另一更高的转速时，机组又可能发生较强烈的振动，继续提高转速，振动又迅速减弱，通常将这一现象称为转子的临界转速。

从理论上讲，转子的外形为一轴对称的旋转体。但实际上，由于制造和装配的误差，以及材质的不均匀，所以转子的质心和转子的几何中心总是不能重合，即产生一质量偏差。在旋转状态下，偏心的质量就使转子产生离心力，离心力在任何一个通过旋转中心线的静止平面上的投影，是一个周期性的简谐外力，这一简谐力就是迫使转子振动的激振力。而转子是一个弹性体，同其他弹性体一样，它有着固定的横向振动自振频率，当激振力频率与转子横向振动的自振频率相等时，则会发生共振现象，与此时激振力频率相对应的转速，就是转子的临界转速。

10. 转子的临界转速与哪些因素有关？

答：影响转子临界转速的因素很多，主要与转子的质量、直径、几何形状、材质、两轴承间的跨距及轴承支承的刚度有关。转子直径越大，重量越轻，两轴承间跨度越小，轴承支承刚度越大，其临界转速越高，反之则临界转速低。临界转速的高低与转子的质量偏心距的大小无关，但是转子振动的振幅却与转子的质量的偏心距成正比，因此应尽量减少转子的偏心距。

如果转子在临界转速下运行，会使转子振动加剧；特别是动平衡受到破坏时，振动更大，甚至造成事故。因此在设计转子时，为了确保转子正常运行，转子的临界转速应避开工作转速一定范围。

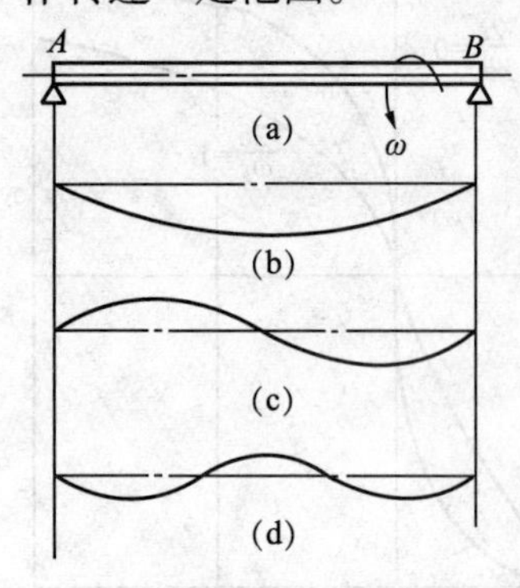

图8-6　等直径均布质量转子的振型

11. 如何分析机组多个等直径均布质量转子的临界转速？

答：均布质量的转子有无穷多个临界转速。当$n=1$时为第一阶临界转速，用n_{c1}表示；当$n=2$时为第二阶临界转速，用n_{c2}表示。当达到第一阶临界转速时，转子的弹性曲线是一个半波正弦曲线，其中有一个节点，如图8-6所示。不同阶次的临界转速比为$n_{c1}:n_{c2}:n_{c3}:\cdots=1^2:2^2:3^2:\cdots$

12. 转子在临界转速时的振动是由哪些原因引起的？

答：转子在临界转速时的振动，一般是由于转子质量不平衡产生的扰动力的频率与转子的固有频率相重合时，发生共振引起的。

13. 汽轮机组运行时，应如何通过临界转速？

答：汽轮机组运行中通过临界转速时，机组的振动会急剧增加，甚至造成设备损坏，所以不允许机组在临界转速或接近临界转速的情况下工作。在汽轮机组启动升速和停机降速过程中，应迅速平稳地通过临界转速，而不应在临界转速或接近临界转速附近停留。

14. 什么是刚性转子？有何特点？

答：转子的工作转速低于第一临界转速的转子，称为刚性转子。这种转子在升速时不会发生共振。设计时要求$n_{c1}=(1.25\sim1.8)n_0$。刚性转子特征是：转子的重量大、轴的直径大、两轴承之间间距小和轴的材质刚性大，多用于小型或单级汽轮机。

15. 什么是挠性转子？有何特点？

答：转子的工作转速高于第一阶临界转速的转子称为挠性转子。这种转子在启动升速时应迅速通过临界转速。其特征是：转子的重量较大、轴的直径较小、两轴承之间间距较大和轴的材料弹性较强。

16. 按转子工作转速与临界转速的相对关系，将转子分为哪几类？

答：按转子工作转速与临界转速的相对关系，将转子分为刚性转子和挠性转子两类。

我国规定：刚性转子的工作转速n_0应满足：$n_0<0.75n_{c1}$；挠性转子应满足：$1.4n_{c1}<n_0<0.7n_{c2}$。（n_{c1}、n_{c2}第一阶及第二阶临界转速）。

美国石油学会API 617中规定：

刚性转子：第一阶临界转速至少应超过最大持续转速的20%。

挠性转子：第一阶实际临界转速不大于最大持续转速的60%，或者任何操作转速不在与临界转速接近于10%的情况下工作，第一阶临界转速至少应超过最大持续转速的20%。根据API 617中的规定，最大持续转速是额定转速的105%。

17. 汽轮机通过临界转速时，为什么要在适当转速下停留一段时间？

答：汽轮机通过临界转速时，因升速较快，蒸汽流量有较大的变化，金属部件也容易产生较大的温差。为避免金属温差引起过大的热应力，以及避免金属温差引起膨胀不均而使机组振动，汽轮机通过临界转速后，应使机组在适当的转速下停留一段时间，使各部分金属温度趋于一致，温差减小。

18. 影响临界转速的因素有哪些？

答：转子的临界转速与许多因素有关，对于汽轮机转子主要受质量和刚性的影响外，还与以下因素有关：

(1)支承刚性的影响。汽轮机机组中，一般的支承可以简化为如图8－7所示的型式。轴承座刚度、油膜刚度、阻尼及参与振动的质量可以通过试验得到。支承系统的刚度越低，转子临界转速降低越多。

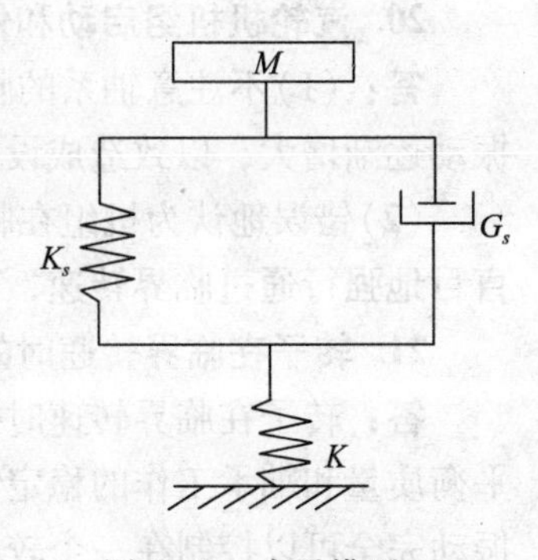

图8－7　支承模型

K—轴承座刚度；K_s—油膜刚度；G_s—阻尼；M—参与振动质量

实验证明，小型汽轮机组的支承接近于刚性的，可以按刚性支承处理。由于大、中型汽轮机轴承座、轴承中的油膜及整个支座都不是绝对刚性的，大、中型汽轮机组的支承刚度对临界转速有显著影响。根据试验支承刚度大致在$1\times10^6\sim7\times10^6$kgf/cm的范围内。由于支承的弹性，使转子轴承系统的刚度下降，降低了临界转速。

(2)叶轮回转力矩的影响。在汽轮机中，通常回转力矩使转子挠度减小，提高了临界转速。

(3)转子外伸段的影响。任何转子在轴承端都有一定的外伸段，其长度对二阶及高阶临界转速影响很大，使临界转速显著降低。

(4)温度的影响。材料弹性模量E与温度有关，温度升高，E值降低，转子的临界转速也相应的降低，一般按系数φ_t进行修正：

$$\varphi_t=\sqrt{\frac{E_t}{E_0}} \tag{8-11}$$

(5)阻尼的影响。主要是轴承油膜的阻尼对振动影响很大，通常油膜阻尼可以提高临界转速。此外，油膜阻尼还可以大大降低共振振幅。

(6)轴系的临界转速的影响。工业汽轮机驱动的离心式压缩机组由几个气缸串联而成，形成一个由多缸转子所组成的轴系，各个转子通过联轴器连接在一起。组成轴系的各个转子的尺寸和质量分布不同，因而其一阶临界转速各不相同，所以设计时不能单纯只计算各个单缸转子的临界转速，而应按整个轴系来计算临界转速，才是整个轴系真实的临界转速。但因各缸转子之间采用联轴器的连接方式不同，其情况也不相同。如果采用膜片式联轴器、齿式联轴器，则各缸转子振动时相互影响并不显著。特别在刚性支承情况下，整个轴系的临界转速，就是各个单缸转子的临界转速按大小顺序排列而成，而且它们的大小与单缸时各临界转速值极为接近。如果采用刚性联轴器，则各缸之间的影响很大，应按轴系来考虑。这时，轴系在某一阶临界转速下振动时，轴系的主振型和轴系中各个转子的振型与相应该阶临界转速的单缸转子的振型相比较，彼此之间也没有一定的简单关系。

19. 汽轮机每次升速前后和通过临界转速后，必须检查哪些项目？

答：机组的振动、声响、金属温度、汽缸膨胀、相对膨胀和汽缸左右两侧对称膨胀情况。并应检查油箱油位、供油总管油压、轴承回油温度及回油窥视镜的回油油流情况等。还应检查主蒸汽压力、温度、凝汽器的真空、排汽温度等。当发现机组异常振动时，则不允许强行升速，应降低机组转速到振动消除后，再在该转速下继续暖机，直到机组一切正常后，方可继续升速至调速器工作转速。调速器开始动作时，应检查调速器的工作情况，此时汽轮机进入自动调节。

机组投入自动调节后，再运行暖机一段时间便可将转速升到额定转速。在额定转速下稳定运行一段时间，对机组进行全面检查并进行保安系统试验，待一切正常后方可准备加负荷。

20. 汽轮机机组启动和停机过程中，应避免哪两种错误倾向？

答：(1)不注意轴系的临界转速，机组长期在临界转速下或临界转速附近停留，使机组振动逐渐增大，以致造成设备损坏。

(2)错误地认为机组在临界转速下振动急剧增大是不可避免的正常现象，在启动升速时盲目地强行通过临界转速，对临界转速下的异常振动不予理睬，以致造成设备损坏。

21. 转子在临界转速时的振动幅值取决于什么情况？说明什么？

答：转子在临界转速时挠度增大，经常出现较大的振动，而振动幅值主要取决于转子的平衡质量和轴承工作的稳定情况。对轴系进行合理的动平衡之后，转子在临界转速工况下的振动完全可以控制在一个较小的范围之内，所以在临界状态下出现过大的振动，恰好说明转子的平衡情况不合理或平衡遭到破坏。因此，在机组启动和停机过程中应监视临界转速下的振动幅值的变化情况。由于机组在启动升速过程中，每次加速度控制的不同，振动情况也可能不同。但在停机过程中，转子惰走时间在正常情况下相差较小，因此在停机过程中通过临界转速时的振动变化更说明问题。

22. 如何避免转子通过临界转速时振动过大造成设备损坏？

答：(1)经验证明，只要转子作的平衡合理并符合技术要求，在临界转速下将转子的轴承振动控制在0.05mm左右。一般临界转速下的允许的振动幅值稍高于额定转速下的振动幅值。当机组通过临界转速时的振动超过0.10mm时应立即打闸脱扣停机。此时，说明转子的工作状况出现异常状态，应及时查明原因并采取措施进行消除。

(2)在机组启动和停机过程中，不但应监视临界转速下振动的绝对幅值，还应监视机组每次启停通过临界转速时振动幅值的相对变化。汽轮机转子通过临界转速时的振动幅值较正常运行时的振动幅值变化不应超过0.03~0.04mm；若变化振动幅值超出此范围，应分析原因并采取措施进行消除，再进行机组启动，否则在未查明原因之前，不得盲目启动。

第四节　现场常见的振动现象及其原因分析

1. 汽轮机组常见的振动类型有哪些？

答：汽轮机组的振动按激振能源的不同，可分为强迫振动和自激振动两大类。

2. 什么是强迫振动？

答：强迫振动是在外界干扰力的作用下产生的，这类振动现象比较普遍。振动的主要特征是振动的主频率和转子的转速一致，除在临界转速外，振动的振幅值随转速的升高而增大，并且与转速的平方成正比，振动的波形多是正弦波。

3. 什么是自激振动？它有哪些特征？

答：自激振动是指由振动本身运动所产生的阻尼力非但不阻止运动，反而将进一步加剧这种振动。自激振动称为负阻尼振动。因此一旦有一个初始振动，不需要外界向振动系统输送能量，振动即能保持下去。所以，这种振动与外界激励无关，完全是自己激励自己，故称为自激振动。这类振动的主要特征是振动的主频率与转子的工作转速不符而与其临界转速基本一致，振动波形比较紊乱并含有低频谐波。

4. 影响汽轮机组强迫振动的因素有哪些？

答：(1)转子质量不平衡。转子质量不平衡所引起的振动主要特点是振动频率和转子的转速一致，振动波形为正弦波。如不考虑临界转速和转子挠度的影响，振幅和转速的平方成正比。

(2)转子轴对中不良。所谓的转子轴对中，主要指相邻两联轴器的径向位移和轴向倾斜程度。转子中心变化所产生的振动主频率为转速的两倍频，振动幅值与负荷和轴不对中程度有关。

(3)汽轮机膨胀受阻。当汽轮机膨胀受到阻碍时，将引起各轴承之间的位置标高发生变化，导致转子同心度破坏。同时还会改变轴承座与底座支承板之间的接触状态，从而减弱了轴承座的支承刚度。有时将会引起动静摩擦，造成转子新的不平衡。

这类振动表现为振幅随着负荷的增加而增加，但随着运行时间的延长振动有减小的趋势。振动频率与转速一致，波形近似为正弦波。当遇到此类振动时，可适当延长暖机时间，减少负荷变化速度，以改善机组的振动情况。

(4)支承刚度不足和共振。因为有阻尼的强迫振动的振幅与激振力、动力放大系数成正比，与支承刚度成反比。因此，在动力放大系数不变时，即使激振力大小不变，当支承刚度降低时，振动也会增大。而且支承刚度下降又会使振动系统的共振频率降低，动力放大系数也随之发生变化，使系统的振动频率更加接近工作转速而发生共振。

支承刚度不足所引起的振动的特点与转子质量不平衡所产生的振动相似，但有时会出现高次谐波。

支承刚度下降是由于轴承座与底座支承板，轴承座与汽缸，底座与基础之间的螺栓连接松动造成的。

(5)轴承在轴承座内松动。轴承安装时轴瓦过盈量过小或经受长期的振动后，将会产生轴承在轴承座孔内松动的现象，将造成轴承振动(尤其是轴振动)的增加，同时还伴有较高的噪声。其振动频率与噪声两者相符，且为转速的高倍频，这是轴承系统受转子激振力中非基频量而引起的共振(即高次谐波共振)。

(6)热不平衡。有许多汽轮机组的振动随着转子的受热状态发生变化，即当转子的温度升高时，振动增大。其原因主要是由于转子沿横截面方向受到了不均匀的加热和冷却、膨胀不均匀等，使转子产生了沿圆周方向的不规则变形。

(7)转子出现裂纹。当转子出现裂纹时，该裂纹便从转子的表面向纵深扩展，最终将带来灾难性的损坏。发生这种情况最主要的特征是随着金属表面温度的下降，振动增大。在振动波形中包含有运行转速的两次或三次谐波分量。

(8)随机振动。当汽轮机组转子受到不规则冲击时，将会产生随机振动，即振动的频率、振幅都在不断地发生不规则的变化，在振动波形上找不到相同的形状，这期间既包含冲击强迫振动又包含自由振动。

(9)电磁干扰力引起的振动。主要是发电机转子与静子之间磁场分布不均匀造成的。这类振动的主要特点是转子在某一频率振动时，将引起静子的倍频振动。

5. 汽轮机组可能会发生的自激振动有哪些?

答：根据激发自激振动的外界扰动力的性质不同，又表现为不同的自激振动形式。汽轮机组上可能发生的自激振动有轴瓦自激振动、汽流激振、摩擦涡动、间隙自振和参数振动等，从国内外运行经验来看，对机组安全运行具有实际意义的自激振动有轴瓦自激振动、参数振动和汽流激振三种。

6. 什么是轴瓦自激振动？它常发生在何时？

答：所谓轴瓦自激振动，即轴颈与轴瓦上润滑油膜之间发生的自激振动。轴瓦自激振动常常发生在汽轮机组启动升速过程中，特别是超速时。

7. 常见的轴瓦自激振动主要有哪几种？

答：常见的轴瓦自激振动主要有半速涡动和油膜振荡两种。

8. 轴瓦油膜自激振动是如何产生的？

答：下面以圆柱形滑动轴承为例分析滑动轴承的润滑油膜自激振动的原因。当一个不承受载荷完全平衡的转子以角速度 ω 转动时，其轴颈中心应位于轴承的中心。假设由于外界扰动时的轴颈中心偏离轴承中心产生一个小的位移，如图 8－8 所示。若轴颈受到某种外界扰动使得轴颈中心 O_1 偏离轴承中心产生一个小的位移 Δe，此时油膜压力由 p 变为 p，因而不再与载荷 W 平衡，这样两者就产生一个合力 F，此合力 F 可分解为沿油膜变形方向的弹性恢复力 F_2 和垂直于油膜变形方向的切向力 F_1。偏离轴承中心的轴颈必然受到油膜的弹性恢复力 F_1 的作用，其弹性恢复力将迫使轴颈返回到原始位置 O_1 的趋势。由于轴颈的偏移，油流产生的压力分布发生了变化：在小间隙的上游侧，油流从大间隙进入小间隙，故形成高压；下游侧油流从小间隙流向大间隙，故形成压力较低。这个压差的作用方向垂直于径向偏移方向（即切线方向）进行同向涡动，涡动方向与转动方向是一致的。一旦发生涡动之后，轴颈围绕平衡位置涡旋而产生离心力又将进一步加大轴颈在轴承内的偏移量，从而进一步减小这个间隙，使小间隙的上游和大间隙的下游的压差更大，使轴颈涡动的切向力更大。如此周而复始，愈演愈烈，所以形成自激。

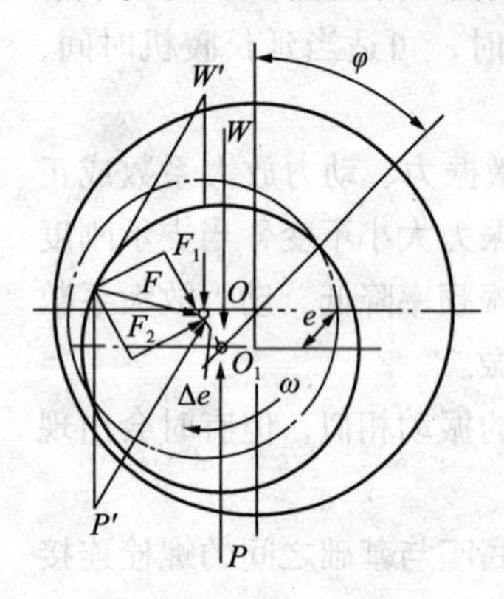

图 8－8　轴瓦油膜自激振动产生原因示意图

9. 什么是半速涡动？

答：当转子第一临界转速高于 1/2 工作转速时所发生的轴瓦自激振动现象，其自激振动频率近似为转子工作频率的一半称为半速涡动。

10. 半速涡动产生的原因有哪些？

答：半速涡动产生的主要原因是：假设一个无载荷的轴颈在充满润滑油的圆柱形轴承中以角速度 ω 旋转，并假设润滑油在轴承两端无泄漏，如图 8－9(a) 所示。此时轴颈中心 J 的稳定位置应当与轴承中心 O 重合。由于没有压力对间隙内油的流动发生影响，所以在间隙通道各截面上的油的流速是按直线分布的。紧靠轴颈油的流速等于轴颈的转动线速度 $r\omega$（r 为轴颈半径），附着在轴瓦上的油的流速等于零，间隙内各个截面上的油流量都是相等的，且都等于 $\frac{1}{2}r\omega c$（c 为轴承半径间隙）。若受外界干扰，使轴颈中心偏移一个位置，如图 8－9(b) 所示的位置，则间隙通道就不再是等截面的，此时流经轴承间隙最小截面和最大截面的流量分别为：$\frac{1}{2}r\omega(c-e)$ 和 $\frac{1}{2}r\omega(c+e)$（其中 e 为轴颈在轴承内的偏心距）。显然，这时流量是不平衡的，为了容纳这个差额，油量增多的一侧就要推动轴颈向油量少的一侧移动。移动的方向是垂直于偏心距的，从而迫使轴颈中心 J 绕着平衡位置 O 涡动。设涡动的角速度为

Ω，由于轴颈涡动让出的空间体积，就等于实线和虚线中间的月牙形面积，所以只有当这个空间体积等于上述流量差额时，才能保持平衡，即

$$\frac{1}{2}r\omega(c+e)-\frac{1}{2}(c-e)=e\Omega\times 2r \tag{8-12}$$

由此可得

$$\Omega=\frac{1}{2}\omega \tag{8-13}$$

式中　Ω——转子的涡动速度，r/min；

r——轴颈半径，mm；

c——轴承间隙，mm；

e——轴心偏心距，mm；

ω——转子的工作速度，r/min。

实际上由于轴承两端油封存在漏油及油流速度分布如图 8－9(c)所示。使得轴颈的偏移迫使原来的直线分布变为曲线分布，减少了最大和最小间隙截面流量的差额，故要求轴颈涡动让出的空间也随之减小。这样涡动速度就有所降低，所以在发生半速涡动时，涡动频率实际上总是略低于当时转速之半的(约为转速的 0.42～0.46 倍)。这种涡动旋转方式，在汽轮机组中是比较常见的。

当转子的临界转速高于 1/2 工作转速时，在升速过程中，这种半速涡动不可能与转子的第一临界转速发生共振，因此涡动的振幅始终是不大的，这时半速涡动对机组安全一般不会造成严重威胁。

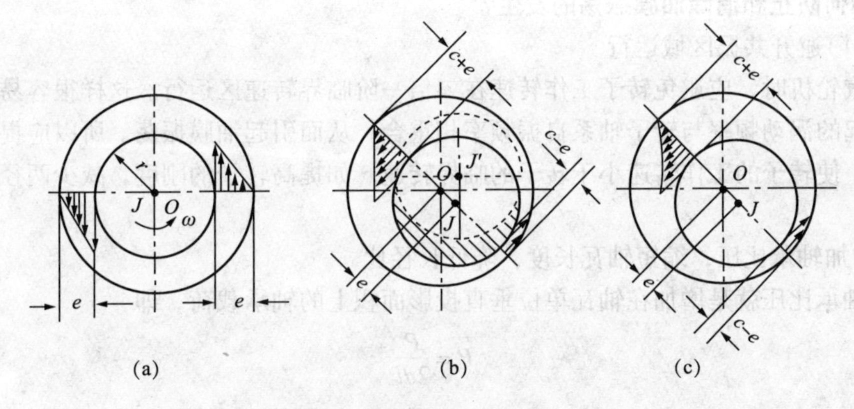

图 8－9　半速涡动产生原因示意图

11. 什么是油膜振荡?

答：当转子转速高于转子的第一临界转速两倍时发生的轴瓦自激振动，通常称为油膜振荡，如图 8－10 所示。由此可见，只有转子第一临界转速低于 1/2 工作转速时，才可能产生油膜振荡现象。最典型的油膜振荡现象发生在汽轮机组启动升速过程中，因为现代汽轮机组其第一阶临界转速较低，工作转速远远高于它的两倍。

12. 什么是油膜振荡惯性效应?

答：油膜振荡惯性效应是指油膜振荡一旦发生后，就始终保持着等于临界转速的涡动速度，而不再随转速的升高而升高，这一现象称为油膜振荡惯性效应，如图 8－11 所示。所以当遇到油膜振荡发生时，就不能像通过临界转速那样采用提高转子转速跨越过去的办法来消除。

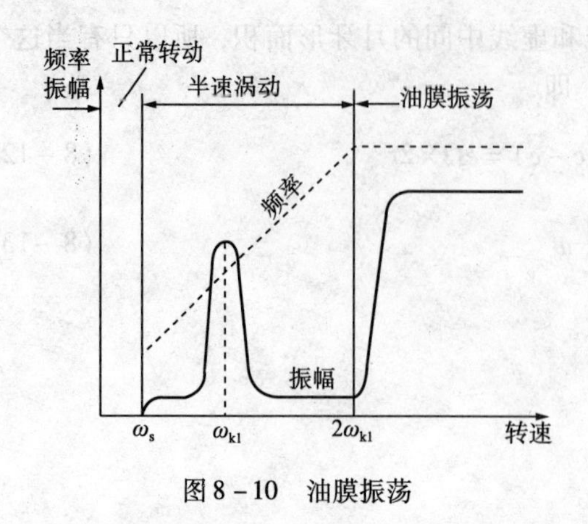

图 8－10　油膜振荡

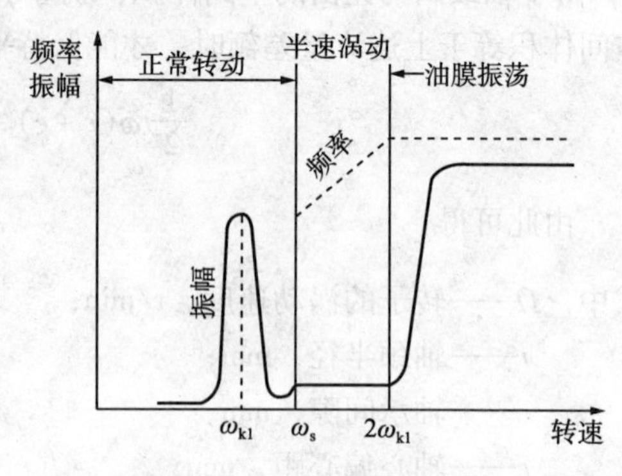

图 8－11　油膜振荡惯性效应

13. 油膜振荡产生的原因是什么?

答: 轴颈带动润滑油流动时，高速油流反过来激励轴颈，使其发生强烈振动，油膜振荡是最常见的低频振荡。轴颈在轴承内油膜上高速旋转时，随着转速的升高，在某一转速下，油膜力的变化产生失稳分力，使轴颈不仅绕轴线旋转，而且轴线本身还绕平衡点涡动，其涡动频率为当时转子转速的一半，称为半速涡动。随着转速的增加，涡动频率也不断的增加，当转子的转速约等于转子第一临界转速的两倍时，由于半速涡动的转速正好与转子的第一临界转速相重合，此时的半速涡动将被共振放大(即轴颈的振幅急剧放大)，从而表现为剧烈的振动。

14. 如何防止和消除油膜振荡的发生?

答: (1)避开共振区域运行

设计汽轮机时，应避免转子工作转速在二倍一阶临界转速区运行。这样很容易造成油膜不稳定引起的涡动频率与转子轴系自振频率相重合，从而引起油膜振荡。所以应提高转子的临界转速，使转子的工作转速小于转子的临界转速。如提高转子的刚度，减少两径向轴承间的距离。

(2)增加轴承比压，缩短轴瓦长度，降低长径比

增加轴承比压就是增加在轴瓦单位垂直投影面积上的轴承载荷，即

$$\bar{P}=\frac{P}{2dl} \tag{8-14}$$

式中　$\bar{P}$——轴承比压，MPa;

P——轴承载荷，N;

d——轴颈直径，mm;

l——轴颈宽度，mm。

比压越大，轴颈越不容易浮起，相对偏心率越大，失稳转速就也越高。一般轴承比压为1.0～1.5MPa。

长径比越小，失稳转速越高。因为较短的轴承两端润滑油泄漏较多，轴颈浮起得低，因而相对偏心率大，转子稳定性好。同时，轴瓦的长度缩短使长径比减小，比压增大，轴颈在轴瓦内就不会浮起的过高，因而能进一步增加稳定性。

(3)降低润滑油的黏度

润滑油的黏度越大，油分子间的凝聚力也越大，轴颈旋转时所带动的油分子也越多，这

样，油膜厚度就越厚，轴颈就容易失稳。降低润滑油黏度的最有效的办法是提高轴承进油温度，这样可以增加轴颈在轴承中的偏心率，有利于轴颈稳定。

(4)改变轴承内孔形状(增大轴瓦侧间隙，缩小轴瓦顶间隙)

减小轴瓦顶间隙，增加轴承的椭圆度，增大侧间隙。如多油楔轴承加大轴承各段圆弧相对转子的偏心率，同时将油膜分割成不连续多段，以减少轴颈上、下的压差，提高油膜的稳定性。

(5)选用稳定性好的轴瓦

从轴承结构形式分析，可倾瓦轴承在稳定性、承载能力和功耗等性能均居各径向轴承之首，四油楔轴承、三油楔轴承和椭圆形轴承次之，圆柱形轴承最差。因此应选用稳定性好的可倾瓦，四油楔轴承，其瓦块可以绕支点摆动，每个瓦块只形成收敛油楔，因而不会产生失稳分力。这种结构具有良好的缓冲作用和振动阻尼，所以可以有效地阻止油膜振荡发生。所以解决油膜振荡的根本措施是设计结构合理的轴承。

15. 什么是失稳转速？

答：当汽轮机转子升速到某一值时，转子突然发生涡动使轴瓦振动增大，而且很快波及轴系各个轴瓦，使轴瓦失去稳定性，这时的转速被称为失稳转速。失稳转速即是出现半速涡动的转速。

16. 什么是摩擦自激振荡？由动静摩擦所产生的自激振荡有哪几种形式？

答：由动静部分摩擦而产生的自激振荡称为摩擦自激振荡。由动静摩擦所产生的自激振荡有摩擦涡动和摩擦抖动两种形式。

17. 什么是摩擦涡动？

答：当动静摩擦只接触到叶轮、叶片(包括围带、铆钉头等)转子的外围部件而没有接触到转子的本身时，不会造成转子热弯曲而形成强迫振动，却会产生自激振动。这种摩擦自激振动又称为摩擦涡动。

18. 摩擦涡动的特征有哪些？

答：(1)摩擦涡动的振动频率也等于转子的第一临界转速；

(2)振动的波形会出现低频谐波；

(3)涡动方向与转动方向相反，即振动相位是沿着与转动方向的方向移动的。

19. 什么是间隙激振？其有何特点？

答：由于叶片四周间隙不均匀使叶片受力产生涡动而形成的自激振动，称为间隙激振，又称为汽隙激振。当转子由于受到外扰产生一个径向位移时，改变了叶片的四周间隙，间隙小的一侧漏汽量小，作用在叶片上的作用力就大；反之，间隙大的一侧因漏汽量大，作用于该叶片上的作用力就小。当两侧的作用力的差值大于阻力时，就能够使转子中心绕汽封中心作与转子方向一致的涡动。这种涡动产生的离心力又使偏移扩散，加剧涡动，如此周而复始，形成自激振动。这种自激振动的频率、波形、振幅、相位都和油膜自激振动的特点相似。

这种自激振动最突出的特点是与机组负荷有关，即在某一负荷振动突然发生，而当将负荷减到某一值时，振动便突然消失。这种自激振动不但会使轴承产生强烈的振动，同时还会使轴承回油温度升高。

20. 什么是双重挠度？

答：由于发电机转子截面具有不对称刚性，且转速为3000r/min的发电机都是双极的，没有开槽的大齿面的刚度显然要大于嵌放线圈的开槽部分，因而当转子处于不同位置时，静挠度值也不相同，刚性大的部分挠度小，刚性小的部分挠度大，通常称为双重挠度。

21. 预防和消除摩擦自激振动和间隙激振最有效的方法有哪些？

答：预防和消除摩擦自激振动、间隙自激振动引起的半速涡动的措施，与消除油膜振荡所采取的措施基本类似，其基本原则都是围绕提高轴承的工作稳定性和减小转子对轴承的扰动力这两个方面来采取措施的。但最简便有效的办法，还是针对引起自激振动的主要原因，采取相应的措施。例如消除摩擦自激振动最有效的方法是避免在运行中发生动静摩擦。消除间隙激振的最有效的方法是保持转子与汽缸的同轴度，合理地调整动静间隙。

22. 什么是轴系？

答：汽轮机转子与被拖动工作机械转子所组成的整个系统，称为轴系。

23. 什么是轴系扭振？从性质上将轴系扭振分为几种情况？

答：组成轴系的多个转子间产生的相对扭转振动，称为轴系扭转。轴系扭转可分为短时间冲击性扭振和长时间机电耦合共振性扭转两种。

24. 产生轴系扭振的原因有哪些？

答：(1)机械或电气扰动使汽轮机组输入和输出转矩(功率)失去平衡，或出现电气谐振与轴系机械固有扭振频率相互重合而导致机电共振。

(2)大机组轴系自身所具有的扭振系统的特性不能满足工作机械的要求。

25. 预防和抑制轴系扭振的措施有哪些？

答：预防和抑制轴系扭振可以从设计制造、运行方式、机电配合、在线监测等几个方面采取相应的措施。

(1)设计制造：是指包括汽轮发电机轴系扭振频率、绕组的设计、选材、制造工艺和机械加工以及输电系统的线路结构方式，保护系统、控制手段设计与选择等。

(2)运行方式：是指在满足工作机械的条件下，应尽量避免前述的可能导致高轴系扭振应力的运行方式。

(3)在线监测：是利用机组扭振在线监测装置准确测量系统冲击所造成的轴系扭振的损伤。扭振在线监测装置是防止机组出现过大扭应力和疲劳损伤的有效手段。

运行经验证明：在轴系扭振造成轴系和轴系某些部件损坏时，都伴随着机组振动的变化。严格监视机组的振动变化，在一定程度上可以监督轴系的扭振造成的损坏。

26. 汽轮机组振动幅值主要取决于哪些情况？

答：汽轮机组振动幅值主要取决于转子的平衡质量和轴承的工作情况。在目前转子平衡技术条件下，在对轴系转子进行动平衡后，转子在临界转速工况下的振动值完全可以控制在一个较小的范围之内。当转子进行平衡后，在临界转速时轴承振动值完全可控制在0.05mm左右。在汽轮机组启停过程中，汽轮机通过临界转速时的振动值应比正常值不得超过0.03～0.04mm。若通过临界转速时超过此值，则应对机组进行认真的检查和分析，并消除之。否则不得盲目启动机组。

27. 目前国内外对大型汽轮机组的振动控制方法有哪些？

答：目前国内外对大型汽轮机组的振动控制，多数机组都采用连续测量机组轴承的振动振幅的方法，有些机组采用非接触式测振仪对机组转轴振动振幅或振动轨迹进行监控的方法。并根据既定的振动幅值，通过热控和保护系统进行振动报警或自动控制停机，从而达到预防设备损坏的目的。

28. 什么是信号谱？信号谱如何如对汽轮机组振动进行监控？

答：所谓信号谱是指机组在运行过程中对振动进行实测而得到的频谱，它反映了机组在特定条件下的振动特点。汽轮机组的信号谱可随机组运行条件（例如转速）的变化而变化，并且在长时间的运行过程中，随着机组部件的磨损情况的发生，信号谱也会出现异常。信号谱能对机组的振动进行监控并能对机组的振动进行分析、诊断。信号谱通常采用实时振动谱与机组在正常状态的基准图谱相对比方式进行比较，根据实时谱分量超过规定的允许范围多少，可进行自动报警、自动停机或采取适当的保护措施，以上工作均由计算机来完成。

参 考 文 献

[1] 景朝晖．热工理论及应用[M]．北京：中国电力出版社，2006.

[2] 崔朝英，金长虹．火电厂金属材料[M]．北京：中国电力出版社，2009.

[3] 陆良福．炼油过程及设备[M]．北京：中国石化出版社，1993.

[4] 王凤林．炼油过程及设备[M]．北京：中国石化出版社，2008.

[5] 常石明，李大志．工程流体力学泵与风机[M]．北京：北京科学技术出版社，1989.

[6] 《机械工程手册、电机工程手册》编辑委员会．机械工程手册．北京：机械工业出版社，1984.

[7] 《化工厂机械手册》编辑委员会．化工厂机械手册[M]．北京：化学工业出版社，1989.

[8] 黄汝霖，黄继宗，何华等．积木块系列工业汽轮机(培训教材)．杭州：杭州汽轮机动力集团有限公司科协，1992.

[9] 上海汽轮机厂．汽轮机电液调节[M]．北京：水利电力出版社，1985.

[10] 西安电力学校汽轮机教研组．小型火力发电厂汽轮机设备及运行(修订版)[M]．北京：水利电力出版社，1987.

[11] 庄肖曾，黄振鸣．汽轮机调节系统检修[M]．北京：中国电力出版社，1997.

[12] 化学工业部人事教育司，教育培训中心组织．压缩机[M]．北京：化学工业出版社，1997.

[13] 任晓善，王治方，胡锡章．化工机械维修手册(中卷)．北京：化学工业出版社，2004.

[14] 汪玉林．汽轮机设备运行及事故处理[M]．北京：化学工业出版社，2007.

[15] 北京热电总厂．高压汽轮机运行(修订本)[M]．北京：水利电力出版社，1984.

[16] 李建刚，杨雪萍．汽轮机设备及运行[M]．北京：中国电力出版社，2006.

[17] 靳智平．电厂汽轮机原理及系统(第二版)[M]．北京：中国电力出版社，2006.

[18] 李多民．化工过程机器[M]．北京：中国石化出版社，2007.

[19] 史月涛，丁兴武，盖永光等．汽轮机设备运行[M]．北京：中国电力出版社，2008.

[20] 宋天民，孙铁，谢禹钧．炼油厂动设备[M]．北京：中国石化出版社，2006.

[21] 山西省电力工业局．汽轮机设备运行[M]．北京：中国电力出版社，1997.

[22] 王学义．工业汽轮机技术[M]．北京：中国石化出版社，2011.

[23] 肖增弘，徐丰．汽轮机数字式电液调节系统[M]．北京：中国电力出版社，2003.

[24] 施维新．汽轮发电机振动及事故[M]．北京：中国电力出版社，1999.